LabVIEW를 이용한 디지털신호처리

LabVIEW

LabVIEW를 이용한 디지털신호처리

Introduction to Digital Signal Processing using **LabVIEW**

본서는 **LabVIEW를 이용한 디지털신호처리 이해하기**의 개정판 입니다.

| 김경태 · 곽지현 공저 |

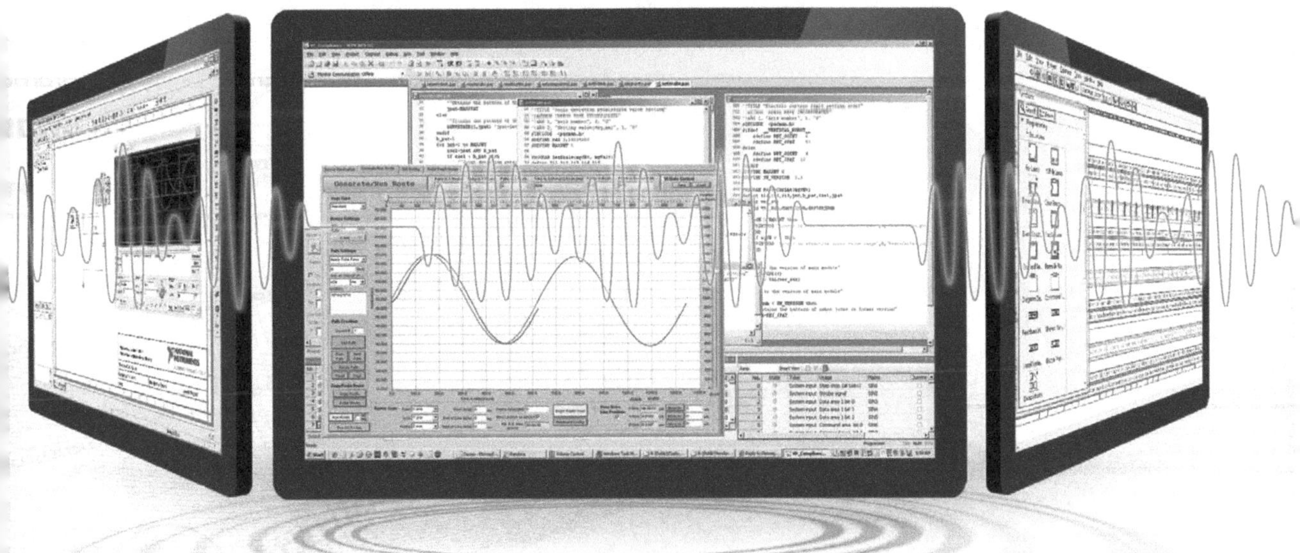

INFINITYBOOKS
인 피 니 티 북 스

개정판을 내면서.....

신호처리를 왜 공부해야 하는가? 이 질문에 답하기 위하여 여러분이 지금 무엇을 하고 있는지를 살펴보자. MP3의 이어폰을 귀에 꼽고 노래를 들으면서, 손에는 핸드폰으로 친구와 문자로 대화를 나누고, 어느 건물 벽에 마련된 대형스크린 앞에서 박지성 선수가 뛰고 있는 유럽 축구를 보면서 대형 스피커에서 나오는 소리를 들으면서 응원하고 있지 않는가? 이러한 환경 속에 있는 여러분은 문자와 음악 등과 같은 여러 가지 정보를 동시에 획득하고 있다. 현재 접하고 있는 정보들의 최초의 신호를 생각해 보면, MP3의 최초 신호는 가수가 노래하는 노랫소리, 핸드폰은 나와 친구 간에 주고받는 문자, 대형스크린은 경기장에서의 선수들의 모습과 함성들이다. 그런데 이 신호들이 어떻게 해서 신호가 발생되는 지점에서만 머물러 있지 않고 수천 Km 떨어진 내 귀에 내 눈에 들어오게 될까?

이를 위해서 여러 가지 기술이 필요한데 그 중에 중요한 기술 중의 하나가 신호를 처리하는 기술이다. 이렇듯 우리 주위에는 신호처리 기술이 사용되지 않는 경우가 거의 없다고 해도 과언이 아니다. 따라서 여러분이 학교를 졸업하고 전공 관련 직업을 갖게 된다면 그 때에 필요한 기술에 대한 기초 지식을 지금 쌓아 두어야 할 것이며, 현장의 관련분야에서 종사하시고 계시는 분들이라면 기초 원리를 잘 이해함으로서 더 나은 제품을 개발하는 데에 도움이 될 것으로 생각한다.

저자는 약 20여년간 디지털신호처리를 강의하여 왔고, 지금까지 강의한 내용을 정리한다는 생각을 가졌다. 지금까지 강의를 시작할 때마다 우리 학생들에게 맞는 적당한 교재를 찾기가 힘들었다. 좋은 교재는 많이 있으나 우리 학생들을 위한 교재를 채택하기에는 항상 주저해 왔다. 그러면서도 책을 쓴다는 것은 더욱 생각하지 않았다. 왜냐하면 이미 시중에는 신호처리라는 제목이 포함된 서적이 무수히 많이 출판되어 있으며, 책을 저술하더라도 기존에 출간된 다른 책보다 더욱 풍성하게 이해하기 좋은 책을 쓸 자신이 없었기 때문이다. 이미 심혈을 기울여서 강의한 내용을 잘 이용하면 우리 학생들에게 맞는 책이 될 수 있다는 생각을 늘 가져왔다. 그래서 강의를 시작할 때마다 항상 고민하면서 여러 책의 일부를 발췌하기도 하고, 강의 자료를 만들어서 나누어 주기도 하고, 자료를 만들어서 저자의 홈페이지에 올려놓기도 했지만, 역시 학생들에게 다가가는 교육에는 부족했다는 생각이 들었다. 강의의 내용도 좋았고, 학생들의 반응도 좋았지만, 막상 학생들이 강의실의 문을 나가는 순간에 복습과 예습을 하기에는 부족했을 것이라는 생각이 들었다. 참고자료를 여러 권 추천했지만 제가 강의한 내용 그대로는 어떤 책에도 없었음으로 강의는 강의대로 듣고, 다른 책을 본다는 것이 쉽지 않았을 것이다. 첫째가 책마다 표현방식과 기호가 다르고, 이 책 저 책 참조해 가면서 공부하기란 어지간히 공부의 의지가 있지 않는 한 쉽지 않았으리라 생각되었다. 학생들이 적극적으로 노력하고 표현법을 비교해 가면서 스스로 능동적으로 노력하는 태도가 적은 것도 사실이기 때문이었다. 또한, 교재의 분량도 일반적으로 너무 많았다. 요즈음은 다루어야 할 교과목이 다양해졌기 때문에 학부과정에서 신호처리 과목으로 두 학기를 다루기는 힘들어졌다. 저자가 처음에 학교에 부임할 때인 1990년대 초만 하더라도 한 학기는 신호 및 시스템, 또 한 학기는 신호처리가 있었지만, 요즘은 학부과정 한 학기 동안에 이러한 내용 모두를 다루어야 했다. 신호처리의 기본 개념 정도만 알고 넘어가야 하는 시기가 되어 버렸기 때문이다.

이러한 취지에 맞추어 저자 나름대로 학생들이 어떤 부분을 어려워하는지를 알고, 질문하고 질문에 대해 대답하는 형식으로 책을 저술하였다. 또한 LabVIEW로 프로그래밍하면서 머리로 이해한 내용을 가슴으로 느끼면서 이해할 수 있도록 최대한으로 쉽게 쓸려고 노력했고, 수식도 최소화하려고 노력했지만 당초의 생각보다는 많이 들어가 버렸다. 그러나 기본적인 수학(고등학교 정도)에 대한 개념만 있더라고 수식을 이해할 수 있을 것이라 생각하며, 군대에 갔다 와서 수학 실력이 다소 부족한 복학생 등을 위하여 신호처리에 꼭 필요한 수학의 기본 개념을 교재의 앞부분에 설명을 하였다.

이 책의 특징

- 차례가 특이하다. 처음 접하는 학생은 교과서의 차례인가 아니면 어떤 매뉴얼의 Q&A 인가라는 착각을 할 수도 있을 것이다. 이렇게 한 이유는 '어떤 것이든지 무조건 공부하자. 알고보자'라는 틀을 벗어나 필요성 혹은 문제점을 제시하고 그 문제점을 해결하기 위한 동기를 부여한 후에 공부하게 함이다. 예를 들면 강의실 뒤쪽에서 나는 에어컨 소음으로 인하여 강의를 듣는 데에 지장을 받고 있다면 어떻게 하면 에어컨 소리가 우리 귀에 들리지 않게 할 수 있을까? 라는 질문을 던지고 질문에 답을 찾기 위해서 필요한 공부를 하면 더욱 좋을 것이라는 생각을 하기 때문이었다.

- LabVIEW로 프로그래밍을 하면서 이를 활용하여 내용을 설명하였다(150여개), 여러분들은 처음부터 LabVIEW를 실행시키지 말고, 스스로 프로그래밍을 해서 머리로 이해한 내용을 가슴으로 느껴 보는 것이 좋으리라 생각된다(LabVIEW 평가판이 CD와 함께 제공되며, LabVIEW로서 프로그래밍을 할 계획이 전혀 없는 독자들을 위하여 실행파일도 CD에 포함되어 있어 프로그래밍하지 않고 실행시킬 수 있다. 본문중에 [번호.vi]로 표시된 부분이 LabVIEW로 프로그래밍된 소스코드이다.).

- 예제를 많이 다루고 있다. 예제를 예제 혹은 연습문제로 생각하지 말고 본문 중의 일부로 생각하길 바란다. 예제로써 본문을 설명하기 위함이다.

- 질문과 대답의 형식으로 쓰여 졌으며, 정독만 하더라도 내용을 이해할 수 있을 것이다(본문 중의 질문은 따로 정리하여 책의 뒷부분에 수록하였음.).

- 프로젝트를 하기 위하여 가능한 프로젝트 제목을 나열하였으며, 프로젝트를 하기 위한 지침도 함께 기술하였다.

책 제목은 디지털신호에 관한 책이지만 아날로그신호가 기본이기 때문에 아날로그신호를 이해해야만 디지털신호를 이해할 수 있다는 생각으로 앞부분에 아날로그신호에 대하여 다룬다. 디지털신호처리의 기본 개념을 설명하고, 디지털신호처리를 위해서 필요한 기본적인 수학, LabVIEW를 이용한 프로그래밍 방법, 내용면에서는 아날로그신호에 관련되는 여러 가지 기본 사항들, 입력과 출력으로 이루어지는 시스템의 정의 및 표현, 주파수분석방법, 디지털신호처리와 디지털신호의 주파수 분석방법, 시스템의 전달함수 등에 대한 설명으로 이어진다.

여러분은 이 책으로 공부함으로서 다음과 같은 능력이 갖추어질 것으로 생각한다. 혹은 다음과 같은 능력을 갖추기 위해서 노력하면 더욱 효과적인 공부를 할 수 있을 것으로 생각한다.(학습목표)

- LabVIEW를 이해하고 원하는 알고리즘을 프로그래밍할 수 있다.
- 아날로그신호와 디지털신호의 개념과 특성을 이해하고 조작할 수 있다.
- 신호에 포함되어 있는 주파수 성분들을 알 수 있다.
- 시스템의 특성인 임펄스응답 및 전달함수, 주파수 특성을 구할 수 있고, 임의의 입력에 대한 출력을 구할 수 있고 응용할 수 있다.
- 프로젝트를 수행함으로서 실무도구사용, 팀협력, 의사소통, 직업윤리 등을 경험할 수 있다.

개정판을 내지만 여전히 부족한 것이 많고, 당초에 추가하고자 한 내용에 훨씬 못 미쳤다는 생각이 든다. '한술 밥에 배 부르랴' 라는 우리의 속담으로 스스로를 위로하기도 한다. 저의 잘못된 생각, 논리를 전개함에 있어서 이어지지 않는 부분들이 다소 있을 것으로 생각하며, 저도 계속 공부하면서 개정해야 할 것으로 생각한다. 여러분의 많은 지적과 조언을 바란다.

책의 출판을 위하여 힘써 주신 인피니티북스의 사장님, 평가판 CD 및 재정적인 지원을 해주신 주식회사 NI Korea 사장님, NEXT 사업의 교재개발 지원비, 그리고 무엇보다 좋은 책이 되기 위하여 많은 질문으로 피드백해 준 본 대학의 정보통신공학과 학생들에게 감사한다.

마지막으로, 아래의 그림을 저자는 교육철학의 기본으로 생각하고 노력할 것이다. 지금의 저자를 있게 해 준 주위의 모든 분들에게 감사를 드린다.

로버트 카파(Robert Capa, 미국, 1913~1954)

"만약 사진이 당신의 마음에 들지 않는다면, 그것은 너무 멀리서 찍었기 때문이다."

If your pictures aren't good enough, you're not close enough.

[출처: http://ko.wikipedia.org/wiki/%EB%A1%9C%EB%B2%84%ED%8A%B8_%EC%B9%B4%ED%8C%8C]

2011년 1월

한남대학교 정보통신공학과
김 경 태 교수
ktkim@hnu.kr

Contents

1. 디지털(Digital)의 의미가 무엇인가?

2. 신호란 무엇인가?

3. 처리란 무슨 의미인가?

4. 종합적인 의미로 디지털신호처리란?

CHAPTER 01

디지털신호처리란 어떤 의미인가?

책의 제목이 '디지털신호처리'이다. 즉, 디지털, 신호, 처리의 독립적인 의미를 갖는 세 단어의 조합으로 구성되어 있다. 먼저 각 단어들의 의미를 살펴보도록 한다.

CHAPTER 01 디지털신호처리란 어떤 의미인가?

1. 디지털(Digital)의 의미가 무엇인가?

디지털(Digital)이라는 말은 영어 사전에 의하면 손가락, 수치형이라는 의미로 쓰여 있다. 이는 값들이 따로 따로 분리된, 즉 값들이 연속적이지 않고 이산적인(Discrete) 값 혹은 분리된 값이라는 뜻이다.

즉 디지털의 이산적인 값과 대응하는 연속적인(Continuous)값을 가지는 아날로그(Analogue)라는 말과 대비되는 말이다.

실생활에서 예를 들어보면 널뛰기할 때에 올라가고 내려오는 높이는 연속적인 값이기 때문에 아날로그로 볼 수 있고, 우리 학과의 학생 수는 디지털 값이다. 즉 사람 수가 4.5명이라는 것은 없기 때문이다. 디지털시계도 디지털 값을 가지는 좋은 예이다.

숫자에 있어서도 숫자들 사이의 간격이 1로 정해져 있다면 2와 3은 있으나 2.1은 존재하지 않는다는 의미이다. 혹은 숫자들 간격이 0.1로 정해져 있으며 2.1과 2.2라는 값은 존재하지만 2.15는 존재하지 않는다는 의미이다. 물론 이들 값들의 정도(Accuracy)(숫자들 사이의 간격)는 정해져 있다고 가정한다. 이를 컴퓨터로의 세계로 확장해 보면 컴퓨터에서 취급하는(내부에서) 숫자는 0과 1만이 존재한다. 즉 2진수가 사용되고 있다는 의미이다. 0과 1을 비트(bit)라고 하면 비트수에 따라서 표현할 수 있는 숫자의 범위가 정해진다. 예를 들어서 1비트로 표시할 수 있는 숫자의 종류는 0이나 1의 2=(2^1)종류이며, 2비트로 표시할 수 있는 숫자는 00, 01, 10, 11의 4=(2^2) 종류이다. 따라서 n비트가 표시할 수 있는 숫자의 종류는 2^n가지이다. 여기서 **잠깐 질문! 1 바이트로 표현할 수 있는 숫자의 종류는 몇 종류가 될까?** (힌트: 1 바이트(byte)는 8개의 비트로 구성되어 있다.)

[그림 1-1] 아날로그 값을 나타내는 예(①, ②)와 디지털 값을 나타내는 예(③, ④)

2. 신호란 무엇인가?

여러분은 지금 무슨 소리가 들리는가? 기차가 지나가는 소리가 들리는가? 사랑스런 아기의 울음소리가 들리는가? 동시에 무엇이 보이는가? 아름다운 꽃이 보이는가? 사랑하는 사람의 얼굴이 보이는가? 그리고, 어떤 냄새가 나는가? 식사 때가 되었으니 맛있는 음식 냄새가 더욱 코를 찌르고 있는가? 등 뒤에 무엇이 있는지 가려움을 느끼고 있는가? 키위가 새큼하지 않는가?

이렇게 여러분은 항상 듣고, 보고, 냄새를 느끼고, 감각을 느끼고, 맛을 안다. 이 모두를 흔히 오감(Five senses)이라고 말한다. 그러면 사람은 어떻게 해서 위에서처럼 보고, 듣고 느낄 수 있을까? 즉, "무엇인가"가 사람의 귀, 눈, 코, 혀, 피부 등의 감각기관으로 들어오기 때문이 아닐까? 바로 그 "무엇인가"가 신호라는 것이다. 사람이 인지하기(느끼기) 위하여 필요한 것들, 즉우리가 살고 있는 주위의 모든 것들이 바로 신호라고 할 수 있다. 우리는 신호를 떠나서는 살 수가 없다. 사람간의 생활도 마찬가지이다. 서로 얼굴을 보면서(영상신호) 대화하고(음성신호) 커피의 맛(미각 신호, 후각 신호)을 음미하고 악수를 하면서 상대방의 배려를 느끼고(촉각 신호) 생활하는 우리들이다.

세상에 존재하는 수없이 많은 신호들을 단순히 느끼고 인지하는 수준은 공학적인 입장에서 볼 때에는 별 의미가 없다. 공학적인 입장에서는 신호를 저장, 가공, 처리 등 하나의 정보로 조작할 수 있어야 한다. 그러므로 형태가 없이 존재하는 신호에 그 특성을 나타낼 수 있는 요소들로 크기나 양 등의 의미를 부여하여 가시적인 모양으로 만들어야 한다.

즉 소리가 발생되면 그 형태는 공기의 소밀(疏密: 성김과 빽빽함)의 형태로 바뀐다. 사람의 오감의 자극의 세기(정도) 등을 기계적인 처리(주로 컴퓨터 처리)를 하기 위해서는 전기적인 신호로 바꾸어야 하고, 변환된 전기적인 신호를 이용하여 신호를 조작하여 우리가 원하는 형태로 처리한다.

다음의 그림 1-2는 귀로 들어오는 소리(신호)가 발생되어 전기적인 신호로 변환되는 과정을 나타낸다. 즉 북에서 소리가 발생되면(물리적인 혹은 음향적인 신호) 마이크로폰에 의해서 소리를 전기적인 신호로 변환된 파형을 보여주고 있다.

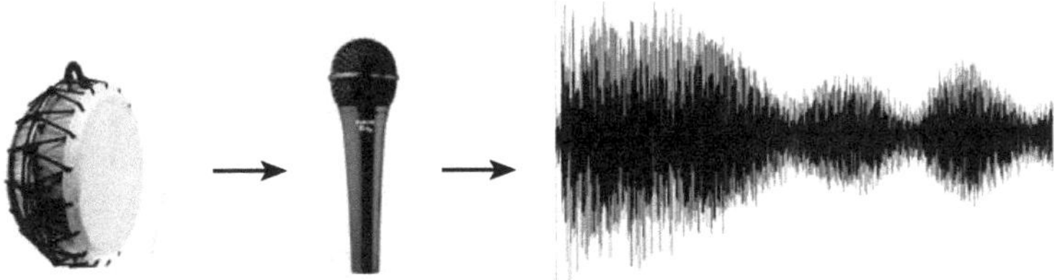

[그림 1-2] 신호 파형이 생기는 과정(물리신호 혹은 음향신호에서 전기신호로의 변환)

3. 처리란 무슨 의미인가?

처리란 국어사전에서는 '어떤 결과를 얻기 위하여 화학적, 물리적 작용을 일으키는 것'으로 표현되어 있다. 사전적 설명이 더 어려운 것 같다. 아무튼 '어떤 작용을 해서 무엇인가가 달라진다'는 의미이다.

처리에는 크게 인간이 처리하는 것과 인간 외의 요소(기계, 자연 현상 등)가 처리하는 것으로 나눌 수 있다. 인간이 신호를 처리한다(Human Signal Processing)는 의미는 예를 들면, 기차가 지나가면서 발생한 소리가 공기 중을 전파해 나가면서 공기의 압력을 변화시켜 어떤 위치에서는 공기가 조밀하게, 어떤 위치에서는 공기가 느슨하게(사람의 눈에는 보이지 않지만 공기의 밀도가 변함) 되면서 이동한다. 마치 연못에 돌을 던지면 돌이 떨어진 위치에서 물결이 점점 바깥으로 향하여 퍼져 나가듯이 말이다. 이렇게 변화된 공기의 밀도가 우리의 귀에 들어오면 귀의 고막 뒤편에 있는 달팽이관에 전달되어 공기의 음파 신호가 달팽이관에 있는 유모세포에 의하여 신경신호로 바뀌어서 뇌로 전달되어 사람이 소리를 듣게 된다(인지, Recognition). 즉, 인간은 고막에서부터 음파 신호를 처리했다고 흔히들 표현한다. 또한 듣고 싶은 소리에 잡음이 적당히 섞여 있다하더라도 신경신호가 뇌로 전달되는 과정에서 필요한 처리를 하여 최종적으로는 우리가 듣고 싶은 소리를 들을 수가 있다. 즉 듣고 싶은 소리에 잡음이 섞여 있는 소리일지라도 신호가 신경을 통하여 뇌로 전달되면서 필요한 처리를 하여 원하는 소리 즉 듣고자 하는 소리만 듣게 된다.

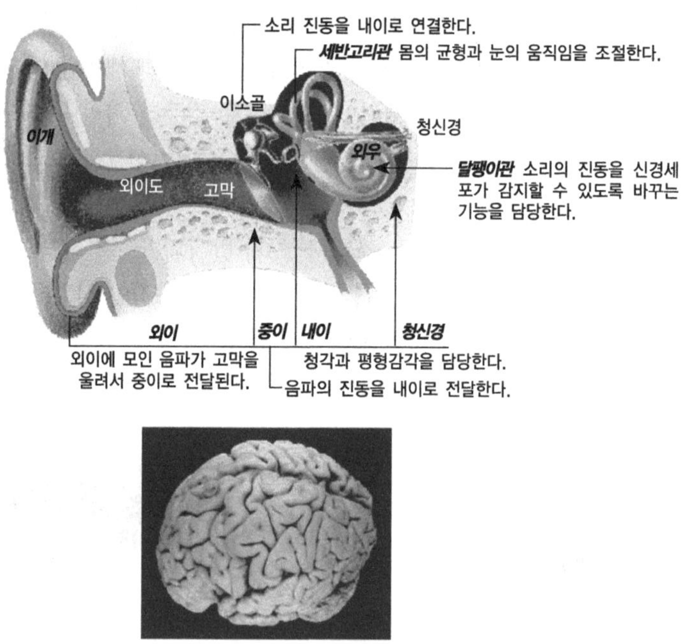

[그림 1-3] 소리의 인지 과정(귀 → 뇌)

인간 외의 요소 즉 기계 등에 의한 처리란 어떤 의미일까? 한마디로 사람의 신호처리 과정에서 설명한대로, 사람 대신에 기계 장치(여기서는 컴퓨터)로 대치하면 된다. 단 컴퓨터가 어떤 처리를 하게 할 것인가는 컴퓨터 자체는 하나의 쇳덩어리에 지나지 않기 때문에 컴퓨터가 어떠한 처리도 할 수가 없다. 그래서 컴퓨터가 처리할 수 있도록 사람이 시켜야 하는데 이 과정을 프로그래밍(Programming)한다고 표현한다. 즉 사람이 원하는 일을 컴퓨터가 처리할 수 있도록 프로그램을 통하여 시켜야 한다는 의미이다. 예를 들면, 음악소리와 기차 소리가 섞여서 들려오면 컴퓨터가 어떤 처리를 하여 기차소리는 없어지고 원하는 음악 소리만 들리게 할 수도 있는 것이다.

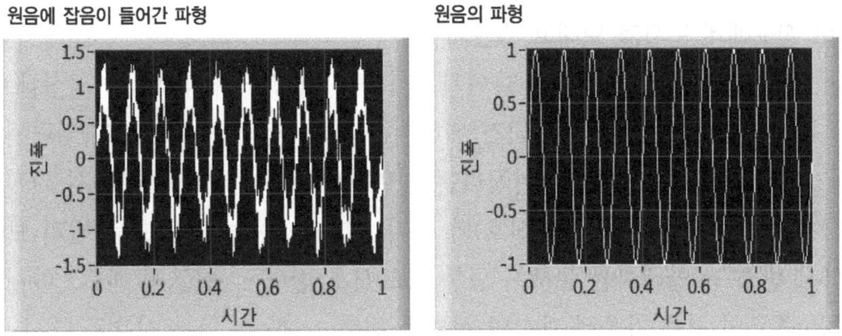

[그림 1-4] 음악 소리인 원음과 잡음이 들어간 파형(왼쪽), 컴퓨터에 의한 처리 과정을 통한 잡음이 제거된 파형(오른쪽)(77.vi)

4. 종합적인 의미로 디지털신호처리란?

종합적으로 '디지털신호처리'를 한마디로 표현하면 '우리 주위에 있는 신호를 컴퓨터로 처리한다'는 의미이며, 이 책에서는 신호를 실제로 어떻게 처리하면 되는지에 대한 이론적인 내용과 방법에 대하여 설명한다.

– 신호가 보이지도 않고 손으로 만질 수도 없는데 어떻게 처리하나?

소리 즉 음파신호가 보이는가? 우리 눈에 보이고, 손으로 만질 수 있어야만 처리를 할 수가 있는가? '보이지도 않고 만질 수도 없으니 처리도 할 수 없다'라고 말할 수는 없다. 신호의 상태는 보이지는 않지만 소리와 같은 신호는 귀에 들릴 수 있고(극히 부분적인 가청대역의 신호), 연기를 감지할 수 있는 센서가 있어 센서에 의해 신호가 발생된다. 현실에서 발생되는 대부분의 신호는 적절한 센서에 의해서 전기적인 신호로 변환될 수 있으며, 전기적인 신호로 변환만 된다면 그것은 공학적인 차원에서 어떠한 방법을 활용하여 (기계적으로) 처리할 수가 있다.

- 신호처리를 왜 알아야 하나?

교수님의 강의를 듣고 있는가? 교수님께서 수강생이 많고 강의실이 넓기 때문에 마이크를 사용하여 강의를 하고 계시는가?

교수님의 음성신호가 마이크를 거치면서 전기신호로 변환되어 증폭기로 입력되고, 증폭기에서는 입력된 음성신호를 크게 증폭하여 스피커로 내보낸다. 스피커는 입력된 전기적 신호를 우리가 들을 수 있는 음향신호로 변환하여 내보내기 때문에 우리는 귀로 들을 수 있게 된다. 즉 입력된 음성신호를 처리(증폭)하였다고 할 수 있다. 이 과정에서 일어나는 여러 현상들을 알고 설계하기 위해서는 신호처리를 알아야 한다.

핸드폰으로 친구에게 문자를 보내고 있는가?

내가 보낸 문자가 친구의 핸드폰에 들어가기까지의 과정을 대략적으로 상상해보자. 내가 보낸 문자가 멀리 있는 친구에게 전달되기 위해서는 문자 작성 → 핸드폰이 입력된 문자신호를 멀리보내기 위한 신호변조(변조란 바꾼다는 의미이다.) → 안테나를 통해서 기지국으로 전송 → 기지국에서는 친구의 전화번호(신호)와 문자(신호)를 해석 → 신호를 멀리 보내기 위해서 신호를 다시 변조 → 안테나를 통해서 공중으로 신호 방사 → 친구의 핸드폰에서는 공중에 떠다니는 많은 종류의 신호 가운데 자신의 신호를 검출 → 볼 수 있는 신호로 다시 변환 → 문자의 과정이 예상된다. 이 전 과정을 통해서 신호를 취급하고, 매 순간 마다 필요한 처리를 하므로서 우리가 문자를 주고받을 수 있다.

서울에서 열리고 있는 축구경기를 대전에서 보고 있는가?

서울에서 축구를 하고 있는 모습을 대전에서 볼 수 있게 되는 과정을 상상해 보자. 축구경기를 카메라로 촬영하면 영상신호와 음성신호를 함께 수집 → 중계차에서는 입력된 영상신호와 음성신호를 방송국으로 송신하기 위한 신호로 변환하여 송신 → 방송국에서는 영상과 음성신호를 전파하기 위하여 신호를 변환 및 방사 → TV에서는 공기에 퍼져 있는 많은 신호 중에서 지금 방송되고 있는 축구경기의 영상과 음성신호를 검출 → 신호를 우리가 듣고 볼 수 있는 신호로 변환 → 신호의 세기가 너무 적기 때문에 증폭 → 영상신호는 CRT 혹은 LCD 모니터로, 음성신호는 스피커로 가도록 분리 → 영상 및 음성의 재생 등의 과정으로 될 것이다. 이러한 전 과정이 신호의 변환 혹은 처리 과정을 통하여 이루어져 있음을 알 수 있다.

이렇듯 우리 주위에 일어나는 거의 모든 행위를 조금 멀리 떨어진 곳에서 재현시키고자 할 때에 필요로 하는 기술 중에서 특히 신호처리 기술은 필수적이다. 통신뿐만 아니라 화성에서 찍은 사진은 아마 그대로 보면 아무것도 구분할 수 없을 정도로 잡음이 많이 들어가 있을 것으로 생각된다. 이때에 영상신호에 적당한 처리를 하여 화성에서 찍은 사진에서 물체를 구분하고 해석할 수 있는 영상으로 변환시킬 수 있다.

이와 같이 우리 주위를 둘러보면 거의 모든 분야에서 신호처리 기술이 사용되고 있으므로 반드시 알 필요가 있고, 이 기술을 앎으로 해서 여러 분야에서의 응용도 함께 생각해 낼 수 있을 것이다.

1. 삼각함수란 무엇인가?

2. 지수함수(Exponential Function)란 무엇인가?

3. 로그함수란 무엇인가?

4. 복소수란 무엇인가?

5. 복소지수함수란 무엇인가?

6. 미분이란 무엇이고 어떻게 하는 것인가?

7. 적분이란 무엇이고 어떻게 하는가?

CHAPTER 02

디지털신호처리를 위해서 필요한 수학적 지식은 어떤 것들이 있나?

제목에서 디지털신호라는 말을 사용하고 있다. 여러분은 디지털신호의 의미를 잘 모르고 있을 것으로 생각한다. 디지털신호에 대한 설명은 뒤에서 다루기로 하고, 우선 이 책을 공부하기에 필요한 최소한의 수학 지식을 복습하는 것으로 이해하여 주기를 바란다. 신호처리에 관한 대부분의 책들을 보면 많은 수식들이 눈에 뜨인다. 이들 대부분의 수식들은 통신을 위해서도 많이 활용되는 수식이기도 하며, 수식으로 설명하고 수식으로 이해하면 쉬운 사람도 있는 반면, 수식을 그리 좋아하지 않는 사람도 많이 있다. 그러나 여기서는 디지털신호처리를 이해하기 위한 기본적인 수학의 개념을 이해하는 데에 도움을 주기 위하여 정리해 두었으며, 더욱 깊이 있게 알기를 원하는 사람은 대학수학, 공학수학 등의 참고서적을 참고하길 바란다.

CHAPTER 02 디지털신호처리를 위해서 필요한 수학적 지식은 어떤 것들이 있나?

1. 삼각함수란 무엇인가?

1.1 삼각함수의 정의는?

아래 그림에서 밑변 a, 높이 b, 빗변 c, 빗변과 밑변의 사잇각이 θ인 직각삼각형에서 a, b, c와 θ와의 관계를 나타내기 위하여 삼각함수를 다음과 같이 정의한다.

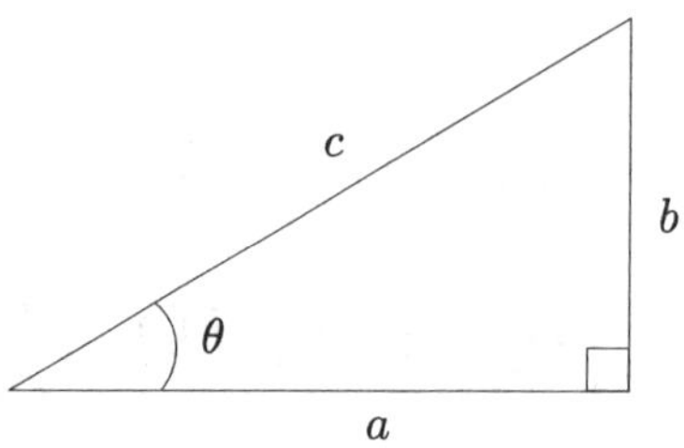

[그림 2-1] 직각삼각형에서의 변과 사잇각

$$\sin\theta = \frac{b}{c}, \quad \cos\theta = \frac{a}{c}, \quad \tan\theta = \frac{b}{a} \tag{2-1}$$

위의 그림에서도 알 수 있듯이 각도 θ가 0도이면 삼각형의 높이인 b가 0이므로 $\sin 0°$는 0이 될 것이고, 각도 θ가 $90°$로 점점 증가함에 따라 높이 b와 빗변 c는 점점 커져서 마침내 무한대의 높이와 빗변을 가지게 되어 $\sin 90°$는 1이 된다.

다음의 표는 각 θ가 $0°$, $30°$, $45°$, $60°$, $90°$ 같은 특수각의 삼각비에 대한 값을 나타낸다.

[표 2-1] 각도에 따른 삼각비

	$\theta = 0°$	$\theta = 30°$	$\theta = 45°$	$\theta = 60°$	$\theta = 90°$
$\sin\theta$	0	$1/2$	$1/\sqrt{2}$	$\sqrt{3}/2$	1
$\cos\theta$	1	$\sqrt{3}/2$	$1/\sqrt{2}$	$1/2$	0
$\tan\theta$	0	$1/\sqrt{3}$	1	$\sqrt{3}$	∞

1.2 sin(θ)에서 θ는 무엇인가?

삼각함수를 사용할 때에 주의해야 할 사항이 있다. 위의 표를 자세히 보면 θ를 각도로 표현했다.

그러면 $\theta = 30^\circ$는 $\sin\theta = \sin(30^\circ)$라는 의미이다. 그러나 수학 혹은 이론적으로 삼각함수를 표현할 때에는 sin(*)에서 괄호 내의 *는 각도의 단위에서 60분법의 단위는 들어갈 수가 없다. 다만 우리가 표현할 때에 편의상 sin30°를 '사인30도'로 사용할 뿐이다. 수학적으로는 반드시 sin(*)의 경우에 *는 각도가 아니라 호도법(radian)으로 사용하여야 한다. 수학적인 계산에 있어서 sin30이라고 하면 30도가 아니라 30라디안(호도)이라는 의미이다. 용어에 있어서도 통상 호도라는 말보다는 라디안이 많이 사용된다.

1.3 라디안은 무엇이고, 각도와는 어떤 관계가 있는가?

라디안은 각의 크기를 나타내는 단위이며, 우리가 흔히 많이 사용하는 30°, 40° 등으로 표현하는 60분법이 있다. 60분법의 단위는 도, 분, 초 등으로 다음과 같이 나타낸다.

$$1^\circ\ (1\text{도}) = 60'(60\text{분}),\quad 1' = 60''(60\text{초}) \tag{2-2}$$

또 하나의 각도의 단위는 라디안(Radian, 호도법)이 있다. 라디안은 원의 중심각을 2π[라디안]으로 정의한다. 반지름이 r인 원둘레는 $l = 2\pi r$임을 잘 알고 있다. 여기서 2π가 무엇인가? 이것이 바로 2π[라디안]인데 통상 라디안이라는 말은 생략하여 사용하곤 한다. 즉 2π[라디안]은 원의 중심각 360도를 의미한다.

따라서 180°는 π 라디안,
90°는 $\pi/2$ 라디안,
60°는 $\pi/3$ 라디안,
45°는 $\pi/4$ 라디안,
30°는 $\pi/6$ 라디안,
1°는 $\pi/180$ 라디안,
x°는 $x\pi/180$ 라디안

또 역으로
2π 라디안은 360°,
π 라디안은 180°,
$\pi/2$ 라디안은 90°,
$\pi/3$ 라디안은 60°,

$\pi/4$ 라디안은 45°,
$\pi/6$ 라디안은 30°,
1 라디안은 $\dfrac{180^\circ}{\pi}$,
x 라디안은 $\dfrac{180}{\pi}\cdot x$

가 됨을 쉽게 알 수 있다.

따라서 $\sin(60^\circ)$라는 표현보다는 $\sin(\pi/3)$로 표현하는 것이 좋다. 다시 한 번 강조하면 삼각함수는 각도의 함수인데, 각도에는 두 종류가 있어 식으로 표현할 때에 각도의 단위는 반드시 라디안을 사용해야 한다. 따라서 삼각함수는 각도의 함수라는 표현보다는 더욱 정확하게 라디안의 함수로 표현하는 것이 좋다.

1.4 삼각함수의 기본 공식은 어떤 것들이 있나?

다음의 삼각함수 공식이 많이 사용된다. 기억해 두면 편리할 것이며 기억하지 못하더라도 참고 되는 책을 보고 활용할 수 있어야 한다.

1) $\csc\theta = \dfrac{1}{\sin\theta},\quad \sec\theta = \dfrac{1}{\cos\theta},\quad \cot\theta = \dfrac{1}{\tan\theta}$ (2-3)

2) $\tan\theta = \dfrac{\sin\theta}{\cos\theta,}\quad \cot\theta = \dfrac{\cos\theta}{\sin\theta}$ (2-4)

3) 피타고라스 정리와 삼각비

$\sin^2\theta + \cos^2\theta = 1,\quad \tan^2\theta + 1 = \sec^2\theta,\quad 1 + \cot^2\theta = \csc^2\theta$ (2-5)

4) $\sin(2\pi n + \theta) = \sin\theta,\quad \cos(2\pi n + \theta) = \cos\theta,\quad \tan(\pi n + \theta) = \tan\theta$ (2-6)

5) $-\theta$의 삼각비

$\sin(-\theta) = -\sin\theta,\quad \cos(-\theta) = \cos\theta,\quad \tan(-\theta) = -\tan\theta$ (2-7)

6) $\sin(\pi \pm \theta) = \mp\sin\theta,\quad \cos(\pi \pm \theta) = -\cos\theta,\quad \tan(\pi \pm \theta) = \pm\tan\theta$ (2-8)

7) $n\pi/2 \pm \theta$의 삼각비

$\sin(n\pi/2 \pm \theta) = \cos\theta,\quad \cos(n\pi/2 \pm \theta) = \mp\sin\theta,\quad \tan(n\pi/2 \pm \theta) = \mp\cot\theta$ (2-9)

8) 반각공식

$\sin^2\dfrac{\theta}{2} = \dfrac{1-\cos\theta}{2},\quad \cos^2\dfrac{\theta}{2} = \dfrac{1+\cos\theta}{2},\quad \tan^2\dfrac{\theta}{2} = \dfrac{1-\cos\theta}{1+\cos\theta}$ (2-10)

9) 합과 차를 곱으로 변형하는 공식

$$\sin\alpha+\sin\beta=2\sin\frac{\alpha+\beta}{2}\cdot\cos\frac{\alpha-\beta}{2} \tag{2-11}$$

$$\sin\alpha-\sin\beta=2\cos\frac{\alpha+\beta}{2}\cdot\sin\frac{\alpha-\beta}{2} \tag{2-12}$$

$$\cos\alpha+\cos\beta=2\cos\frac{\alpha+\beta}{2}\cdot\cos\frac{\alpha-\beta}{2} \tag{2-13}$$

$$\cos\alpha-\cos\beta=-2\sin\frac{\alpha+\beta}{2}\cdot\sin\frac{\alpha-\beta}{2} \tag{2-14}$$

10) 곱을 합과 차로 변형하는 공식

$$\sin\alpha\cdot\cos\beta=\frac{1}{2}\{\sin(\alpha+\beta)+\sin(\alpha-\beta)\} \tag{2-15}$$

$$\cos\alpha\cdot\sin\beta=\frac{1}{2}\{\sin(\alpha+\beta)-\sin(\alpha-\beta)\} \tag{2-16}$$

$$\sin\alpha\cdot\sin\beta=-\frac{1}{2}\{\cos(\alpha+\beta)-\cos(\alpha-\beta)\} \tag{2-17}$$

$$\cos\alpha\cdot\cos\beta=\frac{1}{2}\{\cos(\alpha+\beta)+\cos(\alpha-\beta)\} \tag{2-18}$$

11) 합성공식

$$\sin(\alpha\pm\beta)=\sin\alpha\cdot\cos\beta\pm\cos\alpha\cdot\sin\beta \tag{2-19}$$

$$\cos(\alpha\pm\beta)=\cos\alpha\cdot\cos\beta\mp\sin\alpha\cdot\sin\beta \tag{2-20}$$

12) 2 배각 공식

$$\sin2\theta=2\sin\theta\cdot\cos\theta,\quad \tan2\theta=\frac{2\tan\theta}{1-\tan^2\theta} \tag{2-21}$$

$$\cos2\theta=\cos^2\theta-\sin^2\theta=2\cos^2\theta-1=1-2\sin^2\theta \tag{2-22}$$

1.5 삼각함수 $f(\theta)=\sin\theta$의 그래프는 어떻게 그려지나?

θ는 라디안이며, 위의 정의식에 의하면 밑변 a, 높이 b, 빗변 c, 빗변과 밑변의 사잇각이 θ인 직각삼각형에서

$$\sin\theta=\frac{b}{c} \tag{2-23}$$

이다. 여기서 $c=1$로 두면 $f(\theta)=\sin\theta$는 θ의 함수이다. 즉 $\sin\theta$는 θ가 0도(혹은 $-\infty$)에서부터 ∞도까지 변해감에 따라서 직각삼각형의 높이 b의 값이 어떻게 변해 가는지를 그림으로 나타낸 것이라고 생각할 수 있다(74.vi).

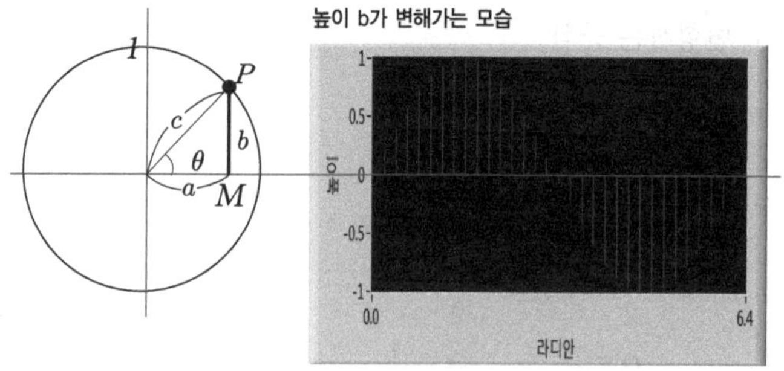

[그림 2-2] 단위원 상에서 움직이는 점 P의 높이인 PM의 길이

반지름이 1인 원주 상에 점 P가 있고, 점 P와 원의 중심과 이루는 각을 θ라고 했을 때에 θ가 0 이면, 높이 PM은 0이 되어 오른쪽 그래프에서 0°(0 라디안)에서의 길이는 0이 표시된다. θ가 점점 증가할수록 높이 PM은 점점 증가하고, θ가 $\pi/2$라디안(90°)가 되면 높이 PM은 1이 된다. θ가 다시 증가하면 높이는 점점 줄어들고, θ가 π라디안(180°)이 되면 드디어 높이는 0이 된다. 다시 θ가 증가하면 높이는 아래 방향으로 증가하게 되는데 이러한 높이를 위 방향의 높이와 구분하기 위하여 -(마이너스)를 사용한다. 그래서 θ가 $3\pi/2$(270°)까지 길이가 마이너스 방향으로 커지다가 θ가 $3\pi/2$(270°)를 넘으면 길이가 다시 줄어드는 모습이다.

$f(\theta)=\cos\theta$는 직각삼각형의 밑변의 길이를 나타내므로 θ가 0° → 90° → 180° → 270° → 360°로 증가함에 따라서 밑변의 길이는 1 → 0 → −1 → 0 → 1로 변해가는 모습을 그래프로 나타낸 것이다.

[예제 2-1] (삼각함수의 그래프) $f_1(\theta)=\sin\theta$, $f_2(\theta)=\cos\theta$, $0 \le \theta \le 4\pi$**의 그래프를 그리되, 가로축을 각도(도)로 하여 그려라(131.vi).**

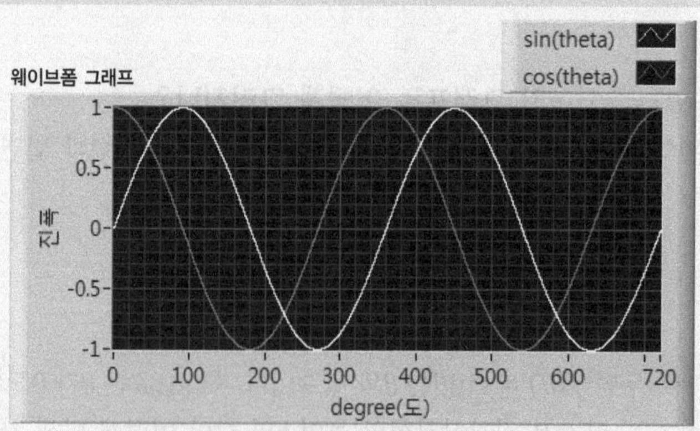

[그림 2-3] 사인함수와 코사인함수의 그래프

2. 지수함수(Exponential Function)란 무엇인가?

2.1 지수란 무엇인가?

지수함수에는 지수라는 말과 함께 밑이라는 말이 항상 공존하기 때문에 지수를 밑과 함께 생각해 보기로 한다. 0이 아닌 실수 a를 $a \cdot a \cdot a \cdot a \cdot \cdots \cdot a$을 n번 곱한 식을 a^n으로 표현하고, a의 n제곱이라고 하며, 이때 a를 밑(radix), n을 지수(exponent)라고 한다.

특히

$$a^0 = 1, \qquad a^{-p} = 1/a^p \tag{2-24}$$

이다.

어떤 수를 n 제곱하여 a가 되는 수를

$$\sqrt[n]{a} = a^{1/n} \tag{2-25}$$

으로 표현하며, a의 n 제곱근이라 한다. 즉 지수는 n 제곱과 n 제곱근을 의미한다.

2.2 지수는 어떤 성질이 있나?

0이 아닌 임의의 실수 a, b와 양의 실수 m, n에 대하여 다음의 지수법칙이 성립한다.

$$a^m a^n = a^{m+n}, \qquad \frac{a^m}{n} = a^{m-n} \tag{2-26}$$
$$(a^m)^n = a^{mn}, \qquad (ab)^m = a^m b^m$$

제곱근에 대해서는 다음과 같은 법칙이 성립한다.
단 $a > 0$, $b > 0$이고, m, n은 양의 정수이다.

$$\sqrt[m]{a} \cdot \sqrt[m]{b} = \sqrt[m]{ab}, \qquad \frac{\sqrt[m]{a}}{\sqrt[m]{b}} = \sqrt[m]{\frac{a}{b}} \tag{2-27}$$
$$\sqrt[m]{\sqrt[n]{a}} = \sqrt[mn]{a}, \qquad (\sqrt[n]{a})^m = a^{\frac{m}{n}}$$

2.3 지수함수란 무엇인가?

우리가 잘 알고 있는 $y=2x$를 생각해 보자. x의 값이 1, 2일 때 y는 2, 4가 된다. 즉 y는 x의 값이 변함에 따라서 종속적으로 변한다. 이 때에 y를 x의 함수라고 말하고 $y=f(x)$로 표현하고 "y는 x의 함수이고 변수는 x이다."라고 한다. 이러한 개념을 확장하여 생각해 보면 지수함수란 변수가 지수일 때의 함수를 의미한다. 즉 $f(n)=a^n$와 같이 변수 n이 지수이며 밑을 a로 하고 있는 함수를 지수함수라고 한다. $(a>0,\ a\neq 1)$

[예제 2-2] (지수함수의 그래프) 다음의 함수에 대한 그래프를 그려보고, 밑의 값에 따라 그래프가 어떻게 변하는지를 살펴보자(130.vi).

$f_1(n)=1.2^n,\quad f_2(n)=(-1.2)^n,\quad f_3(n)=0.8^n \quad n\geqq 0$의 그래프를 그려라. n은 정수이다(130.vi).

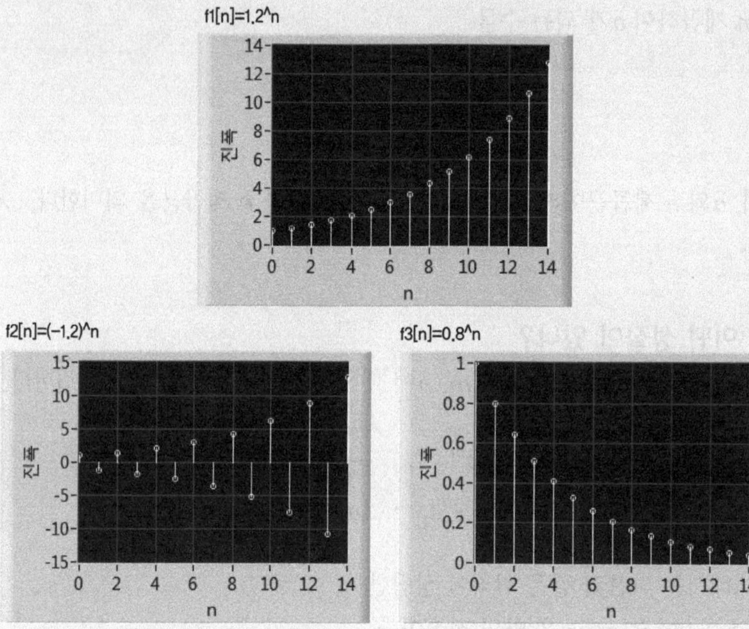

[그림 2-4] 지수함수의 그래프

3. 로그함수란 무엇인가?

3.1 로그란?

로그(log)는 logarithm의 약자이고 대수라고 부르기도 한다.

$y = a^x$, $a > 0$, $a \neq 1$인 경우에 $x = \log_a y$로 표시하고, 이는 a를 밑으로 하는 y의 로그라고 한다. y는 진수라고 한다.

특별히 $a = 10$인 경우인 $\log_{10} y$를 상용로그(혹은 상용대수)라고 하며 밑인 10을 생략하여 간단히 $\log y$로도 표현한다. a를 네피어의 수 e로 사용하는 경우를 자연로그(혹은 자연대수)라고 하면 이를 $\ln y$로 나타낸다. 상용로그 $\log y$의 값은 실수

$$\log y = n + \alpha, \qquad n: 정수, \quad 0 \leq \alpha < 1 \tag{2-28}$$

이며, n을 지표, α를 가수라고 한다.

[예제 2-3] (상용로그 계산하기) $\log 3.15 = 0.4983$ **일 때,** $\log 315$**의 값을 구하라.**

[풀이]

$$\begin{aligned} \log 315 &= \log(3.15 \times 100) = \log 3.15 + \log 10^2 \\ &= \log 3.15 + 2 = 0.4983 + 2 = 2.4983 \end{aligned}$$

따라서 $\log 315$의 지표는 2, 가수는 0.4983이다.

3.2 로그에는 어떤 성질이 있나?

$a > 0$, $a \neq 1$, $x > 0$, $y > 0$ 일 때에

$$\begin{aligned} &\log_a 1 = 0, \quad \log_a a = 1 \\ &\log_a xy = \log_a x + \log_a y \\ &\log_a \frac{x}{y} = \log_a x - \log_a y \\ &\log_a x^m = m \log_a x \\ &\log_a b = \frac{\log_c b}{\log_c a}, \ \log_a b = \frac{1}{\log_b a} \end{aligned} \tag{2-29}$$

3.3 로그함수란 무엇인가?

앞에서 지수함수는 변수가 지수로 나타나는 경우라고 설명하였다. 이와 같은 개념으로 로그함수는 변수가 로그(대수)의 형태로 나타나는 함수, 즉 $y = \log_a x$로 나타나는 함수를 a를 밑으로 하는 x에 관한 y의 로그함수라고 한다.

[예제 2-4] (로그함수의 그래프) $y_1 = \log x,\ y_2 = \log(0.1)x,\ y_3 = \ln x,\ y_4 = \ln(x-2)$ **의 그래프를 그리면 다음과 같다(134.vi).**

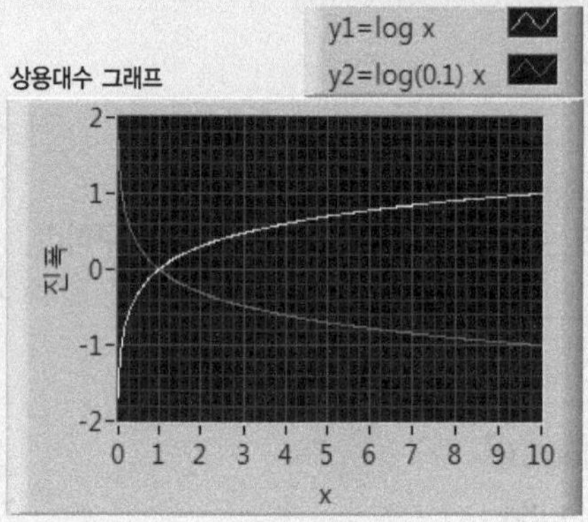

[그림 2-5] 상용대수 그래프

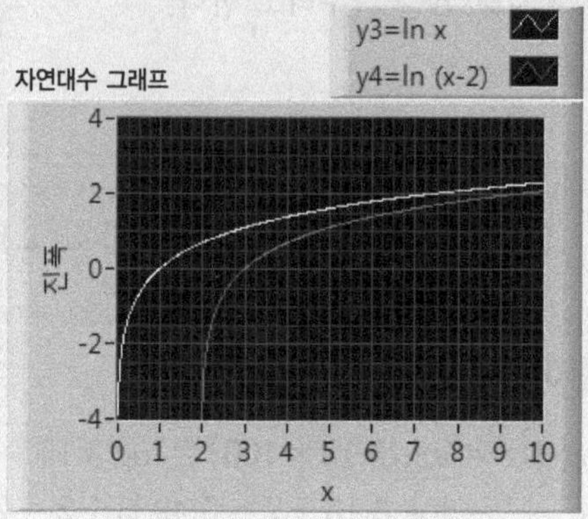

[그림 2-6] 자연대수 그래프

3.4 로그는 어떤 때에 사용하나?

로그를 어떤 경우에 사용하는지를 예를 들어 살펴보자. 지금 어떤 양의 크기가 {10, 100, 1000}인 경우에 그래프를 그려보자. 아래의 두 그래프를 비교해서 어떤 점이 차이가 있는지를 살펴보길 바란다.

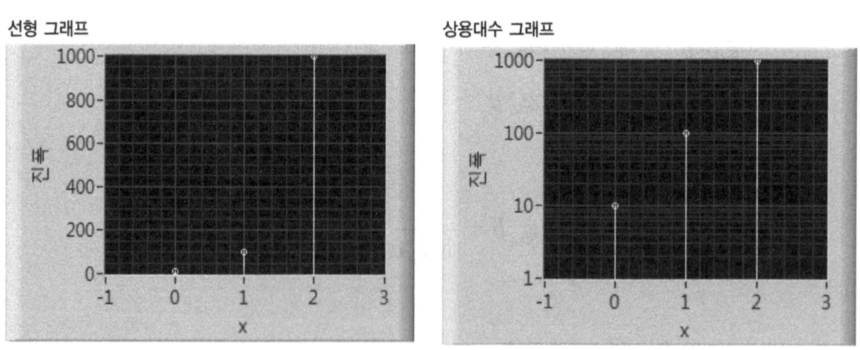

[그림 2-7] 진폭의 차이가 큰 경우에 선형그래프와 상용대수그래프의 비교

최소 진폭은 10이고, 최대진폭은 1000인 경우에 진폭축을 선형으로 하였을 때는 진폭의 차이가 커서 최대진폭을 나타내기 위해서는 최소진폭은 아주 적게 나타나기 때문에 그 값을 거의 알아보지 못한다. 이때에 진폭축을 대수로 함으로서 최소진폭과 최대진폭을 동시에 눈에 보기 좋게 보이게 하고 그 값을 쉽게 읽을 수가 있다.

왜냐하면, $\log 10 = 1$, $\log 100 = \log 10^2 = 2$, $\log 1000 = \log 10^3 = 3$의 크기로 나타난다. 이와 같이 진폭의 차이 혹은 x축 스케일의 최소와 최대의 차이가 큰 경우에 대수를 사용하면 매우 유용하게 그래프를 표시할 수 있는 장점이 있다.

4. 복소수란 무엇인가?

4.1 복소수란 무엇인가?

영어로 Complex number이고, 한자로는 複素數이다. 의미는 복잡하다는 의미도 있지만 복합적이라는 의미도 있다. 복소수의 의미는 오히려 후자 쪽의 복합이라는 의미가 포함된 것이 더욱 적절하다고 본다. 복합이라면 무엇과 무엇이 복합되어 있는 수라는 말인가? 현실에서 볼 수 있는 수(실수, Real Number)와 볼 수 없는 수 그러나 어딘가에는 반드시 존재하는 수(허수, Imaginary Number)가 복합된 수를 복소수라고 한다. 마치 내 수중에 있는 돈만이 내 재산이 아니라 남에게 빌려 준 돈(내 수중에는 없지만, 없는 것이 아니라 보이지 않을 뿐임)도 내 재산임에 틀림없는 것과 마찬가지이다. 즉

$$\text{복소수} = \text{실수} + j\ \text{허수} \tag{2-30}$$

로 표현된다. j는 허수항을 나타내는 표시자이며 경우에 따라서는 i를 사용하기도 한다. i는 허수인 영어표기인 imaginary의 첫 글자로부터 인용하여 사용한다. 그러나 공학계 특히 전자통신 분야에서는 전류 i와 혼동을 피하기 위하여 j를 흔히 사용한다.

$z^2 = 1$이면 $z = \pm\sqrt{1} = \pm 1$인 것은 누구나 쉽게 알 수 있는 일이다. 그러면 $z^2 = -1$이면 z의 값은 무엇일까? 위와 같은 과정으로 풀어 보면 $z = \pm\sqrt{-1}$이 된다. 루트의 값을 구하기 위하여 무엇을 제곱하면 −1이 된다는 말인가? 우리가 보통 아는 상식으로는 현실에서는 존재하지 않는다. 그러나 앞으로 신호를 취급하는 데, 이것을 이용하면 편리한 부분이 한두 가지가 아니다. 이런 논리를 전개하기 위하여 무엇을 제곱하면 −1이 되는 수를 j로 정의하여 아래와 같이 사용한다. 즉

$$j^2 = -1 \tag{2-31}$$

인 수를 가정하고, 즉 $j=\pm\sqrt{-1}$를 도입하고, 우리는 이를 허수(Imaginary number)라고 부르고, 허수가 포함된 z를 복소수(Complex number)라고 한다. 이를 이용하여 다음의 방정식을 풀어 보자.

$$z^2+6z+25=0$$

인수분해가 되지 않기 때문에 근의 공식을 이용하면,

$$\begin{aligned} z &= \frac{-b\pm\sqrt{b^2-4ac}}{2a}=\frac{-6\pm\sqrt{36-4(25)}}{2} \\ &=-3\pm\frac{\sqrt{-64}}{2}=-3\pm j4 \end{aligned}$$

가 된다.

$\sqrt{-64}=\sqrt{-1}\sqrt{64}=\pm j8$이기 때문이다.

4.2 복소수의 연산은 어떻게 하나?

– 더하기, 빼기, 곱하기, 나누기 계산하기

일반 대수학에서 사용하는 결합법칙, 교환법칙, 분배법칙 등이 모두 사용되며 이를 이용하여 더하기, 빼기, 곱하기, 나누기 등을 다음과 같이 할 수 있다.

덧셈과 뺄셈 : $(a+jb)\pm(c+jd)=(a\pm c)+j(b\pm d)$ (2-32)

곱　　셈 : $(a+jb)\times(c+jd)=(ac-bd)+j(ad+bc)$ (2-33)

나　눗　셈 : $\dfrac{a+jb}{c+jd}=\dfrac{(a+jb)(c-jd)}{(c+jd)(c-jd)}=\dfrac{(ac+bd)+j(bc-ad)}{c^2+d^2}$ (2-34)

– 켤레 복소수(Conjugate Complex Number)는 무엇인가?

허수 jb가 존재하면 반드시 $-jb$도 존재한다.

예를 들면 $\sqrt{-4}=\sqrt{(-1)4}=\sqrt{-1}\sqrt{4}=j(\pm2)=\pm j2$가 되기 때문이다.

따라서 일반적으로 $z=a+jb$라고 하면 $a-jb$도 반드시 존재하며 이를 z^*로 표시한다. z^*를 z의 켤레 복소수 혹은 공액 복소수라고 한다. '$3+j4$는 $3-j4$의 켤레 복소수이다'라고 하며, 또한 역으로 '$3-j4$는 $3+j4$의 켤레 복소수이다'라고 말할 수 있다.

4.3 복소수를 표현하기 위해서 어떤 좌표형이 있나?

복소수를 표현하기 위해서 직각좌표형(Rectangular form, 혹은 Cartesian form)과 극좌표형(Polar form)이 많이 사용된다. 이들 두 좌표형은 복소수 연산 등을 할 때에 편리한 좌표형을 선택하면 연산이 아주 편리해 진다.

복소수를 직각좌표형으로 표시하는 방법은 우리가 흔히 많이 사용하는 xy 좌표 평면에 한 점을 표현하는 방법이다. 단 일반적인 xy 좌표 평면의 x축과 y축이 실수로 구성되어 있으나, 복소수를 나타내기 위한 xy 좌표 평면은 x축은 실수, y축을 허수로 하는 평면(이를 복소 평면이라고 한다.)에서의 임의의 점이다. 이러한 복소평면에서의 한 점인 복소수를 나타내면 다음 그림과 같다.

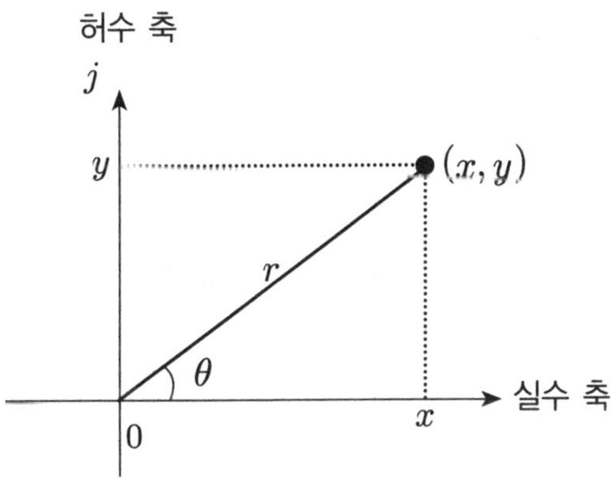

[그림 2-8] 복소수는 복소평면에서의 한 점

$$z(x,y) = x + jy = Re(z) + jIm(z) \tag{2-35}$$

$$\text{크기 } |z| = \sqrt{x^2 + y^2}$$

로 표현한다.

복소수의 극좌표형을 표현한다는 것은 복소수를 복소수의 크기와 각으로 다음과 같이 표현한다는 것이다.

$$z:\ r\angle\theta \tag{2-36}$$

주 의!!

$z = r\angle\theta$로 표시하면 안 된다. $r\angle\theta$는 극좌표형의 표현방법이지 z는 아니기 때문이다. 등식 표현을 하고자 하면 $z = re^{j\theta}$와 같이 되며 이는 θ가 지수의 형태로 되어 있기

때문에 지수함수로 볼 수 있고, 특별히 j가 붙어 있어서 허수를 나타내므로 지수함수 중에서도 복소지수함수라고 할 수 있다.(자세한 복소지수함수에 대한 설명은 다음 절에서 기술한다.)

이 때에 크기 $r=\sqrt{x^2+y^2}$ 이며, 각 θ는 x축과의 이루는 각도이다. 축과의 이루는 각도는 반시계 방향의 각도를 +로 생각하고, 시계방향의 각도를 −로 생각한다.

두 좌표계 간의 변환 방법은 다음과 같다.

직각좌표형에서 x, y를 알고, 극좌표형인 r, θ를 구하기 위해서는

$$r=\sqrt{x^2+y^2} \qquad (2\text{-}37)$$
$$\theta=\tan^{-1}\left(\frac{y}{x}\right)$$

이며, 역으로 극좌표형인 r, θ를 알고, 직각좌표형인 x, y를 구하기 위해서는

$$x=r\cos\theta,\quad y=r\sin\theta \qquad (2\text{-}38)$$

를 이용한다.

[예제 2-5] (직각좌표형에서 극좌표형으로 변환) 다음 복소수를 극좌표형으로 변환하라.

1) $0.5+j0.5$ 2) $1.5+j2$ 3) $2-j3$ 4) $-2+j3$

[풀이]

1) $r=\sqrt{0.5^2+0.5^2}=0.707,\quad \theta=\tan^{-1}\frac{0.5}{0.5}=0.785\ [radian]$

2) $r=\sqrt{1.5^2+2^2}=2.5,\quad \theta=\tan^{-1}\frac{2}{1.5}=0.927\ [radian]$

3) $r=\sqrt{2^2+3^2}=3.601,\quad \theta=\tan^{-1}\frac{-3}{2}=-0.983\ [radian]$

4) $r=\sqrt{2^2+3^2}=3.601,\quad \theta=\tan^{-1}\frac{3}{-2}=2.159\ [radian]$

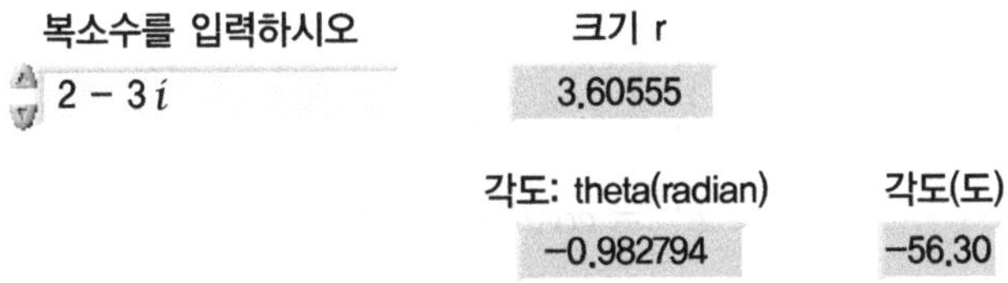

[그림 2-9] (직각좌표형에서 극좌표형으로 변환) 복소수 입력 및 크기와 각도 출력(132.vi)

주 의!!

위의 문제 3)과 4)에서 각도를 계산할 때에 양쪽 모두 $\theta = \tan^{-1}(-3/2)$ 이다. 이때에 각도를 계산할 때에는 실제로 z 평면상의 어디에 있는지를 알고 각도의 범위를 알아야 한다. 점의 위치가 1분면에 있으면 각도는 $0 < \theta < \frac{\pi}{2}$, 점의 위치가 2분면에 있으면 $\frac{\pi}{2} \le \theta \le \pi$, 3분면에 있으면 $\pi < \theta < \frac{3\pi}{2}$, 4분면에 있으면 $\frac{3\pi}{2} \le \theta \le 2\pi$ 혹은 $0 \le \theta \le -\pi$가 된다. 그런데 LabVIEW에서는 이런 점을 고려하여 위치에 맞는 각도를 계산해 준다.

[예제 2-6] (극좌표형에서 직각좌표형으로 변환) 다음의 복소수를 직각좌표형으로 변환하라.

1) $2\angle 1.5$ 2) $3\angle -0.5$ 3) $1\angle 0.5$ 4) $5\angle -2.5$

[풀이]

1) $z = r\cos\theta + jr\sin\theta = 2\cos 1.5 + j2\sin 1.5 = 0.141 + j1.995$

2) $z = r\cos\theta + jr\sin\theta = 3\cos(-0.5) + j3\sin(-0.5) = 2.633 - j1.438$

3) $z = r\cos\theta + jr\sin\theta = 1\cos 0.5 + j\sin 0.5 = 0.878 + j0.479$

4) $z = r\cos\theta + jr\sin\theta = 5\cos(-2.5) + j5\sin(-2.5) = -4.006 - j2.992$

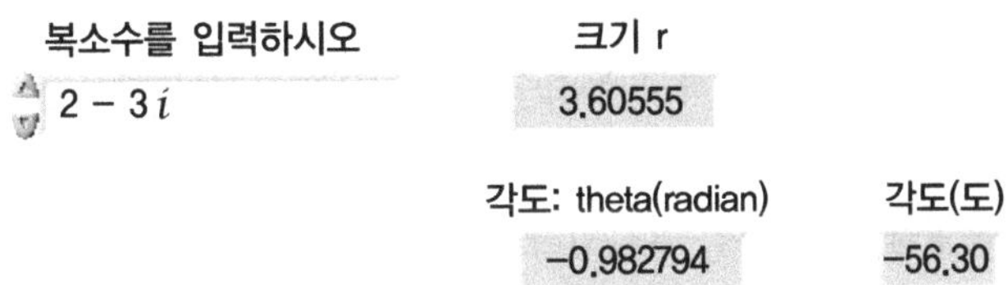

[그림 2-10] 극좌표형을 직각좌표형으로 변환(133.vi)

복소지수함수 $e^{j\theta}$는 다음과 같은 오일러 공식을 이용하여 삼각함수의 형태로 변환할 수 있다.

$$e^{j\theta} = \cos\theta + j\sin\theta \tag{2-39}$$

오일러 공식을 사용하여, 다음과 같이 직각좌표형을 복소지수함수형으로 변환할 수도 있다.

$$z = r\cos\theta + jr\sin\theta = r(\cos\theta + j\sin\theta) = re^{j\theta} \tag{2-40}$$

결과적으로 복소수를 연산하기 위해서, 예를 들면 복소수들을 더하기, 빼기를 하는 경우에는 직각좌표형이 편리할 것이며, 곱하기와 나누기의 경우에는 극좌표형을 오일러(Euler) 공식을 이용한 표현 방법이 편리하다(56.vi).

레온하드 오일러(Leonhard Euler: 1707. 4. 15 ~ 1783. 9. 18)

스위스의 수학자이며 바젤에서 출생했다. 요한 베르누이에게 수학을 배우고 1727년 요한 베르누이의 아들 니콜라스 베르누이와 다니엘 베르누이의 초청을 받아 상트페테르부르크로 가서 1741년까지 연구를 계속했다. 1741년 베를린 과학아카데미로 옮겼으나, 1766년 예카테리나 2세(재위 1762~1796)의 초빙으로 상트페테르부르크로 가서 죽을 때까지 연구를 계속했다. 1738년 무렵에 오른쪽 눈의 시력을 잃었고, 말년에는 두 눈 모두 실명하였으나 뛰어난 기억력과 조수의 협력으로 초인적인 연구 활동을 계속했다. 논문은 그가 죽은 뒤에 발표된 것까지 합쳐서 850편에 이르며, 전 87권 예정의 전집은 현재 60권 이상 간행되었으나 아직 완결되지 못하였다. 그는 여러 방면에 걸쳐 업적을 남겼다. 범선의 마스트 배치, 귀의 생리학에 관한 연구도 있지만 대부분은 넓은 의미의 수학에 관련된 것이다. 그중 절반 가까이는 해석학 및 그 응용인 역학 · 천체역학 · 수리물리학에 관한 것이다. 주요 저서인 《역학》《무한소해석입문(無限小解析入門, 2권)》에서 오늘날의 미분적분학 교과서에 있는 많은 계산법을 종합하고 복소수를 형식적으로 사용하여 오일러의 공식 $e^{j\omega} = \cos\omega + j\sin\omega$를 비롯한 많은 공식을 도출하였고, 또 오일러 각을 정의하여 이차곡면의 표준형을 분류했다. 삼각법과 연금(年金)에 관한 문제 등 오일러가 정리한 이래 그 이상의 본질적인 발전을 이루지 못한 분야도 있다. 수학의 다른 분야

에서도 정수론에서의 오일러의 함수(보다 작은 수로서 과는 서로素인 양의 정수의 개수), 법(法, modulus)에 관한 원시근 등이 중요하다. 또 쾨니히스베르크의 다리 건너기 문제에서 토폴로지를 창시하여 다면체의 오일러의 공식을 제시했다. 그 밖에 오일러의 상수, Γ함수와 함수, 변분법 등 그의 이름을 붙이는 유명한 업적이 많다. 응용면에서는 태음운동론(太陰運動論)에 처음으로 계산이 가능한 해(解)를 고안하여 달의 운동표계산법 발명상을 영국 해군으로부터 받았다.

(출처: http://kr.dic.yahoo.com/search/enc/result.html?pk=16416500)

5. 복소지수함수란 무엇인가?

5.1 복소지수함수(Complex Exponential Function)란 무엇인가?

복소지수는 복소수와 지수가 결합된 단어이다. 즉, 어떤 수를 밑으로 한 지수는 복소수(실제로는 허수만으로 이루어짐)의 형태일 때를 복소지수라 한다. 그러면, 복소지수함수는 지수가 복소수(실제로는 허수)로 되어 있고 그 복소수(허수)가 변수일 때에 얻어지는 값을 복소지수함수라고 한다. 예를 들면 e^{θ}에서 지수인 실수 θ가 변수이며, 변수 θ 대신에 $j\theta$라는 복소수(허수)를 지수로 사용한다. 일반적으로 지수함수는 e^{θ}이고, 복소지수함수는 $e^{j\theta}$이다. (복소수, 복소지수, 복소지수함수를 혼동하지 않도록 주의하기 바란다.)

θ를 변수로 하는 복소지수함수는 $f(\theta) = re^{j\theta}$로 표현한다.

이를 그림으로 나타내면 복소평면(x축은 실수축, y축은 허수축)에서 표현하면, r은 원의 반지름을 나타내고, θ는 원주상의 한 점과 원점을 잇는 직선과 x축과 이루는 각을 의미한다. θ가 0 라디안(0도)에서 2π 라디안(360도)으로 증가하면 원주상의 한 점은 원주 상에서 회전한다고 할 수 있다. 그리고 원주상의 한 섬을 원의 원짐과 이었을 때(즉 반지름 r)에 원주상의 한 점과 x축에 수직선을 내린 선의 길이(높이)는 $r\sin(\theta)$가 되며, 원주상의 한 점과 y축에 수평으로 이은 직선(밑변)은 $r\cos(\theta)$가 된다. 따라서, 원주 상의 한 점을 반지름 r과 각도 θ로 표현할 수 있고 $re^{j\theta}$로 된다. 즉,

$$f(\theta) = re^{j\theta} = r\cos(\theta) + jr\sin(\theta) \qquad (2\text{-}41)$$

이 된다. 여기에서 $r = 1$ 즉 단위원(반지름이 1인 원)으로 생각하면

$$e^{j\theta} = \cos(\theta) + j\sin(\theta) \qquad (2\text{-}42)$$

로 표현되고, 이를 오일러 공식(Euler's formula)이라고 한다.

생각해 보기

복소지수함수를 의미적으로 더욱 적합한 다른 말로 표현하면 무엇이라고 하면 좋을까?

복소수는 실수와 허수로 구성되어 있다. 만약 실수가 0이면 복소수를 허수라고 할 수 있다. 물론 허수는 복소수로 볼 수 있기 때문에 문제가 없다고 하겠으나 이를 구분하여 사용해 보자.

즉, 복소수는 실수와 허수 모두가 0이 아닌 값을 가진다고 생각하자. 그러면 복소지수함수의 이름을 다른 표현으로 하면 어떻게 할 수 있을까? 결론부터 말하면 허수지수함수라는 이름이 더욱 적합하다고 볼 수 있다. 왜냐하면, 지수에 복소수(실수와 허수 모두가 0이 아닌 값을 가지는 경우)를 가지면

$$e^{\alpha+j\beta} = e^{\alpha}e^{j\beta} = ce^{j\beta} \tag{2-43}$$

가 되어 지수에는 허수만이 들어간다. 따라서 복소지수함수라는 표현보다는 허수지수함수가 적합하다. 그러나 수학 책의 어디에도 이러한 표현은 없으므로 사용해서는 안 된다. 왜냐하면 실수가 0이 되어 허수만 있다 하더라고 복소수임에는 틀림없기 때문이다. 다만 이해를 하기 위한 도움으로 생각하기 바란다.

5.2 복소수와 신호와는 어떤 관계가 있나?

신호를 공부하는 데에 복소수는 왜 알아야 하나? 복소수와 신호가 어떤 관계가 있다는 말인가?

신호(신호라 함은 정현파를 의미함)를 표현하는 방법으로써 복소수를 이용할 수 있기 때문이다. 그 이유는 다음과 같다.

- 모든 신호는 $1 \sim \infty$개의 서로 다른 진폭과 주파수를 가진 정현파의 합으로 이루어져 있다 (4장의 3.2절 참조).
- 정현파는 삼각함수(사인파 혹은 코사인파)로 표현되며
- 삼각함수의 어느 순간(혹은 각도)의 값은 아래의 설명처럼 복소평면상의 하나의 점인 복소수로 표현될 수 있다.
- 따라서 신호를 표현하고 취급하기 위해서 복소수가 필요하다.

다음과 같은 복소평면 상의 점 P의 좌표인 (a, b)를 생각해보자. 복소평면상의 좌표 (a, b)는 복소수 $a+jb$로 나타낸다.

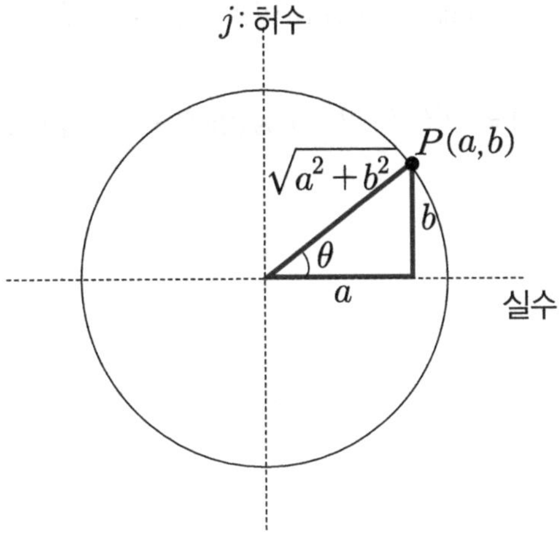

[그림 2-11] 복소평면 상에서의 복소수 표현

$$a+jb = \sqrt{a^2+b^2}\left(\frac{a}{\sqrt{a^2+b^2}} + j\frac{b}{\sqrt{a^2+b^2}}\right) \quad (2\text{-}44)$$
$$= \sqrt{a^2+b^2}\left(\cos(\theta)+j\sin(\theta)\right)$$

즉 P점의 좌표인 (a, b)의 위치가 변함에 따라서 복소수 $a+jb$는 정현파(사인파와 코사인파)의 어느 한 순간의 각도로 표현되기 때문에, 신호는 복소수로 표현될 수 있다.

5.3 복소지수함수와 신호와는 어떤 관계가 있나?

위의 설명에서 보듯이 신호는 복소수로 표현된다. 한편 복소지수는 복소수로 표현할 수 있기 때문에 신호를 복소지수로 표현할 수 있다.

이를 식으로 표현하면 다음과 같다.

복소지수함수 $re^{j\theta}$는 다음과 같이 복소수 $a+jb$로 표현된다.

$$re^{j\theta} = \sqrt{a^2+b^2}\, e^{j\tan^{-1}\frac{b}{a}} \quad (2\text{-}45)$$

그리고 복소지수함수 $re^{j\theta}$는 오일러 공식에 의하여 $r\cos\theta + jr\sin\theta$이므로, 복소지수함수는 정현파인 신호를 표현한다. $f(\theta) = e^{j\theta}$는 복소지수함수이다(지수 부분에 실수 θ 대신에 $j\theta$라는 허수가 사용되었으며, 허수는 복소수이다.).

오일러 공식에 의하여 $e^{j\theta} = \cos(\theta) + j\sin(\theta)$이며, θ 대신에 $2\pi ft + \phi$를 대입하면,

$$f(2\pi ft + \phi) = e^{j(2\pi ft + \phi)} = \cos(2\pi ft + \phi) + j\sin(2\pi ft + \phi) \tag{2-46}$$

가 된다.

혹은 $2\pi f$ 대신에 ω를 넣으면,

$$f(\omega t + \phi) = e^{j(\omega t + \phi)} = \cos(\omega t + \phi) + j\sin(\omega t + \phi) \tag{2-47}$$

가 된다.

$f(\omega t + \phi)$는 $(\omega t + \phi)$의 함수라는 의미인데 실제로 ω와 ϕ는 상수이므로 결국 시간 t의 함수가 된다.

따라서 위 식은,

$$f(t) = e^{j\omega t + \phi} = \cos(\omega t + \phi) + j\sin(\omega t + \phi) \tag{2-48}$$

로 표현된다.

통신 등의 분야에서 이러한 복소지수함수가 많이 사용되고 있으며, $g_1(t) = \cos(2\pi ft + \phi)$, $g_2(t) = \sin(2\pi ft + \phi)$로 두면,

$$\begin{aligned} g_1(t) &= Re[f(t)] \\ g_2(t) &= Im[f(t)] \end{aligned} \tag{2-49}$$

로 사용한다. 여기서 $Im[f(t)]$는 $f(t)$의 허수부분을 의미하고, $Re[f(t)]$는 $f(t)$의 실수부분을 의미한다.

생각해 보기

$\sin(\theta)$에서 θ 대신에 $2\pi ft + \phi$를 왜 사용해도 되는가?

단위를 생각해 보자. θ의 단위는 [라디안]이다.

$2\pi ft + \phi$의 단위는 [라디안] [1/sec] [sec] + [라디안] = [라디안], 따라서 $\sin(\theta)$에서 θ 대신에 $2\pi ft + \phi$를 사용해도 아무런 문제가 없다.

$\sqrt{-1}$ (음수의 제곱근)의 역사 :

$\sqrt{-1}$이 최초로 나타난 것은 서기 1세기 그리스의 수학자이자 발명가인 알렉산드리아의 헤론이 피라미드의 절단에 대한 부피를 계산할 때이다. 좀 더 명확히 나타난 때는 타르탈리아나 제롤라모 카르다노와 같은 16세기 이탈리아 수학자들이 3차와 4차 다항방정식의 근에 대한 공식을 발견할 때이다. 그 당시의 수학자들은 이 공식들에서 실수해만을 구하려고 하였지만 그 과정에서 음수의 제곱근이 다루어지는 과정이 필요함을 곧 알 수 있었다. 그 당시에는 음수에 대한 이해도 부족했으므로 복소수는 수로서 인정되지 못했다. 17세기에 르네 데카르트가 처음으로 "허수"라는 용어를 사용하였다. 18세기에 드 무아브르와 레온하르트 오일러의 복소수에 대한 업적이 있었다. 유명한 드 무아부르의 공식에 드 무아부르의 업적이 나타나 있다.

$$(\cos\theta + j\sin\theta)^n = \cos(n\theta) + j\sin(n\theta) \tag{2-50}$$

그리고 복소해석학에서의 오일러의 공식에서 오일러의 업적을 볼 수 있다.

$$\cos\theta + j\sin\theta = e^{j\theta} \tag{2-51}$$

복소수의 존재성에 대해서는 1799년 카스파르 베셀이 복소수를 기하적인 표현으로 나타냄으로써 비로소 완전히 받아들여졌다. 이것은 수년 후에 카를 프리드리히 가우스가 발견하여 널리 알려져서, 결국 복소수가 매우 중요한 수의 확장으로 받아 들여졌다. 그러나 복소수의 기하학적 표현에 대한 생각은 1685년 존 월리스의 〈De Algebra tractatus〉에도 나타났다.

(출처: http://ko.wikipedia.org/wiki/%EB%B3%B5%EC%86%8C%EC%88%98)

6. 미분이란 무엇이고 어떻게 하는 것인가?

6.1 미분은 어떤 의미를 가지고 있나?

미분의 의미는 한자를 보면 쉽게 이해할 수 있다. 微分이며, 微는 '아주 적음'의 의미이며, 分은 '나누다'라는 의미이다. 즉 미분이란 '아주 적게 나누다'라는 뜻이다.
다음과 같이 나열된 숫자를 보자.

$$\begin{matrix} & 1\text{단계} & 2\text{단계} & 3\text{단계} & 4\text{단계} & 5\text{단계}\cdots \\ [& 1 & 3 & 5 & 7 & 9\cdots] \end{matrix}$$

두말 할 나위 없이 1부터 2씩 증가하고 있음을 알 수 있다. 따라서 이를 정확히 말로 표현하면, "1부터 2씩 증가하고 있다. 따라서 변화의 량은 2이다."

즉 한 단계가 증가(즉 단계 1에서의 값은 1, 단계 2에서의 값은 3, 단계 3에서의 값은 5, … 등)함에 따라서 값은 2씩 일정한 값으로 증가된다.

단계의 간격에 대한 변화량을 수식으로 표현하면 다음과 같이 나타낼 수 있을 것이다.

$$\frac{\text{변화량}}{\text{단계의 간격}} = \frac{2}{1} = 2 \qquad (2\text{-}52)$$

또한 위에서 나타낸 숫자와 숫자의 사이의 다른 값도 모두 있다고 가정하면, 즉 1과 3 사이에, 즉 1.5 단계에 2, 3과 5 사이에, 즉 2.5 단계에 4등이 있다고 생각하면 위의 식은

$$\frac{\text{변화량}}{\text{단계의 간격}} = \frac{1}{0.5} = 2 \qquad (2\text{-}53)$$

가 된다.

그러면 단계의 간격을 다음과 같이 더욱 줄여 보면

$$\frac{\text{변화량}}{\text{단계의 간격}} = \frac{1}{0.5} = \frac{0.5}{0.25} = \frac{0.25}{0.125} = \frac{0.1255}{0.06275} = \cdots = 2 \qquad (2\text{-}54)$$

가 되어 그 비율은 항상 2가 됨을 알 수 있다.

여기서 용어를 바꾸어서 사용하는데 단계의 간격을 단순히 간격으로 사용하기로 한다. 간격은 어디까지 갈 수 있을까? 간격이 0까지 갈 수 있을까? 간격이 0이 된다는 것은 의미가 없다. 왜냐하면, 간격이 0이란 간격이 없다는 의미이기 때문이다. 즉 간격이 0 바로 직전까지 갈 수 있다. 이러한 표현을 수학에서는 $\lim_{\text{간격}\to 0}$ 으로 나타낸다.
(lim은 limit(한계)를 줄여서 표현한 것이다.)

따라서 간격을 0 직전까지 가는 경우에 위의 식은 다음과 같이 표현할 수 있다.

$$\lim_{\text{간격}\to 0} \frac{\text{변화량}}{\text{간격}} \tag{2-55}$$

이제 여러분은 위의 식의 의미를 이해했을 것으로 생각한다. 이를 미분이라고 한다. 처음에서 설명했듯이 '미분이란 아주 적게(0 직전까지) 나눈다'에서 간격을 아주 적게 0 가까이까지 나누었을 때에 해당 간격 동안에 변화한 값(변화량)이라는 의미이다.

이를 수식과 그래프에서 보면 다음과 같다.

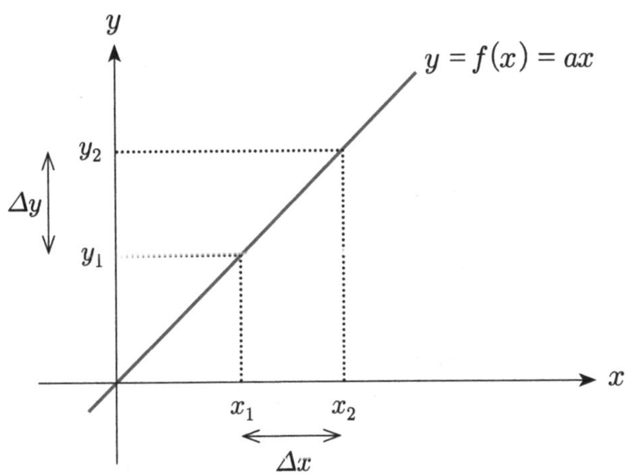

[그림 2-12] 함수(직선)의 기울기

위의 식은 $y = f(x) = ax$의 그래프이다.

미분의 개념을 위에서도 설명했듯이 다음과 같이 미분(이 단계에서는 미분이라는 표현보다는 평균변화율이라는 표현이 적당하다.)은 기울기의 의미이다.

$$\frac{\text{변화폭}}{\text{간격}} = \frac{y_2 - y_1}{x_2 - x_1} = \frac{\Delta y}{\Delta x} \tag{2-56}$$

미분은 '아주 적게 나눈다'라는 의미에서 단계를 0으로 (아주 가깝게) 아주 적게 나눈다는 것을 식으로 표현하면 다음과 같다.

$$\lim_{\Delta x\to 0} \frac{\Delta y}{\Delta x} \tag{2-57}$$

여기서 조금 더 생각해 보아야 할 것이 있다. 미분을 '기울기'라는 말로 표현했는데 위의 그래프에서와 같이 어느 지점에서나 기울기가 같은 함수에서는 문제가 없지만, 일반적으로는 함수식은 직선이 아닌, 즉 아래의 그래프와 같은 곡선이기 때문에 각 점 a, b, c의 위치에 따라서 각 점에서의 기울기는 모두 다르다.

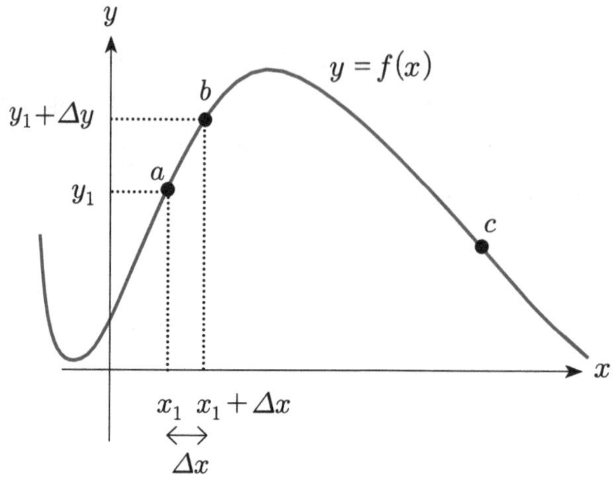

[그림 2-13] 곡선에서는 곡선 상의 위치에 따라서 평균변화율(미분값, 기울기)이 다르다.

6.2 미분은 순간 기울기? 도함수?

그러면, 위에서 미분은 기울기라고 했는데, 기울기라면, 위치 즉 x의 좌표(위치)가 달라짐에 따라 그 지점에서의 기울기도 달라진다. 따라서 기울기를 알고자 할 때에는 위치를 고정시켜 주어야 한다. x_1점에서의 기울기(한 점에서의 기울기이므로 순간 기울기라고 표현함이 적당하다.)는 다음과 같다. 여기서 순간이라는 말의 의미는 점 x_1에서의 값을 표현하기 위함이다. 위의 그래프로부터 쉽게 알 수 있듯이

x_1에서의 기울기 :

$$\lim_{[(x_1+\Delta x)-x_1]\to 0} \frac{(y_1+\Delta y)-y_1}{(x_1+\Delta x)-x_1} = \lim_{\Delta x\to 0}\frac{f(x_1+\Delta x)-f(x_1)}{\Delta x} \tag{2-58}$$

이와 같이 x_1 이외의 모든 값에 대하여도 위와 같이 표현할 수 있다.

이를 일반화시키면, 어느 특정점 x_1이 아니라 일반 위치인 x에서의 기울기는 다음과 같이 표현할 수 있다.

$$\lim_{\Delta x\to 0}\frac{f(x+\Delta x)-f(x)}{\Delta x} \tag{2-59}$$

이를 함수 $f(x)$에 대한 도함수라고 하며, 다음과 같이도 표현한다. 물리적 의미는 어떤 특

정점 x에서의 기울기 혹은 평균변화율이라고 할 수 있다.

$$f'(x),\ \frac{d}{dx}f(x),\ y',\ \frac{d}{dx}y \tag{2-60}$$

여기의 dx에서 d은 differential의 첫글자이며 '아주 적은 차이'의 의미가 있다. 즉 아주 적은 값으로 나눈다는 의미가 포함되어 있다.

물론 위 그래프의 곡선에서처럼 x의 좌표점인 x_1에서 기울기가 존재하기 위해서는 그 점에서 그래프의 직선이 연속성이 있어야 한다. 만약 함수의 그래프가 어떤 점에서 불연속이면 기울기도 존재하지 않으며, 이 때를 해당 위치(지점)에서는 미분 불가능하다라고 표현한다. 즉 어떤 특정 위치에서 미분이 존재하기 위해서는 해당 지점에서 곡선(직선 포함)이 연속적이어야 한다.

[예제 2-7] $f(x)=x^2+1$에서 $x-3$에서의 기울기를 구하라.

[풀이]

$$\begin{aligned}
\lim_{\Delta x\to 0}\frac{f(x+\Delta x)-f(x)}{\Delta x} &= \lim_{\Delta x\to 0}\frac{f(3+\Delta x)-f(3)}{\Delta x}\\
&= \lim_{\Delta x\to 0}\frac{((3+\Delta x)^2+1)-(3^2+1)}{\Delta x}\\
&= \lim_{\Delta x\to 0}\frac{(3^2+(\Delta x)^2+2\cdot 3\cdot \Delta x+1-3^2-1)}{\Delta x}\\
&= \lim_{\Delta x\to 0}\frac{\Delta x(\Delta x+6)}{\Delta x}\\
&= \lim_{\Delta x\to 0}(\Delta x+6) \qquad \because \Delta x\text{가 } 0\text{으로 가기 때문에}\\
&= 6
\end{aligned}$$

[예제 2-8] $f(x)=x^2+1$에서 x에서의 기울기, 즉 $f(x)$의 도함수(미분)를 구하라.

[풀이]

$$
\begin{aligned}
\lim_{\Delta x \to 0} \frac{f(x+\Delta x)-f(x)}{\Delta x} &= \lim_{\Delta x \to 0} \frac{f(x+\Delta x)-f(x)}{\Delta x} \\
&= \lim_{\Delta x \to 0} \frac{((x+\Delta x)^2+1)-(x^2+1)}{\Delta x} \\
&= \lim_{\Delta x \to 0} \frac{(x^2+(\Delta x)^2+2 \cdot x \cdot \Delta x+1-x^2-1)}{\Delta x} \\
&= \lim_{\Delta x \to 0} \frac{\Delta x(\Delta x+2x)}{\Delta x} \\
&= \lim_{\Delta x \to 0} (\Delta x+2x) \\
&= 2x
\end{aligned}
$$

(앞의 예제에서 $x=3$에서의 도함수는 6이 되므로 같은 결과가 얻어짐을 알 수 있다.)

[예제 2-9] $f(x)=x^3$에서 x에서의 기울기, 즉 $f(x)$의 도함수(미분)를 구하라.

[풀이]

$$
\begin{aligned}
\lim_{\Delta x \to 0} \frac{f(x+\Delta x)-f(x)}{\Delta x} &= \lim_{\Delta x \to 0} \frac{f(x+\Delta x)-f(x)}{\Delta x} \\
&= \lim_{\Delta x \to 0} \frac{(x+\Delta x)^3-x^3)}{\Delta x} \\
&= \lim_{\Delta x \to 0} \frac{(x^3+(\Delta x)^3+3x^2\Delta x+3x(\Delta x)^2-x^3)}{\Delta x} \\
&= \lim_{\Delta x \to 0} \frac{\Delta x(3x^2+3x\Delta x+(\Delta x)^2)}{\Delta x} \\
&= \lim_{\Delta x \to 0} (3x^2+3x\Delta x+(\Delta x)^2) \\
&= 3x^2
\end{aligned}
$$

6.3 미분을 하기 위해서 위와 같은 전개를 매번 반복하여야 하나?

지금까지 미분의 물리적 의미는 기울기임을 설명하였고, 미분하는 방법, 즉 도함수를 구하는 방법에 대하여 설명하였다. 더욱 상세한 내용은 일반적인 대학수학 등을 참고하기 바란다. 그런데 미분을 할 때마다 위와 같은 전개 과정을 거친다면 대단히 불편하고 시간도 많이 걸릴 것이다. 따라서 아래의 기본 공식들을 이용하여 미분을 하면 편리하다. 실제로 신호처리를 공부하면서 미분을 하는 경우가 많이 있으나 아래에 열거한 공식을 암기해 두거나, 기억이 나지 않을 경우에는 수학 책을 찾아서 활용할 수 있으면 된다.

1) 상수, 즉 숫자를 미분하면 0이다.

$$f(x)=c \rightarrow f'(x)=0 \tag{2-61}$$

예) $f(x)=10 \rightarrow f'(x)=0$

2) 어떤 함수에 상수를 곱하여 미분한다는 것은 함수를 미분하여 상수를 곱한 것과 같다.

$$\{c \cdot f(x)\}'=c \cdot f'(x) \tag{2-62}$$

예) $\{5(3x^2+1)\}'=5(3x^2+1)'=5(6x)=30x$

3) 두 개가 함수를 더하여 미분한다는 것은 각각의 함수를 미분하여 더한 것과 같다.

$$\{f(x)+g(x)\}'=f'(x)+g'(x) \tag{2-63}$$

예) $\{3x^3+2x^2\}'=(3x^3)'+(2x^2)'=9x^2+4x$

4) 두 개의 함수를 곱해서 미분한다는 것은 하나의 함수를 미분하여 원함수를 곱한 것과, 다른 하나의 힘수를 미분하여 원함수를 곱한 것을 더한 것과 깉다.

$$\{f(x) \cdot g(x)\}'=f'(x) \cdot g(x)+f(x) \cdot g'(x) \tag{2-64}$$

예)
$$\begin{aligned}\{(x^2+1) \cdot x^3\}' &= (x^2+1)'x^3+(x^2+1)(x^3)' \\ &= 2x \cdot x^3+(x^2+1)3x^2 \\ &= 2x^4+3x^4+3x^2 \\ &= 5x^4+3x^2\end{aligned}$$

5) 두 개의 함수를 나누어서 미분한다는 것은 각각의 함수를 미분과 원함수를 곱하여 빼기를

하고, 여기에 분자 함수의 제곱으로 나눈 것과 같다.

$$\left\{\frac{f(x)}{g(x)}\right\}' = \frac{f'(x)g(x) - f(x)g'(x)}{\{g(x)\}^2} \tag{2-65}$$

예) $\left\{\dfrac{x+1}{x-1}\right\}' = \dfrac{(x+1)'(x-1)-(x+1)(x-1)'}{(x-1)^2}$

$= \dfrac{1(x-1)-(x+1)1}{(x-1)^2}$

$= \dfrac{-2}{(x-1)^2}$

다음은 신호처리에 자주 나오는 각 함수들에 대한 도함수를 정리한 것이다. 외워두면 도움이 많이 될 것이다.

1) $(x^n)' = nx^{n-1}$ (2-66)

예) $(x^3)' = 3x^2$

$(x^{\frac{1}{3}})' = \dfrac{1}{3}x^{(\frac{1}{3}-1)} = \dfrac{1}{3}x^{(\frac{-2}{3})}$

2) $(\log_a x)' = \dfrac{1}{x}log_a e$ (2-67)

3) $(\ln x)' = \dfrac{1}{x}$ (2-68)

4) $(a^x)' = a^x \ln a, \qquad (e^x)' = e^x$ (2-69)

5) $(\sin x)' = \cos x, \quad (\cos x)' = -\sin x, \quad (\tan x)' = \sec^2 x$ (2-70)

[예제 2-10] $y=(x^2+3)^3$ **에서** $\dfrac{dy}{dx}$**를 구하라.**

[풀이] 다음의 두 가지 방법으로 도함수를 구할 수 있다.

방법 1 : $y = (x^2+3)^3 = x^6 + 9x^4 + 27x^2 + 27$

따라서

$$\frac{dy}{dx} = 6x^5 + 36x^3 + 54x$$

방법 2 : $\frac{dy}{dx} = \frac{dy}{dt} \cdot \frac{dt}{dx}$ 를 이용한다.

$t = x^2 + 3$으로 두면, $y = t^3$이 된다.

따라서

$$\frac{dy}{dx} = \frac{dy}{dt} \cdot \frac{dt}{dx} = \frac{d}{dt}t^3 \cdot \frac{d}{dx}(x^2+3) = 3t^2 \cdot 2x = 3(x^2+3)^2 \cdot 2x$$
$$= 6x^5 + 36x^3 + 54x$$

방법 1과 방법 2는 같은 결과를 얻을 수 있음을 알 수 있다.

즉, 복잡한 식의 미분은 함수의 일부분을 다른 변수로 치환하여 미분하면 복잡한 미분을 쉽게 구할 수 있는 경우가 많다.

6.4 차분방정식이란 무엇인가?

갑자기 왜 차분방정식인가? 미분을 공부했으니 그 다음은 미분방정식이 나와야 하는 것이지. 그렇다. 미분방정식이 어떤 것인지 간단히 살펴보자.

대표적인 미분방정식으로 다음과 같은 것들이 있다.

$$\frac{dy}{dx} + 2y = 0$$
$$3\frac{d^2y}{dx^2} + \frac{dy}{dx} - 5 = 0 \tag{2-71}$$

우리가 잘 알고 있는 방정식 $3x+5=0$과 비교해 보면(이러한 형태의 방정식을 대수방정식이라고 한다.), 대수방정식에서는 변수가 x인 것에 비하면, 미분방정식은 변수 x 대신에 도함수가 변수가 된 함수이다. 다시 말해서 $3x+5=0$에서 x 대신에 미분의 형태인 도함수 dy/dx를 대입하면, $3\,dy/dx+5=0$이 된다.

그러면 차분이란 무슨 의미인가? 한마디로 말하면 차이를 차분이라고 한다. 디지털신호처리 관련 책을 보면 차분이라는 용어가 많이 나오는데 여기서 미분과 차분을 비교해 가면서 설명한다.

미분은 앞에서도 말했듯이, 아주 적은 간격으로 나누어서 간격에 대한 변화율의 비로서 다음과 같이 표현하였다.

$$\lim_{\Delta x \to 0} \frac{\Delta y}{\Delta x} \tag{2-72}$$

위에서 우리는 간격인 Δx가 연속적인 값을 가진다고 생각하였다. 연속적인 값의 의미는 쉽게 생각하여 x가 모든 값을 가짐을 의미한다.

즉, 0 다음에 오는 값이 0.1은 없고 0.2가 있는 것이 아니라, 혹은 0 다음에 0.0001은 없고 0.0002가 있는 것이 아니라 0 다음에 오는 숫자는 어떠한 작은 값도 존재함을 의미한다. 따라서 간격 Δx가 0에 접근할 수 있다. 만약 x가 연속적이지 않는다면, 즉 불연속이면 Δx가 0에 접근할 수 없다. 이러한 경우 즉 연속적이지 않는 값의 차이를 차분이라고 한다. 또한 차분방정식이란 미분방정식에 대비되는 말로서 미분방정식에서의 dx는 $(x+\Delta x)-x=\Delta x$가 0에 접근하는 것이다. 그러나 차분방정식에서는 x의 값이 1, 2, 3, ...등으로 이산값을 가지며 변화해 간다. 따라서 간격 dx는 0으로 접근하는 것이 아니라 항상 1만 존재한다. 따라서 미분(도함수)을 나타내는

$$\lim_{\Delta x \to 0} \frac{f(x+\Delta x)-f(x)}{\Delta x} \tag{2-73}$$

는 다음과 같이 변경될 수 있다.

$\lim_{\Delta x \to 0}$은 의미가 없어지고(왜냐하면 간격은 1만 존재함.), $\Delta x = 1$이고, x의 값도 연속적인 값이 아니라 정수만 존재하므로 x 대신에 n으로 표기하여 위의 도함수를 나타내면 다음과 같이

$$f(n+1)-f(n) \tag{2-74}$$

로 표현된다.

이는 차로 표현되는 식이기 때문에 차분(Difference)으로 표현한다. 디지털신호처리에서 입력을 $x[n]$으로 표현하고, 출력을 $y[n]$으로 나타낸 차분방정식의 예는 다음과 같다.

$$y[n] = x[n]-2x[n-1]+3x[n-2]-y[n-1] \tag{2-75}$$

– 간격이 왜 1만 존재하는가?

아날로그신호 $x(t)$로부터 샘플링 주기 T_s = 0.1 sec로 샘플링된 신호가 다음과 같다고 가정하자.

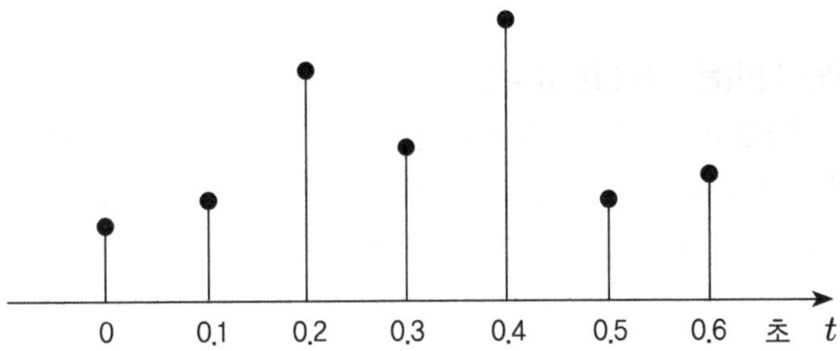

[그림 2-14] 연속시간축에서의 샘플링 신호의 표현

위의 신호를 디지털신호로 표현할 때에는 샘플링 주기 T_s가 어떠한 값을 가지든지 다음과 같이 시간 축을 연속적인 값인 t가 아니라 정수인 n으로 표현한다. 따라서 시간 축에서의 간격은 1이 된다. 그래서 그래프를 볼 때에 샘플링 주기의 정보가 표현되지 않는 것이 디지털신호 표현의 특징이다. 필요한 경우에 샘플링 주기는 그래프를 설명하는 부분에 기술한다.

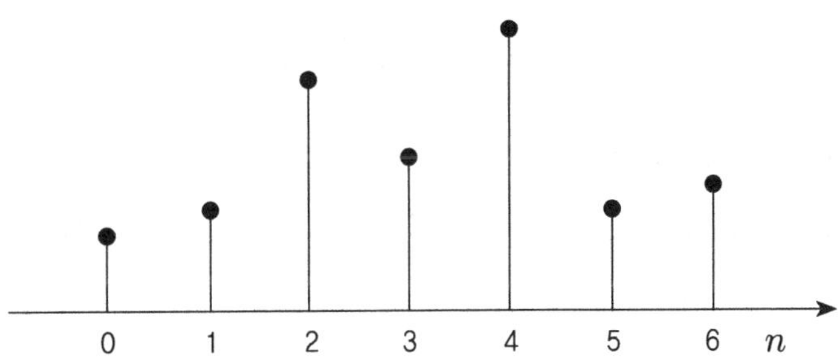

[그림 2-15] 가로축에서 시간의 정보가 사라진 n축에서의 디지털신호의 표현

7. 적분이란 무엇이고 어떻게 하는가?

7.1 적분은 어떤 의미를 가지고 있나?

미분은 앞에서도 설명했듯이 기울기, 혹은 순간 변화율이라는 의미가 있다. 변화율이라는 의미 속에는 빼기의 개념이 들어 있다. 적분은 이와는 반대의 개념으로서, 기울기가 주어졌을 때에, 즉 도함수가 주어졌을 때에 도함수가 도출되기 전의 원래의 함수(이를 원시함수라고 한다.)를 구하는 것이다. 이를 위해서는 미분에서의 빼기의 개념이 아니라 빼기의 반대인 더하기의 개념이 도입된다.

표현에 있어서 미분에서는 $\frac{d}{dx}$가 사용되었으나, 적분에서는 $\int dx$가 사용되며, $\int$을 'integral'로 읽는다. 예를 들면, $\frac{d}{dx}x^2 = 2x$인데, $2x$의 원래의 함수(원시함수)인 x^2을 구하는 과정을 '적분을 한다'고 한다. $2x$의 원래의 함수인 x^2을 구하는 과정, 즉 무엇을 미분하면 $2x$가 되는가?를 찾는 과정이며, 이를 다음과 같이 표현한다.

$$\int 2xdx \tag{2-76}$$

이며, 결과는 우리가 이미 알고 있듯이 x^2도 되고, $x^2 + C$도 된다($x^2 + C$를 미분하면 마찬가지로 $2x$임.).

그러면, 앞에서 설명한 것과 같이 '더하기'의 개념이란 무엇을 두고 하는 말일까?

위의 적분에서, 피적분 함수인 $f(x) = 2x$의 그래프를 그려 보면 다음과 같다.

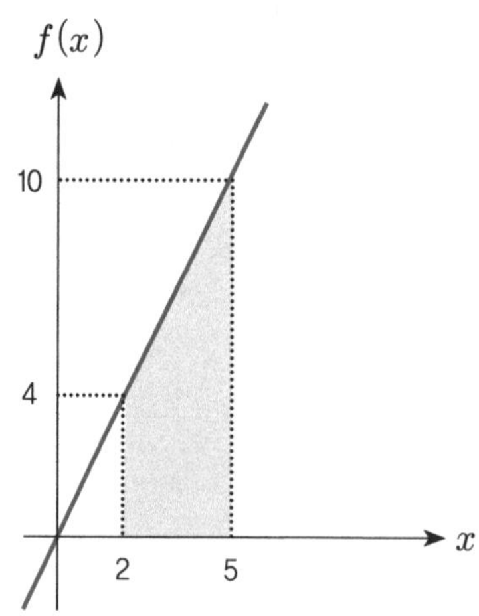

[그림 2-16] 적분의 의미인 면적

회색 부분의 면적은

$$\frac{5\times(2\times5)}{2}-\frac{2\times(2\times2)}{2}=25-4=21 \qquad (2\text{-}77)$$

이며, 이는 원시함수인 x^2으로부터 구할 수 있다. 즉,

$$x^2\Big|_2^5 = 5^2-2^2 = 25-4 = 21 \qquad (2\text{-}78)$$

임을 쉽게 알 수 있다.

이를 적분기호로 표현하면 다음과 같다.

$$\int_2^5 f(x)dx = \int_2^5 2xdx = 2\frac{x^2}{2}\Big|_2^5 = 2\cdot\frac{5^2}{2}-2\cdot\frac{2^2}{2}=25-4=21 \qquad (2\text{-}79)$$

로 같은 결과를 얻을 수 있다. 더하기한다는 것은 누적의 개념으로 결국 면적의 의미를 가짐도 쉽게 알 수 있다.

7.2 적분에서 많이 사용되는 공식들은 어떤 것들이 있나?

적분에 대한 더욱 상세한 것은 일반적인 대학 수학 책을 참고 바라며, 여기서는 개념 설명과 디지털신호처리에서 많이 사용되는 적분 공식을 나열하기로 한다. 편의상 위의 경우에는 적분의 구간을 표현하였는데 이와 같은 형태를 정적분이라고 하며, 아래에서는 적분 구간을 표시하지 않는 부정적분 공식을 나타낸다.

피적분 함수의 상수는 적분 기호 바깥으로 빼 낼 수 있으며, 더하기 혹은 빼기로 구성된 피적분 함수는 각각으로 분리할 수 있다.

1) $\int \{af(x)\pm bg(x)\}dx = a\int f(x)dx + b\int g(x)dx$ (2-80)

예) $\int (x^2-1)dx = \int x^2dx + \int(-1)dx = \frac{x^3}{3}-x+C$

2) $\int x^n dx = \frac{1}{n+1}x^{n+1}+C \quad (n\neq -1)$ (2-81)

예) $\int 2x^5dx = \frac{2x^6}{6}+C = \frac{x^6}{3}+C$

3) $\int \frac{1}{x}dx = \ln|x| + C$ (2-82)

4) $\int a^x dx = \frac{a^x}{\ln a} + C, \quad a > 0, \ a \neq 1$ (2-83)

5) $\int e^x dx = e^x + C$ (2-84)

6) $\int \sin x dx = -\cos x + C$ (2-85)

7) $\int \cos x dx = \sin x + C$ (2-86)

[예제 2-11] $\int (2x+1)^3 dx$를 구하라.

[풀이] 두 가지의 방법이 있으며,

방법 1 : $(2x+1)^3$를 아래와 같이 모두 전개하여 푸는 방법이다.

$(2x+1)^3 = 8x^3 + 12x^2 + 6x + 1$

따라서

$$\begin{aligned}\int (2x+1)^3 dx &= \int (8x^3 + 12x^2 + 6x + 1) dx \\ &= \int 8x^3 dx + \int 12x^2 dx + \int 6x dx + \int dx \\ &= \frac{8x^4}{4} + \frac{12x^3}{3} + \frac{6x^2}{2} + x + C \\ &= 2x^4 + 4x^3 + 3x^2 + x + C\end{aligned}$$

방법 2 : $t = 2x+1$로 두면

$$\frac{dt}{dx} = 2 \rightarrow dx = \frac{1}{2} dt$$

따라서 $2x+1$ 대신에 t를, dx 대신에 $(1/2)dt$를 대입하면,

$$\begin{aligned}\int (2x+1)^3 dx &= \int t^3 \frac{1}{2} dt = \frac{1}{2}\frac{t^4}{4} + C = \frac{t^4}{8} + C \\ &= \frac{(2x+1)^4}{8} + C \\ &= 2x^4 + 4x^3 + 3x^2 + x + \frac{1}{8} + C\end{aligned}$$

여기에서 주의해야 할 점은 위의 방법 1과 방법 2의 결과를 보면 한쪽에는 1/8이 포함되어 있고 한쪽에는 없기 때문에 다르게 보인다. 그러나 어차피 정해지지 않은 상수 C이므로 문제될 것이 없다. 즉, 방법 1의 C와 방법 2의 $(1/8)+C$는 어떤 값으로 정해지지 않은 상수이기 때문에 문제가 되지 않는다는 의미이다.

위와 같이 계산할 수 있음은 아래의 이론을 근거로 하며, 이를 치환적분이라고 한다. 치환적분은 실제로 많이 사용되는 방법이며, 여러분들은 가급적이면 치환적분을 많이 사용하길 바란다. 함수가 복잡할 경우의 대부분 치환적분이 상당히 유용하다.

$$F(x) = \int f(x)dx$$

이고, $x = g(t)$ 이면(물론 t에 대하여 미분 가능이어야 함),

$F(x) = F\{g(t)\}$이므로 $F(x)$를 t에 대하여 미분하면 다음과 같다.

$$\frac{d}{dt}F(x) = \frac{d}{dx}F(x) \cdot \frac{dx}{dt} = f(x) \cdot \frac{d}{dt}g(t) = f(x) \cdot g'(t)$$

따라서

$$\int f(x)dx = F(x) = \int f\{g(t)\} \cdot g'(t)dt$$

7.3 $\sum$은 무엇인가?

시그마라고 읽으며 summation(더하기)하는 기호이다. 더하기의 의미로서 적분과 같은 물리적인 의미를 가지고 있다. 차이점은 변수가 아날로그(연속적인 값)인 경우의 더하기는 $\int$를 사용하며, 이산적인 변수값을 더할 때는 $\sum$을 사용한다. 사용법을 예를 들어서 설명하면 다음과 같다.

$$\sum_{n=0}^{10} n = 0+1+2+\cdots+10 = 55 \tag{2-87}$$

와 같다. 즉, $\sum$의 아래첨자와 위첨자는 더하기를 하는 변수의 구간을 표시한다. 위의 경우에는 '변수 n에 대하여 더하기를 하며, n을 0부터 10까지 더하기 하라' 라는 의미이다. 여기서 변수 n은 반드시 정수이다.

$\sum$의 기본 성질은 다음과 같다.

$$\sum_{k=1}^{n} c = c+c+\cdots+c = cn \tag{2-88}$$

$$\sum_{k=1}^{n} ca_k = ca_1 + ca_2 + \cdots + ca_n = c(a_1 + a_2 + \cdots + a_n) = c\sum_{k=1}^{n} a_k \tag{2-89}$$

$$\sum_{k=1}^{n} (a_k \pm b_k) = \sum_{k=1}^{n} a_k \pm \sum_{k=1}^{n} b_k \tag{2-90}$$

아래에 몇 가지의 경우에 대한 식을 열거한다.

$$\sum_{n=0}^{\infty} 2n = 0+2\times1+2\times2+2\times3+2\times4+\cdots \tag{2-91}$$

$$\sum_{n=2}^{5} (3+n^2) = 3+2^2+3+3^2+3+4^2+3+5^2 \tag{2-92}$$

$$\sum_{n=0}^{\infty} a_n \sin(n\pi) = a_0 \sin 0 + a_1 \sin(\pi) + a_2 \sin(2\pi) + a_3 \sin(3\pi) + \cdots \tag{2-93}$$

$$\sum_{n=0}^{N-1} x[n] e^{-j\frac{2\pi}{N}kn} = x[0]e^0 + x[1]e^{-j\frac{2\pi}{N}k} + x[2]e^{-j\frac{2\pi}{N}k2} + \cdots + x[N-1]e^{-j\frac{2\pi}{N}k(N-1)} \tag{2-94}$$

$$\sum_{k=0}^{M} b_k x[n-k] = b_0 x[n-0] + b_1 x[n-1] + b_2 x[n-2] + b_3 x[n-3] + \cdots + b_M x[n-M] \tag{2-95}$$

1. LabVIEW란 무엇인가?

2. 어떻게 시작하나?

3. 조건이 만족하는 동안 반복실행은 어떻게 하나?

4. 정해진 회수만큼만 반복실행은 어떻게 하나?

5. 그래프는 어떻게 그리나?

6. 조건에 따라 다른 실행을 하기 위해서는?

CHAPTER 03

LabVIEW란 무엇이고 어떻게 사용하는가?

신호처리에 대한 이론을 공부하고 실습을 하기 위한 도구로 LabVIEW를 사용한다. LabVIEW가 무엇이고, 어떻게 사용하는지에 대하여 설명과 실습을 통하여 익혀 나간다. C 언어 혹은 다른 프로그래밍 언어를 한 가지 정도 알고 있다면 더욱 쉽게 이해할 수 있으며, 프로그램을 전혀 해 보지 않은 이에게는 다소 시간이 걸릴 것으로 생각한다. 그러나 다른 언어에 비하여 LabVIEW는 배우기가 용이하여, 쉽게 이해하고 활용할 수 있을 것이다.

03 CHAPTER LabVIEW란 무엇이고 어떻게 사용하는가?

1. LabVIEW란 무엇인가?

LabVIEW(Laboratory Virtual Instrument Engineering Workbench)는 미국의 계측기 전문회사인 NI(National Instruments)가 개발하였으며, 그래픽 방식의 프로그래밍 언어로서 프로그래밍을 하지만, C 언어 혹은 Matlab과 같이 텍스트로 편집하지 않는다. 텍스트 대신에 C 언어의 함수와 같은 기능을 가진 블록다이어그램과 같은 아이콘을 사용한다. 프로그램이 실행되는 순서도 블록다이어그램에서 작성한 아이콘 등의 노드를 통과하면서 실행된다.

프로그램 소스의 확장자명은 *.vi 이며, virtual instrument의 약자이다.

LabVIEW는 프로그래밍과 실행을 위하여 프런트패널과 블록다이어그램이라는 두 개의 창이 있다. 프로그래밍을 위하여 입출력에 필요한 아이콘으로 구성된 프런트패널에서 열리는 컨트롤팔레트, 실제 프로그램에서 사용될 수 있는 아이콘들이 포함되어 있는 블록다이어그램에서 열리는 함수팔레트가 있다.

LabVIEW의 장점은 실세계와의 인터페이스를 쉽게 할 수 있어, 실제로 현장 혹은 학생들이 공부하면서 외부의 데이터를 수집해서 처리하고 출력까지 실세계인 외부까지 나오게 하는 데에 매우 유용하고 쉽게 구현할 수가 있다.

2. 어떻게 시작하나?

LabVIEW 8.5를 실행시키면 다음의 화면이 나타나고, 여기에서 [새로 만들기/새vi]를 클릭하면 프런트패널과 블록다이어그램 창이 나타난다.

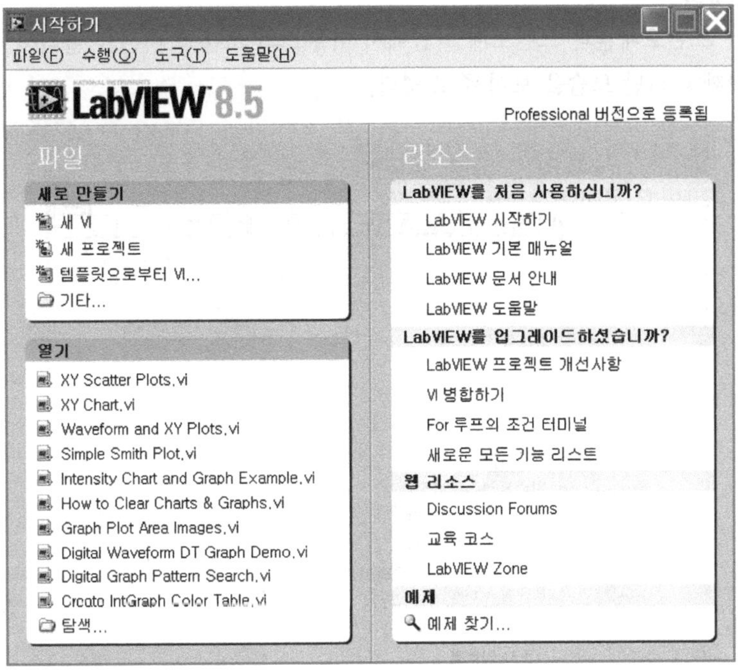

[그림 3-1] LabVIEW의 시작메뉴

두 개의 창이 나타나면 각각 창의 제일 위쪽에 툴바가 나타난다. 툴바에는 파일, 편집, 보기, 프로젝트, 수행, 도구, 윈도우, 도움말 등이 있으며, 각각의 기능에 대하여는 일반적으로 다른 프로그램에서의 기능과 거의 같으므로 여기서는 설명을 생략하며, 다른 프로그램에서는 볼 수 없는 다음의 기능에 대해서만 간단히 설명한다.

 : 실행버튼이며 클릭하면 화면에 나타나 있는 프로그램이 실행된다.

 : 실행버든인 화실표가 깨이진 형테로 나타난 것이며, 보통 때에는 보이지 않다가, 프로그램을 실행하였을 때에 프로그램에 버그가 있는 경우에 나타난다. 이때에 툴바의 [보기/에러리스트]를 클릭해 보면 이유를 알 수 있다.

 : 연속실행버튼이며, 프로그램이 실행 중일 때에도 입력을 변화시키면 이에 따라서 변경된 입력값에 의하여 계속 실행된다.

 : 프로그램이 실행 중일 때에 강제 종료버튼이다.

 : 녹음기에서의 일시정지 버튼과 같은 기능을 하며, 누르면 일시정지 되었다가 다시 누르면 계속 실행하는 기능을 한다.

2.1 프런트패널

다음의 그림은 프런트패널과 프런트패널 안에서 마우스의 오른쪽 버튼을 눌러서 생성된 컨트롤팔레트가 함께 나타난 모습을 보여 주고 있다.

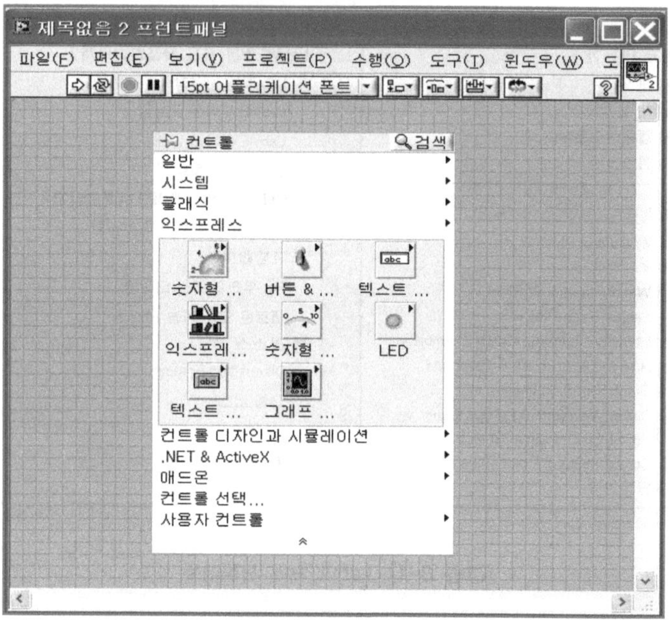

[그림 3-2] LabVIEW 프런트패널의 컨트롤 팔레트

프런트패널은 사용자 인터페이스를 위한 패널이며, 입력과 출력장치를 나타낸다. 사용자는 숫자형 입력과 출력, 버튼형 입력, 웨이브폼그래프를 이용한 출력 등을 이용한다. 컨트롤패널에서 원하는 입출력 도구를 마우스로 선택하여 프런트패널에 갖다 놓기만 하면 된다.

– 컨트롤(Control)과 인디케이터(Indicator)

프런트패널의 주요 기능은 사용자 인터페이스이며, 사용자 인터페이스를 위해서는 데이터를 입력시키는 방법과, 처리한 데이터를 어떠한 형태로 출력시켜서 사용자가 분석된 결과를 쉽게 알아 볼 수 있게 하느냐가 주요 관건이다. 여기에서는 입력이라는 용어 대신에 '컨트롤'이라는 용어를 사용하며, 출력은 '인디케이터'라는 용어를 사용한다. 따라서 데이터의 흐름은 항상 컨트롤에서 인디케이터로 흐르도록 하여야 하며, 와이어(wire, 선)도 컨트롤에서부터 인디케이터로 연결하여야 한다. 이렇게 연결하지 않으면, 와이어가 깨진 형태로 나오기 때문에 쉽게 알고 수정할 수 있도록 되어 있다.

다음의 그림들은 프런트패널에서 볼 수 있는 여러 가지 팔레트를 보여 주고 있다. 프로그래밍을 하다 보면 원하는 함수 등이 어느 팔레트에 있는지를 몰라서 헤매는 경우가 많이 있으니 다음을 참고로 하여 연습을 하여 보길 바란다.

- [컨트롤/일반]에는 숫자형, 불리언, 문자열 등이 있다.

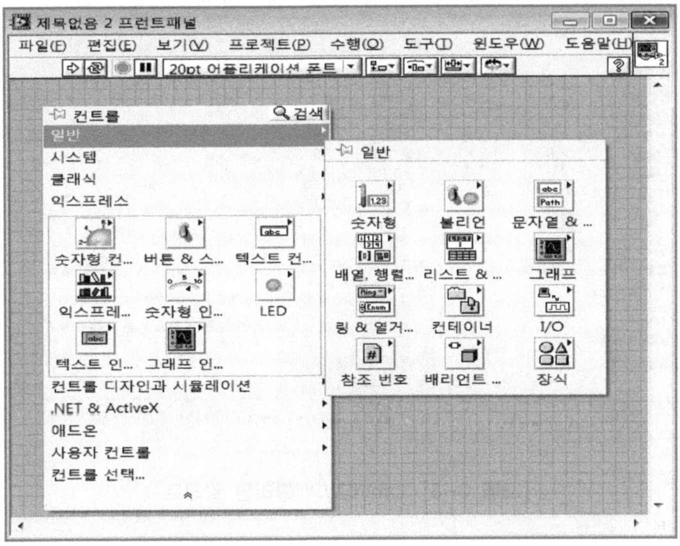

[그림 3-3] LabVIEW 프런트패널의 일반 팔레트

- [컨트롤/일반/숫자형]에는 숫자형컨트롤, 숫자형인디케이터 등의 아이콘들이 있다.

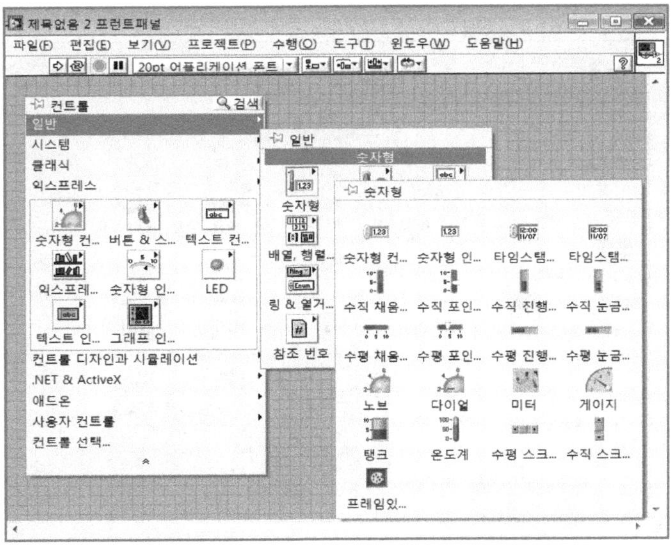

[그림 3-4] LabVIEW의 숫자형 팔레트

- [컨트롤/일반/불리언]에는 누름버튼, 스위치 등의 아이콘들이 있다.

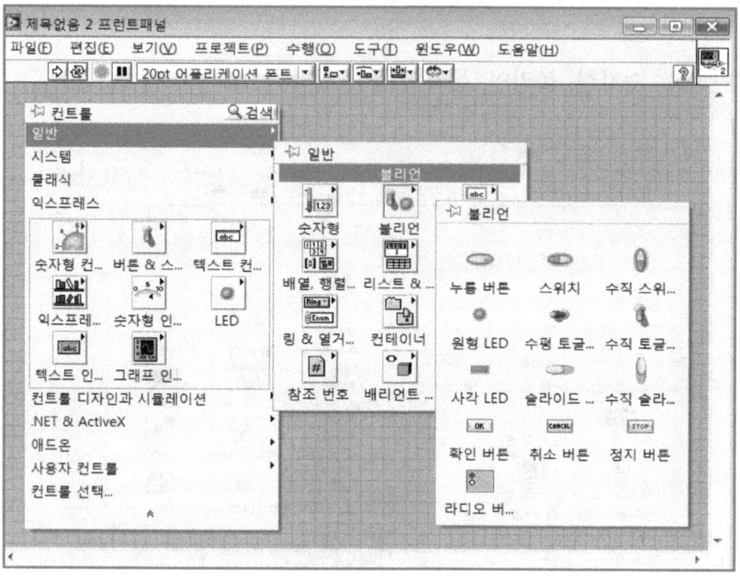

[그림 3-5] LabVIEW의 불리언 팔레트

- [컨트롤/일반/배열, 행렬, 클러스터]에는 배열, 클러스터 등의 아이콘들이 있다.

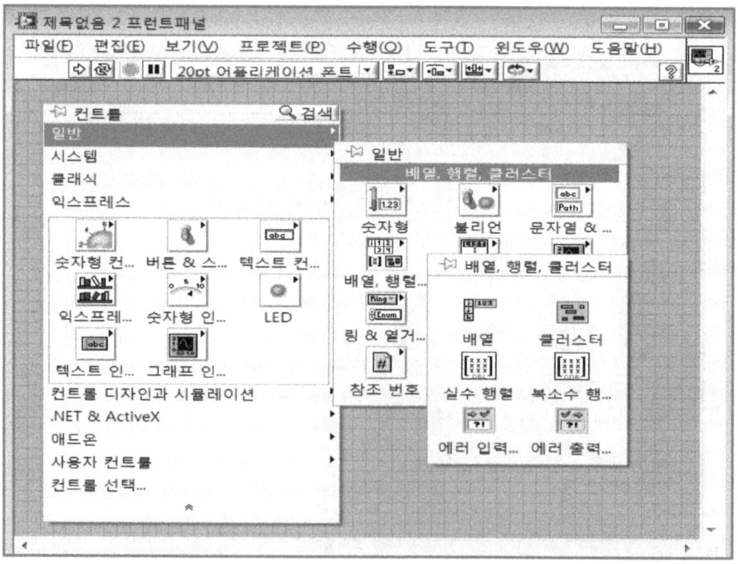

[그림 3-6] LabVIEW의 배열, 행렬, 클러스터의 팔레트

- [컨트롤/익스프레스/숫자형컨트롤]에는 숫자형컨트롤, 채움 등의 아이콘들이 있다.

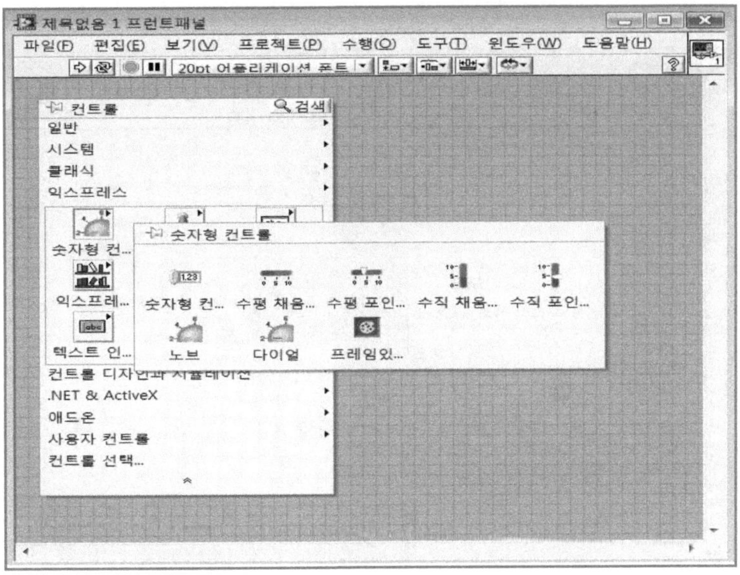

[그림 3-7] LabVIEW의 숫자형 컨트롤

- [컨트롤/익스프레스/버튼 & 스위치]에는 스위치, 수직 스위치 등의 아이콘들이 있다.

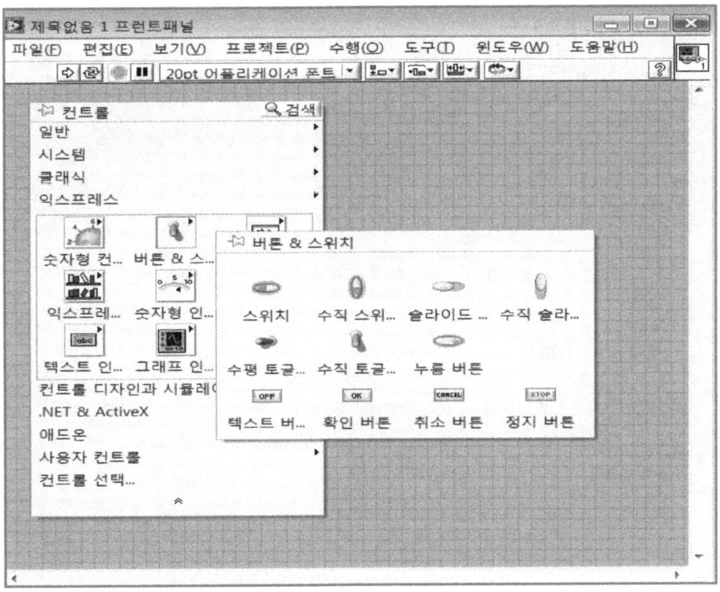

[그림 3-8] LabVIEW의 버튼, 스위치

- [컨트롤/익스프레스/숫자형인디케이터]에는 숫자형 인디케이터, 수평진행막대, 수평눈금막대 등의 아이콘들이 있다.

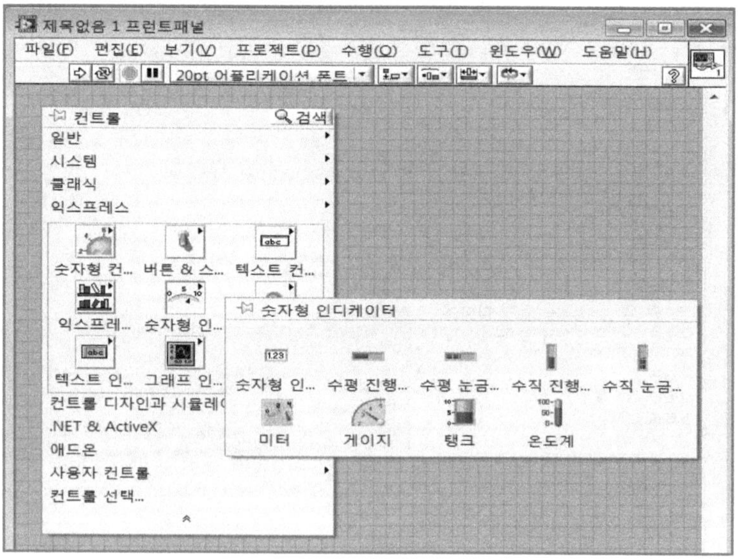

[그림 3-9] LabVIEW의 숫자형 인디케이터

- [컨트롤/익스프레스/LED]에는 사각 LED, 원형 LED 아이콘들이 있다.

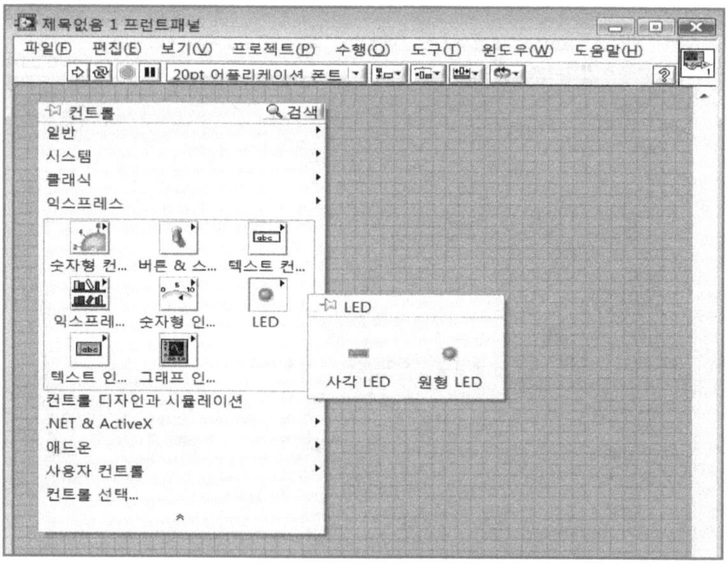

[그림 3-10] LabVIEW의 LED

– [컨트롤/익스프레스/텍스트인디케이터]에는 문자열 인디케이터 등의 아이콘들이 있다.

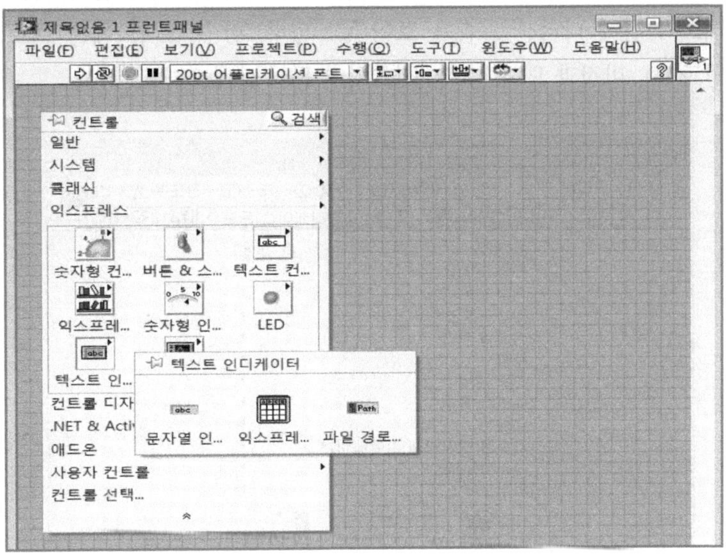

[그림 3–11] 프런트패널의 텍스트인디케이터

– [컨트롤/익스프레스/그래프인디케이터]에는 웨이브폼 차트, 웨이브폼 그래프 등의 아이콘들이 있다.

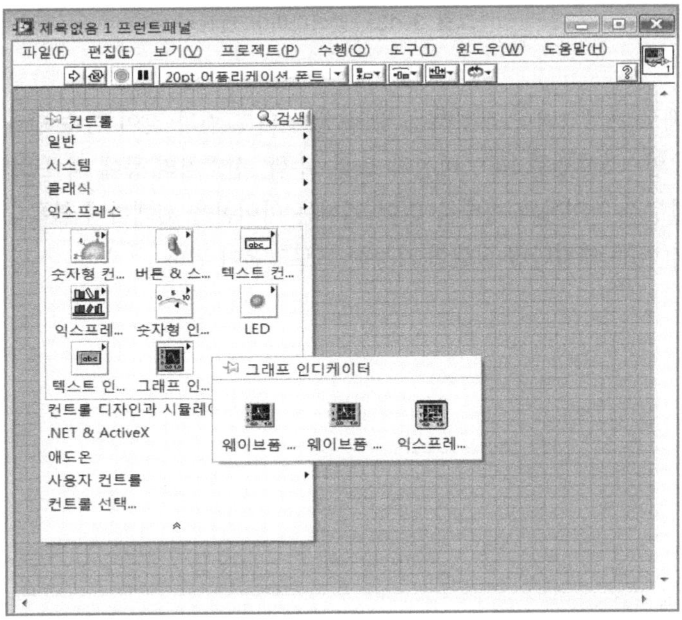

[그림 3–12] 프런트패널의 그래프인디케이터

2.2 블록다이어그램

아래의 그림은 블록다이어그램과 블록다이어그램 안에서 마우스의 오른쪽 버튼을 눌러서 생성된 함수 팔레트가 함께 나타난 모습을 보여주고 있다. 함수 팔레트에는 프로그래밍, 측정 IO, 인스트루먼트 IO, 비전과 모션, 수학, 신호처리 등의 팔레트가 있다.

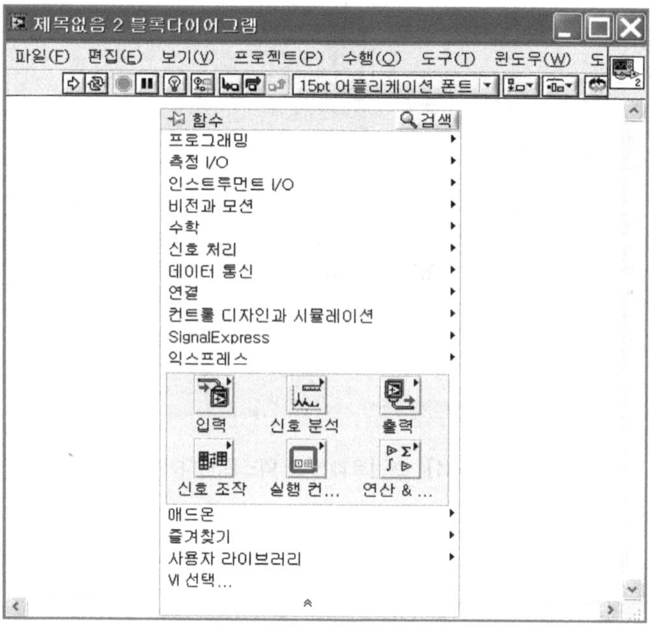

[그림 3-13] 블록다이어그램

사용자가 실제로 프로그램을 작성하는 창이다. 위의 그림과 같이 함수 팔레트에는 프로그래밍, 측정 I/O, 인스트루먼트 I/O, 비전과 모션, 수학, 신호처리 등에 서브팔레트가 있다. 서브팔레트에는 함수가 아이콘의 형태로 있어 원하는 아이콘을 선택하여 블록다이어그램에 위치시키고 와이어(선)를 연결하면 실행이 가능한 프로그램이 된다.

– [함수/프로그래밍]에는 구조, 배열 등의 팔레트들이 있다.

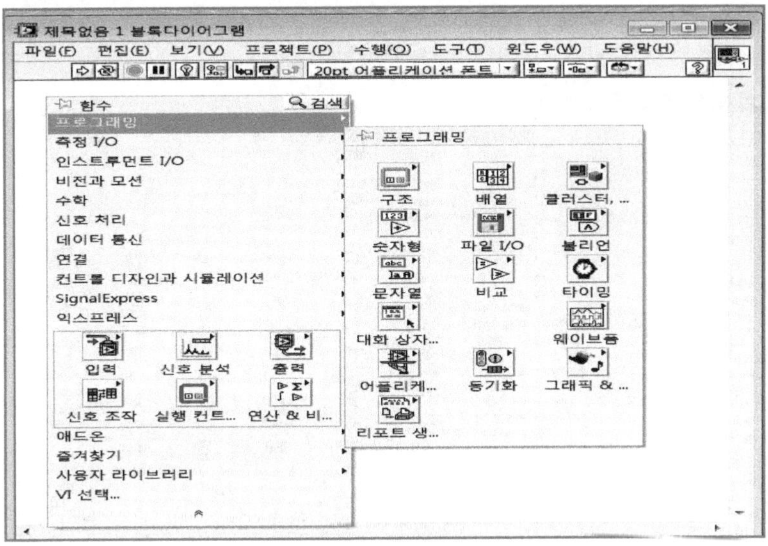

[그림 3-14] 블록다이어그램에서의 프로그래밍 팔레트

– [함수/프로그래밍/구조]에는 For 루프, While 루프 등의 함수들이 있다.

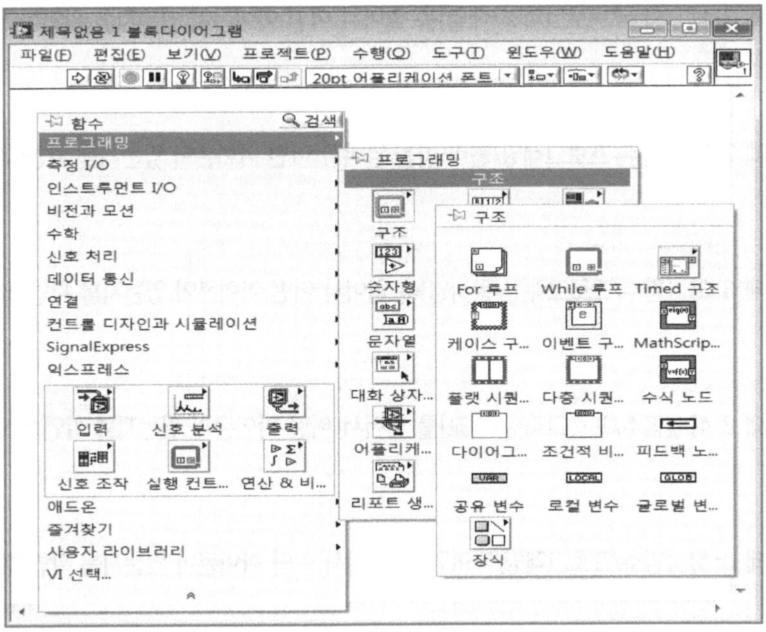

[그림 3-15] 블록다이어그램에서의 구조 팔레트

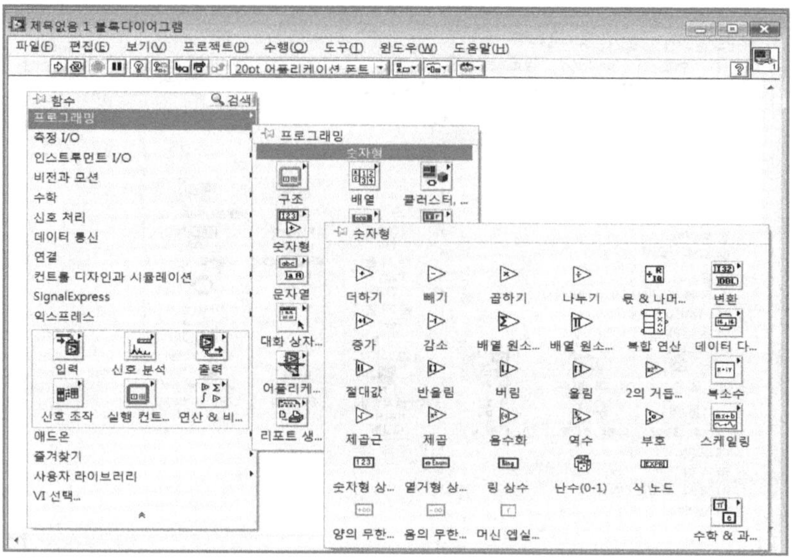

[그림 3-16] 블록다이어그램에서의 숫자형 팔레트

Q [문제 3-1] [함수/프로그래밍/배열]을 열어서 어떤 아이콘이 있는지를 확인하여 보라.

Q [문제 3-2] [함수/프로그래밍/불리언]을 열어서 어떤 아이콘이 있는지를 확인하여 보라.

Q [문제 3-3] [함수/프로그래밍/문자열]을 열어서 어떤 아이콘이 있는지를 확인하여 보라.

Q [문제 3-4] [함수/프로그래밍/비교]를 열어서 어떤 아이콘이 있는지를 확인하여 보라.

Q [문제 3-5] [함수/프로그래밍/타이밍]을 열어서 어떤 아이콘이 있는지를 확인하여 보라.

– [함수/수학]에는 숫자형, 기본 & 특수함수 등의 팔레트들이 있다.

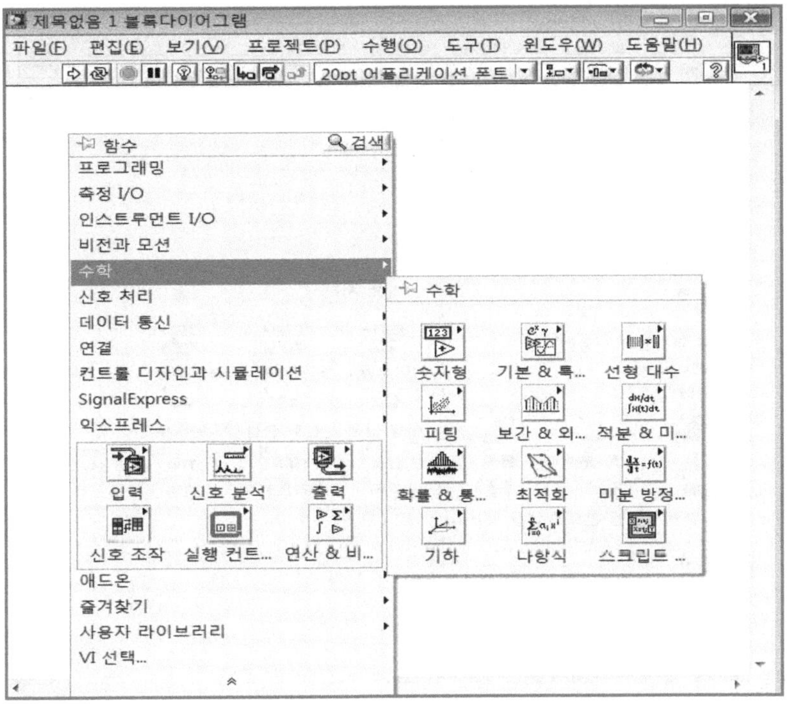

[그림 3-17] 블록다이어그램에서의 수학 팔레트

Q **[문제 3-6] [함수/수학/스크립트 & 수식]에는 어떤 함수를 나타내는 아이콘이 있는지를 확인하여 보라.**

- [함수/신호처리]에는 웨이브폼생성, 웨이브폼컨디셔닝 등의 팔레트가 있다.

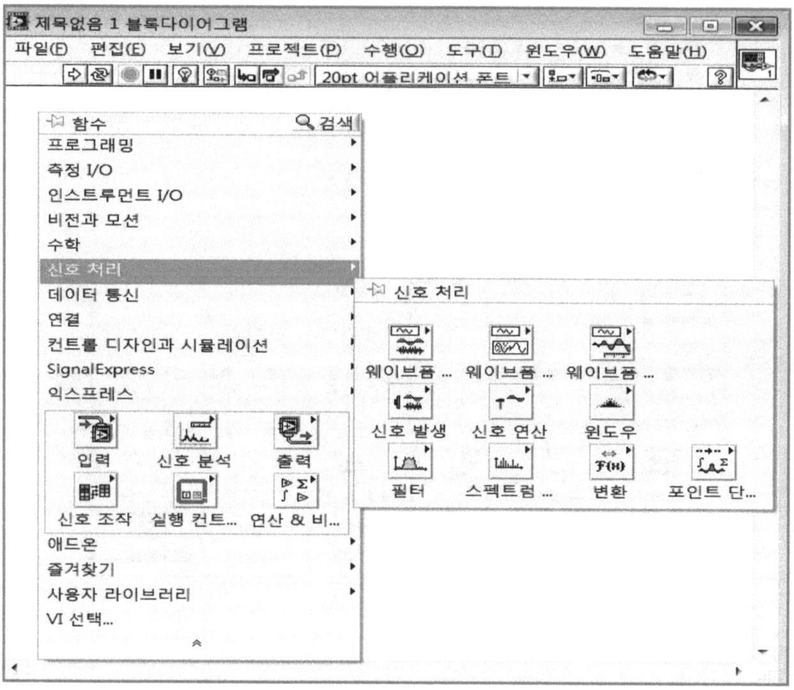

[그림 3-18] 블록다이어그램에서의 신호처리 팔레트

Q [문제 3-7] [함수/신호처리/웨이브폼생성]을 열어서 어떤 아이콘이 있는지를 확인하여 보라.

Q [문제 3-8] [함수/신호처리/신호발생]을 열어서 어떤 아이콘이 있는지를 확인하여 보라.

Q [문제 3-9] [함수/신호처리/신호연산]을 열어서 어떤 아이콘이 있는지를 확인하여 보라.

Q [문제 3-10] [함수/신호처리/윈도우]을 열어서 어떤 아이콘이 있는지를 확인하여 보라.

Q [문제 3-11] [함수/신호처리/필터]를 열어서 어떤 아이콘이 있는지를 확인하여 보라.

Q **[문제 3-12] [함수/신호처리/스펙트럼 분석]을 열어서 어떤 아이콘이 있는지를 확인하여 보라.**

Q **[문제 3-13] [함수/신호처리/변환]을 열어서 어떤 아이콘이 있는지를 확인하여 보라.**

Q **[문제 3-14]** $\sin(1.5)+3.5-\cos(3)$**의 값을 구하라. 단 숫자는 숫자형 상수를 이용할 것.**

위에서 설명한 아이콘들을 이용하여 실전에서 많이 사용되는 프로그램을 작성해 보자.

[예제 3-1] 두 개의 숫자를 입력받아서 더하기, 빼기, 곱하기, 나누기를 하는 프로그램을 작성하라(64.vi).

[풀이] LabVIEW를 동작시켜서 [새vi]를 클릭하여 프런트패널과 블록다이어그램 창을 연다. 일반적으로 이 두 개의 창은 정렬되지 않은 상태에서 겹쳐서 열리므로 창을 정렬할 필요가 있다. 창 위쪽에 있는 메뉴 중에서 [윈도우/좌우로정렬 혹은 위아래로정렬]을 선택하면 프로그래밍하기에 좋은 형태로 창이 열린다.

- 마우스를 프런트패널 위에서 오른쪽 버튼을 클릭하고 컨트롤 팔레트에서 숫자형 컨트롤을 선택하여 프런트패널에 위치시킨다.
- 숫자형 컨트롤의 위에 입력 1과 입력 2라고 표기한다.
- 출력이 표시될 숫자형을 위와 같은 방법으로 컨트롤 팔레트에서 숫자형 인디케이터 4개를 프런트패널에 위치시키고 각각의 이름을 더한 결과, 뺀 결과, 곱한 결과, 나눈 결과라고 수정한다.
- 프런트패널에 위치시킨 함수들이 블록다이어그램에 표시되어 있음을 알 수 있다.
- 블록다이어그램 창에서 마우스의 오른쪽을 클릭하여 [함수/프로그래밍/숫자형]에 있는 아래 그림과 같이 더하기 함수, 빼기 함수, 곱하기 함수, 나누기 함수를 위치시키고, 각각에 와이어를 연결한다.
- 입력 1과 입력 2에 원하는 값을 넣고, 메뉴의 제일 왼쪽에 있는 화살표(실행을 시키는 버튼)을 클릭하여 실행시킨다.

위의 과정을 아래의 그림에서 보여주고 있다.

컨트롤 팔레트에 들어가면 숫자형 컨트롤, 숫자형 인디케이터에 여러 가지 종류가 있으니 활용하여 보면 흥미가 있을 것이다.

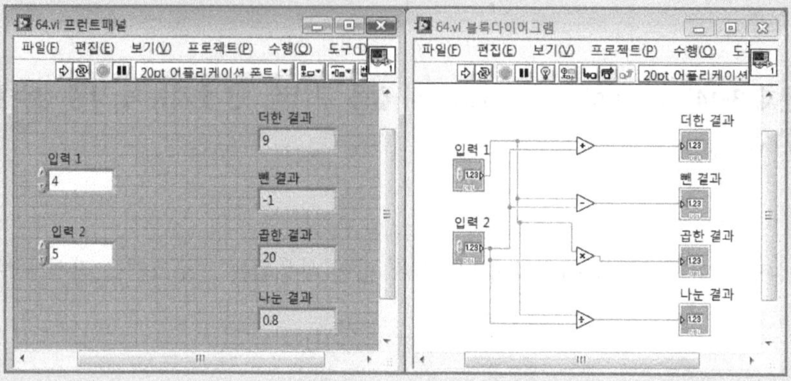

[그림 3-19] 더하기, 빼기, 곱하기, 나누기를 위한 예제 프로그램

[예제 3-2] 섭씨 온도를 화씨 온도로 바꾸는 프로그램을 작성하라(66.vi, 67.vi).

[식] $F = 1.8C + 32$

[풀이] 함수를 사용하는 방법과 수식노드를 사용하는 두 가지 방법이 있다.

첫 번째의 방법으로, 함수를 사용하는 방법은 다음과 같다.

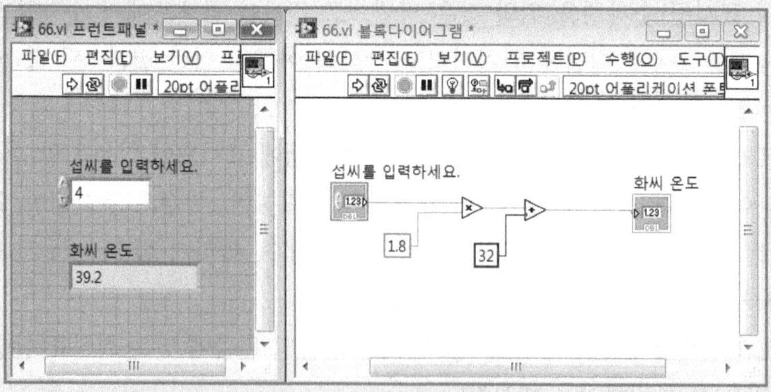

[그림 3-20] 섭씨온도를 화씨온도로 변환하는 프로그램

두 번째의 방법으로는 수식을 계산함에 있어서, 지금의 수식은 간단해서 더하기, 곱하기 함수 등을 조합하여 연결하면 되지만, 수식이 복잡하면 더하기, 곱하기, 나누기, 빼기 등의 함수를 일일이 위치시키고 와이어를 연결하는 일이 꽤나 귀찮을 경우가 있다. 이러한 경우에는 수식노드 함수를 사용하여 수식을 텍스트로 C 언어와 같이 작성해 주면 된다.

· 수식노드는 블록다이어그램 창의 함수 팔레트에서 [수학/스크립트&식/수식노드]를 블록다이어그램에 위치시킨다.
· 수식노드의 굵은 박스 양쪽에 마우스를 놓고 오른쪽 버튼을 눌러 입력추가와 출력추가를 클릭한다.
· 입력단자에는 c라고 기입하고, 출력단자에는 f라고 기입한다.
· 박스(수식노드) 안에서 C 언어 형태의 텍스트를 작성한다.
· 입력 컨트롤과 출력 인디케이터에 와이어를 연결한다.

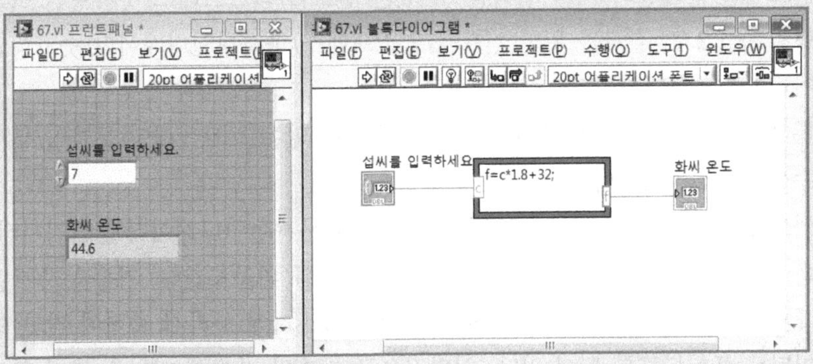

[그림 3-21] 섭씨온도를 화씨온도로 변환하는 프로그램

[예제 3-3] 사람 체중의 정상과 비정상의 판단을 보통 $\{키(cm)-100\}\times0.9$가 체중보다 적으면 정상, 크면 비정상으로 판단하는 경우가 많다. 이를 판단하는 프로그램을 작성하라(70.vi).

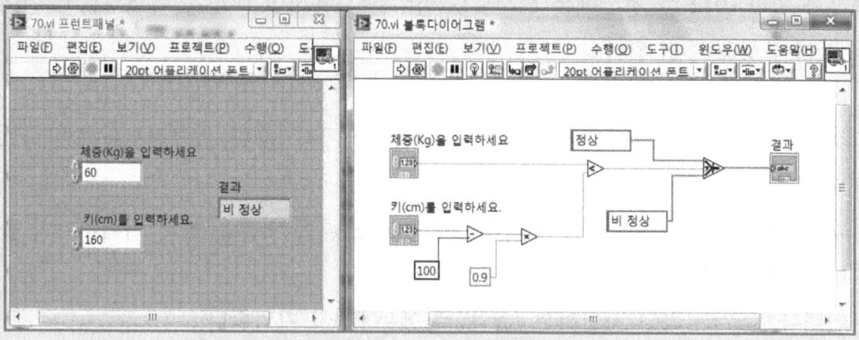

[그림 3-22] 체중을 입력하여 몸무게의 정상/비정상을 알려 주는 프로그램

- 프런트패널에 체중과 키를 입력할 수 있는 컨트롤/익스프레스/숫자형컨트롤/숫자형컨트롤 2개, 결과를 위한 컨트롤/익스프레스/숫자형인디케이터/숫자형인디케이터 1개를 위치시킨다.
- 블록다이어그램에서 정상과 비정상을 출력할 수 있는 프로그래밍/문자열/문자열상수 2개를 위치시킨다.
- 프런트패널에서 익스프레스/문자형인디케이터/문자형인디케이터를 위치시킨다.
- 블록다이어그램에서 [프로그래밍/비교/선택] ▶를 위치시킨다. 기능은 중간단자로 들어가는 입력신호가 참(t: true)과 거짓(f: false)에 따라서 출력이 결과 인디케이터로 표현되도록 되어 있다. 일반적으로 함수의 자세한 기능을 알기 위해서는 알고 싶은 함수에 마우스를 올려놓고 마우스의 오른쪽 버튼을 누르면 도움말이 나오기 때문에 기능을 쉽게 알 수 있다.
- 관련되는 함수끼리 선으로 연결한다.

Q [문제 3-15] 삼각형의 밑변과 높이를 입력하여 면적을 계산하는 프로그램을 작성하라.

Q **[문제 3-16] 반지름과 중심각을 입력하여 원호를 구하는 프로그램을 작성하라. 단 중심각은 60분법의 각도를 입력하라. 원호를 구하는 공식은 반지름 · 중심각(*radian*)이며, 1도는 π/180라디안이다.**

Q **[문제 3-17] 프런트패널에서 다음과 같이 표시되고, 각각에 점수를 입력해 평균값과 총점이 표시되도록 하라.**

– 학번을 입력하세요:
– 이름을 입력하세요:
– 전자회로 점수를 입력하시오:
– 신호처리 점수를 입력하시오:
– 대학수학 점수를 입력하시오:
– 교양영어 점수를 입력하시오:

학번은 이고, 이름은 인
당신의 총 점수는 점이고, 평균 점수는 점입니다.

Q **[문제 3-18] 오늘 날짜와 여러분의 생일을 입력하여 "당신은 태어나서부터 현재까지 초가 지났습니다."로 표시하라.(윤년 등은 없는 것으로 가정함. 모든 월은 30일로 가정한다.)**

3. 조건이 만족하는 동안 반복실행은 어떻게 하나?

while 루프는 조건을 만족할 때까지 루프 속의 함수를 반복 실행하는 구조이다. 이 구조는 함수/프로그래밍/구조에 있다. [i]는 루프 반복 횟수이며, 0에서 시작하여 1씩 증가한다. 루프 조건은 while 루프의 실행을 제어한다. 참인 경우에 정지하는 경우와, 참인 경우에 계속하는 경우를 선택할 수 있다.

뒤에서 설명하는 for 루프에서도 마찬가지이지만, 루프 구조에서는 루프 안에서 실행된 여러 개의 데이터가 루프 바깥으로 나올 때에 배열의 형태로 나오는 경우(이를 자동 인덱싱이라고도 한다.)와 배열의 마지막 값 한 개만 나오는 경우를 선택할 수 있다. 즉, 루프 내의 데이터를 루프 외부로 빼어 내면 루프에는 사각형이 생기는데 사각형이 막혀 있느냐 혹은 비어 있느냐에 따라서 한 개의 값(스칼라) 혹은 여러 개의 배열로 된다. 이 선택은 사각형 위에 커서를 올려놓고 오른쪽 마우스를 누르면 인덱싱 활성화(여러 개의 데이터가 출력됨) 혹은 인덱싱 비활성화(마지막 한 개의 데이터가 출력됨)를 선택할 수 있다.

아래의 연습문제는 정지 버튼을 누르기까지 반복 실행한다.

[예제 3-4] 0부터 정지버튼을 누르기까지의 제일 마지막 숫자를 출력하고, 증가된 모든 숫자를 배열에 넣고 프런트 패널에서 원하는 위치로부터 5개의 원소를 확인할 수 있도록 하라(6.vi).

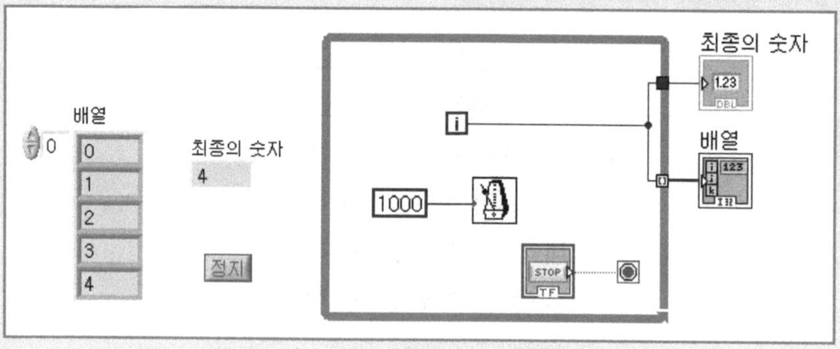

[그림 3-23] 배열에 숫자를 입력하고 확인하는 프로그램(6.vi)

- [i]는 0부터 시작하는 반복횟수이다.
- 메트로놈과 1000은 [i]가 반복하는 간격을 나타낸다. 여기서는 반복 간격이 1000 ms라는 의미이다. 메트로놈을 사용한 이유가 [i]가 너무 빨리 증가하여 관찰하기가 어렵기 때문에 천천히 보기 위하여 사용하였다.
- 오른쪽 테두리에 막힌 사각형은 최종의 숫자 한 숫자만 출력된다.
- 왼쪽 테두리에 빈 사각형은 [i]가 변화하는 모든 숫자가 출력된다. 즉, 결과가 들어가는 배열이 되는 셈이다.
- 테두리의 사각형이 막혀 있거나 비어 있는 것은 사각형 위에 커서를 위치시켜서 마우스의 오른쪽을 클릭하면 인덱싱 활성화(빈 사각형이 되게 함), 혹은 인덱싱 비활성화(막힌 사각형이 되게 함)로 지정할 수 있다.
- 배열은 프런트 패널에서 오른쪽 마우스를 클릭하면 [일반/배열]에 있는 배열을 클릭하여 프런트 패널에 위치시킨다. 그러면 일반적으로 컨트롤(입력요소)로 동작하기 때문에 커서를 배열 위에 위치시켜 오른쪽 마우스를 클릭하여 인디케이터로 변경한다. 이 동작으로는 배열을 선언한 형태이기 때문에 이 배열에 숫자를 넣어야 한다. 이를 위하여 숫자형 상수를 배열의 속에 위치시키고 배열을 인디케이터로 변경한다.
- 또한 배열의 여러 요소를 출력해 보기 위하여 배열의 테두리를 상하 혹은 좌우로 드래그하여 팽창시키면 원하는 숫자의 원소의 배열이 나온다.

Q **[문제 3-19] i가 5부터 -0.5씩 변하면서 정지버튼을 누를 때까지 출력되는 숫자를 모니터 상에서 볼 수 있는 프로그램을 작성하라.**

[예제 3-5] 난수(0~1)를 이용하여 한 자리 정수(반올림하여)로 만들어, 이 정수가 사용자가 입력한 숫자가 나오면 정지되는 프로그램을 작성하라. 그리고 프로그램이 정지되기까지의 난수의 총 반복 횟수와 생성된 난수를 출력하라.(타이밍 활용)
(난수(random number)란 0부터 1까지의 숫자, 즉 0.11, 0.5343 등의 숫자가 나타날 확률이 같도록 발생시키는 것이다. 이를 잡음으로도 표현할 수 있으며 특별히 백색잡음(white noise)라고도 한다.)(2.vi).

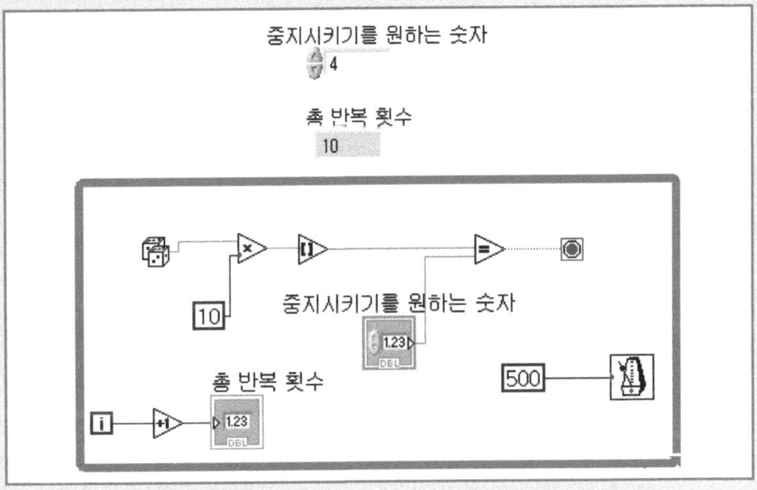

[그림 3-24] 난수를 발생시키고 반복횟수를 출력

- 난수에 10을 곱한 것은 LabVIEW에서는 난수가 0과 1사이의 값(0.3245, 0.5323 등)이 나오기 때문에 한자릿수를 만들기 위해서 10을 곱한다.
- 난수에 10을 곱한 값이 정수가 되게 하기 위하여 반올림 연산자를 사용한다.
- 메트로놈 표시에 500 상수를 연결한 것은 컴퓨터가 난수 발생을 너무 빨리 하기 때문에 발생된 값을 볼 수가 없다. 따라서 난수 발생의 시간 간격을 조절하기 위한 것이며 500의 숫자는 500ms (0.5초)를 의미한다.

Q **[문제 3-20] 난수 10개를 발생시켜 배열에 넣고 모니터 화면상에서 난수를 볼 수 있도록 프로그램을 작성하라.**

과거의 데이터 값을 이용하고자 할 때에는.....

일반적으로 숫자 등의 데이터 값이 시퀀스의 형태로 발생될 때에 현재의 값이 발생되고, 출력을 나타내기 위하여 현재의 값뿐만 아니라 과거의 값을 활용할 경우가 있다. 이를 활용하기 위한 기능으로 시프트레지스터(shift register)가 있다. 이러한 시프트레지스터의 기능과 활용에 대하여 다음의 예제를 통하여 알아보자.

[예제 3-6] while 루프를 이용하여 반복횟수가 증가됨에 따라서 현재의 값($x[n]$)과 바로 직전의 값($x[n-1]$), 직전 직전의 값($x[n-2]$), 직전 직전 직전의 값($x[n-3]$)을 볼 수 있도록 프로그래밍하며 정지버튼을 누를 때까지 수행하도록 하라.

[풀이]

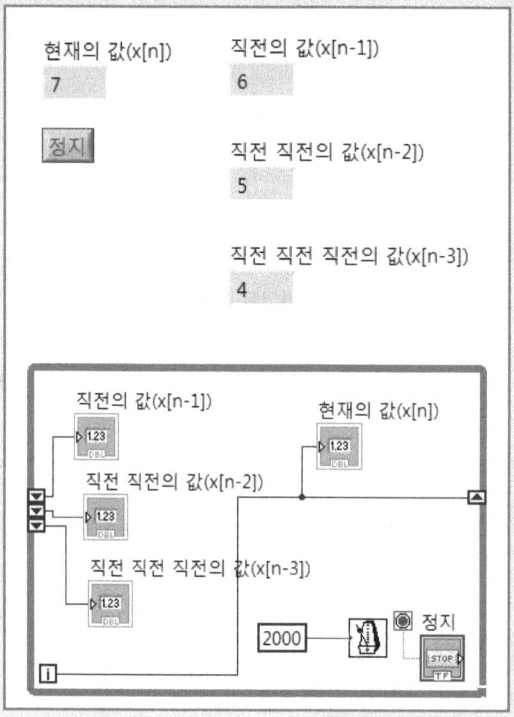

[그림 3-25] 현재에 발생되는 값과 직전(과거)에 발생된 값을 확인

- 프런트패널에서 4개의 값을 출력시킬 숫자형 인디케이터를 위치시킨다.
- 블록다이어그램에서 while 루프를 위치시킨다.
- 직전의 값을 보기 위하여 현재의 값을 피드백시켜 주는 역할을 하는 시프트레지스터를 추가하여야 하며, 이는 루프의 오른쪽 테두리에 마우스를 놓고 오른쪽 버튼을 눌러 시프트레지스터를 추가한다.

- 왼쪽 테두리에 커서를 위치시키고 오른쪽 마우스를 클릭하여 [원소추가]를 2회 누른다.
- [프로그래밍/타이밍]에 있는 메트로놈을 선택하여 위치시키고 숫자형 상수 2000을 연결한다. 이는 컴퓨터가 너무 빠른 속도로 동작하기 때문에 눈으로 볼 수가 없어서, 눈으로 천천히 보게 하기 위하여 1회 실행의 속도는 2000 ms 간격으로 하도록 정하여 둔다. 더 느리게 동작시키기 위해서는 숫자를 더욱 큰 수로 늘리면 된다.

[예제 3-7] 숫자가 0부터 1씩 증가하면서 정지버튼을 누르기까지의 숫자를 합한 값과 그 때까지의 반복횟수를 출력하라. 단, 숫자가 증가하는 간격을 500 ms로 하라(7.vi).

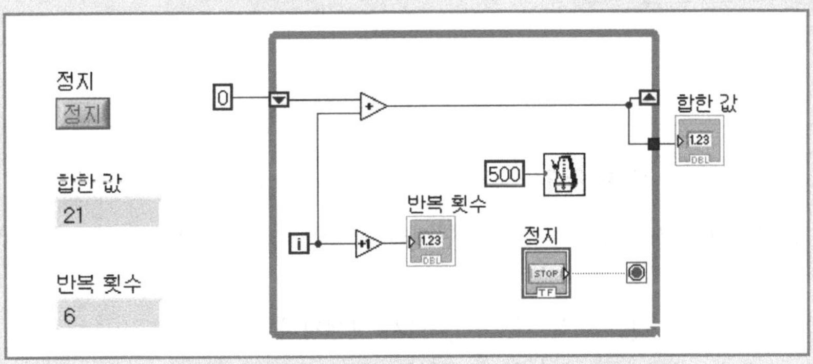

[그림 3-26] 숫자를 증가시키면서 합과 반복횟수 출력

- 0+0의 결과인 0과 1을 더하고, 결과인 1을 2와 더하기하는 과정이다.
- 이를 위하여, 더한 결과 값이 다시 입력으로 사용되어야 하기 때문에 결과를 입력으로 피드백시켜 주는 역할을 하는 시프트레지스터를 추가하여야 한다.
- 시프트레지스터는 루프의 왼쪽 테두리에 커서를 위치시키고 오른쪽 마우스를 클릭하여 시프트레지스터 추가를 누르면 테두리의 왼쪽과 양쪽에 한 쌍이 생긴다.
- 결과 값은 숫자형 인디케이터로 확인할 수 있다.

[예제 3-8] 루프 내에서 반복되는 숫자(i = 0, 1, 2,...)를 발생시켜서 최근 2개의 평균값을 구하고 그 결과를 배열 안에 저장하라. 단 정지 버튼을 누르면 정지하게 하라. 반복되는 시간을 1초 단위로 하라. 즉, (0+0)/2+(0+1)/2+(1+2)/2+(2+3)/2+(3+4)/2+(4+5)/2+...... 을 계산한다(3.vi).

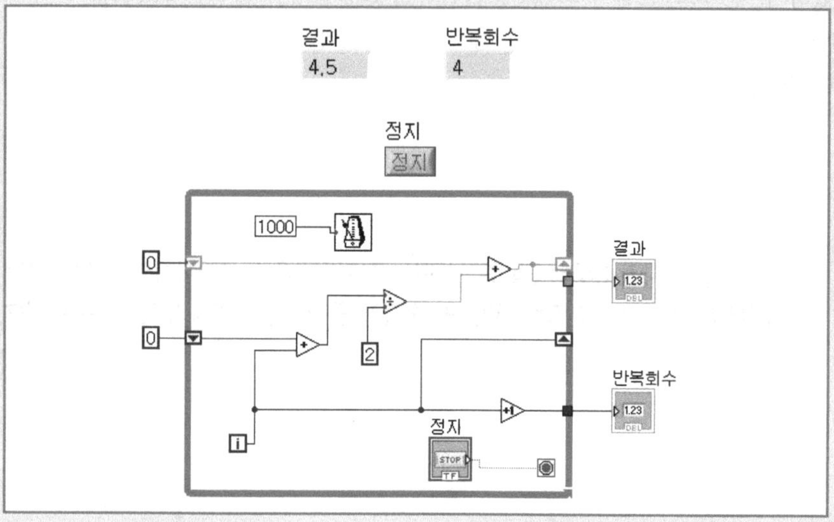

[그림 3-27] 루프 내에서 최근 2개의 값을 평균

- 이 문제에서는 최근 2개의 데이터(현재의 숫자와 바로 직전의 숫자)를 수집하는 방법이 관건이다.
- 숫자가 증가하는 것은 반복 기호인 [i]로서 정해진다.
- 시프트레지스터의 이용방법이 관건이다. 시프트레지스터는 루프의 왼쪽 테두리에 커서를 위치시키고 마우스 오른쪽 버튼을 누르면 메뉴가 나오는데 여기에서 [시프트레지스터 추가]를 클릭하면 루프의 왼쪽 테두리와 오른쪽 테두리에 그림과 같은 화살표 모양이 생긴다. 이와 같은 동작을 다시 한번 하면 다시 시프트레지스터가 생기는데 문제는 왼쪽과 오른쪽에 생기는 시프트레지스터의 쌍을 어떻게 알 수 있는냐가 문제로 생각되지만 아주 쉽게 알 수 있다. 즉, 시프트레지스터가 생기는 것은 반드시 쌍(화살표가 아래로 향하는 것과, 위로 향하는 것)으로 생기며 왼쪽과 오른쪽의 테두리의 같은 위치에 생긴다. 여러분들도 테두리 상에 있는 임의의 한 개 시프트레지스터의 위치를 위 혹은 아래로 움직이면 쌍으로 생긴 시프트레지스터도 동시에 움직임을 알 수 있다.

- 아래 쪽에 있는 시프트레지스터는 현재의 숫자와 바로 직전의 숫자를 사용하기 위한 구조이다.
- 위쪽에 있는 시프트레지스터는 현재의 숫자와 직전의 숫자를 합하여 2로 나눈 결과 값을 현재의 결과 값과 바로 직전의 결과값을 더하기 하기 위한 구조이다.
- 시프트레지스터에 0을 연결한 것은 초기화를 위함이다.

[예제 3-9] 난수를 발생시키고, 최근 3개의 난수 평균값(moving average)과 반복횟수를 출력하되 정지버튼을 누를 때까지로 하라. 단, 시프트레지스터를 이용하라. 그리고 난수 발생의 간격을 500ms로 하라(8.vi).

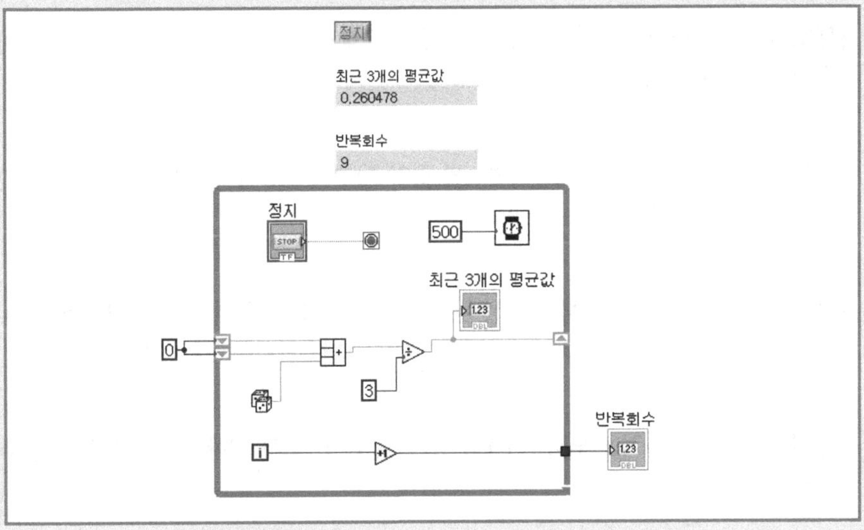

[그림 3-28] 최근에 발생된 난수 3개의 평균값과 반복횟수

- 이 문제에서의 핵심은 시프트레지스터의 사용법이다.
- 앞에서의 설명에 의하면 시프트레지스터 테두리의 좌우에 쌍으로 생긴다고 하였는데 위의 그림에서는 왼쪽에는 2개, 오른쪽에는 한 개임을 알 수 있다.
- 시프트레지스터의 생성은 왼쪽 테두리에 커서를 위치시키고 마우스의 오른쪽 버튼을 눌러서 시프트레지스터 추가를 클릭하면 생성되고,
- 여기에서의 문제는 현재의 숫자(데이터)와 바로 직전의 숫자, 2개 이전의 숫자가

필요하기 때문에 왼쪽 시프트레지스터는 2개가 필요하며, 오른쪽에 있는 시프트 레지스터는 필요가 없다.

- 따라서 왼쪽의 시프트레지스터에 커서를 위치시키고, 마우스의 오른쪽 버튼을 눌러 [원소추가]를 클릭한다.
- 결과적으로 현재의 난수와 1개 이전의 난수, 2개 이전의 난수를 합하고, 3으로 나누어서 평균값을 출력하게 된다.
- 출력값을 루프 안에 위치시킨 이유는 숫자 3개씩 평균한 값을 매번 출력시키기 위함이다. 만약 맨 마지막의 평균값 하나만을 출력시키기 위해서는 최근 3개의 평균값 인디케이터를 루프 바깥에 위치시키면 된다.

Q **[문제 3-21]** while 문을 이용하여 a의 값이 0부터 10까지 0.01씩 증가할 때에 현재의 a^2값을 출력하라.

Q **[문제 3-22]** while 문을 이용하여 a의 값이 10부터 -10까지 0.1씩 감소할 때에 현재의 a^2값을 출력하라.

Q **[문제 3-23]** 0부터 100 사이의 정수로 된 난수를 발생시켜서 난수의 값이 50이 나오면 실행을 정지시키고, 50의 값이 몇 번째 발생된 난수인지를 표시하라.

Q **[문제 3-24]** 시간 t가 0부터 0.01씩 증가하면서 10까지 변하는 모습을 확인할 수 있는 프로그램을 작성하라.

Q **[문제 3-25]** 시간 t가 10부터 0.1씩 감소하면서 0까지 변하는 모습을 확인할 수 있는 프로그램을 작성하라

4. 정해진 회수만큼만 반복실행은 어떻게 하나?

for 루프는 사용자가 정해준 수만큼 루프를 실행하고 멈추는 구조이다. 이것은 함수/프로그래밍/구조에 있으며, N은 실행시키기를 원하는 횟수를 나타내며, i는 0부터 시작하고 현재 실행 횟수를 나타낸다.

[예제 3-10] 10부터 20까지 숫자를 2씩 증가하도록 하며, 현재 출력되는 숫자가 눈에 보이도록 하는 프로그램을 작성하라(72.vi).

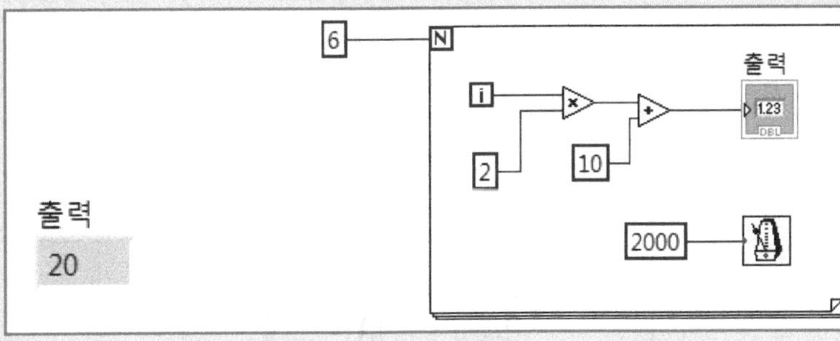

[그림 3-29] 정해진 횟수만큼의 반복실행

- 프런트패널에서 출력숫자를 나타낼 숫자형 인디케이터를 위치시킨다.
- 블록다이어그램에서 for 루프를 선택하여 위치시킨다.
- 숫자를 2씩 증가시키기 위하여 i x2를 한다.
- 초기의 숫자가 10부터이기 때문에 10을 더하기 한다.
- 10부터 20까지 2씩 증가하기 위해서는 루프를 6번(10, 12, 14, 16, 18, 20)돌려야 하기 때문에 N에 숫자형 상수 6을 연결한다.
- 숫자가 증가되는 값을 보기 위하여 [함수/프로그래밍/타이밍]에 있는 메트로놈을 선택하여 위치시키고, 2초의 간격으로 출력을 보기 위하여 2000을 연결한다.
- 실행시킨다.

[예제 3-11] 0부터 1까지 숫자를 0.2씩 증가하도록 하며, 현재 출력되는 숫자가 눈에 보이도록 하고, 출력된 모든 변수가 들어가는 배열을 만들어서 눈에 보이게 하는 프로그램을 작성하라(73.vi).

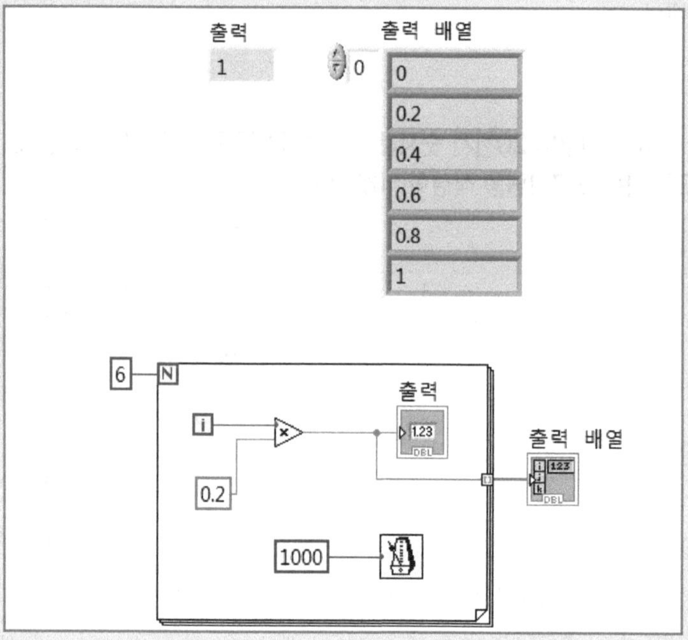

[그림 3-30] 0에서 0.2씩 증가되는 숫자를 배열에 입력

- 프런트 패널에서 출력숫자를 나타낼 숫자형인디케이터를 위치시킨다.
- 프런트 패널의 일반/배열에서 배열을 프런트 패널에 위치시키고, 숫자형 인디케이트를 배열의 4각형 박스 안에 위치시키고, 박스를 선택하고 원하는 원소의 개수만큼 밑으로 잡아당긴다. 출력배열에는 배열의 값이 들어가는 방이 있고, 배열의 왼쪽에 있는 숫자는 보기를 원하는 배열의 첫 번째 방의 주소를 입력한다. 배열의 주소는 C 프로그래밍과 마찬가지로 0번째부터 시작한다. 만일 배열의 5번째 방에 있는 값부터 보기를 원하면 숫자에 4를 넣으면 된다. 본 예제는 첫 번째 방에 있는 배열의 값을 보기 원하기 때문에 0을 넣었다.
- 블록다이어그램에서 for 루프를 선택하여 위치시킨다.
- 숫자를 2씩 증가시키기 위하여 [i]x0.2를 한다.
- 0부터 1까지 0.2씩 증가하기 위해서는 루프를 6번 돌려야 하기 때문에 [N]에 숫자형 상수 6을 연결한다.

- 숫자가 증가되는 값을 보기 위하여 [함수/프로그래밍/타이밍]에 있는 메트로놈을 선택하여 위치시키고, 1초의 간격으로 출력을 보기 위하여 1000을 연결한다.
- 실행시킨다.

[예제 3-12] for 루프를 이용하여 10회를 반복시키고, 반복된 10회의 숫자를 1차원 배열 안에 넣고, 원하는 위치(배열의 인덱스)를 입력하면 해당 위치부터 5개의 데이터 값이 출력되도록 하라(4.vi).

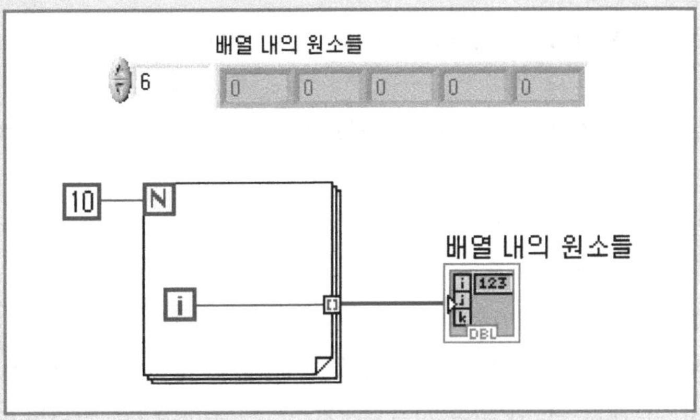

[그림 3-31] 10회를 반복하고 숫자를 배열에 입력

- for 루프는 프로그램/구조에 있다.
- N은 총 반복해야 하는 회수이다.
- i는 순간 반복하는 순서이다. 이때 i는 0부터 시작한다.
- 프런트 패널의 일반/배열에서 배열을 프런트 패널에 위치시키고, 숫자형 인디케이트를 배열의 4각형 박스 안에 위치시키고, 박스를 선택하여 원하는 원소의 개수가 나오도록 옆으로 혹은 밑으로 드래그한다.
- 반복횟수는 i이므로 i를 배열내의 원소들에 연결한다.
- 그러면, 루프의 오른쪽 테두리에 터널이 생긴다(조그만한 빈 사각형).
- 조그마한 사각형에 커서를 위치시키고 오른쪽 마우스를 눌러서 [비활성화인덱싱]을 클릭하면 루프 바깥으로 나가는 숫자는 배열이 아니라 마지막 값(여기서는)만 출력된다.

[예제 3-13] for 루프를 이용하여 1부터 10까지 더하기를 하라. (시프트레지스터를 사용하여)(5.vi).

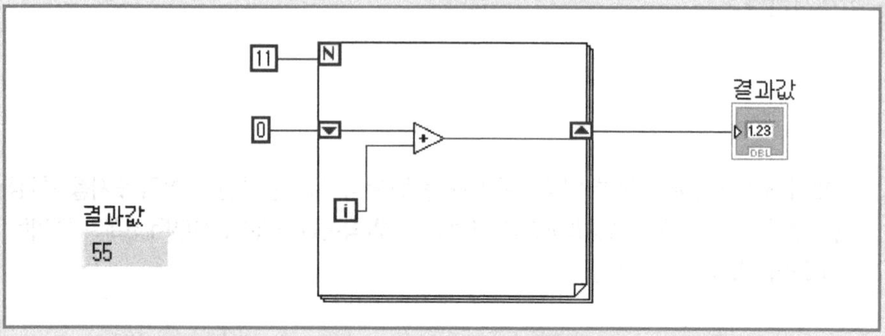

[그림 3-32] 시프트레지스터를 이용해 1부터 10까지 더하기

- 알고리즘은 0+0=0부터 더하기 한 결과값과 새롭게 증가된 숫자를 합하면 된다. 이를 위하여 시프트레지스터를 사용하는 것이 편리하다.
- 따라서 왼쪽의 테두리에 커서를 위치시키고, 오른쪽 마우스를 클릭하여 시프트레지스터를 추가한다.
- 처음에 0과 i의 초기값인 0을 합하여 출력으로 내고, 이를 다시 피드백하면(오른쪽의 시프트레지스터를 통하여). 0과 i가 하나 증가된 1의 값과 합해진 1의 값이 오른쪽 시프트레지스터와 왼쪽 시프트레지스터를 통하여 1로 입력되고 증가된 2의 값과 합해진다. 이러한 과정이 11회 반복된다.
- 왜 11회이냐 하면, 문제가 1부터 10까지 더하기 하는 것이기 때문에 11회를 해야 한다. 즉 [i]가 0부터 시작하기 때문이다.

Q [문제 3-26] 반복회수를 입력받아서, 0부터 반복회수까지 각각의 숫자의 제곱을 더한 값을 표시하라.

5. 그래프는 어떻게 그리나?

아래의 예제를 통하여 while 문과 for 문을 이용한 그래프 그리기를 연습하여 보자.

[예제 3-14] 10개의 난수(0부터 1사이)를 발생시켜서 그 값을 배열에 저장하고, 배열의 원하는 위치에 있는 원소를 알 수 있도록 하고, 배열에 있는 값을 점(그래프)으로 찍어 보라(9.vi).

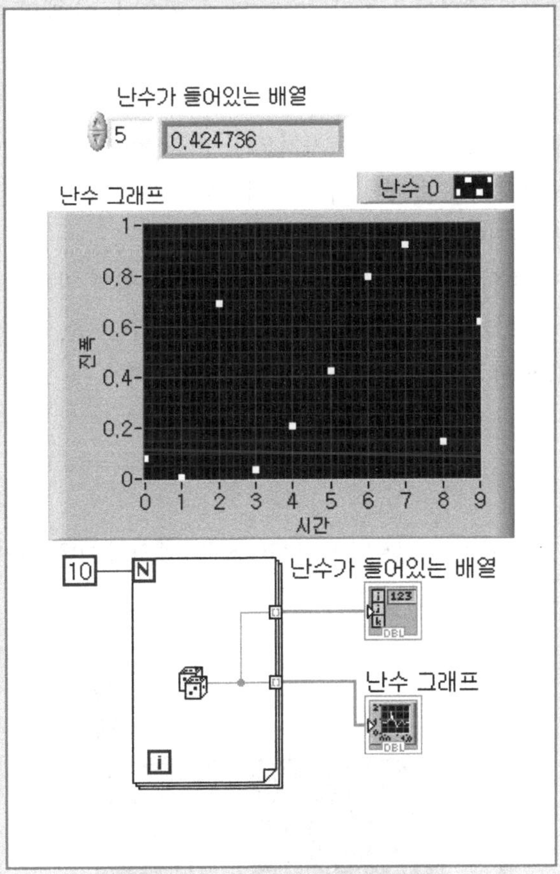

[그림 3-33] 난수의 그래프 그리기

- 그래프를 그리기 위해서는 프런트 패널에 커서를 위치시킨다.
- 그래프인디케이터/웨이브폼그래프를 선택하여 프런트 패널에 위치시킨다.
- 그래프로 표시하기 위한 다양한 방법이 있는데, 이를 위해서는 그래프에 커서를 위치시키고 마우스의 오른쪽을 클릭하여 프로퍼티/플롯으로 들어간다.

- 여기서 이름을 난수 0으로 기입하고, 그래프로 표시하고자 하는 형태를 고르게 된다. 난수이므로 각각의 값을 점으로 표현하기 위하여 사각형의 점과 선으로 잇지 않는 형을 선택한다.
- 난수의 값을 배열로 입력시키기 위해서는 블록다이어그램에서 마우스의 오른쪽을 클릭하여 프로그래밍/배열에 있는 배열 상수를 프런트 패널에 위치시킨다.
- 이는 자동적으로 컨트롤(입력)로 되어 있기 때문에 인디케이터(출력)로 사용하기 위하여 배열에 커서를 위치시켜 마우스를 클릭하여 인디케이터로 변경을 한다.
- 이와 같은 동작으로 배열이 선언되었다고 할 수 있으며, 이 배열 속에 어떤 값을 넣을 것인가를 생각해야 한다.
- 우리는 난수(0부터 1사이의 값)를 입력해야 함으로 실수가 되기 때문에 프로그래밍/숫자형에 있는 숫자형상수를 가져온다. 이는 일반적으로 정수이기 때문에 실수로 바꾸기 위해서는 숫자에 커서를 위치시켜 오른쪽 마우스를 눌러 형에서 DBL(Double을 의미하며 실수를 의미함)을 선택한다.
- 그림에서처럼 원소의 위치 5는 5번지를 의미하여 배열의 위치는 6번째가 된다. 왜냐하면 원소의 위치 번지는 0부터 시작하기 때문이다. 즉, 5번지에 있는 원소의 값이 0.424736이고 그래프에서도 확인할 수가 있다.

[예제 3-15] 100개의 난수를 발생시키고, 최근 3개의 숫자를 평균한 값과 현재의 난수를 하나의 그래프에 그려보라(10.vi).

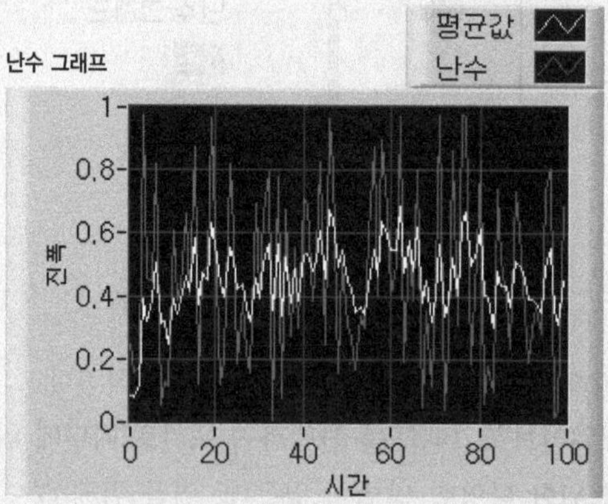

[그림 3-34] 난수와 최근 3개의 난수에 대한 평균값

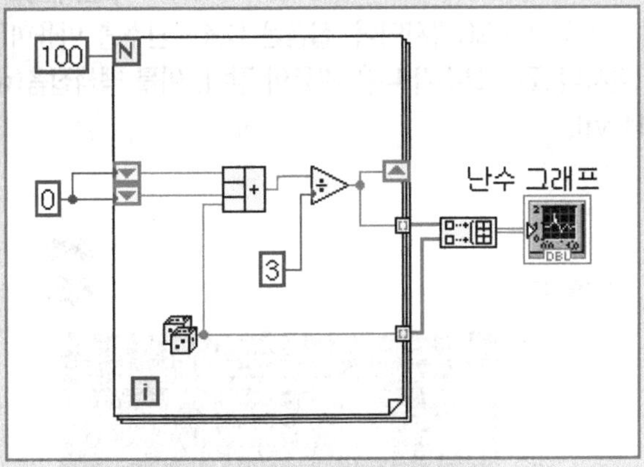

[그림 3-35] 난수와 평균값과 현재의 값을 나타내는 두 개의 그래프를 하나의 모니터에 나타내기

- 현재의 숫자와 2개 이전의 숫자를 사용하기 위하여 한 쌍의 시프트레지스터 왼쪽에 원소를 추가하여 사용한다.
- 더하기를 위한 입력 단자가 3개가 필요하므로 프로그램/숫자형에 있는 복합연산자를 사용한다.
- 하나의 그래프에 2개를 플롯하기 위해서는 2개의 1차원 배열을 2차원 배열로 만들어야 한다. 이를 위하여 프로그램/배열에 있는 배열만들기를 선택하여 내부의 결과 숫자와 연결한다.
- 이때에 주의할 점은 루프 상에 연결고리인 사각형이 생기는데 그림과 같이 빈 사각형인 경우에는 배열의 데이터가 모두 출력됨을 의미하고, 사각형이 막혀 있는 경우에는 마지막 데이터 한 개만 출력됨을 의미한다. 따라서 그래프를 그리기 위해서는 배열의 모든 데이터가 필요하기 때문에 빈 사각형의 형태가 되어야 한다. 만약 빈 사각형이 아닌 경우에는 사각형에 커서를 위치시키고 오른쪽 마우스를 클릭하여 인덱싱활성화를 선택한다.

[예제 3-16] $y = \sin(x) + noise$, $z = \cos(x) + noise$**의 그래프를 그리시오. 단 x는 0부터 0.1씩 증가되면서 20까지이며, 잡음은 0.4 * 난수를 이용하라. (여기에서의 난수는 0부터 1까지의 모든 실수가 나올 확률이 같다. 이를 백색잡음(white noise)이라고도 한다.)(11.vi).**

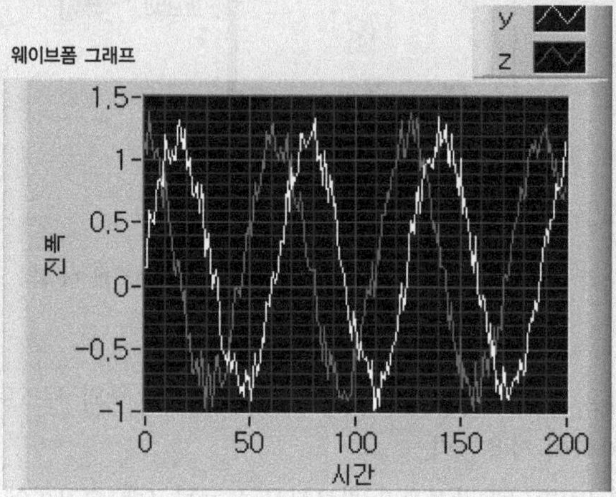

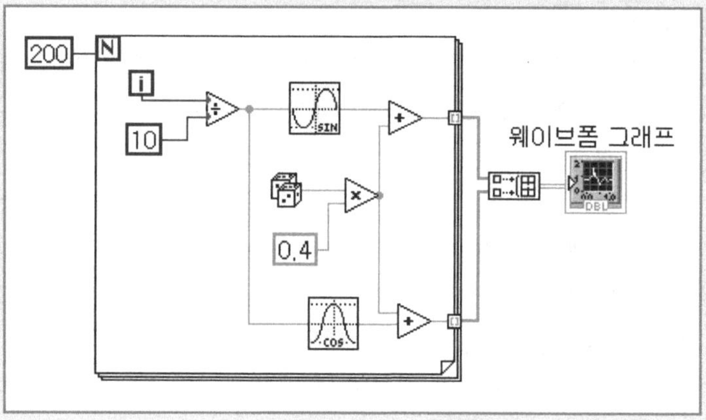

[그림 3-36] 정현파+잡음의 파형 그리기

- sin 함수와 cos 함수는 수학/기본및특수함수/삼각함수에 있다.
- x의 값을 위하여 [i]를 10으로 나누어서 활용하며, x의 값이 20이 되기 위해서는 간격이 0.1이므로 [N] = 200이 되어야 한다.
- 하나의 그래프에 2종류의 그래프를 플롯하기 위한 방법은 위의 문제와 동일하다.

Q **[문제 3-27]** $y = \sin(x)$, $z = \sin(x) + noise$**의 그래프를 그려라, 단 noise = alpha * 난수로 하며, 난수는 -0.5에서 0.5 사이의 값을 가진다. 그리고 noise의 정도는 alpha에 의해서 조정되는데 이를 외부로부터 입력에 의하여 처리하라.**

[예제 3-17] x**는 0부터 0.1씩 증가되면서 20까지이며,** $y = (\sin(x))^2 + \log(x) - \tan(x)$ **의 그래프를 그려라(12.vi).**

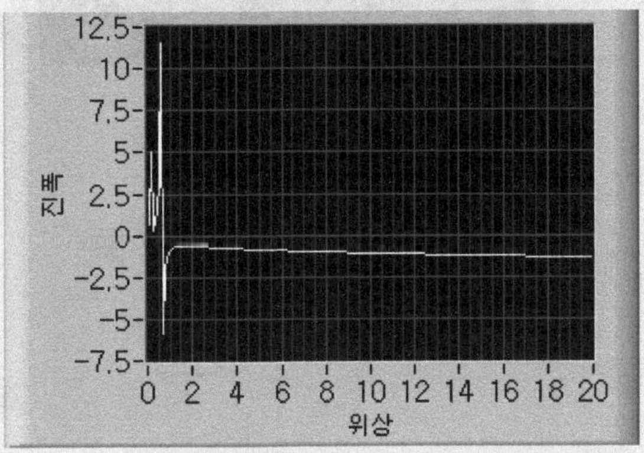

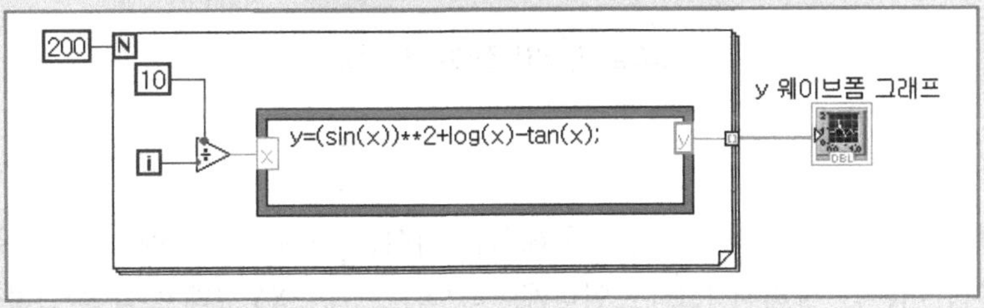

[그림 3-37] 정현파와 대수가 포함된 식의 그래프

- 수식이 복잡하면 아이콘의 수가 많아져서 구현하기가 귀찮을 수 있다. 이런 경우를 위하여 수식노드를 이용하면 수식을 단순히 기술하는 것으로 쉽게 구현할 수 있다.
- 수식노드는 함수/프로그래밍/구조에 있으며, 수식노드의 테두리에 커서를 위치시켜 오른쪽 마우스를 눌러 입력추가와 출력추가를 할 수 있다. 테두리의 왼쪽은 입력을 나타내고, 오른쪽은 출력을 나타낸다.
- 수식 노드 안에서 원하는 수식을 쓰면 된다.(쓰는 형태는 C 프로그래밍에서처럼 쓰면 된다.)

[예제 3-18] (그래프 가로축의 값이 임의의 -값부터 시작해서 그리기)
$x(\theta)=\sin(\theta),\ -4\pi \le \theta \le 4\pi$**의 그래프를 그려라(88.vi).**

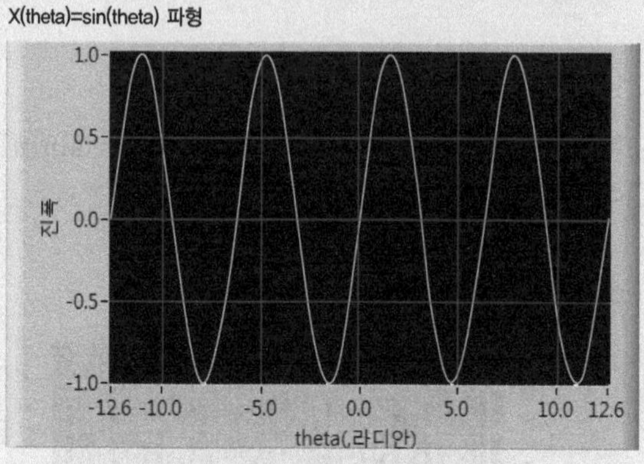

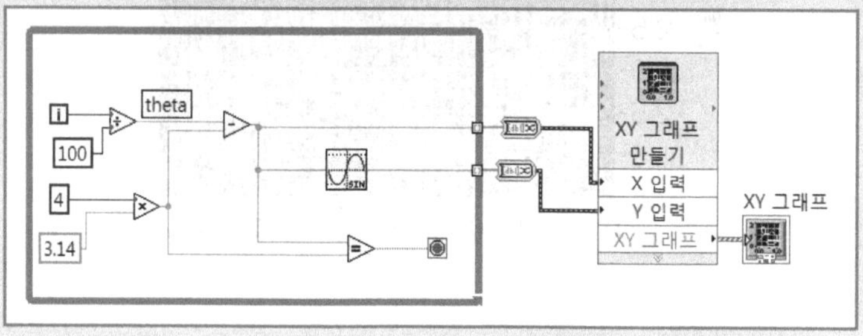

[그림 3-38] 정현파의 파형

- 가로축에 원하는 값을 부여하기 위해서는 커서를 프런트 패널에 두고 마우스의 오른쪽 버튼을 눌러서 [그래프인디케이터/익스프레스XY그래프]를 클릭하여 위치시킨다. (웨이브폼그래프를 사용하면 가로축의 값이 실제의 값을 표현하지 않고 반복회수가 표시된다. 따라서 실제의 값이 표현되기 위해서는 '익스프레스XY 그래프'를 사용해야 한다. 그리고 그래프를 그대로 두면 가로축 스케일이 자동으로 −15~15까지가 표현된다. 이를 −12.6~12.6까지 표현하기 위해서는 그래프 위에 커서를 올려서 마우스의 오른쪽 버튼을 클릭하면 '프로퍼티'가 나오는데 여기에서 스케이를 조정하면 된다.)
- 그래프 함수의 X입력에는 theta의 값을 연결하고,
- 그래프 함수의 Y입력에는 결과값을 연결한다.
- 가로축의 값이 −12.56에서 12.56까지의 값을 가지도록 위의 while 루프 안의 왼

쪽 아래에 있는 다이어그램을 형성시킨다.
- 변수의 값이 12.56이 될 때에 프로그램이 정지되도록 연결한다.
- 여기서 특별히 주의할 점은 프로그램이 정지되는 조건이 변수 theta 값이 12.56이 되는 시점인데, 이를 위하여 변수의 theta 값이 12.56의 값을 가지도록 하여야 한다는 의미이다. 예를 들면, 변수 theta 값이 현재는 정수(i) / 100(= 0.01)의 정확도이므로 theta 값이 12.56이라는 값을 가질 수가 있다. 그러나 예를 들면 theta값이 i(정수) / 10(=0.1)이 되므로 정지조건 theta 값이 12.56이 절대로 나오지 않으므로 정지되지 않고 무한루프를 돌게 된다.

Q [문제 3-28] $x(t) = \cos(20\pi t) - 2\sin(15\pi t + \frac{\pi}{2}),\quad -0.5 \le t \le 0.5$ **의 그래프를 그려라.**

Q [문제 3-29] $y = x^2 - 1,\ -5.15 \le x \le 5.15$ **의 그래프를 그려라.**

6. 조건에 따라 다른 실행을 하기 위해서는?

case 구조는 조건에 따라서 다른 실행을 수행할 수 있게 하는 구조이다. 이 구조는 함수/프로그래밍/구조에 있으며 아래 그림과 같이 참의 양쪽에 화살표로 되어 있는 선택자라벨과 조그마한 사각형에 물음표가 들어 있는 케이스 선택자로 되어 있다. case 구조를 사용하기 위해서는 케이스선택자에 선택자를 입력해 주어야 한다. 예를 들면, 불리언을 연결하면 참과 거짓의 두 가지 조건에 대한 케이스가 생기며, 숫자형 0, 1, 2, 3 등을 입력하면 0, 1, 2, 3의 4가지 조건에 대한 케이스가 생기고 각 케이스에 대하여 프로그래밍을 해 주어야 한다.
다음의 문제를 통하여 프로그래밍 기법을 익히도록 한다.

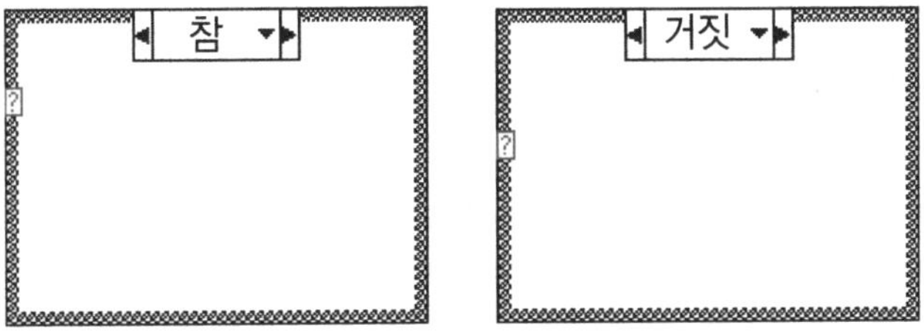

[그림 3-39] 케이스 구조의 참과 거짓

[예제 3-19] 두 개의 숫자를 더하고, 답을 입력하여서 답이 맞으면 "맞습니다"를 출력하고, 답이 틀리면 "틀렸습니다"를 출력하는 프로그램을 작성하라(13.vi).

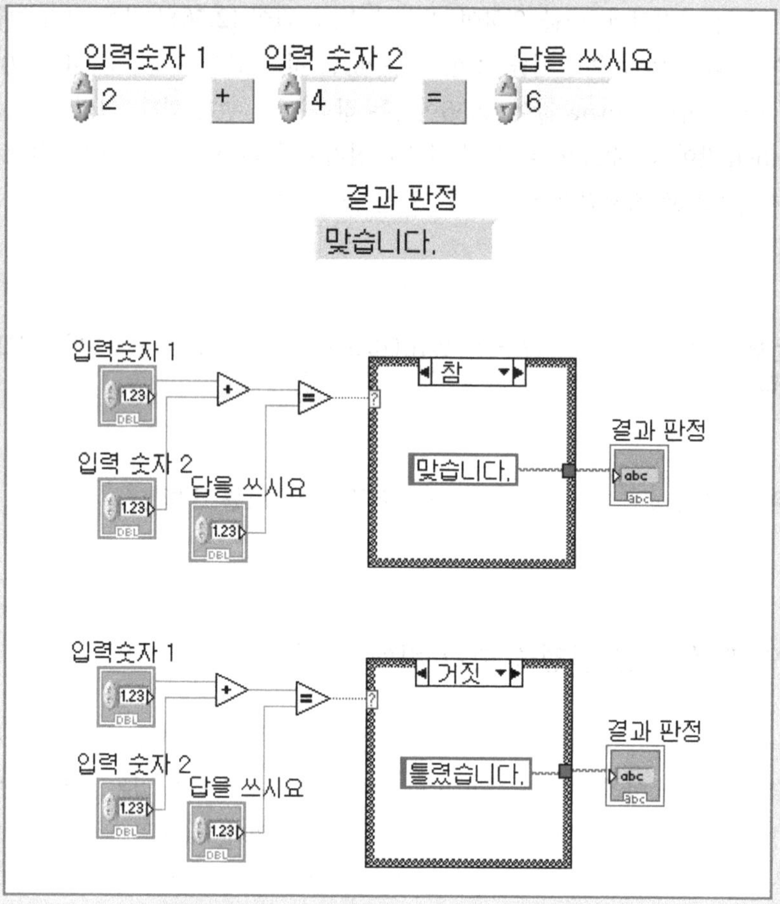

[그림 3-40] 케이스 구조를 이용한 덧셈의 결과판정

- case 구조를 선택하여 블록다이어그램에 위치시킨다.
- 프런트 패널에 입력 숫자 2개와 답을 입력할 숫자형 컨트롤 3개를 위치시키고, 결과판정이 들어갈 텍스트형 인디케이터를 위치시킨다.
- 블록다이어그램의 케이스 내의 선택자 라벨에서 참을 선택하고 케이스 내부에 문자열 상수를 가져와서 내부에 "맞습니다"를 입력한다.
- 블록다이어그램의 케이스 내의 선택자 라벨에서 거짓을 선택하고 케이스 내부에

문자열 상수를 가져와서 내부에 "틀렸습니다"를 입력한다.
- 2개의 입력숫자를 더하고 그 결과가 같은지를 확인하여 참과 거짓의 결과를 케이스 선택자에 연결한다.

[예제 3-20] 20과 15를 연산함에 있어서, 연산자 +, -, *, / 중 하나를 입력하여 연산자를 입력한 데로 계산할 수 있는 프로그램을 작성하라(20.vi).

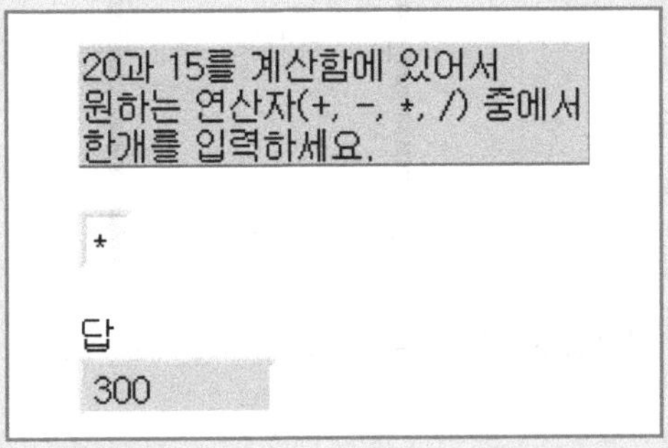

[그림 3-41] 4측연산을 위한 프런트패널

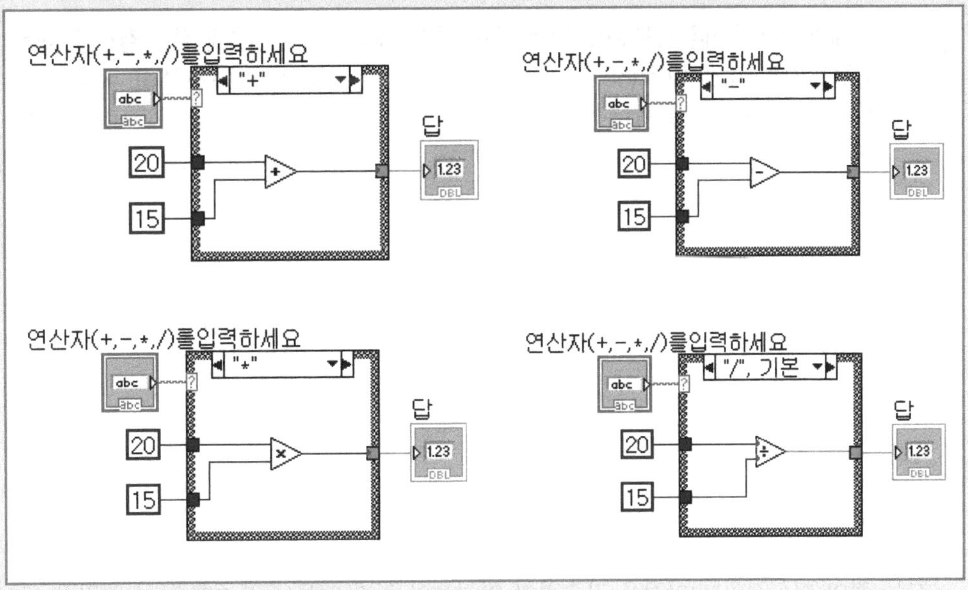

[그림 3-42] 4측 연산의 선택에 의한 연산

[예제 3-21] 숫자 2개를 입력하고, 더하기, 빼기, 곱하기, 나누기를 선택할 수 있는 링을 만들고 연산의 방법을 선택하여 답을 구하는 프로그램을 만드시오(14.vi).

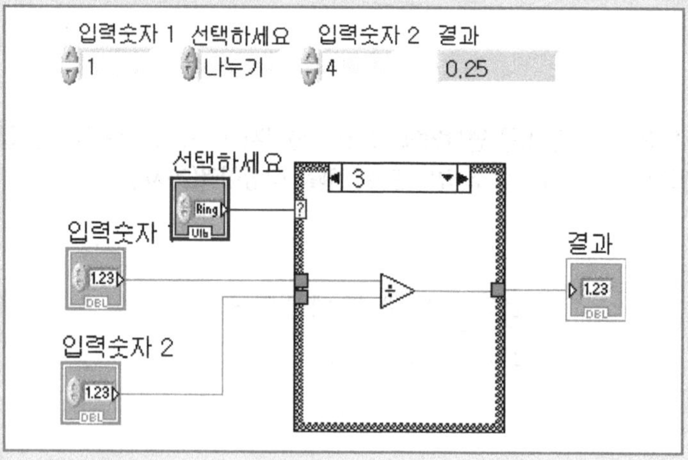

[그림 3-43] 4측 연산의 선택에 의한 계산

[예제 3-22] 신체질량지수(BMI)에 의한 비만도를 측정하여 다음과 같은 결과가 출력되도록 프로그래밍하여라(65.vi). 신체질량지수(Body Mass Index: BMI, 카우프 지수)에 의한 비만도 계산법은 다음과 같다(출처: http://search2.dreamwiz.com/cms/tool/bmi_re.php3).

[표 3-1] 신체질량지수(BMI) 비만도

계산식	신체질량지수(BMI)=체중(kg)/[신장(m)]2	
판정기준	저체중	20 미만
	정상	20 ~ 24
	과체중	25 ~ 29
	비만	30 이상

비만 판정의 올바른 지표는 체중이 아니라 체지방량이므로 몸의 지방을 직접 측정하는 것이 이상적이나 이것은 기술적인 어려움이 있기 때문에 표준체중, 신체질량지수 등 체지방을 간접적으로 측정하는 방법이 일반적이다.

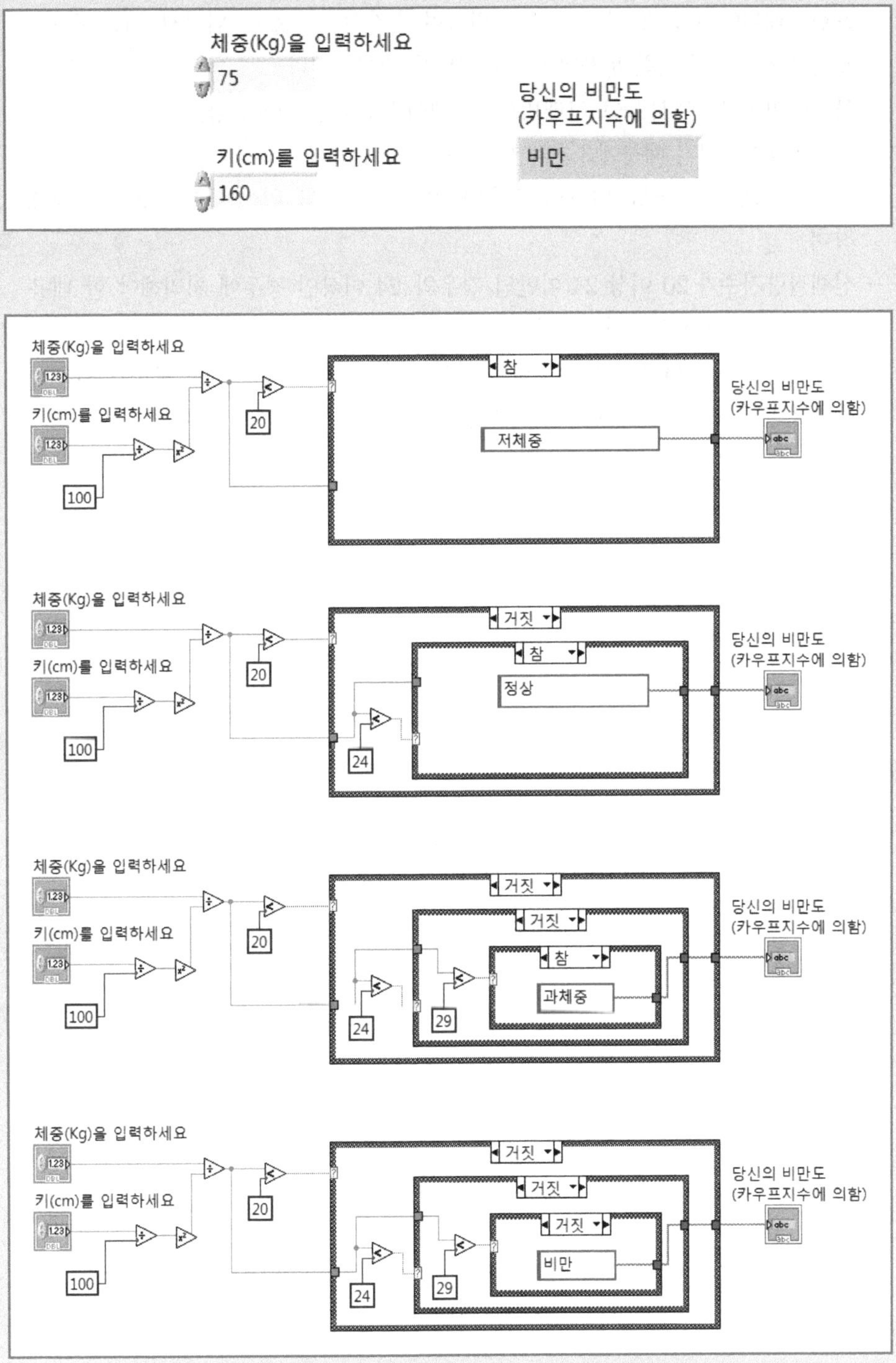

[그림 3-44] 신체질량지수(BMI)에 의한 비만도

- 프런트패널에 체중과 키의 입력을 위하여 숫자형 컨트롤을 위치시키고, 비만도 결과를 표시하기 위한 문자열 인디케이터를 위치시킨다.
- 블록다이어그램에서 [프로그래밍/구조/케이스구조]를 사용한다.
- 조건이 4종류이기 때문에 3중의 케이스구조가 필요하다.
- 즉 신체질량지수가 20 미만인 경우와 이상인 경우를 위한 케이스구조가 필요하며,
- 신체질량지수가 20 이상 24 미만인 경우와 24 이상인 경우에 처리해야 할 내용을 위한 케이스구조가 필요하며,
- 신체질량지수가 29 미만인 경우와 이상인 경우를 처리하는 케이스구조가 필요하다(텍스트로 표현하는 일반 프로그래밍에 비하여 다소 복잡한 점이 있다.).

종 합 연 습 문 제

1. 10개의 임의의 숫자를 배열에 넣고, 최대값, 최소값, 합계, 평균을 구하여 출력하라.

2. 극장에 입장할 때에 6세 미만은 무료, 6세 이상 12세까지는 1,000원, 13세부터 65세까지는 2,000원, 66세부터는 무료이다. 나이를 입력하면 해당 요금을 표시해 주는 프로그램을 작성하라.

3. 기말 시험의 성적을 입력하고 90점 이상이면 A학점, 80점 이상에서 90점 미만이면 B학점, 70점 이상에서 80점 미만이면 C학점, 60점 이상에서 70점 미만이면 D학점, 60점 이하이면 F학점을 표시하라.
   예) 당신의 점수를 입력하시오:
   "당신의 점수는 ( ) 학점입니다."

4. 년봉에는 세금이 부과된다. 년봉이 1500만원 미만까지는 세금이 부과되지 않고, 1500만원 이상에서 5000만원 미만까지는 10%, 5000만원 이상에서 7000만원 미만까지는 30%, 7000만원 이상에서 9000만원 미만까지는 40%, 9000만원 이상인 경우에는 50%의 세율인 경우에 년봉을 입력하면 세금이 출력되게 하라.

5. 구구단 중에서 한 개의 단을 입력하면 그 단을 출력하라.

6. 시작되는 정수와 마지막 정수를 입력받아서 그 사이의 모든 정수를 더한 값을 출력하라.

7. 다음과 같은 프로그램을 작성하라.
   초를 입력하시오:
   ( ) 초는 ( ) 시간 ( ) 분 ( ) 초입니다.

8. 복소수의 크기를 구함에 있어서
   실수항을 입력하시오:
   허수항을 입력하시오:
   크기는 ( ) 이고, 각은 ( ) 도이고 ( ) 라디안입니다.

9. 임의의 정수를 입력받아서 0부터 임의로 입력된 정수까지의 짝수의 합과 홀수의 합을 출력하라.

10. 난수를 100개 발생시키고, 2개 난수의 평균값, 3개 난수의 평균값, 5개 난수의 평균값을 구하는 프로그램을 작성하고 그래프로 나타내어라.(그래프에는 원래의 난수의 값과 난수의 평균값을 동시에 나타내어야 함.)

1. '무엇인가'가 신호?
2. 신호에 관련되는 용어들은 어떤 것들이 있나?
3. 신호를 어떻게 표현하는가?
4. 정현파 신호를 그래프로는 어떻게 그리는가?
5. 위상, 각속도, 주파수 사이에는 어떤 관계가 있나?
6. 주기신호란 어떤 신호인가?
7. 신호처리에서 자주 사용되는 기본신호들은 어떤 것들이 있고 왜 필요한가?
8. 원하는 신호를 합성할 수 있는가?

CHAPTER 04

신호란 무엇인가?

신호에 관련되는 용어들이 여러 교과서에 많이 사용되고 있지만, 그 용어를 조금씩 다르게 표현하는 경우가 많이 있었다. 그래서 신호가 무엇인지를 우선 설명하고, 이들을 정리하여 혼동이 없도록 하였다. 신호를 그림으로 혹은 그래프로 표현하는 방법에 대하여 기술한다. 신호 중에는 특별히 기본적인 특성을 가지는 유용한 신호들이 있다. 이들을 살펴보고 어디에 활용되는 지를 본다. 마지막으로 기본신호를 이용하여 우리가 원하는 신호를 합성하는 방법과 이에 관련되는 예를 살펴본다.

04 CHAPTER 신호란 무엇인가?

1. '무엇인가'가 신호?

여러분은 지금 무슨 소리가 들리는가? 기차 지나가는 소리가 들리는가? 사랑스런 아기의 울음소리가 들리는가? 무엇이 보이는가? 아름다운 꽃이 보이는가? 사랑하는 사람의 얼굴이 보이는가? 그리고, 어떤 냄새가 나는가? 식사 때가 되었으니 맛있는 음식 냄새가 더욱 코를 찌르고 있는가? 등 뒤에는 무엇이 있는지 가려움을 느끼고 있지 않은가? 키위가 새콤하지 않은가?

이렇게 여러분은 항상 듣고(聽覺), 보고(視覺), 냄새를 맡고(嗅覺), 감각을 느끼고(觸覺), 맛(味覺)을 안다. 이 모두를 흔히 오감(five senses)이라고 말한다. 그러면 사람은 어떻게 해서 위에서 열거한 것들을 보고, 듣고 할 수 있을까? 즉, "무엇인가"가 사람의 귀, 눈, 코, 혀, 피부 등으로 들어오기 때문이 아닐까? 바로 "무엇인가"가 신호라고 하는 것이다. 우리가 살고 있는 주위의 모든 것들을 사람이 인지하기 위하여 필요한 무엇인가가 신호이다. 우리는 신호를 떠나서는 살 수가 없다. 사람 간의 생활도 마찬가지이다. 서로 얼굴을 보면서(영상신호) 대화하고(음성신호) 커피의 맛(미각 신호, 후각 신호)을 음미하고 악수를 하면서 상대방의 배려를 느끼고(촉각 신호) 생활하는 우리들이다.

어떠한 것도 신호가 발생되면 그 형태는 공기의 성김과 빽빽함(소밀)의 형태, 사람의 오감의 자극 정도(세기) 등 기계적인 처리(주로 컴퓨터 처리)를 위해서 전기적인 신호로 바꾸어야 하고, 변환된 전기적인 신호를 증폭하는 등의 조작을 한다. 다음의 그림은 북에서 소리가 발생되면 마이크로폰에서 물리적인 신호(음향신호라고도 함)가 전기신호로 변환되어 파형의 형태로 나타나고 있음을 보여준다.

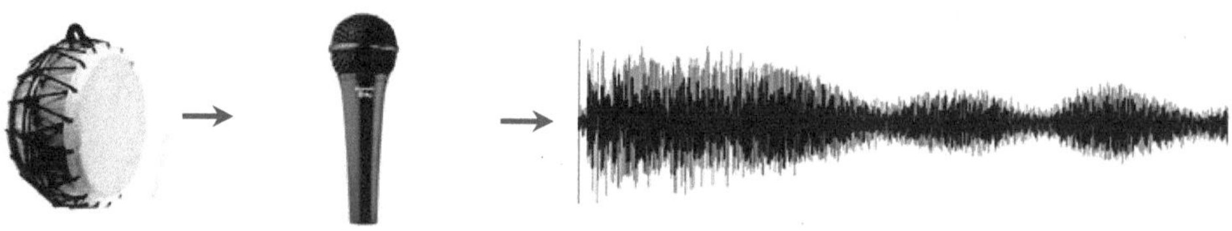

[그림 4-1] 소리(신호)의 발생에서 전기적인 신호 생성 과정

신호처리 분야에서 다루는 신호는 현실에서 발생되는 음성, 영상 등의 물리적인 신호를 대상으로 하지만, 취급(혹은 처리)할 때에는 어떤 센서를 사용해서 변환된 전기적인 신호를 신호로 생각한다. 음성이라면 마이크로폰을 통해서 얻어지는 음성 신호, 영상이라면 카메라를 통해서 얻어지는 영상(image)신호, 가스라면 가스를 감지할 수 있는 센서를 통해서 얻어지는 전기적인 신호 등을 신호(데이터)로 사용한다. 즉 현실에서 생성되는 신호는 여러 종류가 있지만, 일단 어떤 장치를 통해서 얻어지는 신호는 모두가 전기적인 신호로 변환된 형태이며, 이를 보통 공학 혹은 신호처리 분야에서 신호로 간주한다.

전기적인 신호를 신호로 생각한다면 신호 종류도 신호가 시간에 대하여 연속적인 값으로 이루어지는 연속신호, 시간에 대하여 이산적인 값으로 이루어진 이산(디지털)신호로 분류할 수 있다. 여기서는 연속신호를 설명하고 연속신호를 이해하고, 디지털신호를 설명하되 연속신호와의 관계를 설명하면서 디지털신호의 이해를 도모한다.

2. 신호에 관련되는 용어들은 어떤 것들이 있나?

일반적인 교과서 등에서 사용되고 있는 신호의 종류를 나열하고, 서로가 같은 것인지 다른 것인지를 정리해 보자. 신호에는 연속신호(Continuous signal), 연속시간신호(Continuous time signal), 불연속신호(Discontinuous signal), 불연속시간신호(Discontinuous time signal), 아날로그신호(Analogue signal), 디지털신호(Digital signal), 이산신호(Discrete signal), 이산시간신호(Discrete time signal) 등의 용어들이 있다.

신호는 파형의 형식으로 표현되는데, 파형을 그래프로 나타낼 때에 가로축을 시간으로 하고, 세로축을 신호의 크기(진폭)로 표현한다. 위의 각각의 신호들은 시간과 크기의 값이 연속적인 값을 가지는가 혹은 불연속적인 값을 가지는가에 의하여 분류된다. 모든 신호의 원래의 상태는 시간과 진폭이 모두 연속적인 값을 가지는 연속진폭연속시간신호이다. 이러한 연속진폭연속시간신호를 기술적으로 무엇인가 처리를 하기 위하여 연속적인 값을 불연속적인 값으로 변환하는 행위를 한다. 뒤에서도 설명하겠지만 시간을 불연속적으로 변환하기 위하여 샘플링 기법을 사용하며, 진폭을 불연속적인 값으로 변환하기 위하여 양자화 기법을 사용한다. 이를 표로 나타내면 [표 4-1]과 같고, 신호를 그래프로 표현하면 아래 [그림 4-2]와 같다. [그림 4-2]를 보면 이산신호의 진폭값으로 0, 1.54, −0.36, 0.36, −1.54 등의 값이 있는데 이들을 양자화하여 0, 2, −0.5, 0.5, −2의 값을 가진 디지털신호가 됨을 알 수 있다(145.vi). 물론 여기에서는 양자화할 때에 −2, −1.5, −1, −0.5, 0, 0.5, 1, 1.5, 2의 값만을 가진다고 가정한다.

불연속적으로 변환된 신호에서 가장 염두에 두어야 하는 것은 이산신호와 디지털신호를 구분하고 차이점을 아는 것이다.

그리고 본 교재에서는 이산신호와 디지털신호를 병행하여 사용할 것이지만 이산신호를 많이 사용하도록 한다. 왜냐하면 신호처리의 방법에서 신호의 진폭에 대한 이산값은 진폭의 정확도에만 관여하지만, 신호처리 기법의 이론과 실제는 거의 대부분이 시간축의 이산화에 의하여 모든 이론과 현상들이 구현되고 설명되기 때문이다. 물론 컴퓨터에서 처리되는 신호는 진폭의 값과 시간축의 값이 모두 이산값을 가져야 하기 때문에 디지털신호여야 한다. 또한 아날로그신호와 연속신호도 병행하여 사용할 것이다.

[표 4-1] 시간과 진폭의 연속/불연속에 따른 신호의 종류

진폭 / 시간	연속	불연속(양자화에 의함)
연속	연속신호 / 연속시간신호 / 아날로그신호 (모두 같은 신호임)	사용하지 않음
불연속 (샘플링에 의함)	이산신호 / 이산시간신호 / 불연속신호 / 불연속시간신호 (모두 같은 신호임)	디지털신호

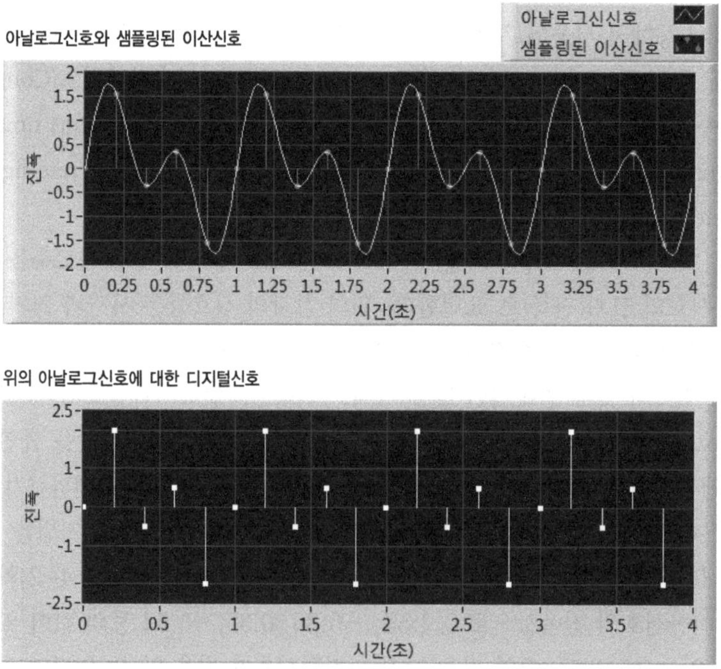

[그림 4-2] 아날로그신호, 이산신호, 디지털신호(진폭값은 0,±0.5,±1,±1.5,±2 중의 하나를 가짐.)(145.vi)

3. 신호를 어떻게 표현하는가?

신호를 이해하고 취급하기 위해서는 신호를 어떤 형식으로든지 표현해야 한다. 신호의 표현방법에는 여러 가지가 있는데 아날로그신호의 표현방법으로 첫째는 신호의 형태를 그림으로 나타내는 방법이 있고, 둘째는 삼각함수와 복소수(혹은 복소지수함수)를 이용하여 나타내는 방법이 있다.

3.1 신호를 그림으로 그려서 표현하는 방법은?

정현파, 구형파, 톱니파, 삼각파, 잡음 파형을 그려보자. LabVIEW로 원하는 파의 진폭과 위상을 입력하면 그릴 수 있는 프로그램의 프런트패널을 아래[그림 4-3]에 보이고 있다(19.vi).

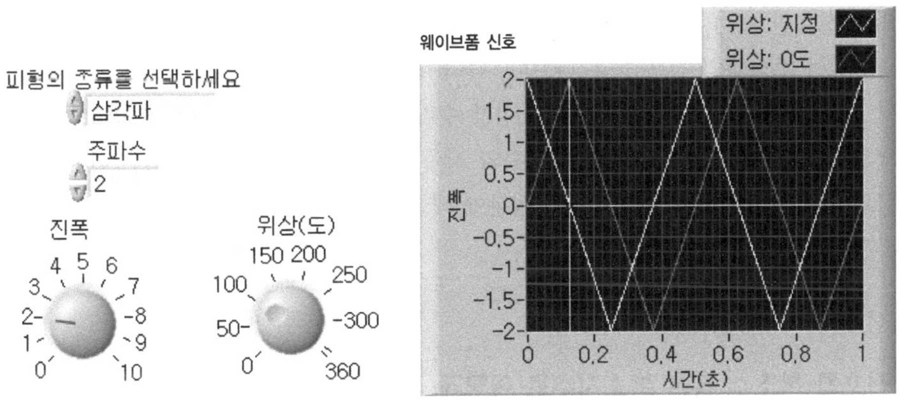

[그림 4-3] 주파수, 진폭, 위상 입력에 의한 정현파, 구형파, 톱니파, 삼각파, 잡음 파형(19.vi)

- 파형의 종류, 주파수, 진폭, 위상을 지정한다.
- 위상이 0도인 경우와 지정된 위상으로 이동된 두 개의 그래프가 얻어진다.
- x축에는 시간(초)이고, 위상은 각도이므로 어떤 값을 가진 위상이 시간에서는 얼마인지를 알아야 한다. 예를 들면 **위상을 90도로 전진시키기 위해서는 어떻게 해야 하나?** 그래프의 가로축은 시간축이기 때문에 90도에 해당하는 시간을 알아야만 그래프로 나타낼 수 있다.
- 간단히 계산할 수 있는데, 예를 들면, 정현파의 경우에 $x(t)=sin(2\pi f_0 t_0+\phi)$에서 위상 $\phi=2\pi f_0 t_0$이므로 $2\pi f_0 t_0=\pi/2$가 되어야 한다.(위상 90도는 $\pi/2$ 라디안이므로), 따라서 $f_0=2$이므로 $t_0=\frac{\pi/2}{2\pi f_0}=\frac{\pi/2}{2\pi 2}=\frac{1}{8}=0.125$초이다. 따라서 그래프는 왼쪽으로 이동된 흰색의 그래프를 볼 수 있다. 여기서 t_0와 f_0는 변수가 아니고 상수임을 나타내기 위하여 아래 첨자 $_0$을 사용하였다. 이 부분은 4절에서 자세히 설명한다.

3.2 신호는 왜 하필이면 정현파로 표현하는가?

모든 임의의 신호 $x(t)$는 다음과 같이 직교함수의 합으로 표현될 수 있다.(Samir S. Saliman et al., Continuous and Discrete Signals and Systems, pp.33).

$$x(t) = \sum_{n=-\infty}^{\infty} c_n \phi_n(t), \qquad n = \text{정수} \tag{4-1}$$

여기서 $\phi_n(t)$는 직교함수(엄밀하게는 정규직교함수이다.)이며, c_n은 직교함수의 계수이다. 예를 들면 푸리에전개의 경우에 c_n은 푸리에계수가 된다. (푸리에 전개에 대하여는 5장에서 설명한다.)

직교함수의 종류에는 여러 함수가 있지만 대표적인 직교함수가 사인함수이다. 따라서 모든 신호는 정현파의 더하기(합성)로 표현될 수 있다는 이론적 근거를 가지고 있다. (직교함수가 어떤 함수인지에 대한 설명은 생략하며, 알기를 원하는 사람은 위의 책을 참고 바란다.) 따라서 임의의 신호인 $x(t)$를 사인파(정현파)로써 표현한다. 물론 $x(t)$의 파형이 어떠냐에 따라서 포함되어 있는 주파수와 진폭 등은 다르다. 따라서 임의의 신호를 합성할 때에 주파수의 종류와 해당 주파수의 진폭과 위상을 알면 합성할 수가 있다. 이를 주파수 합성이라고 한다. 역으로 임의의 신호는 다양한 주파수와 주파수의 진폭과 위상으로 구성되어 있다. 따라서 주파수의 구성요소인 주파수와 각각의 주파수 성분에 대한 진폭과 위상을 알 수도 있다. 이를 주파수 분석 혹은 주파수를 분해한다고 표현한다.

3.3 신호를 복소수 혹은 복소지수로 어떻게 표현하나?

– 신호를 복소수로 어떻게 표현하는가?

어떠한 신호도 정현파로 표현될 수 있음을 알았다. 따라서 신호를 표현하는 방법으로 정현파로 나타낼 수 있는 방법이 있으며 그것이 바로 신호를 표현하는 방법이라 할 수가 있다.

우선 신호를 복소수로(여기서 신호라 함은 정현파를 의미하는 것으로 간주한다.) 표현할 수 있다. 그 이유는 다음과 같다.

- 모든 신호는 $1 \sim \infty$ 개의 서로 다른 진폭과 주파수를 가진 정현파의 합으로 이루어져 있다.
- 정현파라 함은 삼각함수(사인파 혹은 코사인파)로 표현되며
- 삼각함수의 어느 순간(혹은 각도)의 값은 아래의 설명처럼 복소평면상의 하나의 점인 복소수로 표현될 수 있다.
- 따라서 신호는 복소수로 표현될 수 있다.

다음과 같이 복소평면 상의 점 P인 복소수 $a + jb$를 생각해 보자.

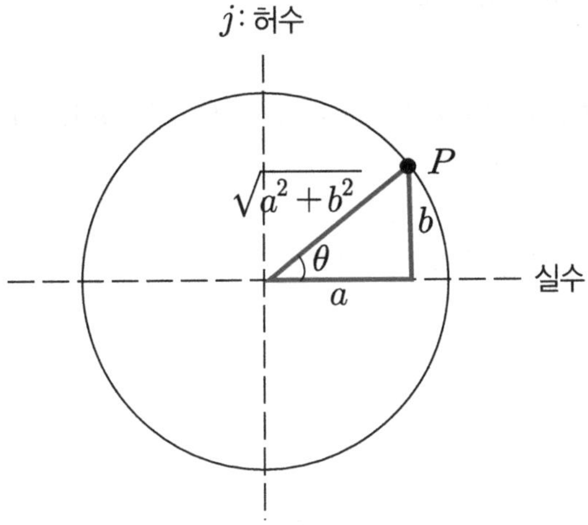

[그림 4-4] 복소수를 복소평면 상에서 표현

$$a+jb = \sqrt{a^2+b^2}\left(\frac{a}{\sqrt{a^2+b^2}}+j\frac{b}{\sqrt{a^2+b^2}}\right) \qquad (4\text{-}2)$$
$$= \sqrt{a^2+b^2}\,(\cos(\theta)+j\sin(\theta))$$

복소수 $a+jb$는 정현파(사인파와 코사인파)의 어느 한 순간의 각도로 표현되기 때문에, 신호는 복소수로 표현될 수 있다.

- 그러면 신호를 복소지수함수로 어떻게 표현하는가?

신호는 복소수로 표현될 수 있음을 위에서 알았다. 그리고 복소지수는 복소수로 표현될 수 있다. 따라서 신호를 복소지수함수로 표현할 수 있다. 이를 식으로 표현하면 다음과 같다.

복소수 $a+jb$와 복소수지수함수인 $re^{j\theta}$는 다음과 같은 관계가 있다.

$$re^{j\theta} = \sqrt{a^2+b^2}\,e^{j\tan^{-1}\frac{b}{a}} \qquad (4\text{-}3)$$

그리고 복소지수함수 $re^{j\theta} = r\cos\theta + jr\sin\theta$이므로, 복소지수함수는 정현파인 신호를 표현한다.

$f(\theta) = e^{j\theta}$는 복소지수함수이다.(지수 부분에 실수 θ 대신에 $j\theta$라는 복소수가 사용되었기 때문에 엄밀하게는 허수이지만 허수가 포함된 수를 복소수라고 한다)

오일러 공식 $e^{j\theta} = \cos(\theta)+j\sin(\theta)$에 의하여 θ 대신에 $2\pi ft+\phi$를 대입하면,

$$f(2\pi ft+\phi) = e^{j(2\pi ft+\phi)} = \cos(2\pi ft+\phi)+j\sin(2\pi ft+\phi) \qquad (4\text{-}4)$$

가 된다. 혹은 $2\pi f$ 대신에 각속도 ω를 넣으면

$$f(\omega t+\phi)=e^{j(\omega t+\phi)}=\cos(\omega t+\phi)+j\sin(\omega t+\phi) \qquad (4-5)$$

가 된다.

$f(\omega t+\phi)$는 $(\omega t+\phi)$의 함수라는 의미인데 실제로 ω와 ϕ는 상수이므로 결국 시간의 함수가 된다. 따라서 위 식은

$$f(t)=e^{j\omega t+\phi}=\cos(\omega t+\phi)+j\sin(\omega t+\phi)$$

로 표현된다.

통신 등의 분야에서 이러한 복소지수함수가 많이 사용되고 있다.

$g_1(t)=\sin(2\pi ft+\phi)$와 $g_2(t)=\cos(2\pi ft+\phi)$라고 하면

$$g_1(t)=Im[f(t)] \qquad (4-6)$$
$$g_2(t)=Re[f(t)]$$

으로 사용하기도 한다. 여기서 $Im[f(t)]$는 $f(t)$의 허수부분을 의미하고, $Re[f(t)]$는 $f(t)$ 실수부분을 의미한다.

4. 정현파 신호를 그래프로 어떻게 그리는가?

다음의 정현파 신호인 사인함수를 생각해 보자.

$$f_1(x)=\sin(x) \qquad (4-7)$$
$$f_2(t)=\sin(2\pi ft)$$
$$f_3(t)=\sin(\omega t)$$
$$f_4(x)=\sin(x+\pi/2)$$
$$f_5(t)=\sin(2\pi ft+\pi/2)$$

의 파형을 그리는 것을 생각해 보자.

그래프를 그리기 위해서는 우선 함수가 무엇의 함수인지, 즉 변수가 무엇인지를 알아야 한다. 그런데 위의 함수에서 $f_1(x)$, $f_4(x)$는 위상 x의 함수, $f_2(t)$, $f_3(t)$, $f_5(t)$는 시간 t의 함수

로 표현되어 있다. 앞에서도 설명했듯이 사인함수는 반드시 위상(라디안)의 함수이어야 한다고 했다(2장의 1.2절 참조). 그런데 $f_2(t)$, $f_3(t)$, $f_5(t)$는 위상인 라디안의 함수가 아닌 시간 t의 함수로 표현되어 있으니 이들은 잘못된 표현이고, 따라서 그래프로 나타낼 수 없지 않을까? 아래에 변수의 종류에 따른 그래프로 표시하는 방법에 대하여 알아보자.

4.1 $f(x)=\sin(x)$의 형식으로 된 함수를 그래프로 그리기

정현파를 수식으로 표현할 때에 다음과 같이 표현한다.

$$f(x) = \sin(x) \tag{4-8}$$

이 의미는 변수가 x이며, 우리가 생각하는 일반적으로 x, y 좌표상의 그래프로 생각하면 y축은 $f(x)$가 된다. 여기에서 중요한 것은 사인함수는 반드시 위상 함수임을 명심해야 한다. 따라서 $\sin(x)$의 경우에 x는 위상이다. 위상은 단위가 각도(10도, 20도 등)이지만, 수학적으로 표현할 때에는 반드시 라디안(radian)이어야 한다. 즉, 위 식 $\sin(x)$에서 괄호 속에는 라디안을 단위로 하는 변수이다.

x라디안의 범위는 물론 $-\infty$에서 ∞까지의 값을 가진다. 그러나 이러한 모든 변수를 표현할 수는 없기 때문에 어느 범위를 정해 주어야 한다. 이러한 변수의 범위를 정함에 있어서 정현파 함수의 주기와 연관지어서 생각하여야 한다. 우리는 이미 정현파 함수는 주기함수이고 그 주기는 2π임을 알고 있다. 따라서 그래프로 나타내기 위해서 4주기~5주기 정도를 표현하면 보기에 좋으므로 변수의 범위를 -4π에서 4π로 하여 4주기로 하면 좋다. 이제 변수의 범위를 정했으니 다음으로 생각하여야 하는 것이 변수의 간격이다. 즉 -4π에서 4π까지를 1의 간격으로 할 수도 있고 (−6.28, −5.28,.... 4.28, 5.28, 6.28), 0.1의 간격 (−6.28, −6.18, −6.08, ... , 6.08, 6.18, 6.28)으로도 할 수 있고, 0.01, 0.001 등의 간격으로 표현할 수 있다. 간격이 좁으면 표현되는 그래프가 부드럽게 되고, 간격이 넓으면 넓을수록 그래프는 덜 부드럽게 표현된다. 일반적으로 간격은 전체범위를 500으로 나눈 값으로 사용하면 무난하다. 지금의 경우에 간격은 $8\pi/500$이 적당할 것이다.

$f(x) = \sin(x)$를 그림으로 표현하면 다음과 같다(16.vi). 그래프에서 보듯이, 정현파의 주기는 위상이 2π(약 6.28)라디안 임을 알 수 있다.

※ 라디안(radian): 360도는 2π 라디안이다. x도는 라디안으로 표시하면 $x\pi/180$ 라디안이다. 역으로 y라디안은 $180y/\pi$ 도이다. 참고로 30도는 $\pi/6$ 라디안, 45도는 $\pi/4$ 라디안, 60도는 $\pi/3$ 라디안, 90도는 $\pi/2$ 라디안, 180도는 π 라디안임을 기억해 두면 여러 가지로 도움이 된다. (2장의 1.3참조)

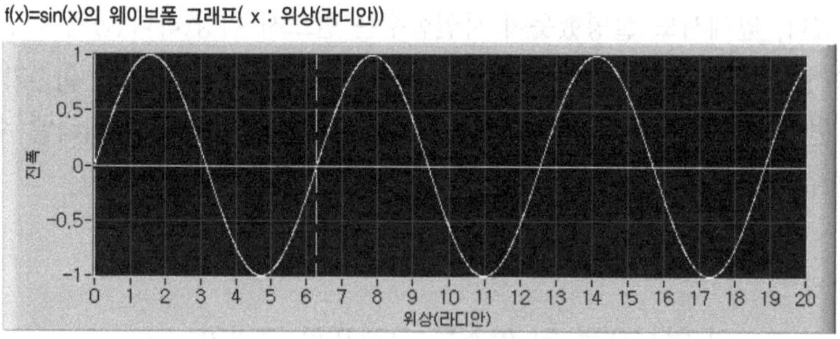

[그림 4-5] 위상의 함수로 표현된 사인함수의 파형(16.vi)

$f(x) = \sin(x+\theta)$ 형식의 함수는 어떻게 그릴까?

당연히 사인함수의 괄호 안의 x와 θ는 위상이기 때문에 더하기 자체는 문제가 없다. 따라서 그래프도 위상축(가로축)에서의 이동에 지나지 않는다. 즉 $f(x) = \sin(x+\theta)$는 $f(x) = \sin(x)$의 그래프가 위상 θ만큼 왼쪽으로 이동한 그래프가 된다. 아래의 그림은 $f_4(x) = \sin(x+(\pi/2))$의 그래프를 나타낸다. 그래프에서 보듯이 $\pi/2$(약 1.57)라디안 만큼 왼쪽으로 이동한 모습을 확인할 수 있다.

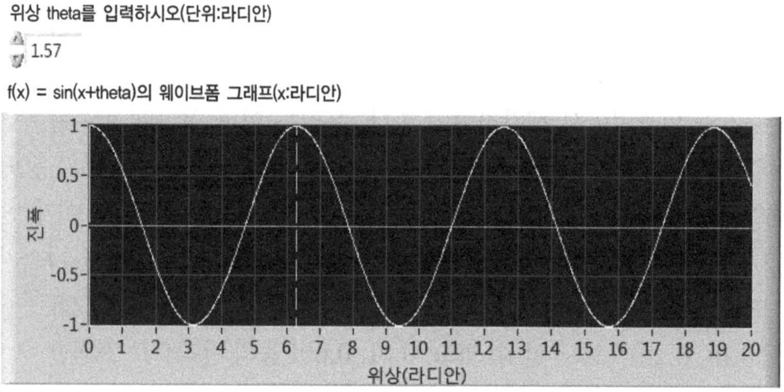

[그림 4-6] $f_4(x) = \sin(x+(\pi/2))$의 그래프

4.2 $f(t) = Asin(2\pi f_0 t+\theta)$의 형식으로 된 함수를 그래프로 그리기

그런데 우리가 신호 혹은 전기회로 분야에서 보는 정현파의 형식은 주로 위와 같은 형식인

$$f(t) = Asin(2\pi f_0 t+\theta) \tag{4-9}$$

혹은

$$f(t) = A\sin(\omega_0 t + \theta) \tag{4-10}$$

이다. f_0와 ω_0는 변수가 아니고 상수임에 주의하기 바란다. 위의 두 식은 서로 어떤 관계가 있고, 어떻게 이해해야 할까? 앞에서도 설명했지만, 사인함수는 반드시 위상의 함수이다. 즉, 괄호 안은 반드시 위상(라디안)이어야 한다. 그러면, 위의 괄호 안의 관계식 $2\pi f_0 t + \theta$에서 보면 f_0는 주파수로서 단위는 1/sec이고, t는 시간의 단위인 sec이므로 $2\pi f_0 t$의 단위는 [라디안] [1/sec] [sec] = [라디안]이 되고, 더하기가 성립되기 위해서는 상수인 θ의 물리적인 의미는 라디안이 되어야 한다. 따라서 괄호 안의 전체의 단위는 [라디안] + [라디안] = [라디안]이 되어 전체는 라디안으로 표시되어 위상이 된다. 그리고 두 번째 식도 같은 시간 t의 함수이며, $2\pi f_0$ 대신에 ω_0를 사용하였다. ω_0의 단위는 [라디안/sec]이므로 속도의 개념이 들어 있으며, 특별히 각도에 대한 속도의 의미를 가지고 있다. 이를 각속도라고도 하고, 주파수의 의미도 포함되어 있기 때문에 일반적인 주파수 f와 구분하기 위하여 각주파수라고도 한다. 그리고 다음의 관계식이 성립한다.(자세한 설명은 5절에서 기술한다.)

$$\omega = 2\pi f \tag{4-11}$$

앞으로 이 책에서는 ω를 각속도 혹은 각주파수를 병용하여 사용할 것이므로 혼동이 없기를 바란다.

그러면 실제로 $f_2(t) = 2\sin(2\pi f_0 t)$에서 $f_0 = 1Hz$일 경우에 그래프로 나타내어 보자. 즉, $f_2(t) = 2\sin(2\pi f_0 t) = 2\sin(2\pi 1 t) = 2\sin(2\pi t)$이므로 시간 t를 변수로 하여(t의 함수) 그래프로 나타내면 다음과 같다(148.vi).

여기서도 시간의 함수인 정현파를 표현하기 위하여 시간 t의 범위를 정해 주어야 한다. 물론 t의 범위는 $-\infty$에서 ∞까지이지만 모든 값을 사용할 수는 없음으로 t의 범위와 간격을 정해 주어야 한다. 시간의 함수인 정현파인 경우에 우리는 이미 주파수는 알고 있으므로(위의 경우는 $f_0 = 1Hz$) 주파수로부터 주기를 쉽게 알 수 있다(주기 T는 주파수의 역수, 즉 $T=1/f_0$). 따라서 그래프가 우리 눈에 보기 좋게 하기 위해서는 4주기 정도가 적당함으로 시간 t의 범위는 $-2T$에서 $2T$까지가 적당하며, 간격은 앞에서도 언급했듯이 전체의 범위를 500등분 정도 하는 것으로 하면 $4T/500$정도가 적당할 것이다.

따라서 위의 $f_2(t)$는 주기가 1초이므로(왜냐하면 주파수가 $f_0 = 1Hz$ 이기 때문에), 시간 t의 범위는 -2초에서 2초까지 4/500초의 간격으로 그래프를 그리면 우리가 보기에 좋은 그래프가 될 것이다.

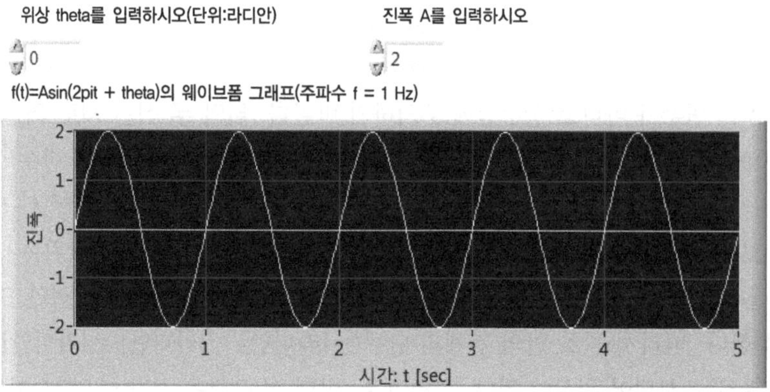

[그림 4-7] 진폭이 2이고, 주파수가 1Hz인 정현파를 시간의 함수로 나타낸 그래프(148.vi)

그러면, $f_5(t)=2\sin(2\pi f_0 t+\pi/2)$의 그래프를 그릴 수 있는가?

여기서 주의해야 할 점은 변수는 시간인 t이고, $\pi/2$는 위상인 라디안이라는 점이다. 그래프를 그릴 때에 위상 $\pi/2$에 해당하는 시간을 계산하여 왼쪽으로 해당 시간만큼 이동해야 한다는 점이다. 즉 위상 $\pi/2$는 얼마의 시간에 해당될까? 아래와 같이 쉽게 계산할 수 있다.

$$2\pi f_0 t_0 = \pi/2 \rightarrow t_0 = \frac{\pi/2}{2\pi f_0} = \frac{\pi/2}{2\pi 1} = 0.25\,\text{sec}$$

따라서, 다음과 같은 그래프로 나타낼 수 있다.

그래프를 자세히 보면 $f_5(t)=2\sin(2\pi f_0 t+\pi/2)$는 $f_2(t)=2\sin(2\pi f_0 t)$보다 왼쪽으로 0.25초만큼 이동된 모습을 확인할 수 있다(149.vi).

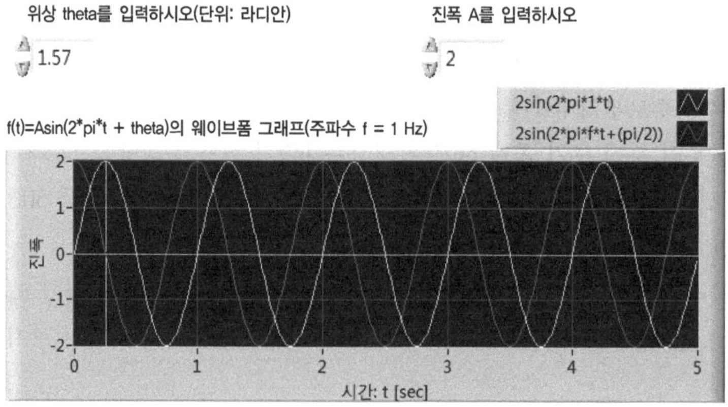

[그림 4-8] $f_5(t)=2\sin(2\pi f_0 t+\pi/2)$는 $f_2(t)=2\sin(2\pi f_0 t)$보다 0.25초 왼쪽으로 이동됨.
(위상 $\pi/2$가 0.25초에 해당됨)(149.vi)

5. 위상, 각속도, 주파수 사이에는 어떤 관계가 있나?

5.1 속도와 각속도는 무엇이 다른가?

– 100m를 20초에 달리면 속도는 얼마인가?

속도는 [거리/시간]이므로 $100m/20\text{sec} = 5m/\text{sec}$임을 쉽게 알 수 있다. 즉 1초 동안에 $5m$의 거리를 직선운동을 한 속도이다. 그래서 우리가 흔히 사용하는 속도라는 말은 엄밀히 표현하면 직선운동속도인데 표현이 길기 때문에 직선운동이라는 표현은 생략하고 속도로 표현하여 사용하고 있다.

– 반지름이 1m인 원주를 2초에 3회전하면 1초에 몇 라디안을 회전했나?

2초 동안에 3회전했으므로 각도로는 6π라디안(1,080도)이므로 1초 동안에는 3π라디안(1.5회전)을 회전했다. 그러면 2초 동안에 6회전하면 1초 동안에는 3회전한 꼴이 되며 이는 각도로 계산하면 6π라디안(2,160도)이다. 그러므로 초당 회전하는 속도를 회전각도로 표현할 수 있음을 쉽게 알 수 있다. 이를 각도속도라고 하며 간단히 각속도라고도 한다.

5.2 각속도 ω, 주파수 f, 위상 Φ는 어떤 관계가 있나?

– 각속도란?

앞에서 언급하였듯이 어떤 물체가 직선운동을 한다고 하면 움직인 거리와 걸리는 시간의 비율인 [움직인거리/걸린시간]을 속도로 정의하여 사용하고 있다. 속도의 정확한 표현은 직선운동속도인데 이를 단순히 속도라고 표현한다.

그러면 어떤 물체가 원운동을 하는 경우에는 속도를 어떻게 나타낼까?

다음의 예제를 생각해 보자.

[예제 4-1] 반지름이 1 미터인 원주 상에서 1회전하는 데에 1초가 걸리면 속도는 얼마인가?

[풀이] $\text{속도} = \frac{\text{시간}}{\text{거리}} = \frac{2\pi r\, m}{1\text{sec}} = 2\pi\,\frac{m}{\text{sec}}$

[예제 4-2] 반지름이 2 미터인 원주 상에서 1회전하는 데에 1초가 걸리면 속도는 얼마인가?

[풀이] 속도 = $\frac{거리}{시간} = \frac{2\pi r\,m}{1\text{sec}} = \frac{2\pi 2}{1\text{sec}} = 4\pi \frac{m}{\text{sec}}$

위의 두 예제에서 무엇을 알 수 있나? 원주 상에서 1초에 1회전하는 원운동을 하는 것은 똑같다. 그러나 원주 상에서 움직이는 속도는 하나는 느리고, 다른 하나는 빠르게 움직인다. 그러나 출발점에서 다시 출발점으로 돌아오는 1회전하는 데 걸리는 시간은 1초로 같다.

생각의 관점을 주파수(혹은 진동)와 결부시켜서 생각해 보기로 한다. 주파수 혹은 진동이라 함은 어떤 물체가 상하 혹은 좌우 운동을 함에 있어서 출발한 위치에서 다시 출발한 위치에 도달하였을 때에 한번 진동했다라고 표현한다. 마치 기둥시계에서 시계의 추가 중앙에서 오른쪽으로 움직였다가 중앙, 왼쪽, 다시 중앙에 도달하였을 때에 시계추는 한번 진동했다고 표현하는 것과 같다.

원운동(반복운동)을 하는 물체의 속도를 물체가 실제로 움직이는 속도보다는 출발점에서 다시 출발점까지 돌아오기까지의 시간에 초점을 둔 속도를 생각해 보자. 그러면 위의 두 예제에서 원의 반지름이 다르더라도 1회전 하는 데에 걸리는 시간은 1초로 같으므로 같은 속도로 나타내고자 하는 것이 목적이다. 속도를 어떻게 표현하면 같게 될까? 1회전하는데 필요한 거리를 생각하지 않고 각도로 표현하면 같게 될 것이다. 즉 위의 두 예제 모두 1회전했고, 각도 360도(2π 라디안)를 회전하는 데에 1초 걸렸으므로 360도/1 sec = 2π 라디안/1초로 표현할 수 있다.

이러한 속도를 직선운동의 속도와 구분하기 위하여 각속도(angular velocity)라고 한다. 각속도의 단위는 [라디안/초]로 나타내며 기호로는 ω로 나타낸다. 각속도의 의미를 다시 정리하면 어떤 물체가 원운동을 하는 경우에 사용하는 속도이며 원의 크기에 관계없이 1초에 몇 회전하느냐를 표현하는 속도이다. 예를 들면 원주는 2π 라디안이기 때문에 1초에 한 바퀴의 속도로 돌면 각속도는 2π[라디안/sec]이며, 1초에 5바퀴($2\pi \times 5 = 10\pi$ 라디안)를 돌면 각속도는 10π[라디안/sec], 1초에 반 바퀴($2\pi \times 0.5 = \pi$ 라디안)의 속도로 돌면 각속도는 π[라디안/sec]가 된다.

이와 같이 각속도는 회전하는 물체에 대한 속도의 개념을 사용하는 분야에 사용된다. 신호를 앞부분에서 설명한 것과 같이 신호는 위상의 함수이다. 위상은 각도이며, 원주상의 각도는 360도를 주기로 하고 있으므로 신호를 원주상의 한 점으로 표현하고, 또한 속도를 직선운동이 아닌 각속도를 사용한다.

각속도의 단위를 다시 음미해 보면 단위 속에는 [1/sec]의 항이 있다. 이는 주파수의 개념이다. 즉, 각속도는 주파수와 같은 개념임을 알 수 있으며 보통의 주파수와 구분하기 위하여 각주파수라고 부른다.

정리하면, ω는 각속도 혹은 각주파수라고 하고 단위는 [라디안/초]이다.

– 각속도와 각주파수를 같은 의미로 사용하는 이유는 무엇인가?

각속도란 원주 상을 회전하는 물체가 1초(단위시간) 동안에 몇 라디안(각도)을 회전하느냐이다. 여기서 회전이라는 말은 회전하는 시작점이 있고 다시 시작점에 돌아오기까지 걸리는 시간이 있다. 걸리는 시간이 빠르면 빨리 회전한다는 의미이고, 걸리는 시간이 길면 천천히 회전한다는 의미이다.

반면에 주파수란 어떤 물체가 1초에 몇 회 진동하느냐의 의미로 생각할 수 있다. 즉 1초에 10회 진동하면 주파수는 10*Hz*(헤르츠, 주파수의 단위이며 1/sec로 표현한다.)라고 한다. 주파수를 상하(혹은 좌우)로 움직이는 진동으로 생각하여 처음 시작점에서 다음 시작점에 돌아오기까지 걸리는 시간의 역수인 주파수로 생각할 수 있다. 즉, 각속도와 주파수(진동) 모두가 어떤 물체가 처음 위치에서 다시 처음 위치로 돌아 올 때까지의 시간의 개념을 사용하기 때문에 각속도와 주파수를 같은 의미로 사용하는 이유이다. 즉 단위시간에 몇 회전했느냐(혹은 몇 라디안을 회전했는가?)와 몇 회 진동했느냐이기 때문에 결국 같은 의미가 되는 것이다.

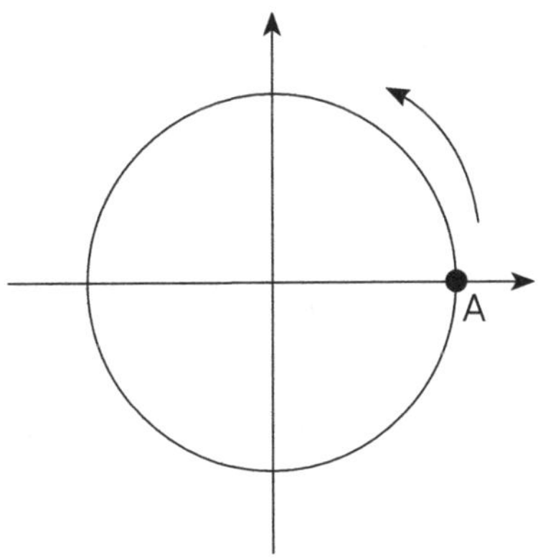

[그림 4-9] 각속도는 물체 A가 1초 동안에 원주를 몇 바퀴 혹은 몇 라디안을 회전했느냐를 나타낸다.

$f(t) = \sin(2\pi f_0 t)$는 말할 것도 없이 가로축은 t, 즉 위상의 함수가 아닌 시간의 함수이다. 가로축은 시간만의 함수이기 때문에 당연히 f_0는 상수이어야 한다. $f_0 = 10Hz$로 하여 그래프를 그리면 다음과 같다(17.vi).

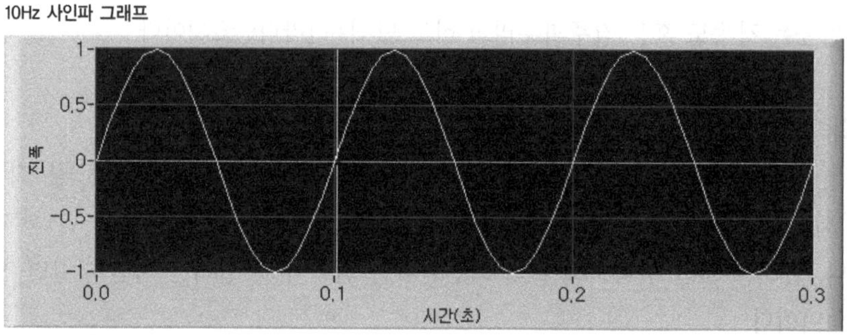

[그림 4-10] 시간축 상에서 정현파

Q [문제 4-1] $f_1 = 5Hz$, $f_2 = 20Hz$의 정현파 신호의 파형을 각각 그리되, 가로축을 시간으로 하여 그려라. 그래프로 그려보고 어떠한 임의의 진폭(예를 들면 1 혹은 0.5 등)을 가지는 시각에서 다음에 다시 같은 진폭의 값이 나타나기까지 걸리는 시간이 얼마인지를 살펴보아라. 걸리는 시간이 주파수와 어떤 관계가 있는지도 살펴보아라.

– 위상, 각속도(각주파수), 주파수는 어떤 관계가 있나?

사인함수 $x(t) = \sin(2\pi f_0 t)$에서 괄호 안은 반드시 위상이 되어야 한다고 설명하였다. 그러므로 $2\pi f_0 t$는 위상이다. 그리고 이 위상은 시간 t의 함수로 되어 있다. 이를 일반화해 보면 위상이 t의 함수이므로 위상을 $\Phi(t)$로 표시할 수 있다. 그러면 사인함수 $x(t) = \sin(2\pi f_0 t) = \sin(\Phi(t))$가 되고, $\Phi(t) = 2\pi f_0 t$이며 위상은 시간의 선형함수가 된다.(우리가 고등학교 때에 배운 $y = ax$의 형태로서 a에 대응하는 것은 $2\pi f_0$이고, x에 대응하는 항은 t이다.)

위상의 단위는 라디안이고 각속도의 단위는 라디안/초이다. 위상의 값이 시간에 따라서 변한다고 하자.(위상이 시간에 따라서 변하지 않으면 단순히 하나의 값에 지나지 않으며, 일반적으로 신호라 함은 위상이 시간에 따라서 변하는 함수이다.) 대단히 짧은 시간 동안의 위상의 변화(이를 수학적으로 표현하면 $t_1 - t_2 = \Delta t \rightarrow 0$)를 순시각속도라고 정의하면 다음과 같이 수학적으로 표현할 수 있다.

$$\frac{d\Phi(t)}{dt} = \omega_i(t) \tag{4-12}$$

가 된다. 여기서 $w_i(t)$란 순시각속도를 의미하며, 순시각속도가 일정한 값(ω)이 아니라 시간에 따라서 변함을 나타내기 위하여 $w_i(t)$로 표현한다. (첨자 i는 instantaneous(순시)의 첫 글자임.) 속도가 시간에 따라서 달라질 수 있기 때문이다. 마치 우리가 자동차를 운전하고 있을 때에 60km/sec로 가고 있다고 하더라도 엄밀하게는 순간순간 속도가 다른 것과 마찬가지이다.

각속도와 주파수와의 물리적인 관계를 알아보자. 일반적으로 물리적 관계를 쉽게 이해하기 위해서 단위를 생각해 보면 직감적으로 이해되는 경우가 많다. 각속도의 단위는 [라디안/초]이고, 주파수의 단위는 [1/초]임을 알고 있다. 이 사실로부터 각속도가 주파수가 되기 위해서는 각속도를 각도인 라디안으로 나누면 된다. 즉

$$\frac{\text{각속도}}{\text{각도}} = \frac{\text{라디안/sec}}{\text{라디안}} = \frac{1}{\text{sec}} = \text{주파수} \tag{4-13}$$

따라서,

$$\text{각속도} = 2\pi \ \text{주파수} \ (\omega = 2\pi f) \tag{4-14}$$

가 된다.

각속도와 주파수가 시간의 함수이면(시간에 변하는 값이면), 각각은 $\omega_i(t)$, $f_i(t)$로 표현할 수 있으며 다음과 같은 관계식이 얻어신다.

$$\frac{\omega_i(t)}{2\pi} = f_i(t) \ \Rightarrow \ \omega_i(t) = 2\pi f_i(t) \tag{4-15}$$

위상(Φ), 각속도(ω), 순시각속도($\omega_i(t)$), 주파수(f)와의 관계를 종합 정리하면 다음과 같다.

$$\omega = 2\pi f \tag{4-16}$$

$$\frac{d\Phi(t)}{dt} = \omega_i(t) \tag{4-17}$$

5.3 위상이 시간에 따라 변하는 예를 들어보자

구체적인 예로서 사인함수의 괄호 안에 있는 위상이 시간의 함수 $\Phi(t)$인데, 위상함수는 대표적으로 다음과 같은 종류를 생각할 수 있다.

– 첫째, $\Phi(t)$가 상수인 경우

위상함수가 시간 t와는 관계가 없다는 의미이다. 즉, 위상함수가 시간에 따라서 변하지 않는다는 의미이다. $\Phi(t)=C$로 표현할 수 있다. 예를 들면 $\Phi(t)=C=2\pi f_0$이면, $x(t)=\sin(\Phi(t))=\sin(2\pi f_0)$가 되어 사인함수는 시간과는 무관한 함수가 되며, 만약 $f=0.25Hz$이면 ($\sin(0.5\pi)=\sin(90\text{도})=1$($\pi$라디안이 180도이므로)이라는 하나의 값이 된다. 물론 순시각속도를 계산하더라도 시간의 함수가 아니므로 $\omega_i(t)=d\Phi(t)/dt=d(2\pi f)/dt=0$이 되어 순시각속도는 0이다.

– 둘째, $\Phi(t)$가 시간의 1차함수의 관계를 가지는 경우

위의 예처럼 $\Phi(t)=at=2\pi f_0 t$인 경우이다. 이러한 경우에 순시각속도를 구하면,

$$\omega_i(t)=\frac{d\Phi(t)}{dt}=\frac{d(2\pi f_0 t)}{dt}=2\pi f_0 \tag{4-18}$$

가 된다. 여기서 주파수 f_0는 상수이기 때문에 순시각속도는 시간에 따라서 변하지 않는 상수가 되어 일정한 값을 가진다. 또한 순시주파수도 순시각속도로부터 구할 수 있으며 다음과 같다.

$$\frac{\omega_i(t)}{2\pi}=\frac{2\pi f_0}{2\pi}=f_0=f_i(t) \tag{4-19}$$

가 되어 순시주파수가 일정한(시간에 따라서 변하지 않는) 정현파가 된다. 그림으로 표현하면 다음과 같다.

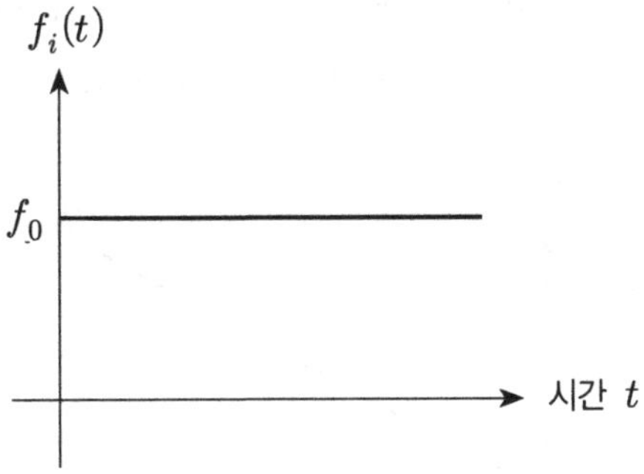

[그림 4-11] 순시주파수 $f_i(t)$가 일정한 경우

[예제 4-3] $x(t)=\sin(500\pi t)$의 순시주파수는 얼마인가? 그리고 이 신호를 생성하여 들어보라.

[풀이] $2\pi f_0 t = 500\pi t \rightarrow f_0 = 500\pi t / 2\pi t = 250Hz$ 이고 t의 함수가 아니므로 시간에 시간에 따라서 변하지 않는 일정한 값을 가진다.

– 셋째, $\Phi(t)$가 시간의 2차함수의 관계를 가지는 경우

$\Phi(t)=at^2+bt+c$인 경우이다. 이 식에서 a, b, c는 상수이고 다른 상수로 바꾸어도 문제가 없기 때문에 편의상(반드시 이렇게 해야 되는 것은 아님.) $\Phi(t)=2\pi f_0 t^2+2\pi f_0 t+c$로 두면, 순시각속도는 다음과 같이 구할 수 있다.

$$\omega_i(t)=\frac{d\Phi(t)}{dt}=\frac{d(2\pi f_0 t^2+2\pi f_0 t+c)}{dt}=4\pi f_0 t+2\pi f_0$$

가 된다. 여기서 주파수 f_0는 상수이기 때문에 순시각속도는 시간과 1차함수($4\pi f_0 t+2\pi f_0 = at+b$이기 때문에)가 되어 시간이 증가함에 따라서 순시각속도도 일정하게(선형적으로) 증가하게 된다. 이 신호를 들을 수 있다면 어떤 소리가 될까? 주파수가 시간에 따라서 증가하므로, 주파수가 증가하면 증가할수록 소리는 높은 소리가 난다. 따라서 시간이 흐름에 따라서 소리는 낮은 소리에서 높은 소리로 혹은 높은 소리에서 낮은 소리로 일정한 속도로 변화되는 소리를 들을 수 있을 것이다. 또한 순시주파수도 순시각속도로부터 구할 수 있으며 다음과 같다.

$$\frac{\omega_i(t)}{2\pi}=\frac{4\pi f_0 t+2\pi f_0}{2\pi}=2f_0 t+f_0=f_i(t)$$

위의 식에서 순시주파수도 시간이 증가함에 따라서 일정하게(선형적으로) 증가하게 됨을 알 수 있다. 물론 f는 상수이다. 그림으로 표현하면 다음과 같다.

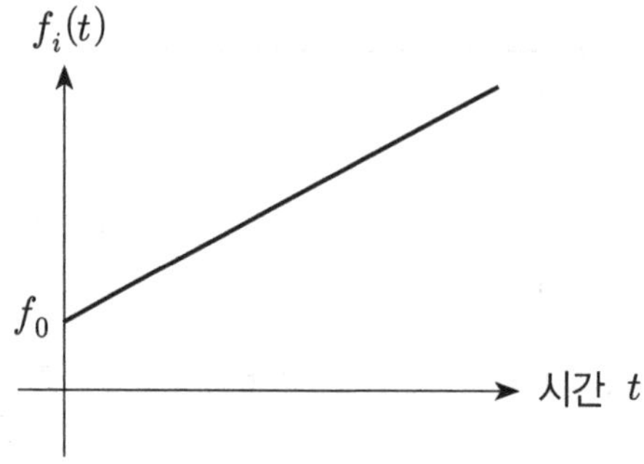

[그림 4-12] 순시주파수 $f_i(t)$가 시간에 비례하는 경우

6. 주기신호란 어떤 신호인가?

주기신호란 같은 신호의 파형이 일정한 간격을 가지고 계속적으로 나타날 때를 주기신호라고 한다. $x(t)$의 신호가 주기신호일 때에 이를 수학적으로 표현하면 다음과 같다.

$$x(t) = x(t \pm nT) \qquad (4\text{-}20)$$

여기서 n은 정수이고, T는 상수로 같은 파형이 반복되는 시간간격이며 이를 주기라 하고, 주기의 역수를 기본주파수라고 한다. 한편 같은 모양의 파형이 계속적으로 반복되지 않는 파형은 비주기신호라고 한다. 그리고 비주기신호를 주기신호의 개념으로 표현한다면 주기 $T = \infty$인 주기신호라고 할 수 있다. 즉 '비주기신호는 주기 T가 ∞인 주기신호이다' 라고 표현할 수도 있다.

우리가 신호로 많이 사용하는 신호 $f(t) = \sin(2\pi f_0 t)$를 생각해 보자. f_0는 주파수이며 의미는 1초에 몇 번 진동하느냐이다. 1초에 10번 진동하면 주파수가 10Hz(헤르츠)라고 하며, 1초에 0.5번 진동하면 주파수는 0.5Hz 라고 한다. 그리고 1초에 10번 진동(주파수는 10Hz)하면 한 번 진동하기까지에는 시간이 얼마나 걸릴까? 당연히 0.1초가 된다. 이를 주기라고 표현한다. 1초에 0.5번 진동하는 경우에는 한번 진동하기까지의 시간이 얼마나 걸릴까? 당연히 2초이다.

그럼 위의 두 예로부터 주파수와 주기와의 관계를 추측할 수 있는가? 그렇다. 추측한대로 주파수와 주기는 서로 역수의 관계가 있다. 즉 주파수가 10Hz이면 주기는 1/10초, 주파수가 0.5 Hz이면 주기는 1/0.5 = 2초가 된다. 역으로 주기가 0.2초이면 주파수는 1/0.2 = 5Hz가 된다.

이를 수식으로 표현하면 다음과 같다.

$$f_0 = \frac{1}{T}\ ,\ 혹은\ T = \frac{1}{f_0} \tag{4-21}$$

가 된다.

주파수의 단위는 Hz(헤르츠: 1/초), 주기의 단위는 초(sec)이다. 이를 그래프로 그려보면 다음과 같다(15.vi).

웨이브폼 그래프: 수직 붉은 색의 막대(커서)를 움직여서 신호의 주기를 알 수 있다.

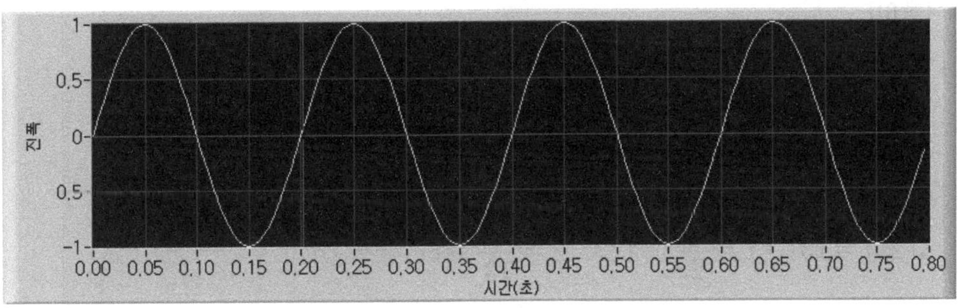

[그림 4-13] 주기신호의 주기 및 주파수

위의 신호를 식으로 표현하면 어떻게 될까?

정현파 신호의 일반형은 $f(t) = A\sin(2\pi f_0 t + \theta)$이므로, 그래프로 알 수 있듯이, 진폭 A는 1, 주기 T는 0.2초, 위상 θ는 0 라디안이므로 주파수 $f_0 = 1/T = 1/0.2 = 5Hz$이다.

따라서 $f(t) = \sin(2\pi f_0 t) = \sin(2\pi 5t + \theta) = \sin(10\pi t)$이다.

[예제 4-4] $f(t) = 5\cos(3000\pi t)$**가 주기신호이면 주기를 계산하라.**

[풀이] $f(t) = 5\cos(3000\pi t)$
$= 5\cos(2\pi f_0 t)$

$\therefore 3000\pi = 2\pi f_0 \rightarrow f_0 = \frac{3000}{2} = 1500Hz$

$\rightarrow T = \frac{1}{f_0} = \frac{1}{1500} sec$

[예제 4-5] 다음 신호에 대하여 주기/비주기신호를 밝히고, 주기신호이면 주기를 구하라.

1) $x_1(t) = \sin(5\pi t)$
2) $x_2(t) = \cos(4\pi t)$
3) $x_3(t) = \sin(13t)$
4) $x_4(t) = 2x_1(t) - x_2(t)$
5) $x_5(t) = x_1(t) + 3x_3(t)$

[풀이]

1) $2\pi f = 5\pi \rightarrow f = \frac{5\pi}{2\pi} = \frac{5}{2} \rightarrow T = \frac{1}{f} = \frac{2}{5}$ sec : 주기신호

2) $2\pi f = 4\pi \rightarrow f = \frac{4\pi}{2\pi} = \frac{4}{2} \rightarrow T = \frac{1}{f} = \frac{2}{4} = 0.5$ sec : 주기신호

3) $2\pi f = 13 \rightarrow f = \frac{13}{2\pi} \rightarrow T = \frac{1}{f} = \frac{2\pi}{13}$ sec : 주기신호

왜냐하면,
$\sin(13t) = \sin(13(t+T))$가 성립하는 T의 존재여부를 확인한다.
$13T = 2\pi \rightarrow T = 2\pi/13$
* 위의 세 개의 예제에서 보는 바와 같이 정현파 신호는 위상항(괄호 안에 있는 항)이 모든 값을 가지는 경우(연속적인 값)는 항상 주기신호이다. 그러나 이산신호(괄호안의 위상항이 모든 값을 가지지 않는) 경우는 주기신호일 수도 있고 아닐 수도 있다.

4) 주기가 다른 2개의 신호를 더하거나 빼기를 했을 경우의 주기는 신호 각각의 주기의 최소공배수가 유한소수(소수점 이하의 수가 끊임없이 계속 있는 것이 아닌 유한 개일 경우)이면 합성신호의 주기가 된다. 그 이유는 각자가 생각해 보길 바란다. 여러분이 초등학생 시절에 두 학생이 운동장의 트랙을 도는 데에 한 학생은 4분이 걸리고, 다른 한 학생은 6분이 걸린다고 할 때에 두 학생이 동시에 출발하면 몇 분 후에 두 사람이 만나는가? 라는 문제를 많이 접해 보았을 것이다. 이와 같이 생각해 보면 신호 각각의 주기의 최소공배수가 합성신호의 신호가 됨을 이해할 것으로 본다. 따라서 신호 각각의 주기인 0.4초와 0.5초의 최소공배수는 2초이므로 합성신호의 주기가 2초인 주기신호이다.

그러면 두 주기의 최소공배수가 무한소수(소수점 이하의 수가 끊임없이 계속 있는(무한개) 경우)이면 신호의 주기성은 어떻게 되는가?

최소공배수가 무한소수이면 합성신호는 주기를 갖지 않는 비주기신호가 된다. 결론적으로, 주기가 다른 2개의 신호를 더하거나 빼기를 했을 경우의 주기는 신호 각각의 주기의 최소공배수가 유한소수이면 합성신호는 주기신호가 되고, 최소공배수가 무한소수이면 합성신호는 비주기신호가 된다.

5) $x_1(t)$는 주기가 0.4초인 주기신호이고, $x_3(t)$는 주기가 $2\pi/13$인 주기신호이다. 따라서 두 신호의 주기의 최소공배수는 $0.4 \cdot 2\pi/13 = 0.8\pi/13$이 되어 무한소수이다. 따라서 합성신호 비주기신호이다.

7. 신호처리에서 자주 사용되는 기본신호들은 어떤 것들이 있고 왜 필요한가?

신호처리의 여러 응용분야에서 많이 사용될 뿐만 아니라 다른 복합적인 신호들을 표현할 때에 공통적으로 많이 사용되는 신호들이 있다. 이들을 기본신호들이라고 하고, 기본신호들의 종류에는 어떠한 것들이 있는지를 살펴본다. 기본신호들을 이용하여 복합적인 일반 신호를 표현하므로서 신호와 시스템의 성질을 더욱 쉽게 이해할 수 있다. 이러한 기본신호 자체만의 특성으로도 공학적인 응용분야에서 매우 유용하게 사용할 수 있다.

7.1 파형의 순간을 취할 수 있는 신호는?

움직이는 물체의 순간을 잡는 도구는 무엇인가? 카메라이다. 그러면 연속되는 신호파형의 순간적인 크기를 잡는 도구는 무엇인가? 임펄스신호이다. 뒤에서 설명하겠지만 연속적인 신호파형을 이산적인 신호파형으로 변환하기 위해서 일정한 시간 간격마다 순간적인 파형을 취해야 하는 경우에 필요한 신호이다.

이를 위한 신호가 임펄스신호이다. 임펄스(Impulse)는 영어사전에 의하면 충격 혹은 순간적인 충격의 의미를 가지고 있다. 순간적인 특성을 가진 함수를 임펄스함수라고 하고, 임펄스함수에 의하여 물리적으로 발생시킨 신호를 임펄스신호라고 한다. 다른 표현으로서 Dirac Delta 함수 혹은 Delta 함수라고 하며, 아래 식과 그림과 같이 $t = 0$에서 폭은 0이고 크기가 무한대인 신호를 말한다. 특히 면적이 1인 신호를 단위임펄스신호(Unit Impulse Signal)라고 말하며, $\delta(t)$로 표시한다. 만약 $t = 3$에서 폭은 0이고, 크기가 무한대이고 면적이 1인 신호는 $\delta(t-3)$이다. 임펄스신호의 특징은 다음과 같다.

$$\delta(0) \to \infty; \tag{4-22}$$
$$\delta(t) = 0,\ t \neq 0$$
$$\int_{-\infty}^{\infty} \delta(t)dt = 1$$
$$\delta(t) = \delta(-t) : \text{우함수}$$

또한 위 식의 의미는 시간 $t = 0$에서만 값을 가지며, 크기(높이)가 ∞이고, 나머지 영역에서의 값은 0이고, 면적이 1인 직사각형(가로의 길이가 0인)으로 볼 수 있다.

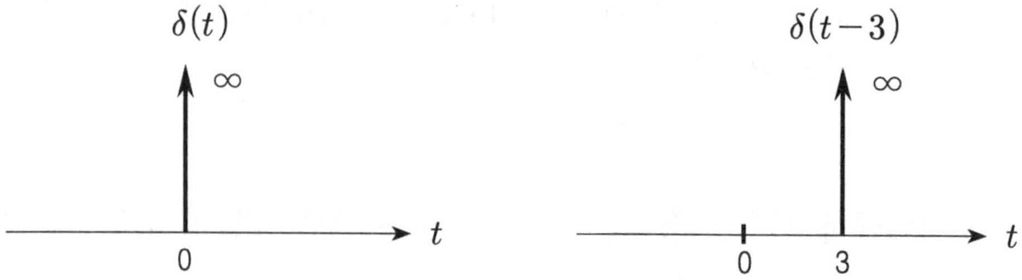

[그림 4-14] 단위임펄스신호 $\delta(t)$와 3만큼 시간 이동한 $\delta(t-3)$

7.2 신호의 일정구간을 취하기 위한 신호는?

연속신호 혹은 정지신호에서 원하는 일정시간 동안만의 파형(예를 들면 5초에서 10초 사이에 있는 파형)을 취하고 싶은 경우가 있다. 이를 위한 유용한 신호가 있을까? 다음 그림과 같이 높이가 1이고, 밑변이 τ인 신호 $r(t)$를 생각해 보자. 이 파형은 구형(矩形, rectangular, 사각형)이기 때문에 구형파신호(혹은 구형파 펄스신호)라고 한다. 연속되는 파형 $x(t)$가 있을 경우에 임의 구간의 신호를 취하기 위해서는 우선 구형파신호의 신호 구간을 정의하여 원래의 함수와 곱하면 된다. 즉 출력신호는 $y(t) = x(t)r(t)$에 의해서 쉽게 구할 수 있다. 아래의 그림에서도 알 수 있듯이 입력파형 중에서 5초와 10초 사이의 신호를 취하기 위하여 구형파 펄스신호를 이용하여 원하는 구간 내에 있는 신호를 취할 수 있다.

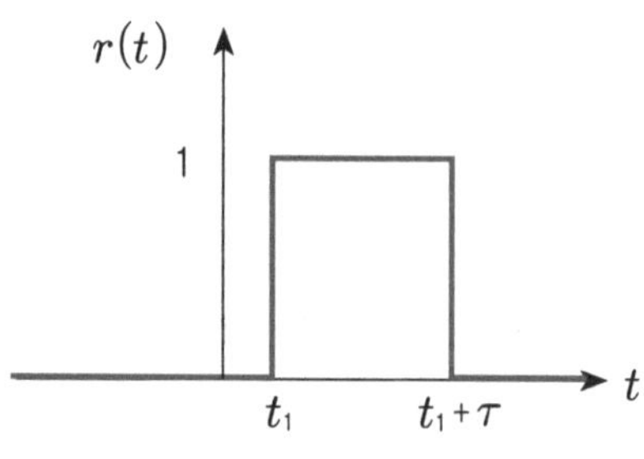

[그림 4-15] 구형파 펄스신호 $r(t)$

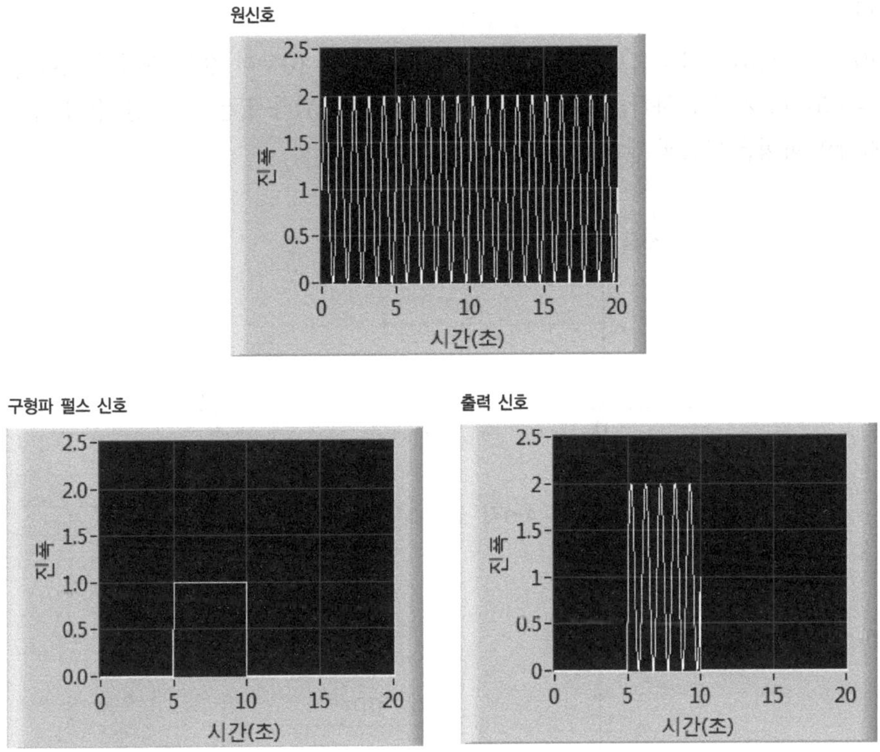

[그림 4-16] 입력신호에 대하여 원하는 구간 내의 신호를 취하고자 하는 경우 $y(t)=x(t)r(t)$ (137.vi)

7.3 임의의 시간부터 시작하게 하는 신호는?

신호 $x(t)$가 있다고 가정하자. 일반적으로 신호는 시간이 $-\infty$부터 ∞까지 신호가 존재한다고 볼 수 있다. 이러한 신호 $x(t)$를 시간 $t=0$을 기준으로 하여 $t \ge 0$에 대하여는 신호가 존재하고, $t<0$에 대한 신호는 무시(또는 신호의 크기를 0으로 하는 경우)하고자 할 때에 다음과 같은 신호를 정의하자.

$$u(t) = \begin{cases} 1 & 0 \ge t \\ 0 & 0 < t \end{cases} \tag{4-23}$$

이러한 함수를 스텝(Step)함수라고 한다. 특별히 크기(높이)가 1이기 때문에 단위스텝함수라고 하고, 이러한 신호를 단위스텝신호(Unit step signal)라고 한다.

예를 들면 $y(t)=x(t)u(t)$라고 하면, 함수 $y(t)$는 $t=0$부터 값이 존재하고 $t<0$ 구간에서의 $y(t)=0$이라는 의미를 가진다.

그러면 $y(t)$의 값이 $t=10$부터 값을 가지게 하기 위해서는 어떻게 해야 하나? $u(t)$의 값이 $t=10$부터 값을 가지게 하면 된다. 즉 $u(t)$를 오른쪽으로 10만큼 이동한 식 $u(t-10)$을 이용한다.

즉 $y(t) = x(t)u(t-10)$으로 나타내면 $y(t)$의 값이 $t = 10$부터 값을 가지게 된다. $y(t)$의 값이 $t = -5$부터 가지게 하기 위해서는 $y(t) = x(t)u(t+5)$가 됨은 쉽게 알 수 있을 것으로 본다. 각각의 파형은 다음과 같다.

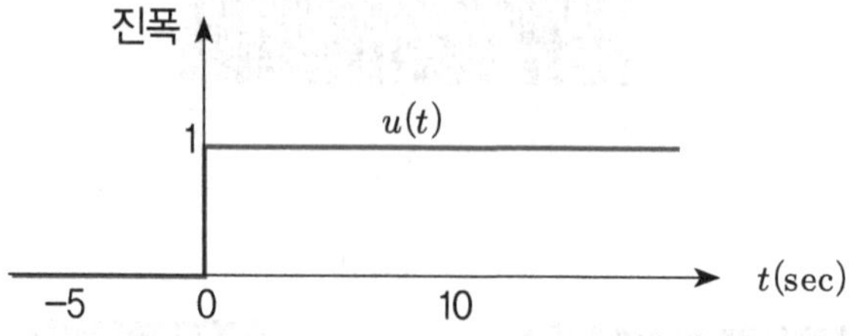

[그림 4-17] 단위스텝함수 $u(t)$

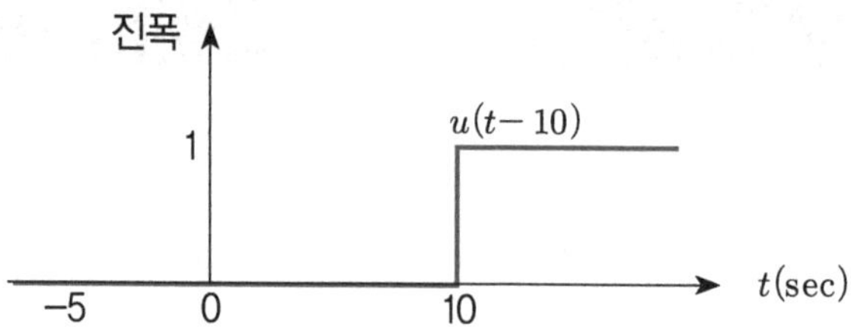

[그림 4-18] 단위스텝함수 $u(t-10)$

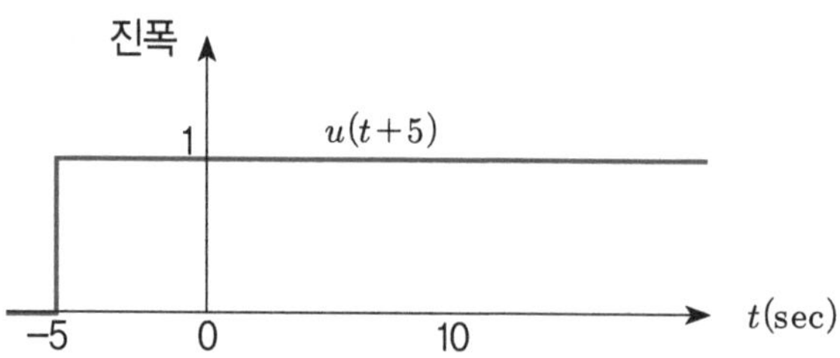

[그림 4-19] 단위스텝함수 $u(t+5)$

다음의 그림을 보면 알 수 있듯이, 원래 신호에서 5초부터의 신호만을 취하고자 할 때에 단위스텝함수 $u(t-5)$를 사용한다(138.vi).

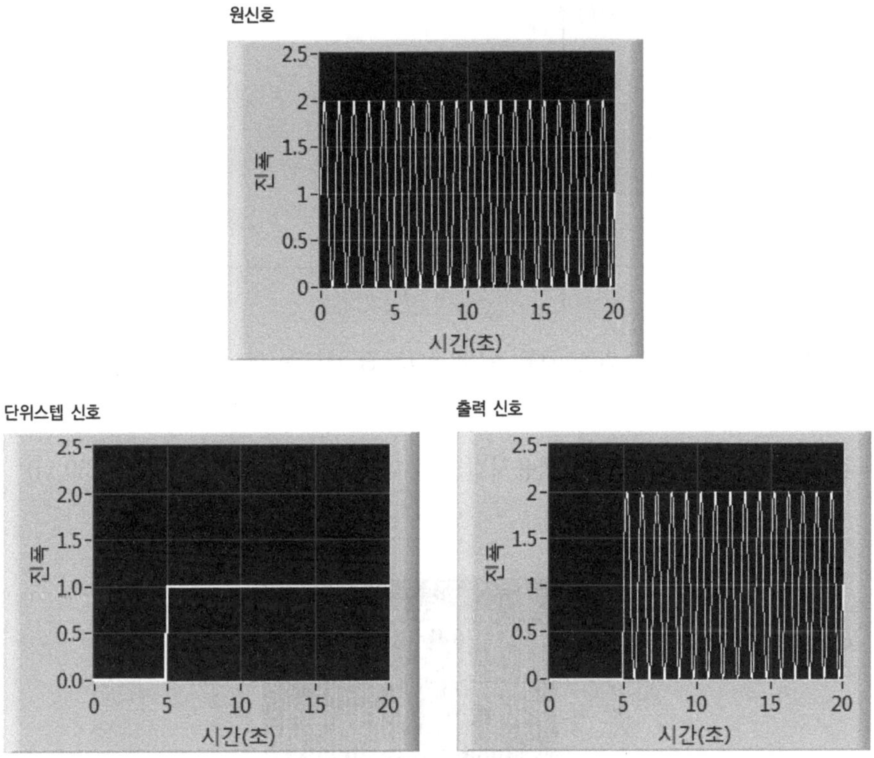

[그림 4-20] 단위스텝함수 $u(t-5)$를 사용하여 원신호의 시작시점을 변경

7.4 신호의 크기를 시간에 따라 일정하게 변하게 하는 신호는?

원신호의 크기를 시간에 따라 일정비율로 증가 혹은 감소시키고자 할 필요성이 있는 경우가 있다. 아래의 그림과 같은 특성을 가진 신호 $r(t)$를 생각해 보자. 시간에 대한 $r(t)$의 모양이 경사로와 같은 형태를 가지고 있기 때문에 경사로 신호 혹은 램프(ramp: 경사로)신호라고 한다.(실제로 경사로 신호라는 용어는 거의 사용하지 않으며 램프신호로 통용되고 있다.)

$$r(t) = \begin{cases} at & t \geq 0 \\ 0 & t < 0 \end{cases} \tag{4-24}$$

수식에서 기울기 $a > 0$이면 원신호의 크기를 증가시키며, $a < 0$이면 원신호의 크기를 감소시킨다.

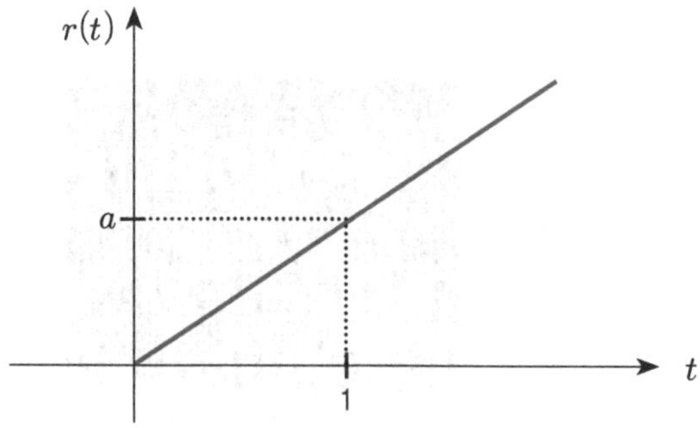

[그림 4-21] 램프함수: 입력신호를 일정비율 a로 증가시키는 함수($a < 0$이면 감소시킴)

위와 같은 램프함수를 원 신호에 적용시킨 예를 다음 그래프에서 볼 수 있다(139.vi).

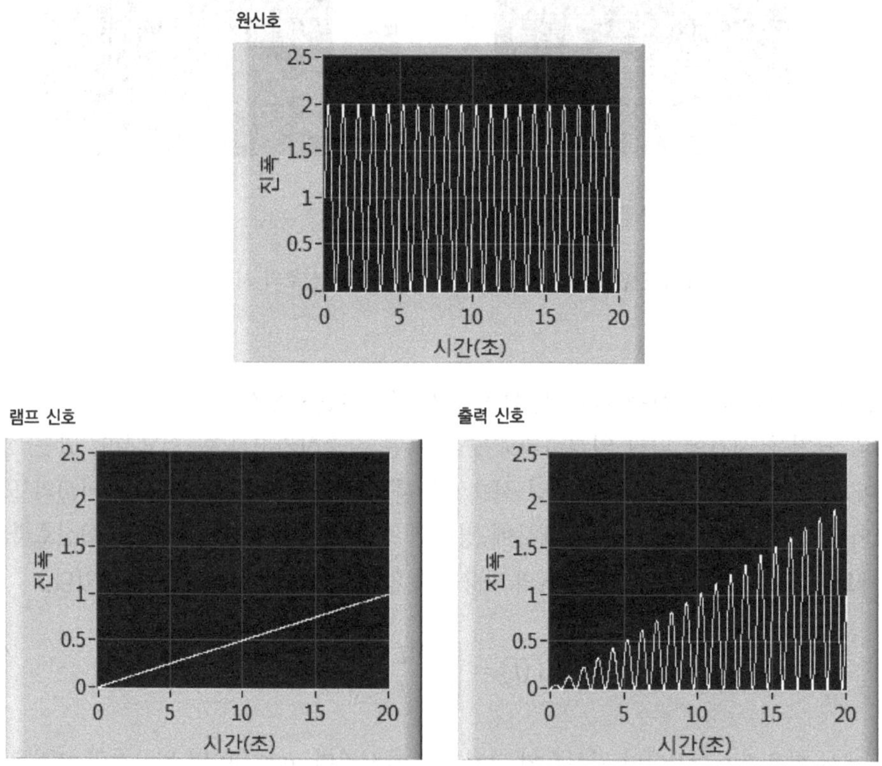

[그림 4-22] 원신호에 램프함수가 적용되어 출력된 파형

7.5 이산신호를 연속신호로 만들기 위한 최적의 신호는?

일반적으로 외부로부터 얻어지는 신호는 시간적으로 연속적인 값을 가지고, 각 시각에 있어서의 값(크기, 세기)도 연속적인 값을 가진다. 이러한 신호를 연속신호(Continuous signal, Analogue signal)라고 한다. 컴퓨터(마이크로프로세서)로 처리하기 위해서는 연속신호를 이산신호(Discrete signal, Digital signal)로 변환하여야 한다. 왜냐하면 컴퓨터는 연속신호에 의해서 동작되는 것이 아니라 이산신호(0과 1의 값을 가진 신호)에 의해서만 동작하기 때문이다. 만약에 연속신호에 의해서 동작하는 컴퓨터가 있으면 연속신호를 이산신호를 변환할 필요가 없다. 그러나 현재의 컴퓨터는 이산신호에 의해서만 동작하기 때문에 다소 불편한 점이 있지만 연속신호를 이산신호로 변환하여 처리하여야 한다. 또한 처리된 신호는 반드시 외부로 출력되어야 하며 혹은 실제로 현장에서 사용되기 위해서(인간이 인지하기 위해서)는 컴퓨터 내부에서 처리한 이산신호를 다시 연속신호로 변환하여야 한다. 그러면 **어떻게 하여 이산신호를 연속신호로 변환할 수 있을까?** 물론 변환의 조건은 원래의 신호로 반드시 복원되어야 한다(연속신호에서 이산신호로 변환하고, 아무런 처리를 하지 않고 다시 이산신호를 연속신호로 복원). 이렇게 **이산신호를 연속신호로 이론적으로 그대로 복원할 수 있는 신호가 있기는 한가?** 있다. 그것은 바로 싱크(sinc)함수에 의해서 생성되는 싱크신호이다. 아래에 싱크함수와 싱크신호에 대하여 설명한다.

– 싱크(sinc) 함수

$$\mathrm{sinc}(x) = \frac{\sin x}{x} \tag{4-25}$$

로 정의하고 x가 증가함에 따라 $\sin x$는 ± 1사이의 값을 가지고, 다시 x의 값으로 나누어지기 때문에 싱크함수 $\mathrm{sinc}(x)$는 아래의 그림과 같이 정현파의 신호가 댐핑(damping)되는 모양을 가지는 파형이 된다. 그리고, $x = \pm n\pi$ (n: 정수)에서 0의 값을 가진다. 왜냐하면 $\sin(x) = \sin(n\pi) = 0$이기 때문이다. 이를 비정규화된 싱크함수라고 하며 수학 등의 분야에서 많이 활용된다.

싱크함수는 가로축인 x 대신에 πx로 변환하면 $x = \pm n$ (n: 정수)에서 0의 값을 가진다. 즉

$$\mathrm{sinc}(\pi x) = \frac{\sin \pi x}{x} \tag{4-26}$$

이를 정규화된 싱크함수라고 하며 아래 그림과 같이 나타낼 수 있다(140.vi).

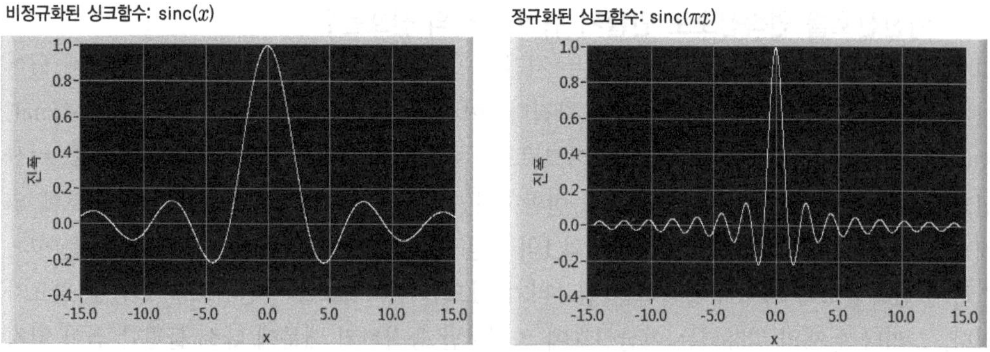

[그림 4-23] 비정규화된 싱크함수(좌)와 정규화된 싱크함수(우)

아래의 그래프는 싱크함수를 나타낸다(140.vi).

$x=0$에서 진폭이 1이고, $x=\cdots,-3,\ ,-2,\ -1,\ 1,\ 2,\ 3,\cdots$에서 0의 값을 가지며 정현파가 감쇄되는 형태로 되어 있다.

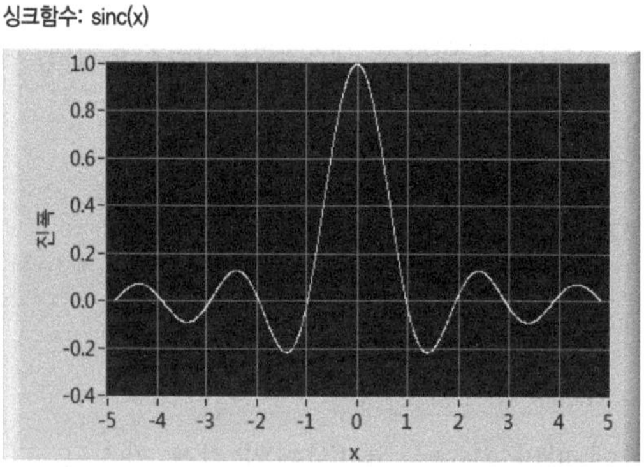

[그림 4-24] 싱크함수 $\mathrm{sinc}(x)$ (140.vi)

싱크함수를 x함수에서 시간 t의 함수로 변환하기 위하여 샘플링주파수 f_s로 표기하면 다음과 같다.

$$p(t)=\frac{\sin(f_s\pi t)}{f_s\pi t}=\frac{\sin(\frac{\pi t}{T_s})}{\frac{\pi t}{T_s}} \tag{4-27}$$

$T_s=0.5\,\mathrm{sec}$와 $T_s=0.2\,\mathrm{sec}$인 경우의 그래프를 아래에 나타낸다(142.vi). 그래프에서 알 수 있듯이 각각의 T_s 시간에 0이 되는 사실을 확인할 수 있다. 싱크함수가 어떻게 해서 이산신호를 연속신호로 완전히 복원할 수 있는지에 대하여는 6장 7절에서 설명한다.

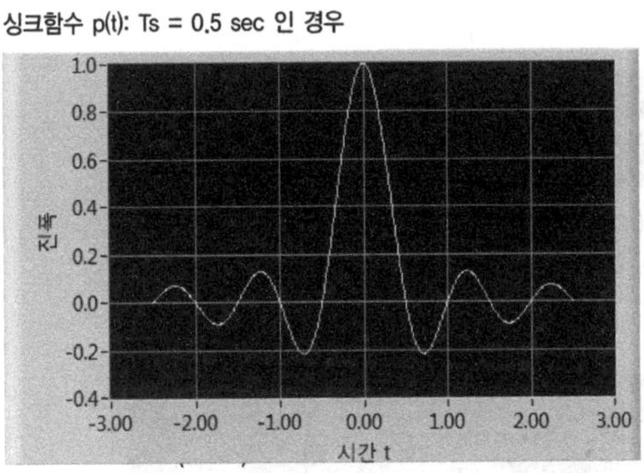

[그림 4-25] $T_s = 0.5\,\mathrm{sec}$ 때의 싱크함수

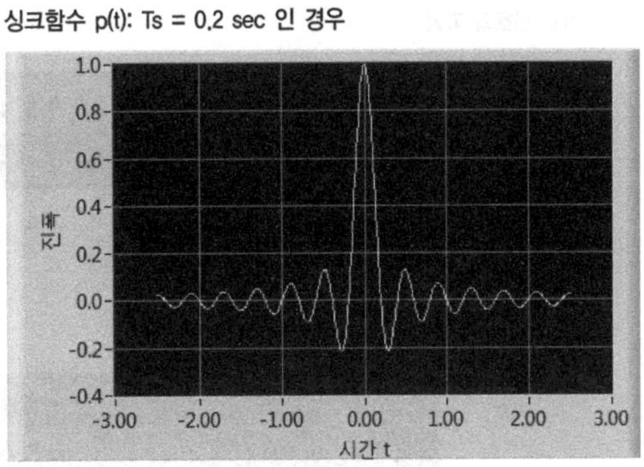

[그림 4-26] $T_s = 0.2\,\mathrm{sec}$ 때의 싱크함수

8. 원하는 신호를 합성할 수 있는가?

8.1 고조파(高調波, Harmonics)란 무엇인가?

간혹 혹은 본인도 처음에 고조파라는 용어를 들었을 때에 고주파를 잘못 쓴 것이라고 생각한 때가 있었다. 잘못 쓴 것이 아니니 착오가 없기를 바란다. 고주파는 한자로 高周波이며, 정확하게는 고주파수(高周波數)라는 의미로 높은 주파수를 의미한다.

이에 대하여 고조파(高調波)는 한자도 전혀 다르다. 영어로도 Harmonics이므로 이는 Harmony(화음)이라는 의미와 관련이 있음을 쉽게 알 수 있다. 하모니란 음악에서 사용하는 용어이기도 하며, 여러 사람이 노래를 부를 때에 듣기에 좋은 경우가 있고 듣기에 나쁘고 귀에 거슬리는 소리가 날 때가 있다. 듣기에 좋다는 의미는 소리가 잘 어울리는 경우이며 이를 '화음이 잘 된다' 라고 표현한다.(물론 듣기에 좋다는 의미의 판단 기준이 여러 가지가 있을 수 있지만 여기서는 소리의 어울림의 정도를 기준으로 한다.) **하모니와 관련이 있을 법한 고조파는 물리적으로는 어떤 것일까?** 아주 간단하다. 어떤 신호에 기본주파수가 있고 기본주파수의 정수배가 되는 주파수를 고조파라고 한다. 예를 들면,

$$x(t) = \cos(2\pi f_0 t) \tag{4-28}$$

가 있을 때에 기본주파수는 f_0이며, 기본주파수의 정수배인 $2f_0$, $3f_0$, $4f_0$, $5f_0, \cdots$ 를 고조파라고 한다. 다음의 그래프는 신호의 주파수가 $1Hz$의 기본주파수에 대한 고조파 신호 $2Hz$, $3Hz$, $4Hz$, $5Hz$의 신호를 나타내고 있다(79.vi).

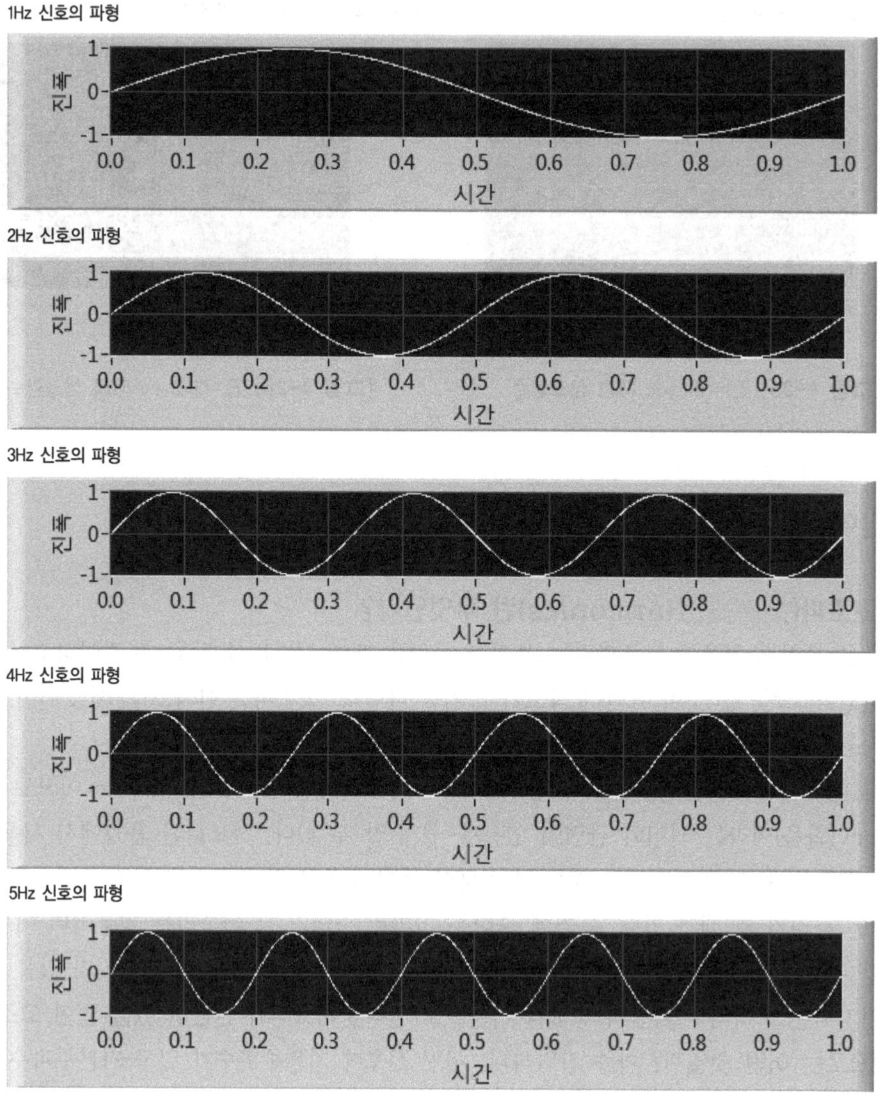

[그림 4-27] 기본주파수 $1Hz$에 대한 고조파 신호들

[예제 4-6] $x(t) = \cos(1000\pi t)$**에서 고조파의 주파수 5개를 나열하라.**

[풀이]

우선 $x(t)$의 기본주파수를 다음과 같이 구해야 한다.

$$x(t) = \cos(1000\pi t)$$
$$= \cos(2\pi f t)$$
$$\therefore\ 1000\pi t = 2\pi f \rightarrow f = 500Hz$$

따라서 고조파는 기본주파수 500Hz의 정수배인 1000Hz, 1500Hz, 2000Hz, 2500 Hz, 3000Hz.....등이 있다.

[참 고]

음악에서 '소리가 잘 어울린다'라는 것을 '화음이 잘 된다.'라고 표현한다. 이 의미와 고조파와는 어떤 관계가 있을까?

음악에서 화음이 가장 잘 되는 경우는 주파수가 2배(주파수의 비가 1:2)가 되는 경우로서 한 옥타브로 할 경우이며 이를 완전8도화음이라고 한다. 완전8도는 주파수가 440Hz와 880Hz의 신호가 합쳐진 소리이다(주파수 2배). 그 다음 화음이 잘 되는 경우는 주파수의 비가 2:3인 경우로서 도와 솔인 경우이며 이를 완전5도라고 한다. 그 다음 화음이 잘 되는 경우는 주파수의 비가 3:4인 경우로서 도와 파인 경우이며 이를 완전4도라고 한다. 다음은 주파수의 비가 4:5인 경우의 장3도 등으로 화음이 이루어지며 결국 화음의 정도는 주파수의 비로서 정해진다고 볼 수 있다. (더욱 자세한 내용은 인터넷에서 '피타고라스 음계'로 찾아보면 알 수 있다.)

8.2 임펄스(Impulse) 신호는 어떻게 합성할까?

충격파인 임펄스신호를 정현파 신호(사인함수)를 이용하여 만들 수 있을까? 답은 만들 수 있다. 다음과 같은 파형을 만들고 이들을 모두 합하여 보자.

$$x_0(t) = \cos(2\pi 0t) \qquad -0.5 \le t \le 0.5$$
$$x_1(t) = \cos(2\pi 1t)$$
$$x_2(t) = \cos(2\pi 2t)$$
$$x_3(t) = \cos(2\pi 3t)$$
$$x_4(t) = \cos(2\pi 4t)$$
$$x_5(t) = \cos(2\pi 5t)$$
$$x_6(t) = \cos(2\pi 6t)$$
$$x_7(t) = \cos(2\pi 7t)$$

$$\vdots$$
$$x(t) = x_0(t) + x_1(t) + x_2(t) + x_3(t) + x_4(t) + \cdots$$

주파수를 $0Hz$부터 $1Hz$의 간격으로 점점 증가시켜 가며 신호를 생성하고 이들을 계속 더해 나간다(누적합). 시간을 −0.5초에서 0.5초까지 한 것은 제일 낮은 주파수인 $1Hz$의 1주기 동안을 나타내기 위함이다. 다른 신호는 주파수가 높아지기 때문에 주기는 점점 짧아지므로(주기는 주파수와 역수 관계이므로) 1초 동안에 최소한 한 주기 이상의 파형이 생성된다.

다음의 그래프는 현재 발생되는 신호의 파형과 그때까지의 신호를 합성한 파형을 LabVIEW로서 구현한 프로그램과 함께 보여 주고 있다(75.vi).

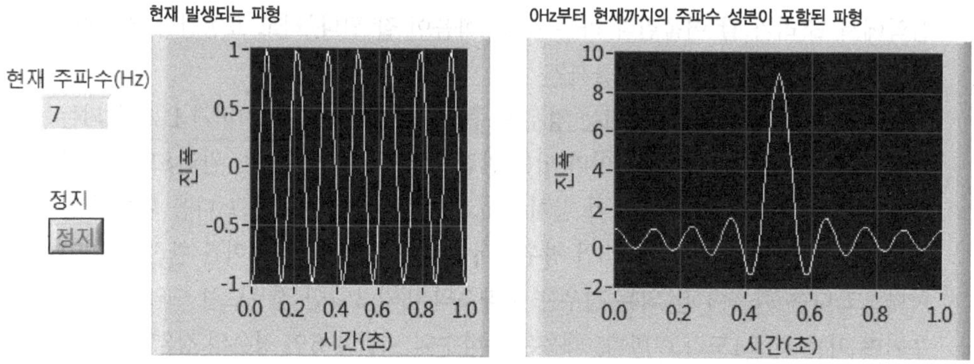

[그림 4-28] 임펄스신호를 만들기 위하여 0Hz부터 7Hz까지의 신호 합성

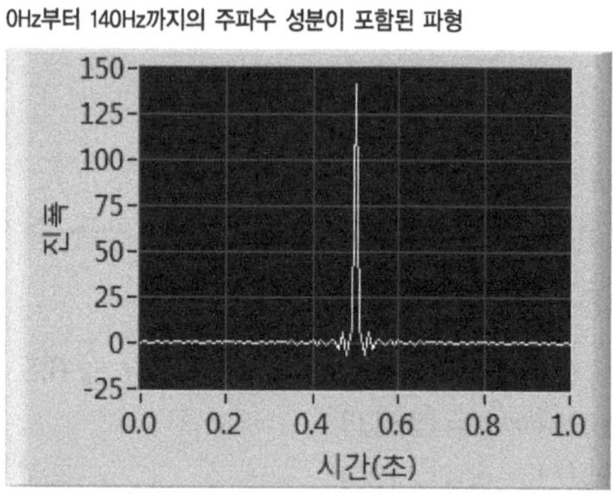

[그림 4-29] 임펄스신호를 만들기 위하여 0Hz부터 140Hz까지의 신호 합성

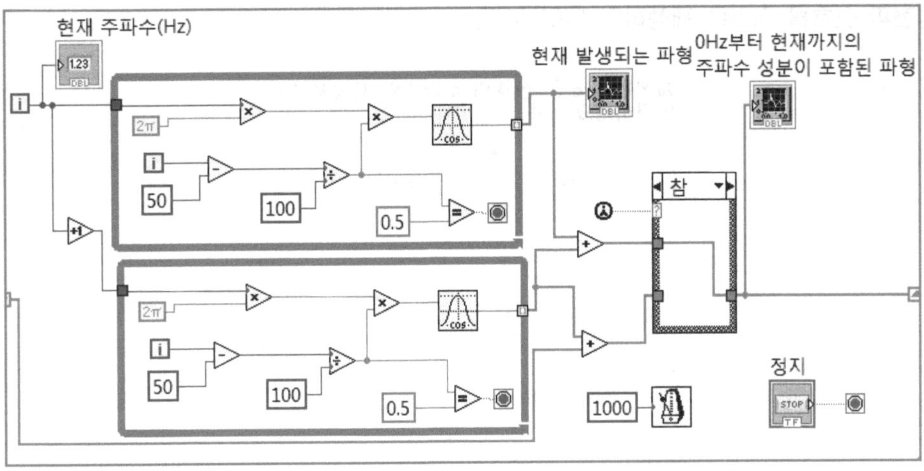

[그림 4-30] 단위임펄스신호의 합성을 위한 블록다이어그램(75.vi)

프로그램에서 주파수를 2000 Hz 혹은 그 이상까지 증가시키면서 합성된 파형을 관찰해 보아라. 위의 그림에서 알 수 있듯이, 고조파 성분을 많이 포함시키면 시킬수록 임펄스신호에 가까워짐을 알 수 있다. 이를 위해서는 블록다이어그램 내에 있는 메트로놈에 연결되어 있는 숫자가 1000으로 하면 시간이 많이 걸리기 때문에 100 정도로 수정하여 변화되는 과정을 지켜보길 바란다(LabVIEW에서 메트로놈에 연결된 숫자는 한번 반복하고 다음 반복하기까지의 기다림 시간을 의미한다.).

8.3 임의의 진폭과 주파수로 구성된 신호는 어떻게 합성할까?

다음의 프로그램을 이용하여 신호를 합성하여 보라. 원하는 진폭과 주파수를 입력하면 합성된 신호를 볼 수 있다(18.vi).

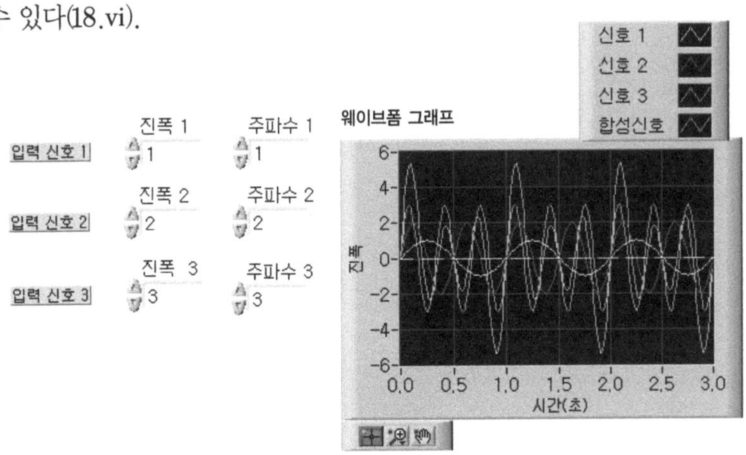

[그림 4-31] 임의의 진폭과 주파수로 신호 합성(18.vi)

- 정현파 신호를 소리로 재생하여 들어 보자.

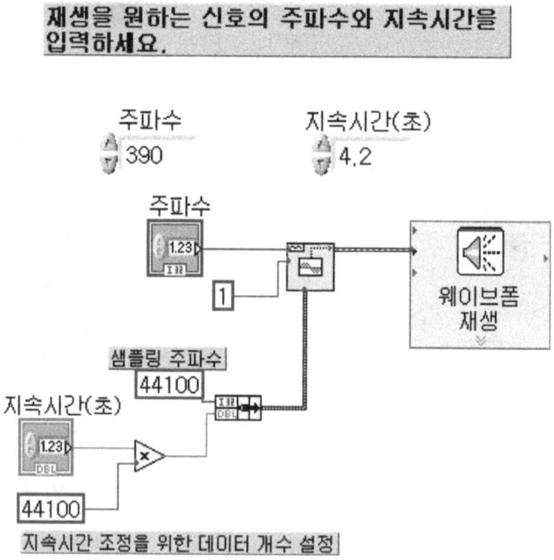

[그림 4-32] 원하는 주파수와 지속시간 동안의 신호음 재생(21.vi)

- 블록다이어그램에서 [프로그래밍/그래픽&사운드/사운드/출력/웨이브폼재생]을 위치시킨다.
- 블록다이어그램에서 [신호처리/웨이브폼생성/사인웨이브폼]을 위치시킨다.
- 사인웨이브폼에 주파수, 진폭, 샘플링 정보를 각각 입력한다.
- 샘플링 정보에는 샘플링 주파수와 데이터의 개수(샘플링주파수 x 원하는 지속 시간)가 함께 들어가야 하기 때문에
- [프로그래밍/클러스터,클래스,&배리언트/묶기]를 사용하여 두 개의 정보를 묶어서 사인웨이브폼에 연결한다.

8.4 악보대로 노래도 만들어서 소리를 재생할 수 있는가?

악보에 나와 있는 노래를 소리로 들어 보도록 하자. 악보에는 음의 높이와 길이(지속시간)를 나타내는 음표가 있다. 온음표는 4박자, 2분음표는 2박자, 4분음표는 1박자, 8분음표는 1/2 박자, 16분음표는 1/4 박자 등이다.

[표 4-2] 음표와 지속시간

그림	이름	박자(지속시간)
𝅝	온음표	4 박자
𝅗𝅥	2분음표	2 박자
♩	4분음표	1 박자
♪	8분음표	1/2 박자
𝅘𝅥𝅯	16분음표	1/4 박자

[표 4-3] 쉼표와 지속시간

그림	이름	박자(지속시간)
𝄻	온쉼표	4 박자 쉼
𝄼.	점2분쉼표	3 박자 쉼
𝄼	2분쉼표	2 박자 쉼
𝄽.	점4분쉼표	1.5 박자 쉼
𝄽	4분쉼표	1 박자 쉼
𝄾.	점8분쉼표	3/4 박자
𝄾	8분쉼표	1/2 박자
𝄿	16분쉼표	1/4 박자

자료출처: 소리나라[http://www.sorinara.co.kr/]

음의 높이는 주파수에 의하여 정해지며, 피아노의 중간 부분의 라(이를 A_4라고 한다.)는 440 Hz이고, 그 위의 라(A_5)의 주파수는 880Hz, 그 위의 라(A_6)는 1760Hz가 된다. 이와 같이 주파수가 2배가 되는 음의 간격을 옥타브라고 한다. 한 옥타브 내에서는 12반음계로 되어 있기 때문에 각각의 주파수는 다음과 같다.

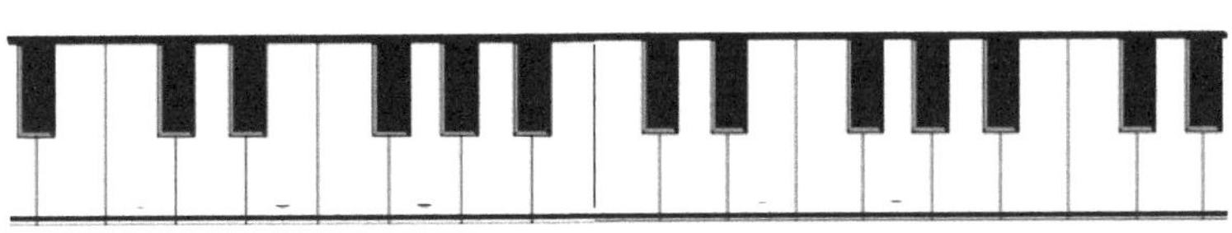

[그림 4-33] 피아노 건반

$$라(A_4) = 440 \times 2^{0/12}\ Hz$$

$$올림\ 라(A_4) = 440 \times 2^{1/12}\ Hz$$

$$시(B_4) = 440 \times 2^{2/12}\ Hz$$

$$도(C_5) = 440 \times 2^{3/12}\ Hz$$

$$올림\ 도(C_5) = 440 \times 2^{4/12}\ Hz$$

$$레(D_5) = 440 \times 2^{5/12}\ Hz$$

$$올림\ 레(D_5) = 440 \times 2^{6/12}\ Hz$$

$$미(E_5) = 440 \times 2^{7/12}\ Hz$$

$$파(F_5) = 440 \times 2^{8/12}\ Hz$$

$$올림\ 파(F_5) = 440 \times 2^{9/12}\ Hz$$

$$솔(G_5) = 440 \times 2^{10/12}\ Hz$$

$$올림\ 솔(G_5) = 440 \times 2^{11/12}\ Hz$$

$$라(A_5) = 440 \times 2^{12/12}\ Hz$$

이를 이용하면 악보에 의한 소리를 만들어 낼 수 있다. 소리는 물론 정현파로서 합성한다. 예를 들면 1초의 길이를 가지는 라(A_4)의 소리를 위한 정현파는 다음과 같다.

$$x(t) = \sin(2\pi f_0 t) = \sin(2\pi 440t)$$

이며, t는 나중에 설명하겠지만 샘플링 주기에 따라서 다르며, 샘플링 주파수가 20KHz이면, t는 0부터 1/20,000씩 증가하여 20,000까지의 숫자를 대입하면 1초간의 소리가 재생되는 정현파가 된다. 이를 위하여 주어진 악보대로 소리를 내게 할 수 있다.

[예제 4-7] 다음의 악보에 맞는 소리를 재생하는 프로그램을 작성하라(78.vi 확인을 요함).

[그림 4-34] 겨울나무 악보의 일부

[풀이]

- 악보에 나오는 음표의 종류와 음표에 대한 주파수는 다음과 같다.

$$도(C_5) = 440 \times 2^{3/12}\ Hz$$
$$레(D_5) = 440 \times 2^{5/12}\ Hz$$
$$미(E_5) = 440 \times 2^{7/12}\ Hz$$
$$솔(G_5) = 440 \times 2^{10/12}\ Hz$$
$$라(A_5) = 440 \times 2^{12/12}\ Hz$$
$$시(B_5) = 440 \times 2^{14/12}\ Hz$$
$$도(C_6) = 440 \times 2^{15/12}\ Hz$$

- 음의 종류와 길이는 다음과 같다. 이 악보는 6/8 박자이기 때문에 8분 음표를 한 박자의 길이로 생각하며, 한 박자 길이의 지속 시간을 0.5초로 한다. (이는 자유로 할 수 있으며, 한 박자의 길이를 길게 하면 그만큼 노래의 속도가 늦어진다.)
  종류로는 한박자(8분음표), 두박자(4분음표), 세박자(점4분음표), 한박자 쉼(8분 쉼표)이 있다.
- 프로그램 구현의 방법에는 여러 가지 방법이 있으나, 아래 그림은 가장 직감적인 방법으로 구현한 예를 보이고 있다(직감적이란 말은 효율성은 낮다고 볼 수 있으며 여러분들이 효율적인 프로그램을 구현해 보길 바란다.).

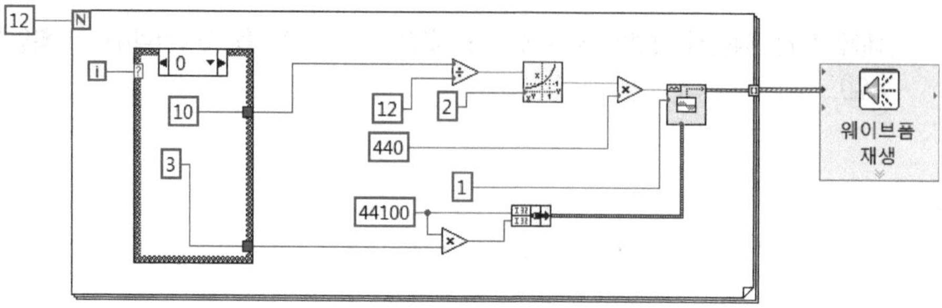

[그림 4-35] 음계에 대한 소리 재생

위의 프로그램에서는 각 음표에 대하여 음의 높이인 주파수와 음의 길이인 지속시간을 정해 주는 방법으로 LabViEW의 [for 루프]와 [case 구조]를 이용하였다.

Q [문제 4-2] 프런트패널에 도, 레, 미, 파, 솔, 라, 시, 도의 버튼을 만들고, 버튼을 누르면 소리가 2초 동안 재생되는 프로그래밍을 작성하라.

Q [문제 4-3] 자기가 좋아하는 노래를 재생하는 프로그램을 작성하라.

Q [문제 4-4] 프런트패널에 계명과 지속시간을 입력하면 소리를 재생하는 프로그램을 작성하라.

8.5 진폭이 시간에 따라 변하는 신호는 어떻게 합성하나?

라디오 등의 방송에서 진폭변조(AM: Amplitude Modulation), 주파수변조(FM: Frequency Modulation)가 많이 사용되고 있으며, 특별히 여기서 진폭변조신호를 생성해 보자. 진폭변조는 정현파신호

$$x(t) = A\cos(2\pi f_c t) \tag{4-29}$$

의 진폭항인 A가 시간에 따라서 변화할 때를 말한다. (국어사전에서의 변조의 의미는 상태를 바꿈으로 표현되어 있다.) 진폭항인 A가 시간에 따라서 변한다는 의미를 수식으로 표현하면

$$A = C + D\cos(2\pi f_{source} t) \tag{4-30}$$

가 된다.

위의 2개의 식을 조합하면 다음의 식으로 나타낼 수 있다.

$$x_c(t) = A\cos(2\pi f_c t) = (C + D\cos(2\pi f_{source}\,t))\cos(2\pi f_c t) \tag{4-31}$$

가 된다.

이를 프로그래밍을 하여 C, D, f_c, f_{source}에 임의의 숫자를 입력하여 그래프를 그려 보고 소리도 들을 수 있다(143.vi).

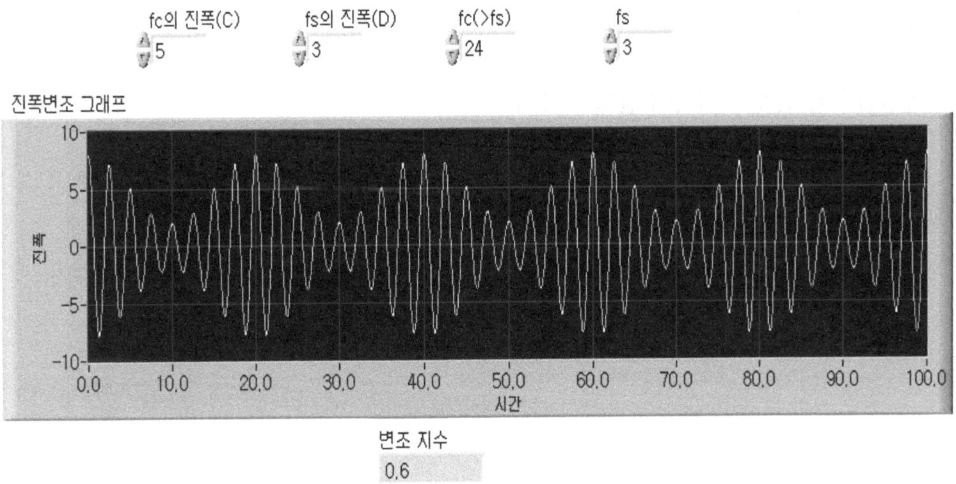

[그림 4-36] 진폭변조 파형(22.vi)

또한, 변조지수는 다음과 같이 표현된다.

$$m = \frac{D}{C} = \frac{\text{신호진폭}}{\text{반송파진폭}} \tag{4-32}$$

그러면, 이 신호에 포함되어 있는 주파수는 어떤 성분이 있는지를 보도록 하자. 위의 수식 $x(t)$에 표현되어 있는 주파수 성분은 f_c, f_s이다. 그러면 **변조된 신호에는 어떠한 주파수 성분이 포함되어 있을까?** 어떤 주파수는 없어지지 않았는지? 혹은 없었던 주파수 성분이 새로 생기지는 않았는지를 보자.

이는 뒤에서 배우게 될 스펙트럼 분석을 해 보면 금방 알 수가 있지만, 여기서는 이론적으로 살펴보도록 한다. $x(t)$식을 전개하면 다음과 같다.

$$\begin{aligned} x_c(t) &= A\cos(2\pi f_c t) = (C + D\cos(2\pi f_s t))\cos(2\pi f_c t) \\ &= C\cos(2\pi f_c t) + D\cos(2\pi f_s t)\cos(2\pi f_c t) \\ &= C\cos(2\pi f_c t) + \frac{1}{2}D(\cos(2\pi f_c t + 2\pi f_s t) + \cos(2\pi f_c t + 2\pi f_s t)) \\ &= C\cos(2\pi f_c t) + \frac{1}{2}D(\cos 2\pi(f_c + f_s)t) + \cos 2\pi(f_c - f_s)t) \end{aligned} \quad (4-33)$$

위 식에서 알 수 있듯이, 주파수 성분은 당초의 f_c, f_s였던 것이 f_c, f_c+f_s, f_c-f_s로 변했음을 알 수 있다.

[참 고]

삼각함수의 전개를 위하여 필요한 공식

$$\cos\alpha \cdot \cos\beta = \frac{1}{2}(\cos(\alpha+\beta) + \cos(\alpha-\beta))$$

(서로 다른 주파수 성분을 가진 함수를 곱하면 원래 주파수 성분의 합과 차의 주파수가 얻어진다.)

8.6 주파수가 시간에 따라 변하는 신호도 합성할 수 있는가?

시간에 따라서 진폭이 변하는 신호를 진폭변조(Amplitude Modulation: AM)라고 하고, 시간에 따라서 주파수가 변하는 신호는 주파수변조(FM: Frequency Modulation)라고 한다. 여기서는 주파수변조된 신호를 만들어 보자.

정현파 함수의 식은 $x(t) = A\cos(2\pi ft)$이다. 이는 주파수 f가 일정한 값(예를 들면 $10Hz$, $20Hz$ 등)을 가지는 경우이다. 주파수 f가 시간에 따라서 변한다는 의미는 f로 표현되는 것이 아니라 시간에 따라서 변하는 형인 $f(t)$ 형으로 바뀌어야 한다.

위상항인 $2\pi ft$를 일반화된 $\Phi(t)$로 표현하면 $x(t) = A\cos(\Phi(t))$가 됨은 앞에서 설명하였다. $\Phi(t)$는 위상 항이며, 시간에 대한 위상의 변화량 $(d\Phi(t)/dt)$은 각속도($\omega(t)$ 혹은 $2\pi f(t)$)이다. 즉 $d\Phi(t)/dt = \omega(t) = 2\pi f(t)$이다. 주파수가 시간에 따라 변한다는 의미(주파수변조)는 각속도 혹은 주파수가 시간에 따라 변한다는 의미이다. 따라서 식을 주파수가 시간에 따라 변하는 형(1차)으로 표현하면 일반적으로 $f(t) = at + b$형인 아래의 식으로부터 생각한다.

예를 들면, 주파수가 시간에 따라 다음과 같이 변한다고 가정하면,

$$f(t) = f_c + kA_s\cos(2\pi f_s t) \tag{4-34}$$

즉, 주파수 f가 시간에 따라서 어떤 주파수(통신에서는 이를 반송파 주파수라고 함.) f_c를 중심으로 $kA_s\cos(2\pi f_s t)$만큼 천이(Shift)함을 의미한다.

위상항 $\Phi(t)$를 시간에 대한 변화량인 각속도를 일정한 하나의 값으로 보고(생각을 단순하게 하기 위하여) 다음과 같이 생각하여 보자.

$$\begin{aligned}
\frac{d\Phi(t)}{dt} &= \omega = 2\pi f \\
d\Phi(t) &= \omega dt = 2\pi f dt \\
\therefore \Phi(t) &= \int_0^t 2\pi f du \\
&= 2\pi \int_0^t (f_c + kA_s\cos(2\pi f_s u))du \\
&= 2\pi f_c t + \frac{2\pi kA_s\sin(2\pi f_s t)}{2\pi f_s} \\
&= 2\pi f_c t + m_f\sin(2\pi f_s t) \\
& \qquad m_f = \frac{kA_s}{f_s}
\end{aligned}$$

따라서 주파수변조된 신호는 다음과 같이 표현된다.

$$\begin{aligned}
x(t) &= A_c\cos(\Phi(t)) \\
&= A_c\cos(2\pi f_c t + m_f\sin(2\pi f_s t))
\end{aligned} \tag{4-35}$$

이를 그래프로 그려보면 다음과 같나(23.vi).

여러분은 이러한 소리가 어떻게 들리는 지를 확인해 볼 수 있는 프로그램을 작성하여 보기 바란다.

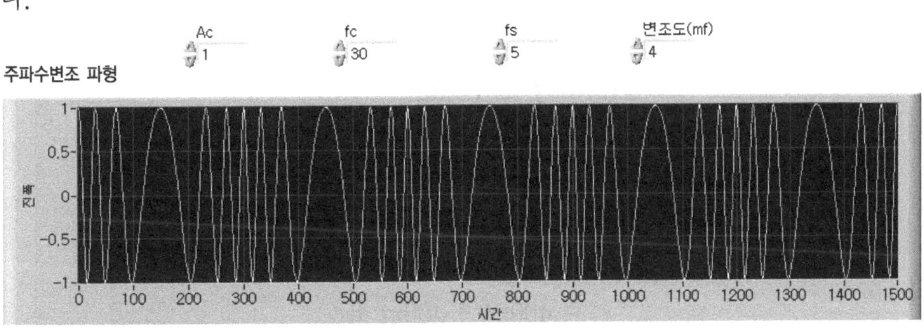

[그림 4-37] 주파수변조 파형

8.7 주파수가 시간에 따라 일정하게 변하는 신호도 합성할 수 있는가?

주파수가 시간에 따라 일정하게 변하는 신호를 chirp 신호라고 하며, 이러한 신호가 어떤 신호인지를 실제로 예를 들어 보자. 순시주파수가 1초에서 5초 사이에 주파수가 200Hz에서 2200 Hz까지 변한다고 하면 다음 그림과 같이 나타낼 수 있다.

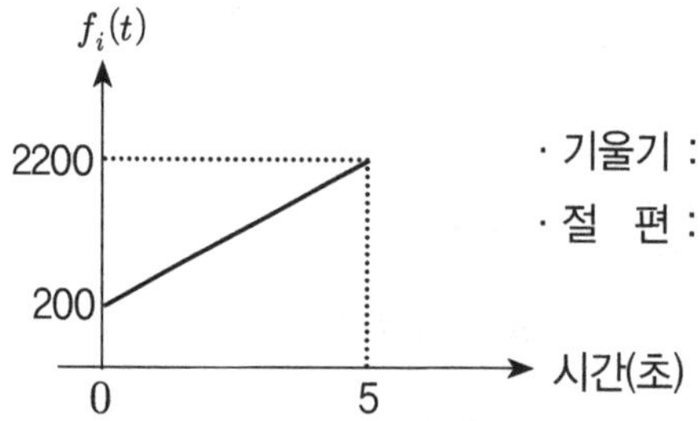

[그림 4-38] 순시주파수 $f_i(t)$의 변화

$$f_i(t) = \frac{2200-200}{5}t + 200 = 400t + 200$$

$$\omega_i(t) = 2\pi f_i(t) = 2\pi(400t + 200) = 800\pi t + 400\pi$$

앞에서 설명한 바와 같이

$\omega_i(t) = d\Phi(t)/dt$ 이므로, 우리가 알기를 원하는 것은 위의 조건에 만족하는 정현파 함수를 원하고 있다. 즉 $\sin(\Phi(t))$에서 $\Phi(t)$를 알기 위해서 $\omega_i(t)$를 다음과 같이 적분해야 한다.

$$\Phi(t) = \int_0^t \omega_i(u)du \tag{4-36}$$

이다. 여기에서 적분을 하기 위한 변수를 u로 치환하였다. 왜냐하면, 적분의 범위를 0부터 t까지 하기 위하여 적분구간과 적분함수를 구분하기 위함이다. 따라서 $\Phi(t)$는 다음과 같이 계산할 수 있다.

$$\begin{aligned}\Phi(t) &= \int_0^t \omega_i(u)du \\ &= \int_0^t (800\pi u + 400\pi)du \\ &= \frac{800\pi t^2}{2} + 400\pi t + \phi \\ &= 400\pi t^2 + 400\pi t + \phi\end{aligned}$$

따라서 순시주파수가 1초에서 5초 사이에 주파수가 200Hz에서 2200Hz까지 변하는 사인 함수는

$$x(t) = \sin(\Phi(t)) = \sin(400\pi t^2 + 400\pi t + \phi)$$

가 된다.

이를 LabVIEW로 구현해 보면 다음과 같다. (소리를 듣고자 하면 $\phi = 0$으로 하여도 무방하다.)

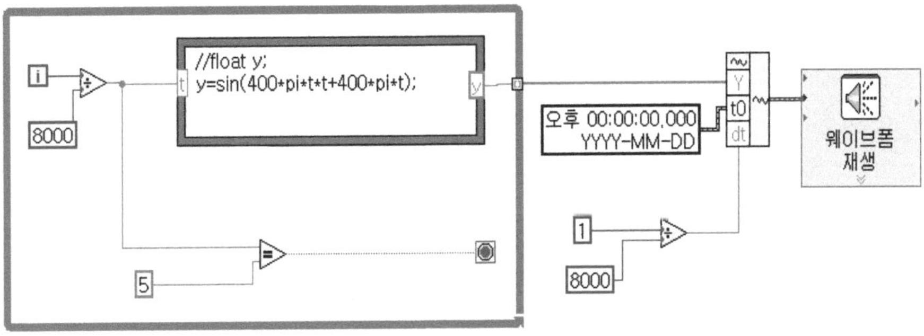

[그림 4-39] Chirp 신호의 재생(29.vi)

신호처리에서는 정현파가 항상 사용된다고 하였는데 그 이유는 어떠한 형태의 파형도 정현파로 구성되어 있다고 설명하였다. 즉, 파형에 따라서 어떠한 주파수의 성분이 얼마만한 크기로 포함되어 있는가에 의하여 파형이 달라진다. 그래서 정현파를 합성해 보고, 주기를 가지고 있는 톱니파와 구형파에는 어떠한 주파수 성분이 얼마나 포함되어 있는가를 5장의 3.1절에서 살펴보도록 한다.

Q [문제 4-5] 처음부터 2초 사이에는 주파수가 0Hz에서 2000Hz에서 일정하게 증가하고, 다음 2초까지(2초에서 4초 사이)는 2000Hz에서 0Hz까지 일정하게 감소하는 파형을 만들고 재생하라(힌트: 8.7절에서 계산한 방법으로 하되, 두 단계로 나누어서 계산하고 각각을 합하여 하나의 정현파 함수를 구한다.).

1. 신호에 포함되어 있는 주파수 성분을 왜 알아야 하나?

2. 스펙트럼, 스펙트라, 스펙트럴이란 무엇인가?

3. 주기 아날로그신호에 포함되어 있는 주파수는 어떻게 알 수 있나?

4. 비주기 아날로그신호에 포함된 주파수 성분은 어떻게 알 수 있나?

CHAPTER 05

아날로그신호에 포함되어 있는 주파수 성분은 어떻게 알 수 있나?

신호에는 여러 종류의 주파수 성분이 포함되어 있다. 본 장에서는 아날로그신호에 대하여 신호에 포함되어 있는 주파수 성분을 구하는 방법에 대하여 기술한다. 이러한 과정을 스펙트럼 분석을 한다고 하며, 스펙트럼 분석을 하여 각 주파수 성분에 대한 진폭과 위상을 알 수 있다. 주기가 있는 아날로그신호에 대하여 스펙트럼 분석과, 주기가 없는 아날로그신호에 대하여 스펙트럼 분석을 한다. 아날로그신호가 수식으로 표현되는 경우에는 정의식에 의하여 스펙트럼 분석을 할 수 있으며, 실제적인 신호, 실시간으로 입력되는 신호 등 수식으로 표현할 수 없는 신호에 대한 스펙트럼 분석을 어떻게 하는지에 대한 기술도 설명한다.

CHAPTER 05 아날로그신호에 포함되어 있는 주파수 성분은 어떻게 알 수 있나?

1. 신호에 포함되어 있는 주파수 성분을 왜 알아야 하나?

실제의 신호를 그림(그래프)으로 표현한 파형을 보면 무질서하기 짝이 없다. 그러나 우리는 이러한 파형으로부터 원하는 처리를 하여야 한다. 파형이 무질서한 것처럼 보이는 것은 파형 속에 많은 정보들이 포함되어 있음에도 불구하고, 마치 불필요한 성분의 정보들이 포함되어 있는 것처럼 보이기 때문이다. 이렇게 우리가 눈으로 보기에 불필요한 성분처럼 보이는 것들 중에는 처리의 목적에 따라서 실제로 정보답지 않은 정보(리던던시(Redundancy), 용장성(冗長性: 쓸데 없는 과잉, 여분)가 많이 포함되어 있는 것도 사실이다. 우리는 일반적으로 가급적 리던던시가 적은 정보를 활용하여 원하는 일을 하고자 한다. 이러한 리던던시를 적게 하는 신호 표현 방법 중의 하나가 신호 속에 포함되어 있는 주파수 성분으로 신호를 표현하는 방법이다. 따라서 신호를 취급할 때에는 리던던시를 줄이기 위하여 시간 영역의 파형 정보를 이용하기 보다는 주파수 정보를 많이 이용하기 때문에 신호 속에 포함되어 있는 주파수 성분들을 알아야 한다.

예를 들어 보자. 우리가 인터넷을 통하여 강사가 강의하고 있는 내용을 듣고 있다고 가정하자. 그런데 강사가 녹음할 때에 방음장치가 잘 되어 있지 않은 강의실에서 녹음한 탓인지 외부로부터 잡음과 강사의 목소리가 섞여서 강의 내용을 듣기가 상당히 불편할 것이다. 이때에 어떤 방법을 사용하여 강사의 목소리와 외부의 잡음을 분리시켜서 외부 잡음을 제거시켜 주면 우리는 편안하게 강의를 들을 수 있다. 시간영역의 파형을 보고 사람의 목소리와 외부잡음을 분리시키려고 한다고 하면 이 일은 거의 불가능하다. 그림[1-5]를 보면 왼쪽의 그림은 원음의 파형이며, 가운데 그림은 원음에 잡음이 들어간 파형이다. 그림에서처럼 원음과 잡음이 섞여 있는 파형에서는 원음을 분간할 수가 없고, 분간한다 하더라도 원음의 파형을 끄집어내는 것이 상당히 어려운 일일 것이라는 짐작이 간다. 그러나 이들을 주파수 성분으로 분석한 오른쪽의 그림을 보면 주파수 성분들이 확연하게 $7Hz$, $20Hz$, $70Hz$ 부근에 큰 진폭이 있는 것을 볼 수 있고, $70Hz$ 부근에 있는 신호 성분만 제거하면(원음의 신호에는 $7Hz$, $20Hz$ 성분만이 있다는 사실을 알고 있는 것으로 가정함.) $7Hz$, $20Hz$ 성분이 남게 된다. 제거하는 방법은 필터를 사용하면 쉽게 해결할 수 있다(필터의 설명은 본 교재에서는 다루지 않으며, 다른 신호처리 관련 책을 참조바람.).

결과적으로 신호를 처리하기 위해서 시간영역인 파형에서 처리하기 보다는 주파수영역에서 처리하면 쉬울 경우가 많기 때문에 신호의 주파수 성분을 알 수 있는 분석기술이 필요하다. 신호의 주파수영역에서 표현하는 기법을 스펙트럼(Spectrum) 분석이라고 한다. 그럼 스펙트럼에 대하여 알아보기로 하자.

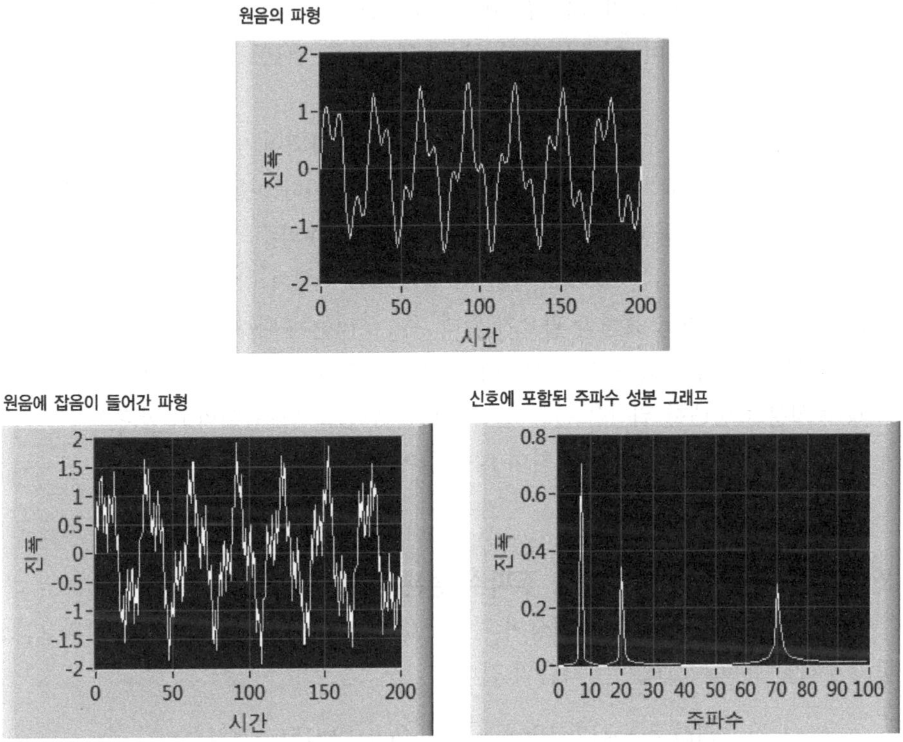

[그림 5-1] 신호에 잡음이 들어간 파형과 주파수 성분 그래프(136.vi)

2. 스펙트럼, 스펙트라, 스펙트럴이란 무엇인가?

스펙트럼과 관련하여 많이 사용되는 용어에 대하여 알아보기로 한다. 스펙트럼(Spectrum)이란 신호에서 하나의 주파수 성분을 의미한다. 스펙트라(Spectra)는 주파수 성분의 복수형으로 주파수 성분들이라는 의미이다. 스펙트럴(Spectral)은 스펙트럼의 형용사 형으로 스펙트럼 분석을 Spectral analysis 혹은 Spectrum analysis 라고 표현할 수 있다. 일반적으로 스펙트럼이라는 표현을 많이 사용한다.

아날로그신호와 이산신호에 대한 스펙트럼의 표기법은 다음과 같다.

- 아날로그신호 $x(t)$는 연속시간 푸리에변환(CTFT: Continuous Time Fourier Transform)에 의하여 스펙트럼이 얻어지며 이를 $X(\omega)$로 표기한다.
- 주기적인 아날로그신호 $x_p(t)$는 푸리에전개(Fourier Serious)에 의하여 스펙트럼이 얻어지며 이를 X_k로 표기하며, X_k는 푸리에계수이기도 하다.
- 이산(디지털) 신호 $x[n]$은 이산시간 푸리에변환(DTFT: Discrete Time Fourier Transform)에 의하여 스펙트럼이 얻어지며 이를 $X(\Omega)$로 표기한다.
- DTFT에서 데이터의 어느 일정한 길이만을 분석할 경우에 푸리에변환(DFT: Discrete Fourier Transform)을 하며, 이로서 얻어지는 스펙트럼은 $X(k)$로 표기한다.

우리의 궁극적인 목표는 관측되고 있는 대상 신호에 포함되어 있는 주파수가 어떠한 성분들이 얼마만큼(진폭 혹은 세기) 포함되어 있는지를 아는 일이다(이를 주파수 분석이라고 하며 진폭스펙트럼이라고 함.). 물론 상수 성분도 있는데 이것도 주파수 성분으로 볼 때에 주파수가 0인 성분이 얼마나 있는가라는 말로 표현될 수 있으므로 구태여 상수 성분이 얼마이고, 다른 주파수 성분은 얼마이다라고 표현할 필요가 없다. 즉, 우리는 주파수 성분 $0Hz$를 포함하여 어떠한 주파수 성분이 얼마나 있는 것인지를 아는 일이다. 또 하나의 목표는 신호에 포함되어 있는 각 주파수 성분들에 대한 위상을 아는 일이다(이를 위상스펙트럼이라고 한다.).

주파수 성분의 표현 방법을 알기 위하여 예를 들어서 살펴보기로 한다(80.vi).

2.1 신호에 포함된 주파수 성분과 주파수 성분의 크기와 위상은?

주파수 성분이 $10Hz$와 $15Hz$이고, 위상이 각각 $\pi/3$와 $\pi/4$이고, 각각의 진폭이 1과 2인 코사인 파형의 수학적 표현과 그래프는 다음과 같다.

$$\begin{aligned} x(t) &= \cos(2\pi 10t + \pi/3) + 2\cos(2\pi 15t + \pi/4) \\ &= \cos(20\pi t + \pi/3) + 2\cos(30\pi t + \pi/4) \end{aligned}$$

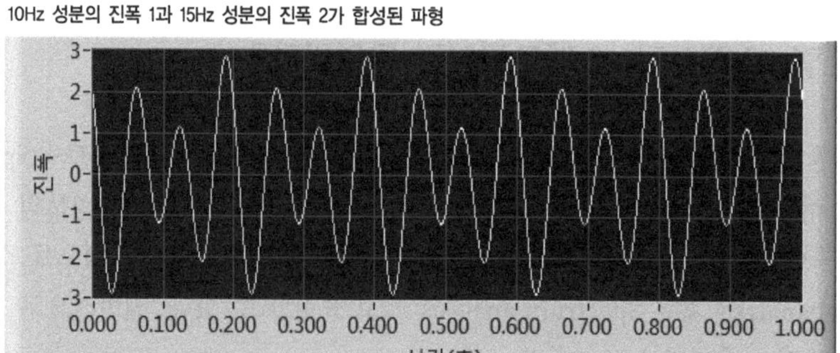

[그림 5-2] 주파수 성분이 $10Hz$와 $15Hz$이고, 위상이 각각 $\pi/3$와 $\pi/4$인 코사인 파형의 합성파형

– 이 신호에 포함된 주파수 성분은 10*Hz*와 15*Hz*이고, 각각의 주파수 성분의 크기(진폭)는 얼마일까?

수식에서 보면 10*Hz* 성분의 진폭은 1이고, 15*Hz* 성분의 진폭은 2인 것으로 보인다. 과연 그럴까? 우리는 복소수에서 자주 사용하는 다음의 오일러의 정리를 잘 알고 있다.

$$e^{j\theta} = \cos\theta + j\sin\theta \qquad (5\text{–}1)$$
$$e^{-j\theta} = \cos\theta - j\sin\theta$$
$$\therefore \cos\theta = \frac{e^{j\theta} + e^{-j\theta}}{2}$$

이 식을 사용하여 위의 식을 변형하여 보자.

$$\begin{aligned} x(t) &= \cos(2\pi 10t + \pi/3) + 2\cos(2\pi 15t + \pi/4) \\ &= \frac{1}{2}e^{j2\pi 10t}e^{j\pi/3} + \frac{1}{2}e^{-j2\pi 10t}e^{-j\pi/3} + \frac{2}{2}e^{j2\pi 15t}e^{j\pi/4} + \frac{2}{2}e^{-j2\pi 15t}e^{-j\pi/4} \\ &= \frac{1}{2}e^{j2\pi 10t}e^{j\pi/3} + \frac{1}{2}e^{j2\pi(-10)t}e^{j(-\pi/3)} + \frac{2}{2}e^{j2\pi 15t}e^{j\pi/4} + \frac{2}{2}e^{j2\pi(-15)t}e^{j(-\pi/4)} \end{aligned}$$

가 된다. 이를 자세히 보면 당초에 생각했던 주파수 성분이 10*Hz*, 15*Hz*인 두 종류가 아니라 10*Hz*, –10*Hz*, 15*Hz*, –15*Hz*로 4종류의 주파수 성분이 포함되어 있음을 알 수 있다. 그러면서 각각의 크기는 1의 1/2인 0.5와 2의 1/2인 1로 되어 있음도 쉽게 알 수 있다.

주파수 성분이 항상 양의 부호를 가진 주파수와 음의 부호를 가진 주파수 성분이 쌍(위의 경우에 10*Hz*와 –10*Hz*, 15*Hz*와 –15*Hz*)으로 구성되어 있기 때문에 편의상 한쪽의 경우(양의 부호를 가진 10*Hz*, 15*Hz*)만을 나타낸다. 그리고 이들의 주파수 성분(10*Hz*, 15*Hz*)에 대한 크기는 음의 부호를 가진 주파수 성분(–10*Hz*, –15*Hz*)이 가지고 있는 크기까지를 감안하여 최대 진폭의 실효치(rms)로 나타낸다. 실효치란 신호가 정현파일 경우에 최대값의 $1/\sqrt{2} \approx 0.7$배이다(정현파가 아닌 경우에는 0.7배가 아님). 따라서 아래의 그림에서 보듯이 10*Hz* 성분의 최대값은 1이여서 스펙트럼에는 진폭이 0.7정도로 보이며, 15*Hz* 성분의 최대값은 2이여서 스펙트럼에는 진폭이 2의 0.7배인 약 1.4로 되어 있음을 알 수 있다. 이를 그림으로 표현하면 다음과 같으며(30.vi), 이를 진폭스펙트럼이라고 한다(진폭스펙트럼에 대하여는 뒤에서도 상세히 설명함).

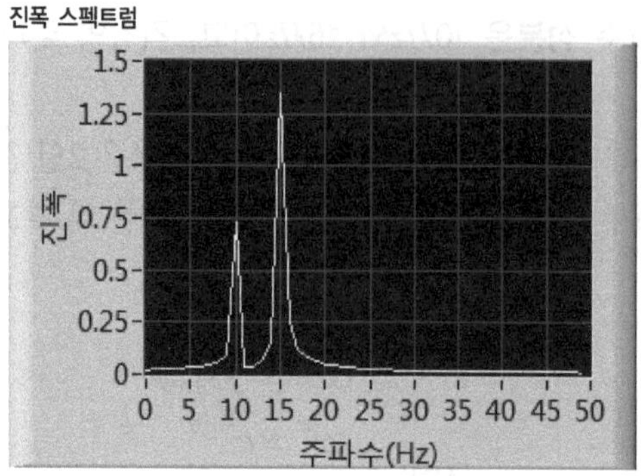

[그림 5-3] 주파수 성분을 나타내는 진폭스펙트럼(30.vi)

– 주파수가 –(마이너스)란 무슨 의미인가?

우선 수식 상에서 –주파수를 보자. 복소지수 정현파 신호

$$x(t) = \cos(\omega t) = \frac{e^{j\omega t} + e^{-j\omega t}}{2} = \frac{e^{j\omega t} + e^{j(-\omega)t}}{2} \tag{5-2}$$

에는 $\omega\,(=2\pi f)$와 $-\omega\,(2\pi(-f))$가 포함되어 있음을 알 수 있다. 이것을 이해하기 위하여 다음의 전기회로를 살펴보기로 한다.

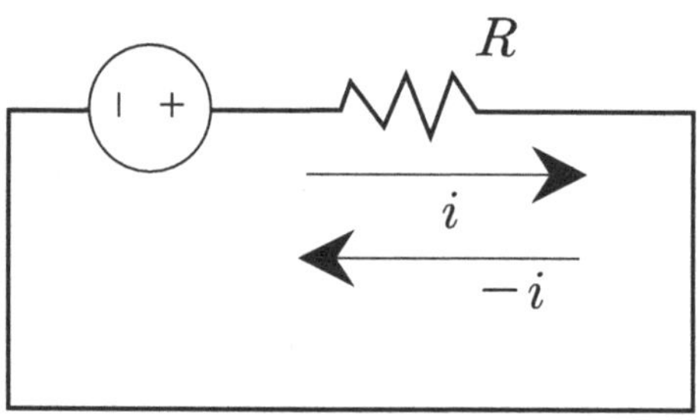

[그림 5-4] 전류의 방향은 전원의 극성에 따라서 달라진다.

위의 회로에서 전원이 그림과 같이 되어 있으면 전류는 왼쪽에서 오른쪽(i)으로 흐르며, 전원의 방향이 반대이면 전류는 오른쪽에서 왼쪽으로($-i$) 흐른다. 그러나 전류의 크기는 변함이 없다. 왜냐하면 전류는 [전압/저항]이기 때문이다. 전류는 크기는 같지만 방향이 다른 두 종류가 있기 때문에 이를 구분하여야 한다. 즉, 크기가 같고 방향이 다른 두 전류를 구분하기 위하여 한쪽을 +로 하고 다른 한쪽은 –로 표기한다.

이와 같이 주파수도 마찬가지의 개념으로 –(마이너스)를 사용한다. 즉 위의 각주파수의 경

우에 하나의 점이 원주상을 반시계 방향으로 회전할 때의 각주파수를 +로 하면, 회전의 방향이 시계방향으로 회전하는 경우의 각주파수를 −로 표기하여 서로를 구분한다. 그렇다고 각속도(각주파수)가 다른 것은 아니다. 다만 회전하는 방향만 반대이기 때문에 서로를 구분하기 위함일 뿐이다. 마치 전류에서 전원의 방향에 따라서 전류의 방향이 달라지는 것과 마찬가지로 생각할 수 있다.

– 각주파수의 성분별 위상

파형에는 주파수 성분과 위상 성분이 포함되어 있다. 그래서 각 주파수 성분에 대한 크기(진폭)는 위에서 알아보았고, 다음은 각각의 주파수 성분에 대한 위상을 알아야 한다. 위의 식에서 우리는 이미 주파수가 $10Hz$ 성분의 위상은 $\pi/3 \approx 1.0$라디안이고, $15Hz$ 성분의 위상은 $\pi/4 \approx 0.8$라디안임을 수식으로부터 알고 있다. 이러한 위상스펙트럼을 그림으로 표현하면 다음과 같다(30.vi). 위상스펙트럼을 구하는 방법에 대하여는 뒤에서 설명한다.

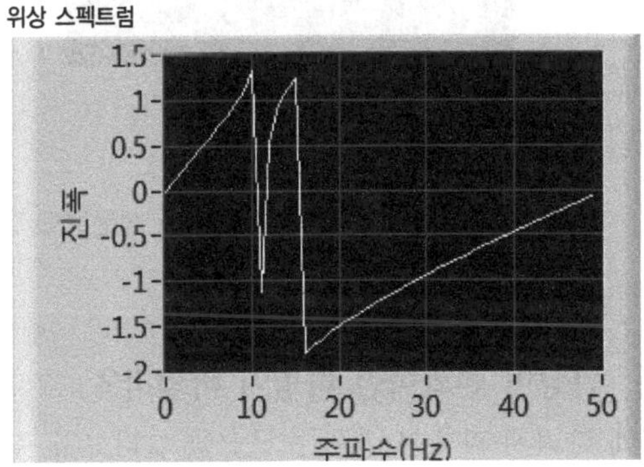

[그림 5-5] 주파수 성분에 대한 위상을 나타내는 위상스펙트럼

2.2 원 신호에 포함되어 있지 않은 주파수 성분이 왜 나타나는가?

위의 두 개의 그래프 [그림 5-3]과 [그림 5-5]로부터 무엇인가 이상하다고 생각되는 점은 없는가?

잘 살펴보길 바란다. 원래의 $x(t)$가 어떤 것인지를 한번 보길 바란다. 우선 주파수의 성분만으로 보면 어떤 주파수의 성분이었던가? 식에서 보는 바데로 $10Hz$ 성분과 $15Hz$ 성분이었다.

그러면 그래프로 그려도 $10Hz$ 성분과 $15Hz$ 성분만이 나타나야 되지 않는가? 그런데 그래프 상에서 과연 두 종류의 주파수 성분만이 있는가? $10Hz$ 성분과 $15Hz$ 성분 이외에도 많은 주파수 성분이 나타나 있다. 이상하지 않는가? 그래프를 잘못 그린 것일까? 그렇지는 않다. 그럼 왜?

이것은 나중에 이산신호를 취급하는 6장에서 자세히 설명하겠지만, 이론적으로는 $x(t)$라는 아날로그신호를 분석하는 것이지만 컴퓨터로 주파수 성분을 분석하기 위해서는 시간 t를 연속적인 량으로 취급할 수 없고, 시간 간격을 적당히 나누어서(적당히 나눈다는 표현은 정확한 표현은 아니지만 우선은 이렇게 생각한다. 자세한 내용은 뒤에서 다룬다.) 연속신호에서 이산신호로 변환한 후에 처리할 수밖에 없다. 이 과정에서 나타나는 현상으로 이를 누설 주파수 성분이라고 한다. 실제로 누설 주파수(위의 경우에서는 있어야 할 주파수 $10Hz$ 성분과 $15Hz$성분 이외의 모든 주파수 성분)를 보기 위하여 진폭스펙트럼에서 진폭 축을 대수로 취하여 보면 작은 진폭도 쉽게 볼 수 있음을 알 수 있다. 진폭축을 대수로 취한 그래프는 아래와 같다(30.vi).

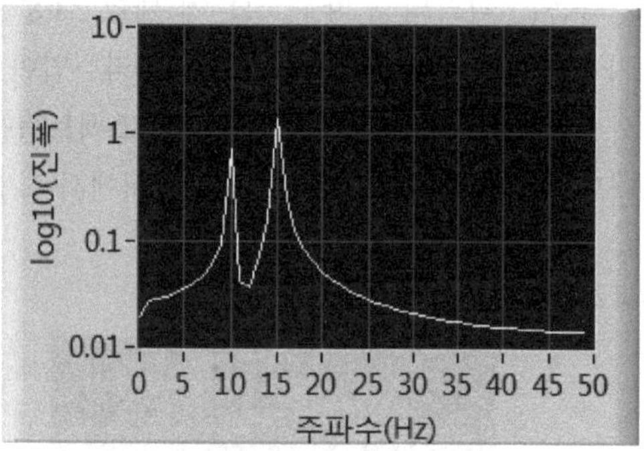

[그림 5-6] 대수진폭스펙트럼(크기가 적은 주파수 성분들도 잘 나타남.)

2.3 주파수 성분, 진폭, 위상이 변화하면 파형이 바뀔까?

첫째, 주파수 성분이 바뀜에 따라서 파형이 바뀌는 모습을 살펴보자. 다음의 그래프는 두 개의 원 신호에 대한 주파수, 위상, 진폭을 임의대로 고정시켜서 파형을 그리고, 원신호의 주파수, 위상, 진폭 등을 바꾸어 보면서 파형이 어떻게 변화해 가는지를 관찰할 수 있는 프로그램이다(80.vi). 여러 번 시도해 보면서 파형에 대한 감각을 익히는 것이 좋다. 시험할 때에 주파수는 가급적 $50Hz$ 이하로 입력하면 그래프가 보기에 좋을 것이다. 그리고 위상은 라디안 값을 입력하여야 한다.

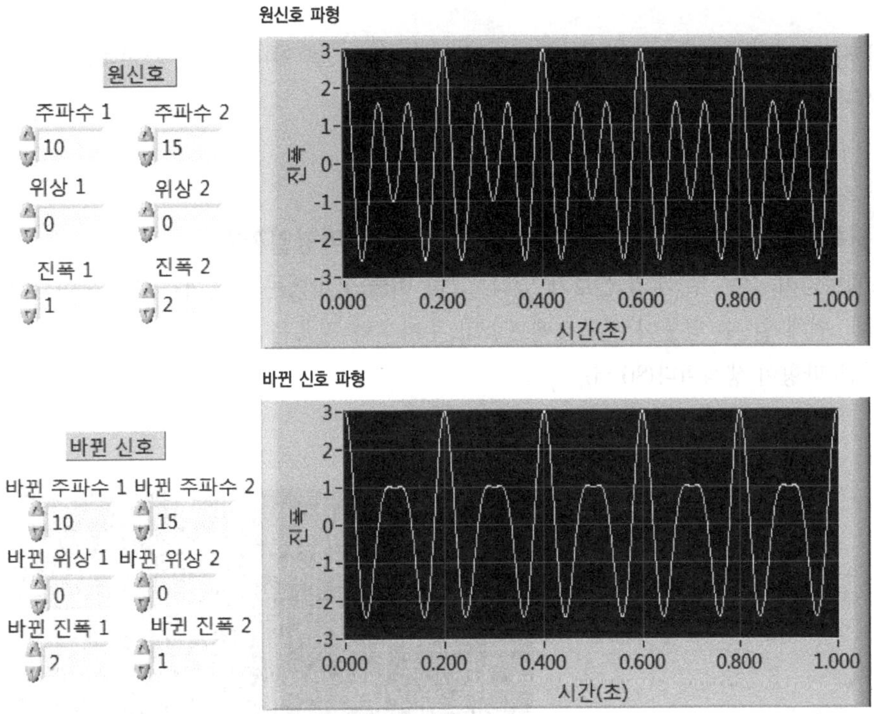

[그림 5-7] 신호에 포함된 주파수 성분의 진폭이 바뀌었을 때의 합성파형(80.vi)

2.4 파형을 보고 고주파수 성분의 포함 여부를 알 수 있을까?

진폭스펙트럼은 위에서 본 것처럼 신호가 가지고 있는 여러 종류의 주파수 성분과 주파수 성분의 크기(세기 혹은 진폭)를 표현한다. **신호에 고주파수 성분이 포함되어 있는지 없는지에 대한 판단을 진폭스펙트럼으로 보아야만 알 수 있을까?** 그렇지는 않다. 주파수가 높은 신호는 시간축에서(일반적으로 가로축) 파형이 빠르게 변화하는 모습으로 나타난다. 파형의 변화가 시간축에서 그다지 빠르지 않게 천천히 변한다면 이 신호의 주파수 성분은 낮은 주파수 대역에 있다고 할 수 있다. 물론 여기서 주파수가 높다 낮다라는 표현은 상대적인 의미이며, 몇 Hz 등의 수치적으로 알기에는 어렵다.

이러한 개념으로 볼 때에 구형파(사각형파)의 주파수 성분에는 어떠한 것들이 있을 수 있는지를 추측해 보자. 구형파는 여러분들이 잘 아는 바와 같이 일정한 값으로 어느 시간 동안 유지하다가 갑자기 값이 아래로 떨어지는 파형이다. 즉, **파형이 어느 한 순간에 값이 바뀌는 경우에 어떤 주파수 성분이 포함되어 있을까?** 주파수는 시간에 대한 변화($f=1/\Delta t$)이기 때문에 Δt가 순간적으로 변한다는 의미는 $\Delta t \approx 0$이므로 $f \approx \infty$라는 의미가 된다. 따라서 구형파와 같이 순간적인 변화분이 있는 파형의 주파수 성분은 컴퓨터 혹은 스펙트럼 분석기로 분석해 보지 않더라도 거의 무한대의 주파수 성분이 있고 실제로 스펙트럼 분석을 해 보면 주파수 성분이 상당한 고주파수 성분까지 있음을 알 수 있다. 물론 일반적으로 주파수가 높아질수록 세기(진폭)는 감소한다.

2.5 진폭스펙트럼이 같으면 두 개의 신호는 같은 파형일까?

진폭스펙트럼이 같은 두 개의 신호가 있다. 그럼 이들의 파형은 같을까? 대답은 아니다. 위의 실험에서 쉽게 알 수 있듯이 진폭스펙트럼의 주파수와 진폭을 같게 하더라도 위상이 다르면 전혀 다른 파형이 생성된다(80.vi).

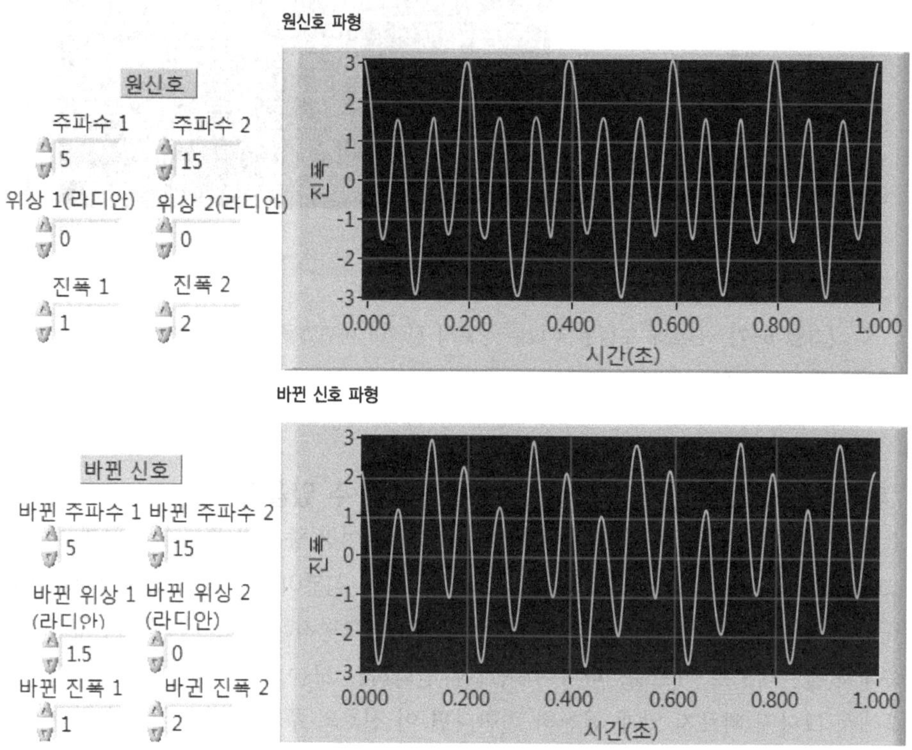

[그림 5-8] 신호에 포함된 주파수 성분의 위상이 바뀌었을 때의 파형
(주파수 성분에 대한 위상이 바뀌면 파형도 변한다.)

3. 주기 아날로그신호에 포함되어 있는 주파수는 어떻게 알 수 있나?

주기 아날로그신호라 함은 아날로그신호이면서 주기가 있는 신호를 말한다. 일반적으로, 임의의 신호가 있을 때에 임의의 신호에 포함되어 있는 주파수 성분(일반적으로 주파수 성분이라

함은 주파수와 해당 주파수의 진폭과 위상을 말한다.)을 아는 일을 신호분석이라고 한다. 우리가 현실에서 대하고 있는 대부분의 신호는 비주기신호(주기가 없는 혹은 주기가 무한대인 신호)이다. 비주기신호에 대한 분석기술은 복잡하므로 뒤에서 다루기로 하고(푸리에변환 기술), 우선 여기에서는 주기신호에 대한 신호분석에 대하여 생각해 보자.

3.1 주기 아날로그신호의 주파수 분석은 어떻게 하나?

주기신호에 대한 분석은 푸리에시리즈(Fourier Series)에 의하여 신호에 포함되어 있는 주파수와 각각의 주파수에 대한 진폭과 위상을 알 수 있다. 푸리에시리즈에 대한 식이 어떻게 해서 유도되는지에 대하여는 수학적으로 다소 복잡하기 때문에 결과식을 활용하기로 한다.

일반적으로 임의의 신호 $x(t)$는 유한한 에너지를 가진 신호일 때에 정규직교함수를 이용하여 다음과 같이 표현할 수 있다.

$$x(t) = \sum_{n=-\infty}^{\infty} c_n \phi_n(t) \qquad (5\text{-}3)$$

이며, $\phi_n(t)$는 정규직교함수이다.

정규직교함수에는 여러 가지 함수가 있지만 여기에서는 정현파 신호의 기본주파수를 f_0로 생각하여 $\phi_n(t) = e^{j2\pi n f_0 t} = e^{j\frac{2n\pi t}{T}}$ $(\because f_0 = \frac{1}{T})$를 사용하면

$$\begin{aligned} x(t) &= \sum_{n=-\infty}^{\infty} c_n \phi_n(t) \qquad (5\text{-}4) \\ &= \sum_{n=-\infty}^{\infty} c_n e^{j\frac{2n\pi t}{T}} \end{aligned}$$

가 된다. 이 식으로부터 c_n을 유도하면(과정은 생략)

$$c_n = \frac{1}{T}\int_0^T x(t) e^{-j\frac{2n\pi t}{T}} dt \qquad n\text{은 } -\infty \sim \infty\text{의 정수} \qquad (5\text{-}5)$$

가 된다. f_0는 주기신호의 기본주파수이다.

또한, 우리가 취급하는 신호가 실수로 된 신호라고 하면 신호 $x(t)$는 다음과 같이 표현될 수 있다. n은 nf_0를 의미하며, 기본주파수의 고조파(Harmonics)를 나타낸다. (계산 과정은 Samir S. Saliman et al, *Continuous and Discrete Signals and Systems*, p.119 참조)

$$x(t) = a_0 + \sum_{n=1}^{\infty} (a_n \cos(\frac{2n\pi t}{T}) + b_n \sin(\frac{2n\pi t}{T})) \quad (5\text{-}6)$$

$$a_0 = c_0 = \frac{1}{T} \int_{<T>} x(t) dt$$

$$a_n = \frac{2}{T} \int_{<T>} x(t) \cos(\frac{2n\pi t}{T}) dt \qquad n \neq 0$$

$$b_n = \frac{2}{T} \int_{<T>} x(t) \sin(\frac{2n\pi t}{T}) dt$$

위의 식에서 $\int_{<T>}$는 한 주기 동안의 적분을 의미한다. 한 주기 동안의 적분이라 함은 $0 \sim T$, $-0.5T \sim 0.5T$, $-0.1T \sim 0.9T$ 등이 될 수 있다. 이는 파형이 어느 시점에서부터 시작하느냐에 의한다.

c_n의 진폭과 위상의 항으로 표현하면 다음과 같다.

$$x(t) = c_0 + \sum_{n=1}^{\infty} A_n \cos(\frac{2n\pi t}{T} + \phi_n) \quad (5\text{-}7)$$

$$A_n = 2|c_n|$$

$$\phi_n = \angle c_n$$

– 구형파에 포함되어 있는 성분을 구해 보자.

아래의 그림과 같은 구형파를 살펴보자. 주기는 1초이며, 0.5초마다 1과 0의 값이 바뀌고 있다. 주기와 값을 가지는 시간의 비율을 듀티(Duty) 사이클이라고 한다. 아래의 구형파는 듀티 사이클 50%(0.5초/1초)인 구형파라고 할 수 있다. 이러한 구형파를 푸리에시리즈로 분석하여 구형파에 포함되어 있는 주파수 성분과 크기를 구하고, 다시 주파수 성분과 크기를 가진 정현파 함수를 합성하여 원래의 구형파가 되는지를 보자.

다시 정리하면, 시간축의 파형 $x(t)$에서 $x(t)$를 이루고 있는 파형들의 주파수 성분과, 진폭 X_k, $k = -\infty \cdots 0 \cdots \infty$ (정수)를 구하는 과정을 푸리에시리즈 분석이라고 하고, 역으로 X_k로부터 원래의 함수인 $x(t)$를 구하는 과정을 푸리에합성이라고 한다.

그러면 다음의 구형파인 $x(t)$로서 푸리에분석을 하여 보자.

구형파 그래프(Spuare wave): duty cycle: 50%

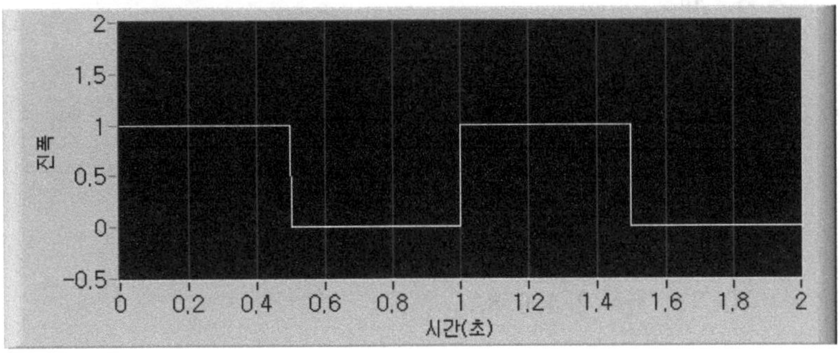

[그림 5-9] 듀티 사이클이 50%인 구형파(25.vi)

푸리에분석으로 얻어지는 푸리에계수들은 다음과 같다.

$$x(t) = a_0 + \sum_{n=1}^{\infty}(a_n \cos(\frac{2n\pi t}{T}) + b_n \sin(\frac{2n\pi t}{T})) \quad (5-8)$$

$$\begin{aligned} a_0 &= c_0 = \frac{1}{T}\int_{<T>} x(t)dt \quad (5-9) \\ &= \frac{1}{1}\int_{<1>} x(t)dt \\ &= \int_0^{0.5} 1dt + \int_{0.5}^{1} 0dt \\ &= 0.5 \end{aligned}$$

$$\begin{aligned} a_n &= \frac{2}{T}\int_{<T>} x(t)\cos(\frac{2n\pi t}{T})dt \quad (5-10) \\ &= \frac{2}{1}\int_0^{0.5} 1\cos(2n\pi t)dt \\ &= 2\frac{1}{2n\pi}\{\sin(2n\pi 0.5) - \sin(0)\} \\ &= 0 \end{aligned}$$

$$b_n = \frac{2}{T}\int_{<T>} x(t)\sin(\frac{2n\pi t}{T})dt \quad (5-11)$$

$$= \frac{2}{1}\int_{0}^{0.5} 1\sin(2n\pi t)dt \qquad \because T=1$$

$$= -2\frac{1}{2n\pi}\{\cos(2n\pi 0.5) - \cos(0)\}$$

$$= \begin{cases} \frac{2}{n\pi} & n=1,3,5,........ \\ 0 & n=2,4,6,8,........ \end{cases}$$

따라서

$$x(t) = a_0 + \sum_{n=1}^{\infty}(a_n\cos(\frac{2n\pi t}{T}) + b_n\sin(\frac{2n\pi t}{T})) \tag{5-12}$$

$$= a_0 + b_1\sin(2\pi t) + b_2\sin(4\pi t) + b_3\sin(6\pi t) + b_4\sin(8\pi t) + ...$$

$$= 0.5 + \frac{2}{\pi}\sin(2\pi t)$$

$$+ \frac{2}{3\pi}\sin(6\pi t)$$

$$+ \frac{2}{5\pi}\sin(10\pi t)$$

$$+ ....$$

$$= 0.5 + \sum_{n=0}^{\infty}\frac{2}{(2n+1)\pi}sin((4n+2)\pi t) \qquad n: \text{정수}$$

그래프는 다음과 같다(26.vi).

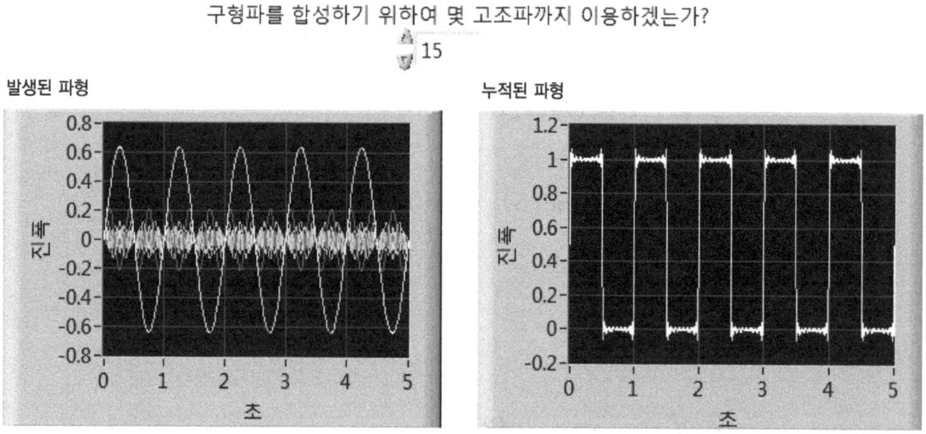

[그림 5-10] (왼쪽) 구형파를 합성하기 위하여 사용된 파형, (오른쪽) 고조파를 합성한 파형 (고조파를 많이 사용하면 할수록 원구형파에 근접(26.vi)

Q [문제 5-1] 주기가 1초인 톱니파를 분석하여 주파수 성분을 구하고 다시 정현파로 합성하여 원래의 톱니파가 되는 과정을 프로그램으로 작성하여 확인하라.

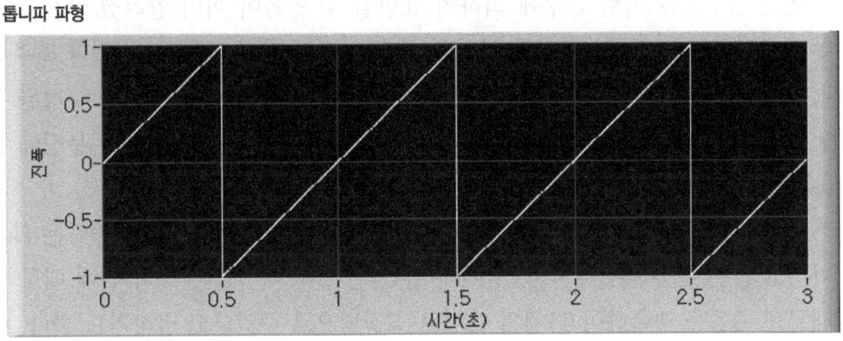

[그림 5-11] 톱니파형

3.2 푸리에급수전개는 어떤 성질을 가지고 있나?

푸리에급수전개가 가지고 있는 성질을 정리하면 다음과 같다.

- 푸리에급수에 DC값(상수)를 더해 주거나 빼 주는 것은 시간축에서의 파형을 상하로 이동시켜주는 것과 같으며, 주파수 성분의 변화는 전혀 없다.
- 파형을 좌우로 이동시키는 경우는 파형의 위상에 관계되는 항이기 때문에 진폭스펙트럼에는 영향을 주지 않고, 위상스펙트럼에는 변화를 준다.
- 주기신호의 에너지 혹은 전력은 시간축에서는 한 주기 동안의 신호의 제곱을 더하는 것이며, 이는 각각의 주파수 성분을 제곱하여 합한 값과 같다. 이를 Parseval의 정리라고 한다.

푸리에 (Jean Baptist Joseph Fourier: 프랑스, 1768. 3. 21 ~ 1830. 5. 16)

푸리에는 1768년 세르(Auxerre)에서 태어나서, 1830년 파리에서 죽었다. 재단사의 아들인 그는 여덟 살 때 고아가 되었고, 베네딕트 회사가 운영하는 군사학교에서 교육을 받았는데 후에 여기에서 수학 강사를 하였다. 그는 프랑스 혁명을 촉진 시키는 데 일조를 하였으며 이 공로로 에콜 폴리테크니크의 교수, 1789년에 이집트 지역의 총독, 1801년 프랑스로 돌아와서 그르노블(Grrenoble)의 지사가 되었다.

1807년 푸리에는 유한 폐구간에서 정의된 임의의 함수는 사인과 코사인함수의 합으로 분해될 수 있다는 주장을 하였다. 이 급수가 현재 삼각급수(trigonometric series)로 알려져 있는데, 이는 당시 수학자들에게는 전혀 새로운 것이 아니었다. 실제로 몇몇 함수들은 이런 급수에 의하여 표현될 수 있음이 이미 알려졌었다. 그러나 푸리에는 $[-\pi\ ,\ \pi]$에서 정의된 임의의 함수가 그와 같이 표현될 수 있다고 주장했다. 과학원의 석학들은 푸리에의 주장에 대하여 매우 회의적이었으며, 수정된 논문을 1811년 제출하였지만 엄밀성이 부족하다는 비판을 받아 과학원의 논문집에 실리도록 추천받지는 못하였다.

푸리에에 관한 흥미로운 일화가 전해진다. 그는 사막의 열이 건강에 좋다는 확신을 가지고 많은 옷을 껴입고 더운 방에서 살았다. 일부 사람들은 그가 열에 대한 망상 때문에 죽음을 재촉하여 63세의 나이로 심장병으로 죽었다고 말하기도 한다. 아마도 가장 인용이 많이 되는 푸리에의 말은 "자연을 깊이 연구하는 것이 수학적 발견의 가장 풍요로운 원천이다."일 것이다.

(출처: http://library.thinkquest.org/22584/tmh3051.htm)

4. 비주기 아날로그신호에 포함된 주파수 성분은 어떻게 알 수 있나?

4.1 비주기 아날로그신호의 스펙트럼은 어떻게 구하나?

아날로그신호 $x(t)$가 주기신호일 때는 푸리에급수로 전개하여 각 주파수 성분을 구하여 진폭 스펙트럼을 구했다. 그러면 아날로그신호 $x(t)$가 비주기신호이면 스펙트럼을 어떻게 구하는가?

간단히 생각하면 비주기신호도 주기신호라고 생각할 수 있다. 즉 '비주기신호는 주기가 무한대인 주기신호이다'라고 할 수도 있다. 이러한 과정을 주기적인 신호에 대한 신호분석 방법인 푸리에급수전개(Fourier Series Expansion)라는 말과 구분하기 위하여 푸리에변환(Fourier Transform)이라고 한다. 그런데 푸리에변환 중에서도 신호가 연속신호에 대한 푸리에변환과 이산신호에 대한 푸리에변환도 있을 수 있기 때문에 이들을 구분하기 위하여 아날로그(연속시간)신호에 대한 푸리에변환을 연속시간 푸리에변환(CTFT: Continuous Time Fourier Transform)이라고 한다. 비주기 연속시간 파형에서는 주기적인 연속신호분석에서 사용하던 푸리에 급수라는 말 대신에 푸리에변환이라는 용어를 사용한다. 그리고 스펙트럼을 $X(\omega)$ 혹은 $X(f)$로 표현하고 이를 구하는 과정을 생각해 보자. 우선 연속시간 푸리에변환의 의미는 연속신호인 아날로그신호를 푸리에변환한다는 의미이다.(푸리에시리즈전개는 주기적인 신호에 대한 것이며, 푸리에변환은 비주기신호의 변환에 대한 것이다.)

일반적으로 주파수 축의 신호는 X와 같이 대문자로 표시하며, 주파수는 ω 혹은 f를 사용한다. 즉, X가 주파수의 함수이기 때문에 $X(\omega)$ 혹은 $X(f)$로 표현한다. 물론 $\omega = 2\pi f$이다. 연속시간 푸리에변환의 정의식은 다음과 같으며, 시간영역의 정보를 주파수영역의 정보로 분석하기 때문에 주파수 분석식이라고도 한다.

$$X(\omega) = \int_{-\infty}^{\infty} x(t)e^{-j\omega t}dt \tag{5-13}$$

이다. 여기서 각주파수 ω는 $-\infty$ ~ ∞까지이다. 시간영역 신호의 파형 $x(t)$를 이용하여 주파수영역의 각주파수 성분을 알고, 각주파수 성분에 대한 세기(진폭)와 위상을 구하는 일로 생각할 수 있으며, 앞에서 다룬 푸리에급수와 비교하면 푸리에급수의 계수 c_n에 해당한다고 생각할 수 있다. 다만 이론적으로 $X(\omega)$를 구하기 위해서는 무한대 구간의 $x(t)$를 알아야 한다. c_n은 이산적인 값을 가지지만 $X(\omega)$는 연속적인 값을 가진다는 차이가 있다(ω가 연속적인 값을 가지기 때문에).

그리고 역으로 주파수의 영역의 값인 $X(\omega)$로부터 원래의 시간영역의 파형으로도 되돌릴 수 있다. 이를 연속시간 역푸리에변환이라고 하며 다음과 같이 구할 수 있으며, 주파수영역의 정보를 합성하여 시간영역의 신호로 합성하기 때문에 주파수 합성식이라고도 한다.

$$x(t) = \frac{1}{2\pi}\int_{-\infty}^{\infty} X(\omega)e^{j\omega t}d\omega \tag{5-14}$$

이다. 위 식은 ω에 대한 적분을 하며 이때 시간 t는 상수이다. 즉, 이 식을 적분하기 위해서는 $t=0,\ 0.001,\ 0.002, \cdots$ 등으로 원하는 시간을 상수로 두고 ω에 대하여 적분을 실시한다. 적분 기호 앞에 $1/2\pi$가 있는 이유는 다음과 같다. $x(t)$와 $X(f)$ 사이의 관계식

$$x(t) = \int_{-\infty}^{\infty} X(f)e^{j2\pi ft}df \tag{5-15}$$

로부터 $\omega = 2\pi f$에서 양변을 미분하면

$$d\omega = 2\pi df \ \rightarrow \ df = \frac{1}{2\pi}d\omega \tag{5-16}$$

에서 기인한다.

일반적으로 시간영역의 $x(t)$와 주파수영역의 $X(\omega)$가 하나의 쌍으로 볼 수 있기 때문에 다음과 같은 표현을 한다.

$$x(t) \leftrightarrow X(\omega) \tag{5-17}$$

4.2 $X(\omega)$는 실수일까 복소수일까? 복소수이면?

연속시간 푸리에변환식의 정의식을 보면 알 수 있듯이 $x(t)$를 실수 영역의 파형으로 생각하고, 실수에 복소수를 곱하면 복소수가 되고, 복소수에 복소수를 더하기(적분의 의미)를 하는 형태이기 때문에 여전히 복소수가 된다. 결론적으로 $X(\omega)$는 복소수이다. 그러면 복소수는 다음과 같이 크기와 각으로 표현되는 극좌표의 형식으로 표현할 수 있다.(2장의 4절 참조)

$$X(\omega) = |X(\omega)|e^{j\angle X(\omega)} \tag{5-18}$$

$|X(\omega)|$를 각주파수 ω에 대한 진폭스펙트럼이라고 하고, 그래프로 나타낼 때에는 가로축을 ω, 세로축을 진폭 혹은 세기로 하여 표현한다. $\angle X(\omega)$를 각주파수 ω에 대한 위상스펙트럼이라고 하며 그래프로 나타낼 때에는 진폭스펙트럼과 마찬가지로 가로축을 ω, 세로축을 위상(라디안)으로 하여 표현한다. 강조할 점은 시간영역의 t와 주파수영역의 ω를 잘 구분하는 것이 앞으로 복잡한 식이 나오더라도 혼동이 없을 것이다.

4.3 비주기 아날로그신호의 스펙트럼을 구하는 예

다음의 예제들을 통하여 비주기 아날로그신호의 스펙트럼을 구하는 방법과 개념을 몸에 익히도록 하자.

– 구형파의 스펙트럼

[예제 5-1] 파형이 0초에서 2초 사이에 진폭이 1이고, 나머지 시간영역에서는 모두 0인 파형의 진폭스펙트럼과 위상스펙트럼을 구하라. 단, 스펙트럼을 구하기 위하여
- LabVIEW의 [신호처리/스펙트럼분석/진폭과위상스펙트럼]을 이용하는 방법(81.vi)과
- 연속시간 푸리에변환 정의식으로부터 계산하여 최종의 진폭스펙트럼과 위상스펙트럼을 구한 후에 LabVIEW로 확인하는 방법으로 구하라(82.vi).

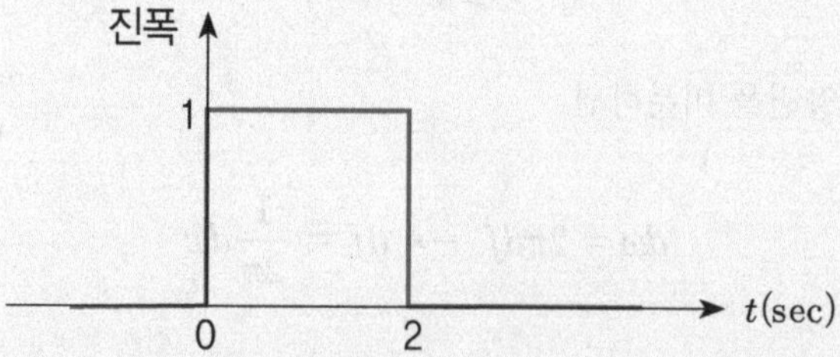

[그림 5-12] 0초에서 2초까지 진폭이 1이고 나머지 영역에서는 0인 구형파

[풀이 1] 시간파형을 직접 LabViEW의 [신호처리/스펙트럼분석/진폭과위상스펙트럼]을 이용한 방법(81.vi)

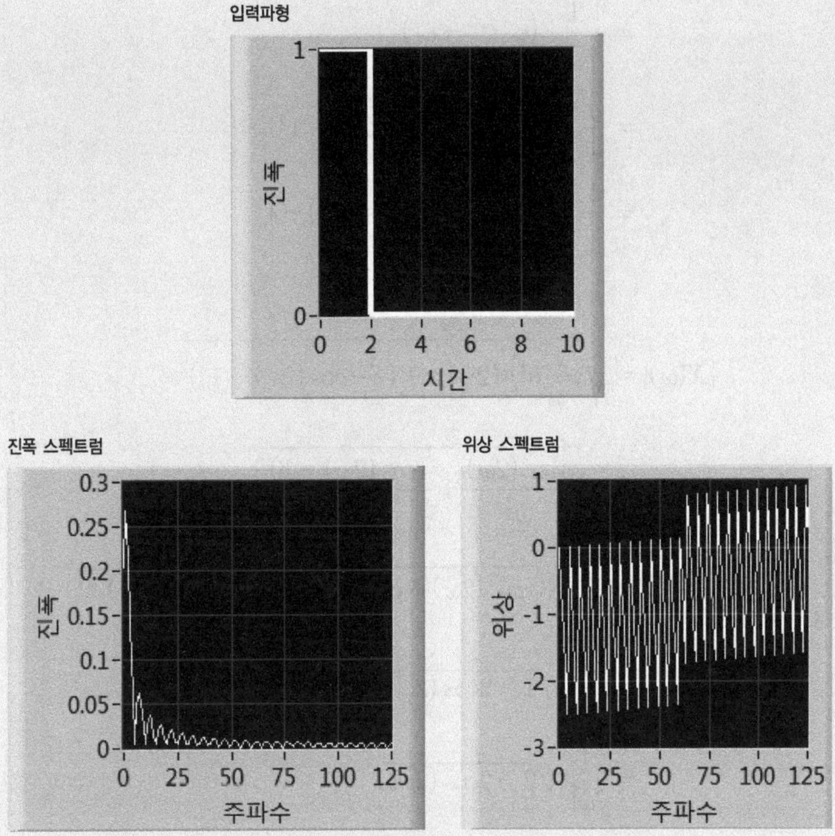

[그림 5-13] 구형파의 진폭스펙트럼과 위상스펙트럼

[풀이 2] 시간 파형을 푸리에변환을 하여 진폭스펙트럼과 위상스펙트럼을 계산한 방법(82.vi)의 계산 과정은 다음과 같다.

$$X(\omega) = \int_{-\infty}^{\infty} x(t)e^{-j\omega t}dt$$

$$= \int_{0}^{2} 1 \cdot e^{-j\omega t}dt$$

$$= \frac{1}{-j\omega}e^{-j\omega t}\Big|_{0}^{2}$$

$$= \frac{1}{-j\omega}(e^{-j\omega 2} - e^{0})$$

$$= \frac{j}{\omega}\{\cos(2\omega) - j\sin(2\omega) - 1\}$$

$$= \frac{1}{\omega}\sin(2\omega) + j\frac{1}{\omega}(\cos(2\omega) - 1)$$

$$\therefore\ |X(\omega)| = \sqrt{(\frac{1}{\omega}\sin(2\omega))^2 + (\frac{1}{\omega}(\cos(2\omega) - 1))^2}$$

$$= \sqrt{\frac{\sin^2(2\omega)}{\omega^2} + \frac{(\cos(2\omega) - 1)^2}{\omega^2}}$$

$$= \frac{1}{|\omega|}\sqrt{\sin^2(2\omega) + \cos^2(2\omega) - 2\cos(2\omega) + 1)}$$

$$= \frac{1}{|\omega|}\sqrt{1 - 2\cos(2\omega) + 1}$$

$$= \frac{1}{|\omega|}\sqrt{2 - 2\cos(2\omega)}$$

$$\angle X(\omega) = \tan^{-1}\left(\frac{\frac{\cos(2\omega) - 1}{\omega}}{\frac{\sin(2\omega)}{\omega}}\right)$$

$$= \tan^{-1}\left(\frac{\cos(2\omega) - 1}{\sin(2\omega)}\right)$$

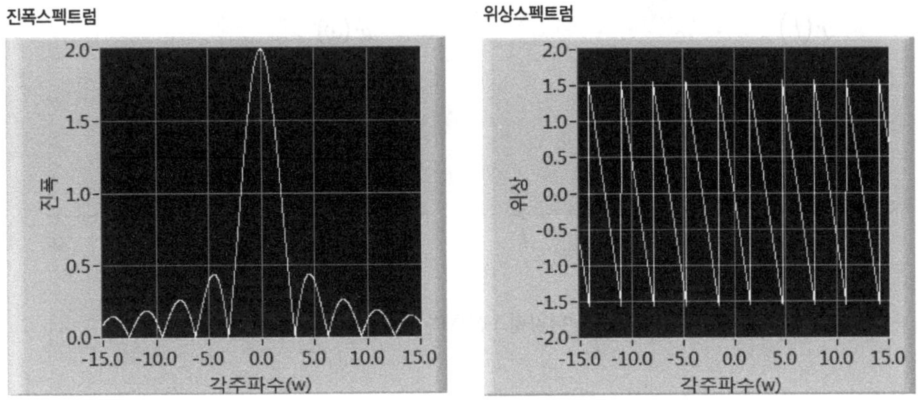

[그림 5-14] 구형파의 진폭스펙트럼과 위상스펙트럼

[질 문]

위의 두 방법에 의하여 구한 스펙트럼이 같은 모양이 나와야 할까? 아니면 다르게 나와야 할까? 외형적으로 보기에는 어떤가? 모양이 다른가? 그러면 그래프가 내포하고 있는 의미도 다른가? 여러분 각자가 생각해 보고 주위의 친구들과 의견을 나누어 보길 바란다.

- 단위임펄스신호의 스펙트럼

단위임펄스신호를 연속시간 푸리에변환을 해보자.

연속시간 푸리에변환의 정의식으로부터

$$
\begin{aligned}
X(\omega) &= \int_{-\infty}^{\infty} x(t)e^{-j\omega t}dt \\
&= \int_{-\infty}^{\infty} \delta(t)e^{-j\omega t}dt \\
&= 1 \qquad (\because e^{j\omega 0} = 1)
\end{aligned}
\tag{5-19}
$$

이다. 왜냐하면, 시간 $t=0$에서만 값이 있기 때문이다. 그림으로 표시하면 다음과 같다.

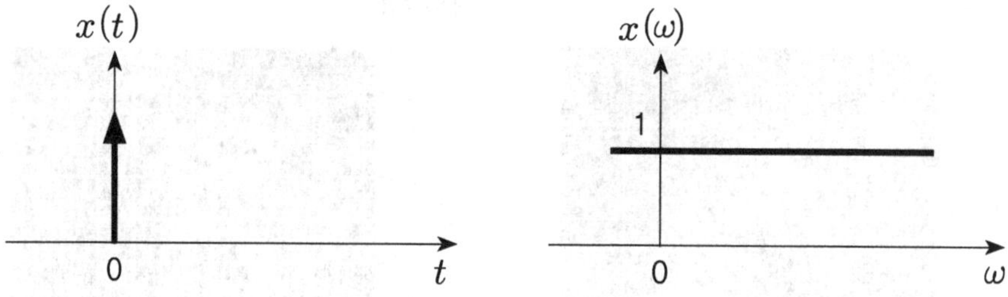

[그림 5-15] 단위임펄스신호의 파형과 진폭스펙트럼

– 높이가 1이고, 밑변이 τ인 구형파의 스펙트럼

다음 그림과 같이 높이가 1이고, 밑변이 τ인 사각형파의 연속시간 푸리에변환을 구해보자.

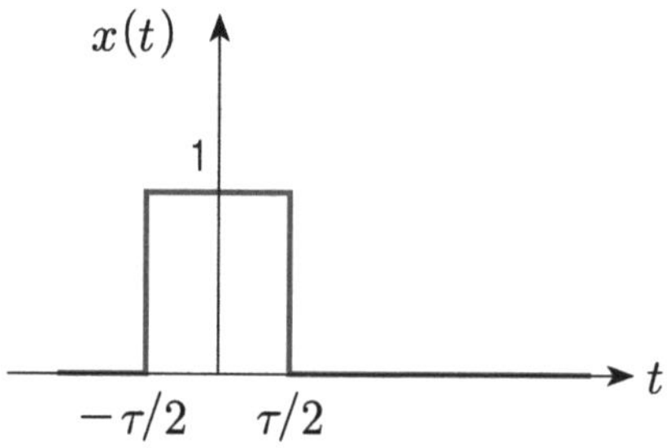

[그림 5-16] 높이가 1이고, 밑변이 τ인 사각형파

정의식으로부터

$$X(\omega) = \int_{-\tau/2}^{\tau/2} x(t)e^{-j\omega t}dt \tag{5-20}$$

$$= \int_{-\tau/2}^{\tau/2} 1e^{-j\omega t}dt$$

$$= \frac{1}{-j\omega}(e^{-j\omega\tau/2} - e^{j\omega(\tau/2)})$$

$$= \frac{1}{-j\omega}(\cos(\omega\tau/2) - j\sin(\omega\tau/2) - (\cos(\omega\tau/2) + j\sin(\omega\tau/2)))$$

$$= \frac{2}{\omega}\sin(\omega\tau/2)$$

$$= \frac{2}{\omega}\omega\tau/2\frac{\sin(\omega\tau/2)}{\omega\tau/2}$$

$$= \tau\frac{\sin(\omega\tau/2)}{\omega\tau/2}$$

$$= \tau\mathrm{sinc}(\omega\tau/2)$$

그리고

$$\frac{\sin(0)}{0} = 1 \qquad (5\text{-}21)$$

로 한다. 위의 식을 각주파수 ω를 가로축으로 하여 그래프로 그리면 다음과 같고, 특히 이를 싱크함수(sinc function)라고 한다(83.vi).

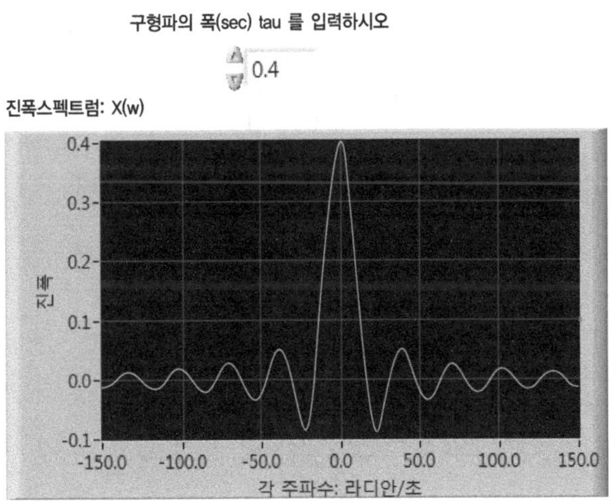

[그림 5-17] 구형파의 진폭스펙트럼

위의 싱크함수를 잘 살펴보면, 중간에 있는 산의 높이는 τ(여기에서는 0.4)이고, 밑변이 $4\pi/\tau$(여기서는 32.4)임을 알 수 있다. 이를 삼각형으로 생각하고, 면적을 구해보면

$$\frac{4\pi}{\tau} \cdot \tau \cdot \frac{1}{2} = 2\pi \qquad (5\text{-}22)$$

가 됨을 알 수 있다.

– 지속시간 τ가 무한대인 구형파

구형파의 지속시간 τ가 무한대로 간다면, 구형파는 시간과 무관하게 진폭 1로 유지된다. 반면에 이를 푸리에변환을 하면 위의 싱크함수에서 볼 수 있듯이 τ가 무한대로 감에 따라서 삼각형의 밑변이 0으로 접근하고, 높이는 무한대로 접근한다. 작성된 프로그램 83.vi로 폭을 변경시켜가면서 확인해 보길 바란다.

다시 정리해 보면 다음과 같이 나타낼 수 있다.

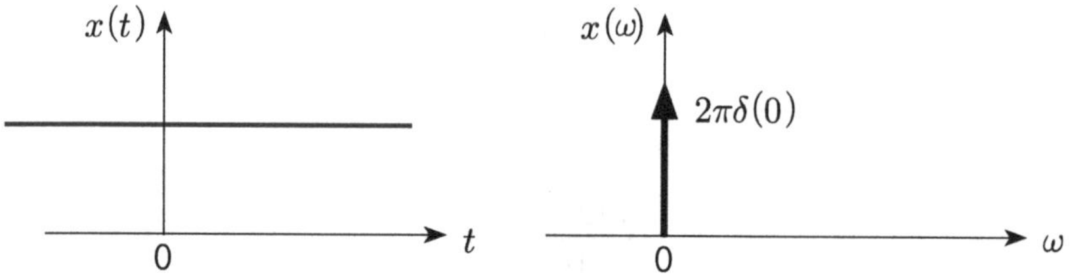

[그림 5-18] 진폭이 균일한 파의 진폭스펙트럼

– 단위스텝함수의 스펙트럼

단위스텝함수

$$u(t) = \begin{cases} 1 & 0 \le t \\ 0 & 0 > t \end{cases} \tag{5-23}$$

의 스펙트럼은 어떻게 될까? 연속시간 푸리에변환의 정의식으로부터

$$\begin{aligned} U(\omega) &= \int_{-\infty}^{\infty} u(t)e^{-j\omega t}dt \\ &= \int_{0}^{\infty} 1 \cdot e^{-j\omega t}dt \\ &= \frac{1}{-j\omega}e^{-j\omega t}\Big|_0^{\infty} \\ &= \frac{1}{-j\omega}(e^{-j\omega\infty} - e^0) \\ &= \frac{1}{-j\omega}(0-1) \\ &= \frac{1}{j\omega} \\ &= -j\frac{1}{\omega} \end{aligned} \tag{5-24}$$

$$\therefore\ |U(\omega)| = \frac{1}{\omega}$$

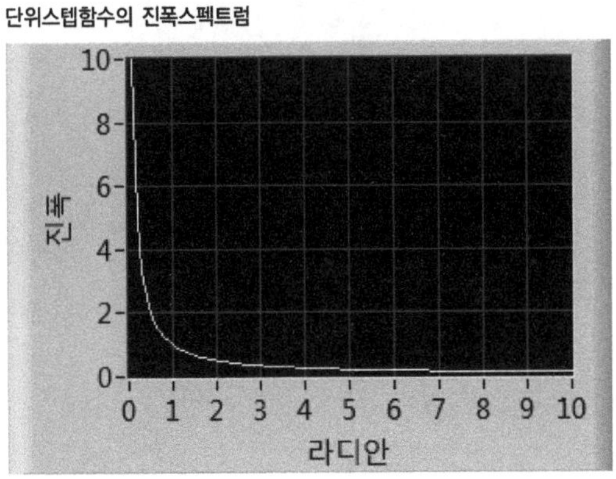

[그림 5-19] 단위스텝함수의 진폭스펙트럼(84.vi)

[예제 5-2] $y(t)=e^{-0.5t}u(t)$의 스펙트럼을 구하라(85.vi).

[풀이] 먼저 $x(t)$가 어떤 모양을 가지고 있는 함수인지 그래프를 그려보자. 물론 이것은 단순히 스펙트럼을 구하는 데에 꼭 알아야 하는 사항은 아니지만 일반적으로 우리가 문제를 풀 때에 문제가 어떤 것인지를 정확하게 아는 것은 매우 중요한 일이다.

$u(t)$는 위에서 설명한대로 $t \geq 0$에서만 진폭 1의 크기인 함수이며,
$x(t) = e^{-0.5t}$로 두고 $x(t)$를 그려 보면 다음과 같다.

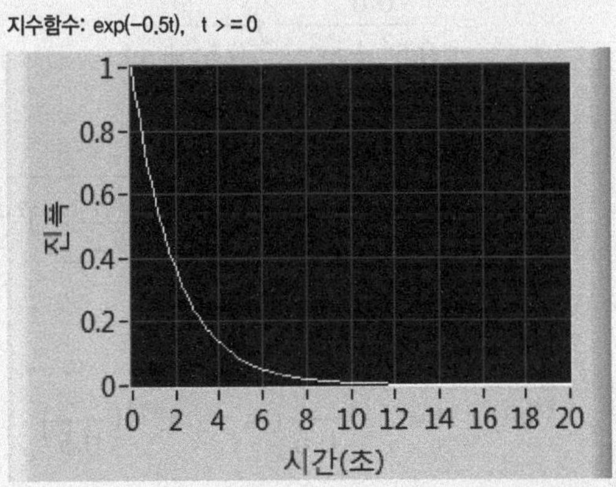

[그림 5-20] $y(t)=e^{-0.5t}u(t)$의 파형

그럼, $y(t) = e^{-0.5t}u(t)$의 스펙트럼을 구해 보자. 연속시간 푸리에변환 정의식으로부터

$$
\begin{aligned}
Y(\omega) &= \int_{-\infty}^{\infty} y(t)e^{-j\omega t}dt \\
&= \int_{-\infty}^{\infty} e^{-0.5t}u(t)e^{-j\omega t}dt \\
&= \int_{0}^{-\infty} e^{-0.5t}e^{-j\omega t}dt \\
&= \int_{0}^{-\infty} e^{-(0.5+j\omega)t}dt \\
&= \frac{1}{-(0.5+j\omega)}e^{-(0.5+j\omega)t}\Big|_{0}^{\infty} \\
&= \frac{1}{-(0.5+j\omega)}(e^{-\infty}-e^{0}) \\
&= \frac{1}{-(0.5+j\omega)}(0-1) \\
&= \frac{1}{0.5+j\omega}
\end{aligned}
$$

$$
\begin{aligned}
Y(\omega) &= \frac{1}{0.5+j\omega} \\
&= \frac{0.5-j\omega}{(0.5+j\omega)(0.5-j\omega)} \\
&= \frac{0.5}{0.5^2+\omega^2}-j\frac{\omega}{0.5^2+\omega^2}
\end{aligned}
$$

$$
\begin{aligned}
\therefore\ |Y(\omega)| &= \sqrt{\left(\frac{0.5}{0.5^2+\omega^2}\right)^2+\left(\frac{\omega}{0.5^2+\omega^2}\right)^2} \\
&= \frac{1}{\sqrt{0.5^2+\omega^2}} \\
\angle Y(\omega) &= \tan^{-1}\left(\frac{-\omega}{0.5}\right) = -\tan^{-1}\left(\frac{-\omega}{0.5}\right)
\end{aligned}
$$

이를 그래프로 그려보면 다음과 같다(86.vi).

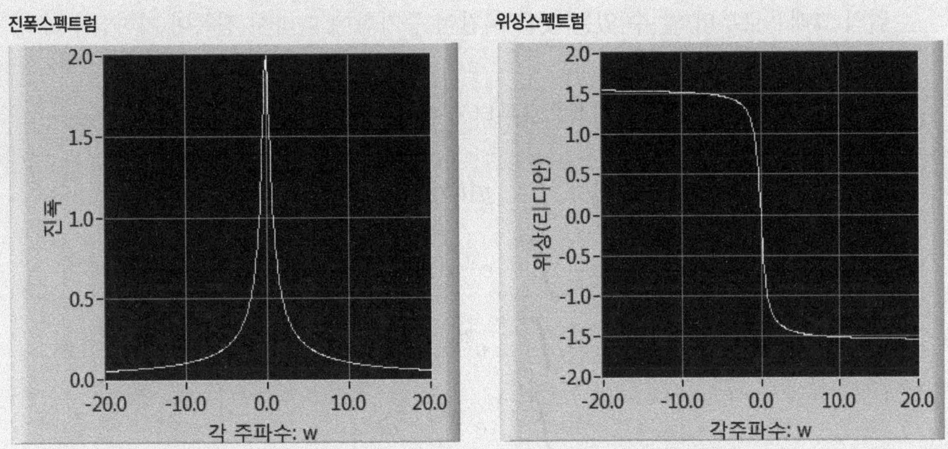

[그림 5-21] $y(t)=e^{-0.5t}u(t)$의 진폭스펙트럼과 위상스펙트럼

[예제 5-3] $y(t)=e^{2t}u(t)$의 스펙트럼을 구하라(87.vi).

[풀이] 먼저 $y(t)$가 어떤 모양을 가지고 있는 함수인지 그래프를 그려보자. 물론 이것은 단순히 스펙트럼을 구하는 데에 꼭 알아야 하는 사항은 아니지만 일반적으로 우리가 문제를 풀 때에 문제가 어떤 것인지를 정확하게 아는 것은 매우 중요한 일이다. $u(t)$는 $t \geqq 0$에서만 진폭 1의 크기인 함수이며, $x(t)=e^{2t}$로 두고 $x(t)$를 그려 보면 다음과 같다.

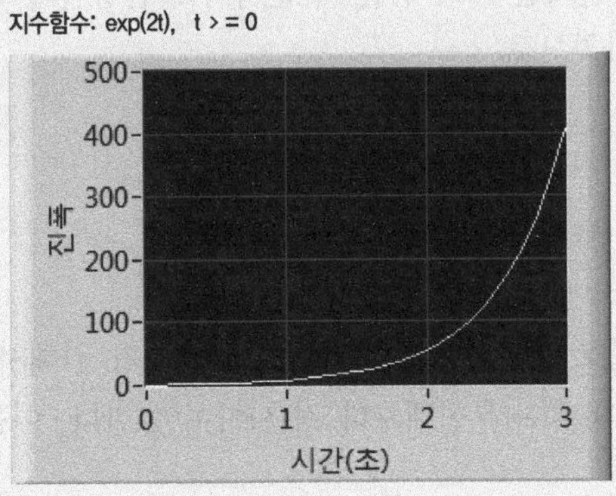

[그림 5-22] $y(t)=e^{2t}u(t)$의 파형

위의 그래프로부터 알 수 있는 것은 시간이 증가함에 따라서 진폭이 기하급수적으로 증가함을 알 수 있다.

그럼, 스펙트럼 $Y(\omega)$를 정의식으로부터 구해 보자.

$$\begin{aligned} Y(\omega) &= \int_{-\infty}^{\infty} y(t)e^{-j\omega t}dt \\ &= \int_{-\infty}^{\infty} e^{2t}u(t)e^{-j\omega t}dt \\ &= \int_{0}^{-\infty} e^{2t}e^{-j\omega t}dt \\ &= \int_{0}^{-\infty} e^{(2-j\omega)t}dt \\ &= \frac{1}{2-j\omega}e^{(2-j\omega)t}\Big|_{0}^{\infty} \\ &= \frac{1}{2-j\omega}(e^{\infty}-e^{0}) \\ &= \frac{1}{-(0.5+j\omega)}(\infty-1) \\ &= -\infty \end{aligned}$$

4.4 어떠한 신호도 푸리에변환을 할 수 있을까?

위의 식에서 $Y(\omega) = -\infty$가 의미하는 것이 무엇일까? 진폭스펙트럼이 ∞라는 말의 의미는 진폭스펙트럼이 존재하지 않는다는 의미이다. 이 문제의 시간영역의 신호 $y(t) = e^{2t}u(t)$는 시간이 증가할수록 값이 증가하므로

$$\int_{-\infty}^{\infty} |y(t)|dt = \infty \tag{5-25}$$

이다. 이러한 경우에는 푸리에변환의 값이 존재하지 않는다.

다시 정리하면, 어떤 신호 $x(t)$에 푸리에변환이 존재하기 위해서는 우선 모든 시간 구간 내에서의 $x(t)$의 적분 값이 유한(무한대보다 적은)하여야 한다. 이를 식으로 표현하면 다음과 같다.

$$\int_{-\infty}^{\infty} |x(t)|dt < \infty \tag{5-26}$$

(위의 표현에서 우선이라는 말의 의미는 신호에 푸리에변환이 존재하기 위해서는 위와 같은 수렴 조견 외에도 다른 조건이 필요하다는 의미이며 상세한 내용은 디지털신호처리, 이철희 저, 사이텍미디어, 225쪽을 참조 바란다.)

4.5 스펙트럼으로부터 신호를 어떻게 합성하는가?

각주파수 $\omega = \omega_0$에서 진폭이 2π인 임펄스, 즉 $X(\omega) = 2\pi\delta(\omega - \omega_0)$일 때에 시간영역에서의 신호 $x(t)$를 합성해 보자.

주파수 성분이 한 가지인 신호의 사인함수는 $\sin(\omega_0 t)$라는 사실을 알고 있다. 이러한 사실로부터도 유추할 수 있는 것은 주파수 성분이 한 종류라는 말의 의미는 정현파가 됨을 우리는 알 수 있다. 즉 위의 문제에서도 사인함수가 될 것이며 이는 $\sin(\theta)$라는 표현 혹은 $e^{j\theta}$의 형식으로 될 것이라는 예측을 할 수 있다. 그럼 실제로, 정의식으로부터 $x(t)$를 구해 보자.

$$\begin{aligned} x(t) &= \frac{1}{2\pi}\int_{-\infty}^{\infty} X(\omega)e^{j\omega t}d\omega \\ &= \frac{1}{2\pi}\int_{-\infty}^{\infty} 2\pi\delta(\omega-\omega_0)e^{j\omega t}d\omega \\ &= \frac{1}{2\pi}2\pi e^{j\omega_0 l} \\ &= e^{j\omega_0 t} \\ &= \cos(\omega_0 t) + j\sin(\omega_0 t) \quad \because\ \delta(\omega-\omega_0) = \begin{cases} 1 & \omega = \omega_0 \\ 0 & \omega \neq \omega_0 \end{cases} \end{aligned} \tag{5-27}$$

$\omega_0 = 2\pi$(주파수 $f = 1Hz$인 경우의 각주파수)인 경우를 그래프로 나타내면 다음과 같다.

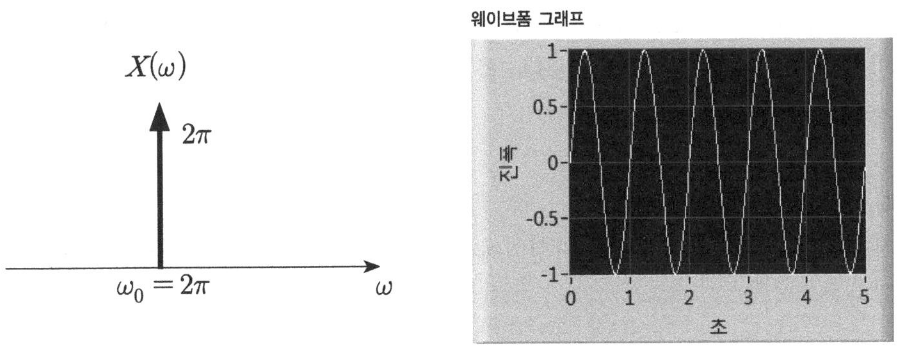

[그림 5-23] (왼쪽) $X(\omega) = 2\pi\delta(\omega - 2\pi)$, (오른쪽) $x(t) = \sin(2\pi t)$

[예제 5-4] $X(\omega)=2\pi\delta(\omega)$**일 때의** $x(t)$**를 구하라.**

[풀이]

$$x(t)=\frac{1}{2\pi}\int_{-\infty}^{\infty}X(\omega)e^{j\omega t}d\omega$$
$$=\frac{1}{2\pi}\int_{-\infty}^{\infty}2\pi\delta(\omega)e^{j\omega t}d\omega$$
$$=\frac{1}{2\pi}2\pi e^{0}$$
$$=1$$

$$\because\ \delta(\omega)=\begin{cases}1 & \omega=0\\ 0 & \omega\neq 0\end{cases}$$

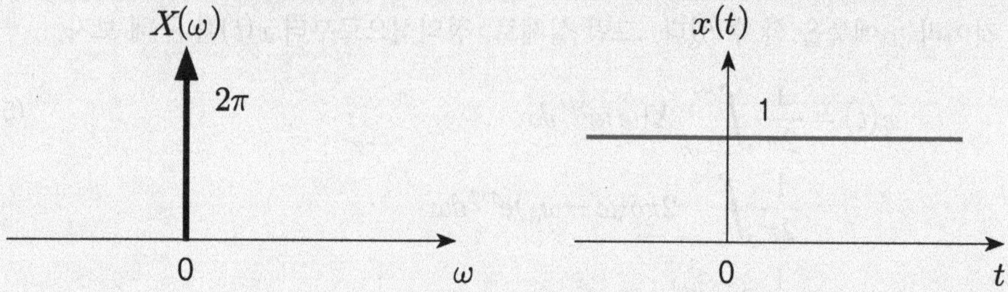

[그림 5-24] (왼쪽) $X(\omega)=2\pi\delta(\omega)$, (오른쪽) $X(\omega)=2\pi\delta(\omega)$를 역변환하여 구한 $x(t)$

4.6 연속시간 푸리에변환에는 어떠한 성질이 있나?

시간영역에서 연속인 신호 $x(t)$가 실수인 경우에, 스펙트럼 $X(\omega)$은 어떤 성질을 가지고 있는지를 알아보자. 이미 앞에서 그래프(86.vi)를 그릴 때에 이미 대략 알았을 것으로 생각하지만 다시 정리하여 본다.

– 첫째, 선형성이다.

선형성이란 다음의 식과 같이 시간영역에서 상수배한 것은 주파수영역에서도 상수배를 한 것과 같다.

$$ax_1(t)+bx_2(t)\ \leftrightarrow\ aX_1(\omega)+bX_2(\omega) \tag{5-28}$$

– 둘째, 대칭성이다.

간단히 말하면 각주파수 ω(혹은 주파수 f)가 $-\infty$부터 ∞까지의 구간에서 진폭스펙트럼은 $\omega=0$축에 대하여 대칭(이를 우함수라고 한다)이며, 위상스펙트럼은 원점에 대하여 대칭이며 (이를 기함수라고 한다.) 다음과 같이 표현한다.

$$|X(\omega)| = |X(-\omega)| \quad : \text{우함수(Even function)} \tag{5-29}$$

$$\angle X(\omega) = -\angle X(-\omega) : \text{기함수(Odd function)}$$

– 셋째, 시간 이동에 관한 성질이다.

시간 이동의 양을 t_0라고 하면, 이는 당연히 상수이다. 따라서 시간영역에서의 상수 성분 t_0는 주파수영역에서도 상수성분이 되어야 함은 지극히 당연하다. 즉 다음과 같이 표현된다.

$$x(t-t_0) \leftrightarrow e^{-j\omega t_0}X(\omega) \tag{5-30}$$

위의 표현에서 주파수영역에서도 상수라고 표현했는데 무슨 의미인가? $e^{-j\omega t_0}$항을 잘 보길 바란다. 주파수 ω는 $-\infty$부터 ∞까지 퍼져 있다. 이러한 주파수의 값과 관계없이 일정한 값 t_0항이 포함되어 있음을 의미한다.

실제로 어떤 신호 $x(t)$가 t_0 만큼 이동한 $x(t-t_0)$의 진폭스펙트럼은 어떻게 될까? 진폭스펙트럼은 다음과 같이 시간적으로 이동하기 전의 진폭스펙트럼과 이동 후의 진폭스펙트럼은 같다. 당연한 사실로서 신호가 시간축에서 이동하였다 하더라도 파형이 변하는 것은 아니기 때문에 주파수 성분별 진폭인 진폭스펙트럼이 바뀔 수가 없다.

$$|e^{-j\omega t_0}X(\omega)| = |e^{-j\omega t_0}||X(\omega)| = 1 \cdot |X(\omega)| = |X(\omega)| \tag{5-31}$$

위상스펙트럼은 주파수에 따라 선형적으로 바뀜을 의미한다. 다음의 예제를 통하여 이를 눈으로 확인해 보자.

[예제 5-5] 파형이 0초에서 2초 사이에 진폭이 1이고, 나머지 시간영역에서는 모두 0인 파형의 진폭스펙트럼과 위상스펙트럼과 파형이 오른쪽으로 1초만큼 이동한 파형에 대한 진폭스펙트럼과 위상스펙트럼을 구하여 서로를 비교하여 보고 위에서 언급한 푸리에변환 성질을 확인하라(82.vi, 89.vi).

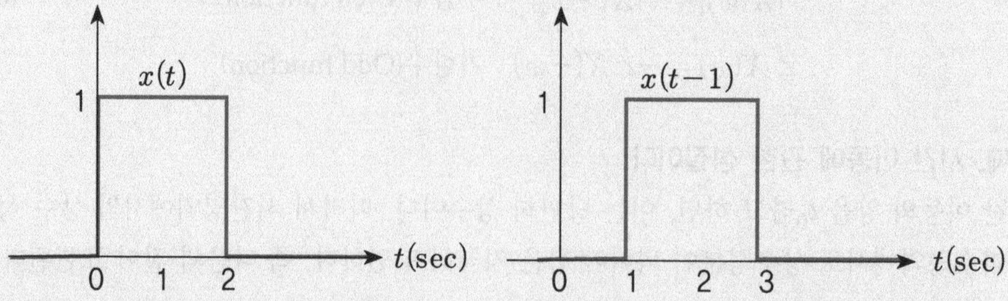

[그림 5-25] 구형파와 시간이동 파형

[풀이]

1) 앞의 예제의 결과를 활용하여 $x(t)$의 진폭스펙트럼과 위상스펙트럼을 각각 그려 보면 다음과 같다.

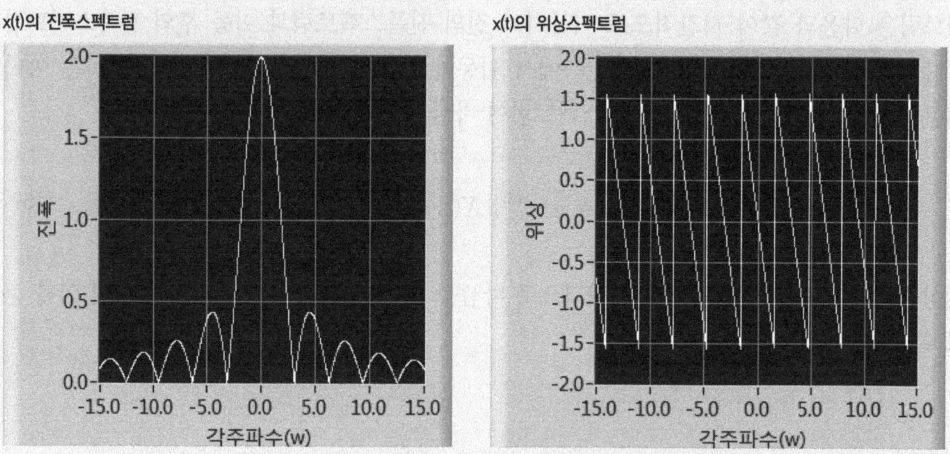

[그림 5-26] 구형파 $x(t)$의 진폭스펙트럼과 위상스펙트럼

2) $x(t-1)$의 푸리에변환에 대한 계산 과정과 각각의 스펙트럼은 다음과 같다.

$$
\begin{aligned}
X(\omega) &= \int_{-\infty}^{\infty} x(t-1)e^{-j\omega t}dt \\
&= \int_{1}^{3} 1 \cdot e^{-j\omega t}dt \\
&= \frac{1}{-j\omega}e^{-j\omega t}\Big|_{1}^{3} \\
&= \frac{1}{-j\omega}(e^{-j\omega 3} - e^{-j\omega 1}) \\
&= \frac{j}{\omega}\{\cos(3\omega) - j\sin(3\omega) - \cos(\omega) + j\sin(\omega)\} \\
&= \frac{1}{\omega}\left\{(\sin(3\omega) - \sin(\omega)) + j\frac{1}{\omega}(\cos(3\omega) - \cos(\omega))\right\}
\end{aligned}
$$

$$
\begin{aligned}
\therefore\ |X(\omega)| &= \frac{1}{|\omega|}\sqrt{(\sin(3\omega) - \sin(\omega))^2 + (\cos(3\omega) - \cos(\omega))^2} \\
&= \frac{1}{|\omega|}\sqrt{2 - 2\sin(3\omega)\sin(\omega) - 2\cos(3\omega)\cos(\omega)} \\
&= \frac{1}{|\omega|}\sqrt{2 - 2\frac{\cos(2\omega) - \cos(4\omega)}{2} - 2\frac{\cos(2\omega) + \cos(4\omega)}{2}} \\
&= \frac{1}{|\omega|}\sqrt{2 - 2\cos(\omega)}
\end{aligned}
$$

$$
\angle X(\omega) = \tan^{-1}\left(\frac{\cos(3\omega) - \cos(\omega)}{\sin(3\omega) - \sin(\omega)}\right)
$$

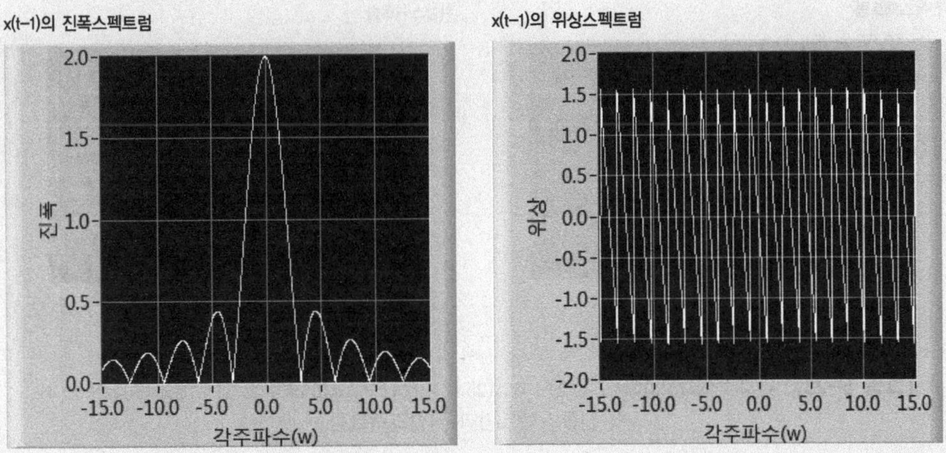

[그림 5-27] 구형파 $x(t-1)$의 진폭스펙트럼과 위상스펙트럼

위에서 전개된 수식과 그래프를 보면 알 수 있듯이, $x(t)$와 $x(t-1)$의 진폭스펙트럼은 같으며, 위상스펙트럼은 다르게 나타남을 볼 수 있다.

4.7 신호를 수식으로 나타낼 수 없는 경우에 스펙트럼을 어떻게 구하나?

지금까지는 연속시간 푸리에변환을 위하여 시간영역에 있는 파형이 수식으로 표현할 수 있는 파형에 대하여는 계산을 해 왔다. 그러나 일반적으로 비주기 함수의 경우에 파형을 시간별로 수학적으로 나타내기는 어렵다. 이러한 경우, 즉 파형을 수학적인 수식으로 나타낼 수 없는 경우에는 스펙트럼을 어떻게 구할까?

파형에 대한 수식화를 할 수 없으므로 푸리에변환 공식을 적용하여 풀 수가 없다. 따라서 신호의 값들 하나 하나를 이용하여 푸리에변환을 해야 한다. 이를 위한 방법이 이산신호에 대한 푸리에변환인 이산푸리에변환(DFT: Discrete Fourier Transform)을 이용한다. 이에 대한 설명은 7장에서 다룬다. 우선은 LabVIEW에서 제공하는 도구들인 [신호처리/스펙트럼분석/진폭과위상스펙트럼]을 이용한다.

[예제 5-6] 다음 신호에 대한 진폭스펙트럼과 위상스펙트럼을 도시화하라(31.vi).

$$x(t) = 2\sin(200\pi t+\pi/2)+\cos(25\pi t+\pi/4)-\cos(55\pi t-\pi/5)$$
$$-3\sin(70\pi t+\pi/3)$$

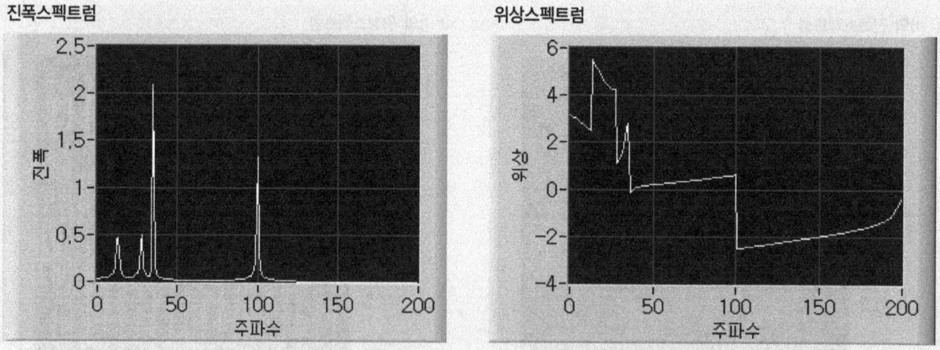

[그림 5-28] $x(t)=2\sin(200\pi t+\pi/2)+\cos(25\pi t+\pi/4)-\cos(55\pi t-\pi/5)-3\sin(70\pi t+\pi/3)$ 의 진폭스펙트럼과 위상스펙트럼

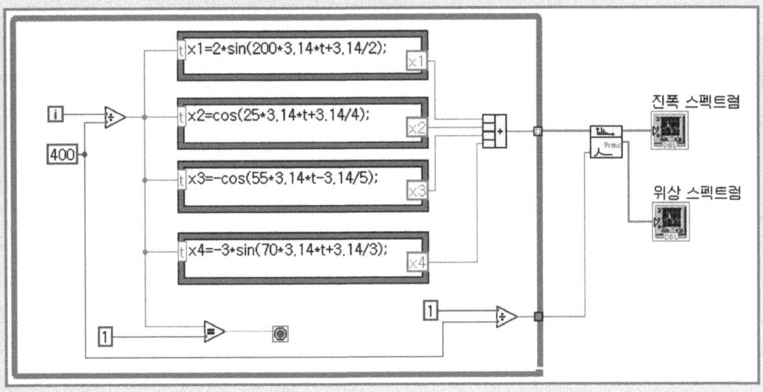

[그림 5-29] $x(t) = 2\sin(200\pi t + \pi/2) + \cos(25\pi t + \pi/4) - \cos(55\pi t - \pi/5) - 3\sin(70\pi t + \pi/3)$ 의 스펙트럼을 구하기 위한 블록다이어그램

위의 그림에서 알 수 있듯이, 우리가 예상한 주파수 성분인 $12.5Hz$, $27.5Hz$, $35Hz$, $100Hz$ 성분이 스펙트럼에도 나타남을 알 수 있다.

[예제 5-7] 0부터 1사이의 난수를 500개 발생시키고 이들에 대한 진폭스펙트럼과 위상스펙트럼을 그림으로 나타내어라(32.vi).

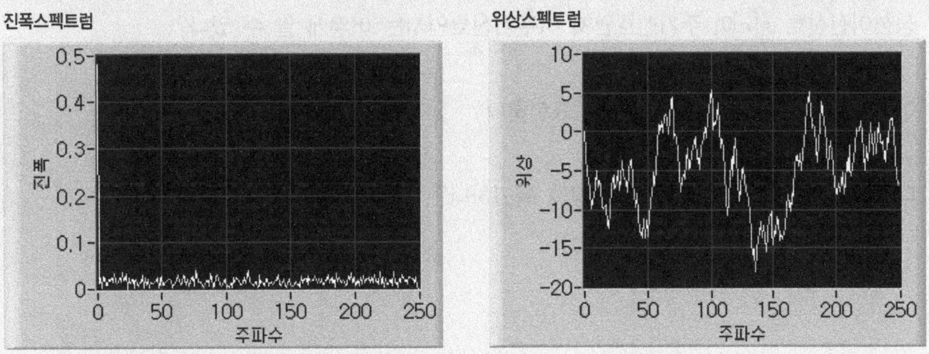

[그림 5-30] 난수 500개에 대한 진폭스펙트럼과 위상스펙트럼

1. 왜 디지털신호로 변환해야 하나?

2. 아날로그신호에서 디지털신호로 변환하기 위해서 어떤 과정이 필요한가?

3. 샘플링 주파수가 샘플링 정리에 맞지 않으면 어떤 문제가 생기나?

4. 정현이산신호의 수식적인 표현과 파형은?

5. 정현이산신호 $x[n]$이 주기신호인지 비주기신호인지는 어떻게 알 수 있나?

6. 이산신호 $x[n]$을 수식으로 어떻게 표현하나?

7. 디지털신호를 아날로그신호로 어떻게 복원하나?

CHAPTER 06

디지털신호는 어떻게 만들고 표현하는가?

아날로그신호로부터 이산신호인 디지털신호로 변환해야 하는 이유와 방법에 대하여 설명한다. 변환과정에서 적용되는 샘플링 정리에 대하여 설명하고 샘플링 조건에 만족하지 않을 때에 나타나는 현상에 대하여 살펴본다. 디지털신호로 변환된 이산신호를 수식으로 표현하는 방법과 표현하기 위하여 필요한 함수를 정의한다. 신호의 표현을 위하여 정현연속신호와 정현이산신호를 비교하고, 신호가 주기신호인지 비주기신호인지를 구분하는 방법에 대하여 기술한다. 마지막에는 디지털신호를 다시 아날로그신호로 복원하는 방법에 대하여 설명한다. 여기서 디지털신호와 이산신호의 구분은 양 신호가 시간영역에서 이산적인 값을 가짐은 공통이며, 다만 신호의 진폭값이 이산이냐 연속이냐에 따라서 구분된다. 자세한 내용은 4장의 2절을 참조하기 바란다.

컴퓨터에서 처리될 수 있는 신호는 디지털신호임에 틀림없다. 그러나 대부분의 신호처리 교재에는 디지털신호라는 용어보다는 이산신호라는 용어를 많이 사용한다. 이유는 신호처리를 위한 기술이 시간영역에서 이산값을 가짐으로써 나타나는 현상을 설명해야 하는 경우가 대부분이기 때문이다. 본 장에서도 두 용어를 병용하여 사용하지만 이산신호를 대부분 사용할 것이다.

CHAPTER 06 디지털신호는 어떻게 만들고 표현하는가?

1. 왜 디지털신호로 변환해야 하나?

1.1 연속신호를 디지털신호로 변환해야 하는 이유는?

디지털신호로의 변환이란 신호의 시간과 진폭이 모두 연속적인 값을 가지는 신호(아날로그신호)를 시간과 진폭이 모두 이산적인 값을 가지는 신호(디지털신호)로 바꾸는 행위이다. 그럼 왜 구태여 아날로그신호를 그대로 사용하면 되지 디지털신호로 바꾸는가? 한마디로 말하면 신호를 컴퓨터로 처리하기 위함이다. 여기서의 컴퓨터란 우리가 책상 위에서 마주 대하고 있는 데스크탑 컴퓨터, 노트북 컴퓨터, 우리의 눈에는 잘 띄이지 않는 기관 등에서 사용되는 대형 컴퓨터, 과학계산용으로 사용하는 대형 컴퓨터는 물론이고, 8비트 마이크로프로세서 등 디지털 디바이스까지도 포함된다. 현재의 이러한 컴퓨터들은 모두 연속신호를 처리할 수가 없고, 불연속신호인 디지털신호만을 처리할 수 있는 장치이기 때문에 디지털신호로 만들어야 컴퓨터에 입력하고 처리하고 출력할 수 있기 때문이다.

1.2 이산신호로 변환되기 위한 전제조건이 있는가?

책의 제목에서 '디지털신호'라는 용어가 사용되다가 본 절에서는 '이산신호'라는 용어가 사용되었다. 왜냐하면, 원래의 아날로그신호가 디지털 신호로 변환된 후에 어떤 처리과정을 거쳐 다시 원래의 신호로 복원되어야 하는데, 복원될 때에 시간 영역에 대하여 이산시간에서 연속시간으로의 완전복원은 되지만 이산적인 진폭값에서 연속적인 진폭값으로의 완전복원은 되지 않는다. 따라서 디지털신호로 부터 원래의 신호로 복원하는 완전복원을 전제로 해야 하기 때문에 이산진폭값은 제외한 이산시간영역에서의 복원을 한다는 의미에서 '디지털신호'라는 용어를 사용하지 않고 '이산신호'라는 용어를 사용한다.

연속시간신호를 이산신호로 변환한다는 것은 연속시간신호 중의 일부의 신호를 취한다는 의미이다. 신호의 일부를 취한다는 것은 연속신호의 전체 중에서 많이 취할 수도 있고(신호를 취하는 간격을 짧게), 극히 일부만을 취할 수도(신호를 취하는 간격을 길게) 있다. 우리가 취급하기에는 극히 일부만을 취하여 적은 양의 신호를 취급할 수 있으면 있을수록 처리의 시간이

나 경제적인 측면에서 좋을 것이다. 그러면 얼마만큼의 일부신호이면 괜찮을까? 여기에 연속시간신호를 이산신호로 변환하기 위한 대전제가 필요하다. 즉, "연속시간신호를 이산신호로 변환한 후에, 다시 이산신호를 어떤 방법에 의하여 연속시간신호로 변환하였을 때에 원래의 연속시간신호와 같아야 한다." 만약에 이산신호가 원래의 연속시간신호로 변환되지 않는다면, 컴퓨터에서 처리하는 신호는 의미가 없어지기 때문에 이산신호로 변환해야 할 이유가 없어진다.

이를 그림으로 표시하면 다음과 같다. 편의상 앞으로 연속시간신호의 시간을 t로 표시하며, t는 연속이며 $-\infty \sim \infty$이다.

이산신호의 시간축을 n으로 표시하며, $n = -\infty, \cdots -3, -2, 0, 1, 2, 3, \cdots\cdots \infty$인 정수이다. 또한 함수를 나타내는 괄호에서도 아날로그신호는 $x(t)$와 같이 ( )로 나타내고, 디지털신호는 $x[n]$과 같이 [ ]로 나타낸다.

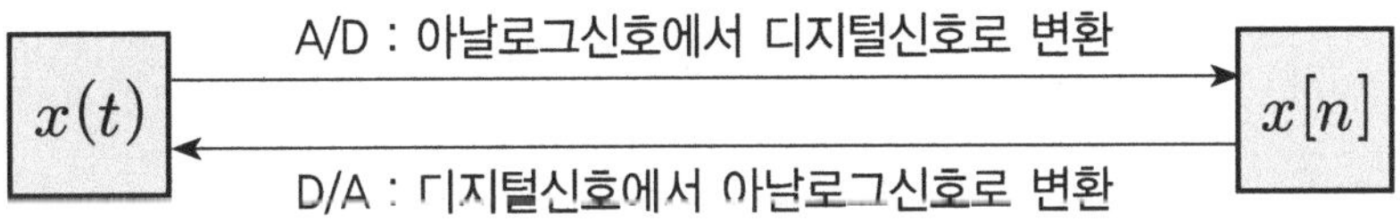

[그림 6-1] 아날로그신호와 디지털신호 변환

2. 아날로그신호에서 디지털신호로 변환하기 위해서 어떤 과정이 필요한가?

시간영역의 아날로그신호를 그림으로 표현하면 가로축이 연속적인 시간이며, 세로축도 연속적인 값을 가지는 신호의 진폭(세기)이다. 따라서 아날로그신호를 디지털신호로 변환한다라는 의미는 첫째로, 가로축의 연속적인 시간을 이산 값을 가지는 이산시간으로 변환하는 일이며, 둘째로, 세로축의 연속적인 진폭의 값을 이산진폭값으로 변환하는 일이다. 이에 대하여 아래에 설명한다.

2.1 아날로그신호의 진폭값을 이산값으로 변환하기 위해서?

신호의 연속적인 진폭(크기)의 값을 이산적인 값으로 바꾸는 일은 신호의 연속시간을 이산적인 값으로 바꾸는 일에 비하면 비교적 간단하다. 예를 들면, 연속적인 0의 값은 000, 1의 값은 001, 2의 값은 010,....등으로 10진수의 값을 2진수로 바꾸면 된다. 여기서 문제는 0의 값을 000 등으로 3비트로 표현할 수도 있고, 0000으로 4비트로 표현할 수도 있고, 000000000000로 12비트로 표현할 수도 있다. 이들의 차이가 무엇인지를 알고 비트수를 정해야 하는 일을 해야 한다.

예를 들어서 설명해 보자. 0에서부터 10까지 변하는 어떤 값 a가 있다고 가정하자. 이를 3비트로 표현하기 위해서는 $2^3 = 8$이기 때문에, 0부터 10까지의 간격을 8등분으로 나누면 한

칸은 1.25가 된다. 따라서 다음과 같이 값에 따라서 3비트로 표현된 값을 가질 수 있다.

$$
\begin{aligned}
0 &\le a < 1.25 : 000 \\
1.25 &\le a < 2.50 : 001 \\
2.5 &\le a < 3.75 : 010 \\
3.75 &\le a < 5.00 : 011 \\
5.0 &\le a < 6.25 : 100 \\
6.25 &\le a < 7.50 : 101 \\
7.5 &\le a < 8.75 : 110 \\
8.75 &\le a < 10.00 : 111
\end{aligned}
$$

마찬가지로, 0부터 10까지의 값을 4비트로 표현하기 위해서는 $2^4 = 16$이므로 10을 16등분하면 한 칸의 간격은 0.625가 된다. 즉 간격이 3비트의 경우인 1.25보다 더욱 조밀한 간격인 0.625로 등분된다. 이는 a의 실제값과 비트로 표시한 값이 더욱 가까워짐을 알 수 있다. 이를 표현하면 다음과 같다.

$$
\begin{aligned}
0 &\le a < 0.625 : 0000 \\
0.625 &\le a < 1.250 : 0001 \\
1.250 &\le a < 1.875 : 0010 \\
&\vdots
\end{aligned}
$$

이로부터 비트수가 많아지면 많아질수록 원래의 값에 가깝게 표현할 수 있음을 알 수 있다. 이와 같이 신호의 크기(진폭)를 아날로그 값으로부터 이산값으로 변환하는 과정을 양자화(量子化, Quantization) 과정이라고 한다. 보통의 경우에 음성신호는 8비트로, 음악은 24비트로 많이 사용한다. 또한 아날로그 값을 비트로 표시하면 비트수에 따라서 실제의 값과 비트로 표시한 이산값 사이에는 차이가 반드시 나게 되는데 이를 양자화 에러(Quantization Error)라고 한다. 당연히 양자화 에러는 비트수가 많으면 많을수록 적어진다.

– 양자화 에러(Quantization Error)를 좀 더 자세히 설명하면

위의 경우인 0부터 10까지의 값을 가지는 a의 값에 대하여 살펴보자. a를 3비트로 표현하면 최대의 에러는 1.25이다. 왜냐하면 a의 실제값이 3.75인 값도 011로 표현되고, a의 실제값이 4.999…(5.0보다 적은 값)인 값도 011로 표현된다. 즉, 디지털 값으로 표현된 001을 a의 실제값이 $4.999\cdots - 3.75 \approx 1.25$의 차이가 있더라도 같이 표현됨을 의미한다. 종합하면 0부터 10의 값을 3비트로 표현하면 양자화 에러는 1.25이고, 4비트로 표현하면 0.625이다. 그러면 5비트로 표현하면 양자화 에러는 얼마나 될까? (각자 계산해 보길 바란다.)

양자화 에러를 일반화할 수 있을까? 위의 예에서 보면 양자화 에러는 a의 값이 가지는 범위가 넓으면 넓을수록 커지고, 비트수가 많으면 많을수록 적어짐을 알 수 있다. 현실적으로 a의 값의 변화폭은 우리가 조정할 수 있는 부분이 아니므로 양자화 에러를 줄이기 위해서는 비트수를 높여야 한다. 다음의 문제를 생각해 보고 서로의 의견을 나누어 보자.

생각해 보기 1

양자화 에러를 0으로 하기 위해서는 어떻게 해야 하나?

생각해 보기 2

음악을 들을 때에 아날로그 테이프로 듣는 음악과 CD로 듣는 음악 중에서 어느 쪽이 음질이 좋다고 말하는가? *만약 CD로 듣는 음악이 좋다고 하면 왜 그럴까?* CD로 듣는 음악은 원래의 음악이 아날로그로부터 디지털화한 신호이며, 디지털신호에는 반드시 양자화 에러가 포함되어 있고, 에러가 포함되어 있다는 말의 의미는 원래의 신호에서 약간이라도 변형되었다는 의미이다. 즉 *원음에서 어느 정도 벗어났으므로 음질이 나빠져야 되지 않는가?* 그럼에도 불구하고 양자화 에러가 포함된 CD의 음질을 더 좋다고 하는 것은 잘못된 것이 아닐까? (음질이 좋다는 말의 의미는 원래의 신호가 그대로 재생될 때(에러 신호가 포함되지 않은)의 경우이다.)

2.2 아날로그신호의 연속시간을 이산시간으로 변환하기 위해서?

연속시간신호는 시간영역에서 연속적이다. 연속적인 시간을 이산적인 시간으로 바꾸는 과정을 생각해 보자. 이러한 과정을 시간영역에 대한 표본화(Sampling) 과정이라고 한다. 문제는 '연속적인 값으로부터 얼마나 자주 샘플링(샘플링 주기, 혹은 샘플링 주기의 역수를 샘플링 주파수라고 한다.)하면 될까?' 이다. 정보량의 측면에서 보면 샘플링을 자주 하면 자주 할수록(샘플링 주기가 짧음) 정보량(데이터의 수)은 많아질 것이고, 샘플링 속도를 천천히 하면 천천히 할수록(샘플링 주기가 김) 정보량은 적어질 것은 분명한 일이다. 좋기로는 정보량을 줄이기 위하여 샘플링을 최대로 천천히 하되, 다만 샘플링된 이산신호를 다시 원래의 신호로 복원시키고자 할 때에 복원할 수 있어야 한다. 이를 위한(신호의 복원) 최대한의 샘플링 주기(최소의 샘플링 주파수)를 얼마로 하면 좋을까를 구하는 것이다. 이에 관한 연구가 1920년부터 1950년 사이에 미국의 벨연구소에서 근무하던 Harry Nyquist와 Claude Shanon에 의하여 이론적 근거가 밝혀졌다. 이를 Shanon의 샘플링 정리라고 하며 다음과 같다.

"연속신호 $x(t)$에 포함되어 있는 최고의 주파수를 알고 있고, 이 주파수를 $f_{\max}$라고 하면, 이러한 연속시간신호를 이산신호로 바꾸기 위하여, 샘플링 주파수(샘플링 주기의 역수)는 연속신호 $x(t)$에 포함되어 있는 최고 주파수 $f_{\max}$의 2배 이상으로 하면 이산신호로부터 연속시간 신호로 완전하게 복원할 수 있다."

이를 식으로 표현하면 다음과 같다. f_s는 샘플링 주파수이다.

$$f_s > 2f_{\max} \tag{6-1}$$

예를 들면

$$x(t) = \cos(2\pi 10t) + \sin(2\pi 20t) + \sin(2\pi 75t)$$

라는 연속시간신호가 있으면, 이 신호에 포함되어 있는 주파수는 $10Hz$, $20Hz$, $75Hz$이다. 따라서 최고 주파수는 $75Hz$이며 신호 $x(t)$를 이산신호로 변환하기 위해서는 최고 주파수의 두 배인 $75Hz \times 2 = 150Hz$ 이상의 주파수로 샘플링하면, 변환된 이산신호 $x[n]$으로부터 연속시간신호 $x(t)$로 완전히 복원할 수 있다.

일상생활에 적용되는 예 중에서 우리는 오디오 CD로써 음악을 듣곤 한다. 오디오 CD에는 음악 파형이 디지털신호로 저장되어 있으며, 원래의 음악신호를 디지털신호로 바꾸기 위하여 샘플링 주파수를 $44.1KHz$를 사용한다. 이유는 사람이 들을 수 있는 주파수 중에서 가장 높은 주파수가 약 $20KHz$이기 때문이다. 따라서 최고 높은 주파수의 2배에서 약간의 여유를 두어 $44.1KHz$로 정하였다.

다음의 그림은 연속신호로부터 샘플링된 이산신호를 보여준다(94.vi).

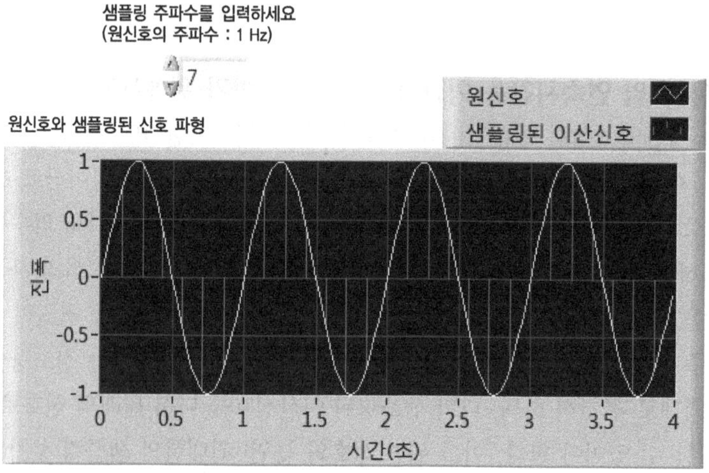

[그림 6-2] 아날로그신호인 원신호와 샘플링된 이산신호

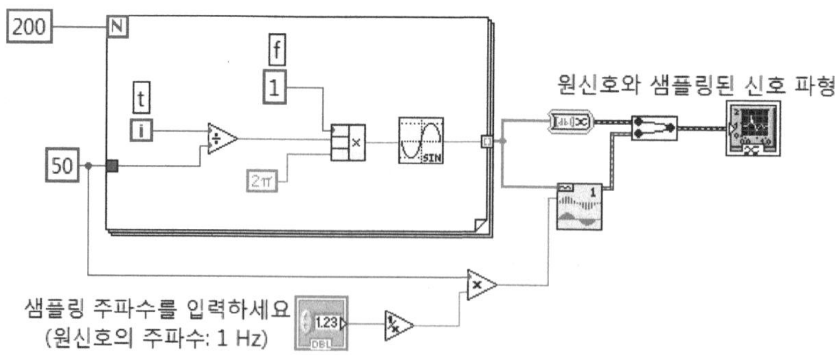

[그림 6-3] 아날로그인 원신호와 샘플링된 이산신호를 표현하기 위한 블록다이어그램

[참 고]

블록다이어그램에서 [신호처리/웨이브폼컨디셔닝/웨이브폼리샘플링]과 [익스프레스/신호조작/신호병합]을 이용하였음을 참고하기 바란다.

샘플링하는 과정을 수식으로 표현해 보면 다음과 같다. 연속신호

$$x(t) = A\cos(2\pi ft + \phi) = A\cos(\omega t + \phi) \tag{6-2}$$

에서 샘플링하는 간격(주기)을 T_s로 하면, 즉

$$t = T_s,\ 2T_s,\ 3T_s,\ 4T_s,\ 5T_s, \ldots, nT_s, \cdots \tag{6-3}$$

에서의 값이기 때문에 위의 식 t 대신에 nT_s를 대입하면 된다.

따라서

$$x(nT_s) = A\cos(2\pi fnT_s + \phi) = A\cos(\omega nT_s + \phi) \tag{6-4}$$

가 된다. 여기서 위의 식이 복잡하므로 T_s는 샘플링 주기가 정해지면 상수이고, 항상 반복되는 값이기 때문에 생략하여 다음과 같이 표현하기로 약속한다.

$$x[n] = A\cos(2\pi fn + \phi) = A\cos(\omega n + \phi)$$

여기서 아날로그신호 $x(t)$와 이산신호 $x[n]$을 명확히 구분하여야 한다.

n은 단위가 없는 정수로 보이지만, 물리적인 의미는 주기의 정수배인 시간의 개념이 들어 있음을 명심하여야 한다. 즉, n은 nT_s의 의미임을 명심해야 한다.

3. 샘플링 주파수가 샘플링 정리에 맞지 않으면 어떤 문제가 생기나?

아날로그신호 $x(t)$를 이산신호 $x[n]$으로 변환하기 위한 샘플링 주파수(주기는 주파수의 역수)를 결정하기 위하여 신호 $x(t)$가 가지고 있는 최고 주파수의 2배 이상으로 한다는 샘플링 정리에 대하여 설명하였다. 그러면, 여기서

첫째, 신호가 가지고 있는 최고 주파수를 모르면 어떻게 해야 하나?

둘째, 신호가 가지고 있는 최고 주파수의 2배보다 낮은 주파수로 샘플링하면 어떤 현상이 생기는가에 대하여 생각해 보자.

3.1 신호가 가지고 있는 최고 주파수를 모르면 어떻게 하나?

어떤 연속신호가 있고 연속신호에 포함되어 있는 최고 주파수는 모르지만 디지털신호로 바꾸어서 컴퓨터로 처리해야만 하는 경우가 있다. 우리 주변에 있는 대부분 신호의 주파수 성분은 엄밀히 따지면 $0Hz$에서 ∞Hz까지의 성분을 모두 가지고 있다고 보아야 한다.

예를 들면 사람의 음성도 $4KHz$ 이하의 주파수 대역에 에너지(정보)가 몰려 있지만, $4KHz$ 이상의 주파수 성분이 없는 것이 아니라 세기가 약할 뿐이다. 즉, 음성의 최고 주파수는 $4KHz$보다 훨씬 높다는 의미이다. 그럼에도 불구하고 컴퓨터로 공학적 처리를 하여야 한다. 여기에서 공학적이라는 말은 현실과 타협한다는 의미이다.

즉, 음성의 경우에 $4KHz$ 이상의 주파수 성분도 있지만 $4KHz$를 최고 주파수로 여겨 버리는 행위를 하여야 한다. 그러면 $4KHz$ 이상의 주파수 성분도 있음에도 불구하고 어떻게 무시한다는 말인가? 한마디로 무시하면 안 되고 $4KHz$를 최고 주파수로 만들어야 한다는 의미이다. 그 방법이 저역통과필터를 사용하는 것이다. 저역통과필터는 차단 주파수(주파수를 차단하고 통과시키는 기준 혹은 경계 주파수)가 정해지면 차단 주파수 이하의 주파수 성분은 통과시켜서 출력으로 나오지만, 차단 주파수 이상의 주파수 성분은 제거되어서 출력이 나오지 않는 장치이다. 위의 음성의 경우에 적용시켜 보면, 차단 주파수를 $4KHz$로 한 저역통과필터를 통과시키면, 입력 신호에는 $0Hz$에서 ∞Hz까지의 주파수 성분이 있지만, 저역통과필터 통과 후에는 $4Hz$ 이상의 주파수 성분이 없어지는 것이다. 따라서 필터통과 후에는 신호의 최고 주파수는 $4Hz$라고 말할 수 있게 된다.

다시 정리하면, 어떤 아날로그신호의 최고 주파수는 모르지만 디지털신호로 변환하기 위하여 원하는(예상되는) 최고 주파수를 가정하고, 저역통과필터의 차단주파수를 최고 주파수로 하여 원하는 최고 주파수 이상의 주파수를 제거하여 사용한다. 그림으로 표시하면 다음과 같다.

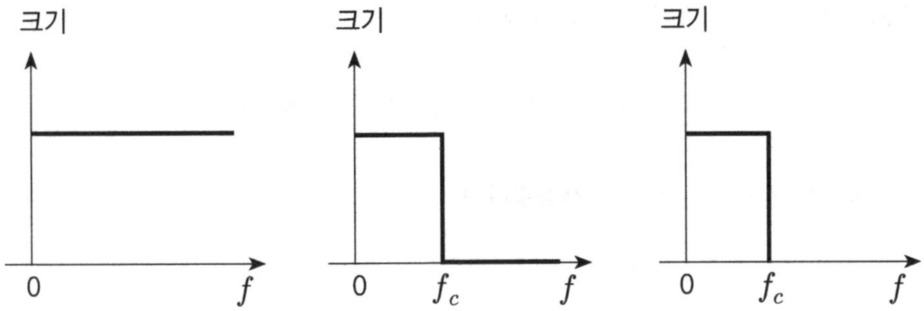

[그림 6-4] 왼쪽: 원신호의 진폭스펙트럼, 가운데: 저역통과필터,
오른쪽: 원신호가 저역통과필터를 통과한 후의 진폭스펙트럼

3.2 신호가 가지고 있는 최고 주파수의 2배보다 낮은 주파수로 샘플링하면 어떤 문제가 생기는가?

위에서 설명하기를 아날로그신호를 이산신호로 바꾸기 위하여 표본화(Sampling)를 해야 하는데 샘플링 정리에 의하여 아날로그신호가 가지고 있는 최고 주파수의 2배 이상으로 샘플링해야 한다고 하였다. 그러나 어떤 원인이 있어서 최고 주파수의 2배 이상으로 샘플링하지 않았으면 어떠한 문제가 있는가에 대하여 알아본다.

- 에일리에이징이 무엇이고 왜 생기는가?

샘플링 조건에 맞지 않으면 어떤 일이 발생되는가라는 문제를 이해하기 위하여 에일리에이징(Aliasing)이 무엇인지를 알아야 한다. 에일리에이징은 사전에 의하면 위신호(僞信號) 즉, 거짓 혹은 가짜신호라는 의미가 있다. 이것은 무슨 의미일까? 이것이 아날로그신호를 이산신호로 만드는 과정에서 나타나는 대표적인 현상 중의 하나이다. 다음의 아날로그신호 $x(t)$를 생각해 보자.

$$x(t) = A\cos(2\pi f_0 t + \phi) \tag{6-6}$$

에일리에이징이 나타나는 이유는 2가지가 있다.

첫째, 이산신호로 바꾸기 위하여 시간 t 대신에 샘플링 주기의 정수배 시간인 nT_s 시간으로 샘플링하면 다음과 같이 된다.

$$x[n] = x(nT_s) = A\cos(2\pi f_0 nT_s + \phi) \tag{6-7}$$

다시, 아날로그신호 $x(t)$가 가지고 있는 주파수 성분 f_0 대신에 $f_0 + lf_s$(l : 양의 정수 혹은 음의 정수) 주파수 성분을 가진 아날로그신호 $y(t)$를 생각해 보자. 물론 여기서 $f_s = \frac{1}{T_s}$이다.

$$y(t) = A\cos(2\pi(f_0 + lf_s)t + \phi) \tag{6-8}$$

이 신호 $y(t)$를 샘플링 주기 T_s로 샘플링하면

$$\begin{aligned} y[n] = y(nT_s) &= A\cos(2\pi(f_0 + lf_s)nT_s + \phi) \\ &= A\cos(2\pi f_0 nT_s + 2\pi lf_s nT_s + \phi) \\ &= A\cos(2\pi f_0 nT_s + 2\pi nl + \phi) \quad \because f_s = \frac{1}{T_s} \\ &= A\cos(2\pi f_0 nT_s + \phi) \quad \because \cos(\theta \pm 2n\pi) = \cos(\theta) \end{aligned} \tag{6-9}$$

즉, 주파수 성분 f_0를 가지고 있는 아날로그신호 $x(t)$를 샘플링 주파수 f_s로 변환한 이산신호 $x[n]$과, $f_0 + lf_s$의 주파수 성분을 가지고 있는 신호 $y(t)$를 샘플링 주파수 f_s로 변환한 이산신호 $y[n]$는 완전히 같다는 의미이다. 어떻게 이럴 수가 있을까라고 생각될지 모르나 엄연한 사실이다.

서두에서 Aliasing이라는 용어를 사용하였는데 이제 여러분은 왜 이러한 용어가 등장했는지 그 이유가 조금은 이해가 될 것이다. 다시 설명하면, f_0의 주파수 성분을 가진 연속신호를 샘플링 주파수 f_s로 샘플링한 이산신호의 주파수 성분은 f_0 외에 $f_0 + lf_s$ 주파수 성분도 나타나는데 이를 샘플링된 이산신호에 대한 Aliasing 즉 거짓신호라고 한다. 구체적인 예로서 $f_0 = 100Hz$를 가진 아날로그신호 $x(t)$를 샘플링 주파수 $f_s = 300Hz$로 샘플링한 신호 $x[n]$과, $(100+1\times300)Hz$, $(100+2\times300)Hz$, $(100+3\times300)Hz$,... 등의 신호에 샘플링 주파수 $f_s = 300Hz$로 샘플링한 신호가 같다는 의미이며, 이 신호들을 $x[n]$에 대한 Aliasing(거짓 신호)이라고 한다.

이러한 신호들에 대한 주파수 성분을 나타내어 보면 다음과 같다. 그림에서 실선은 원래의 신호 주파수 성분이고, 점선으로 표시된 주파수는 거짓 신호(aliasing)들이다.

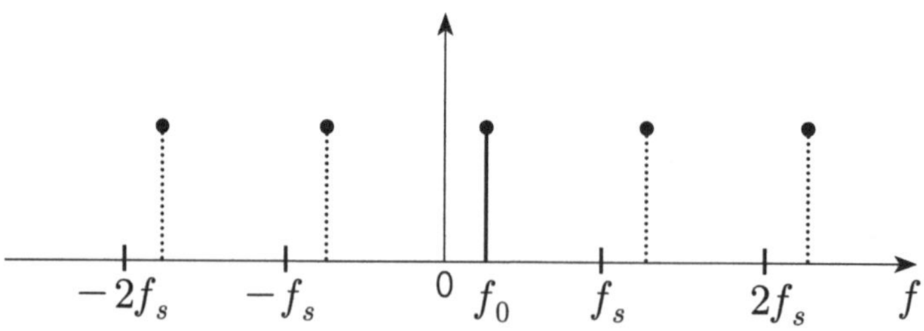

[그림 6-5] 원신호의 주파수(실선)과 에일리에이징 신호의 주파수(점선)

에일리에이징이 나타나는 두 번째의 이유는 다음과 같다.

$x(t)$가 가지고 있는 음의 주파수 성분이다. 앞에서도 설명했듯이 일반적으로 $x(t)$의 주파수 성분이 f_0이라면, 오일러(Euler) 정리에 의하여 $-f_0$ 성분이 반드시 있다. 즉, 주파수 성분이 양수와 정수가 대칭적으로 반드시 존재한다는 의미이다.(5장의 2.1 절 참조)

따라서 위의 첫 번째 원인에 의하여 생긴 주파수 성분이 양과 음의 대칭으로 존재하기 때문에, 다음 그림과 같은 또 한 종류의 에일리에이징이 발생한다.(0으로 표시된 주파수 성분)

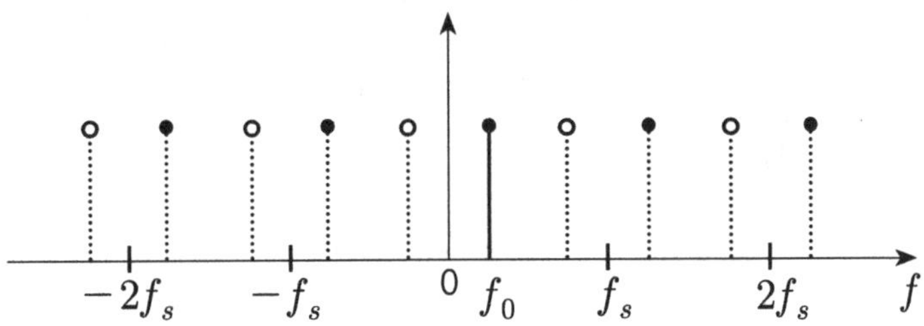

[그림 6-6] 주파수 성분의 대칭성에 의해 나타나는 에일리에이징

위의 그림의 주파수 성분에서 원래의 신호가 가지는 주파수 성분인 f_0만을 추출하기 위해서는 $0Hz$에서 $f_s/2Hz$까지의 주파수 성분만을 통과시키는 저역통과필터(Low Pass Filter)를 사용하면 다음 그림과 같이 f_0만의 주파수 성분 즉, 원래의 신호의 성분만이 남게 된다. 여기서 저역통과필터의 차단주파수를 $f_s/2Hz$로 하였다. 어떤 신호를 f_s로 샘플링하였다는 의미는 신호의 최고 주파수가 $f_s/2Hz$라는 의미가 되기 때문이다. 즉 $f_s/2Hz$ 이상의 성분은 없다는 의미이다.

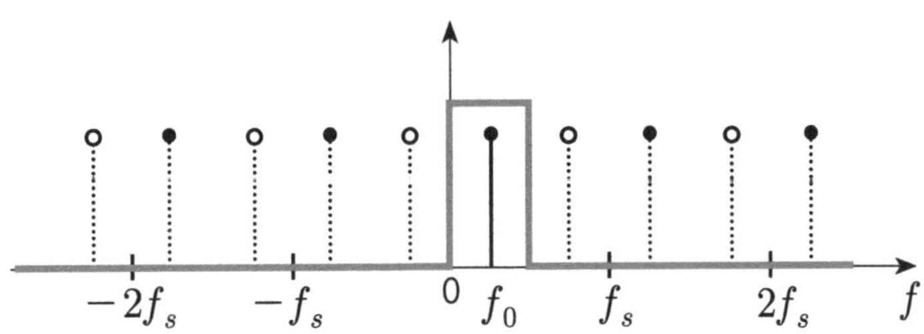

[그림 6-7] 저역통과필터에 의하여 에일리에이징 신호들은 제거되고 원신호만 남는다.

– 샘플링 주파수가 신호의 최고 주파수의 2배 이하이면?

다음의 사항을 생각해 보자. 샘플링 정리에 의하면 신호가 가지고 있는 최고 주파수의 2배 이상의 샘플링 주파수를 사용하여야 한다고 기술했다. 그러면 만약에 샘플링 주파수가 신호가 가지고 있는 최고 주파수의 2배 이하이면 어떤 현상이 일어나는지를 보자. 즉

$$f_s < 2f_0 \tag{6-10}$$

인 경우에 다음의 주파수 성분을 가진 신호와 에일리에이징을 보면 다음 그림과 같다. 그림에서 알 수 있듯이, f_0는 $f_s/2$보다 높은 주파수이다.

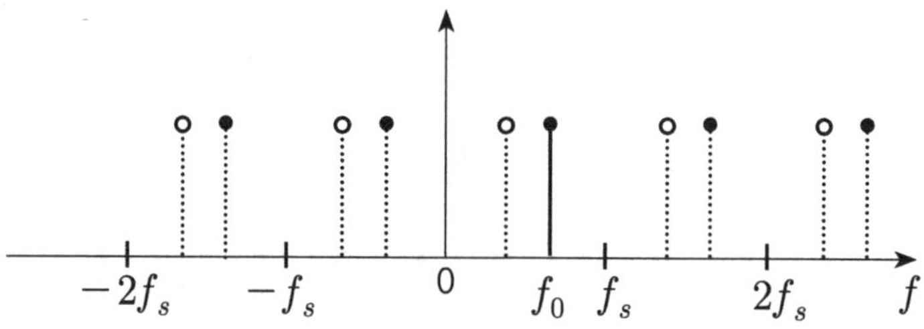

[그림 6-8] $f_s < 2f_0$ 경우에 나타나는 에일리에이징

위의 주파수 성분에 $0Hz$에서 $f_s/2Hz$까지의 주파수 성분만을 통과시키는 저역통과필터(Low Pass Filter)를 사용하면 다음 그림과 같이 원래 신호의 주파수 f_0이 포함되지 않고 다른 에일리에이징이 포함되어 원신호가 아닌 다른 신호가 재생된다. 즉, $f_s < 2f_0$가 되는 샘플링 주파수 f_s를 선정할 것이 아니라 $f_s < 2f_0$가 되는 샘플링 주파수 f_s를 선정해야 하는 이유이다.

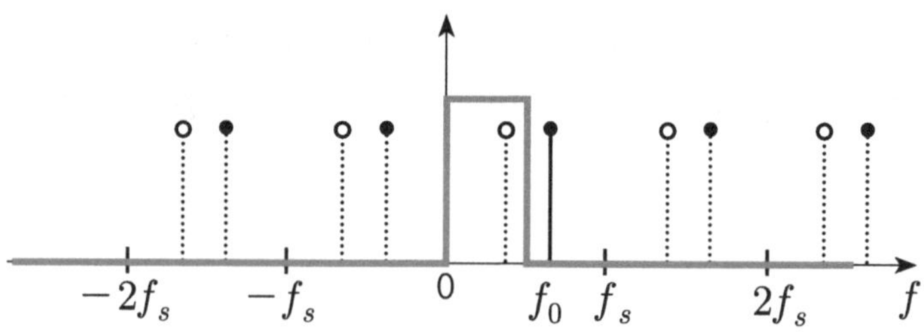

[그림 6-9] $f_s < 2f_0$ 경우에 저역통과필터를 사용하면 에일리에이징 신호가 검출된다.

에일리에이징의 이해를 돕기 위하여 아래의 프로그램을 소개한다(aliasing.vi: Daniel Jaramillo J, et al.이 개발한 SignalsLAB에서 발췌).

아래의 그림에서 볼 수 있듯이, 샘플링 주파수가 원 신호의 최고 주파수의 2배보다 적을 때에 재생신호가 원신호와 같게 재생되지 않음을 알 수 있다.

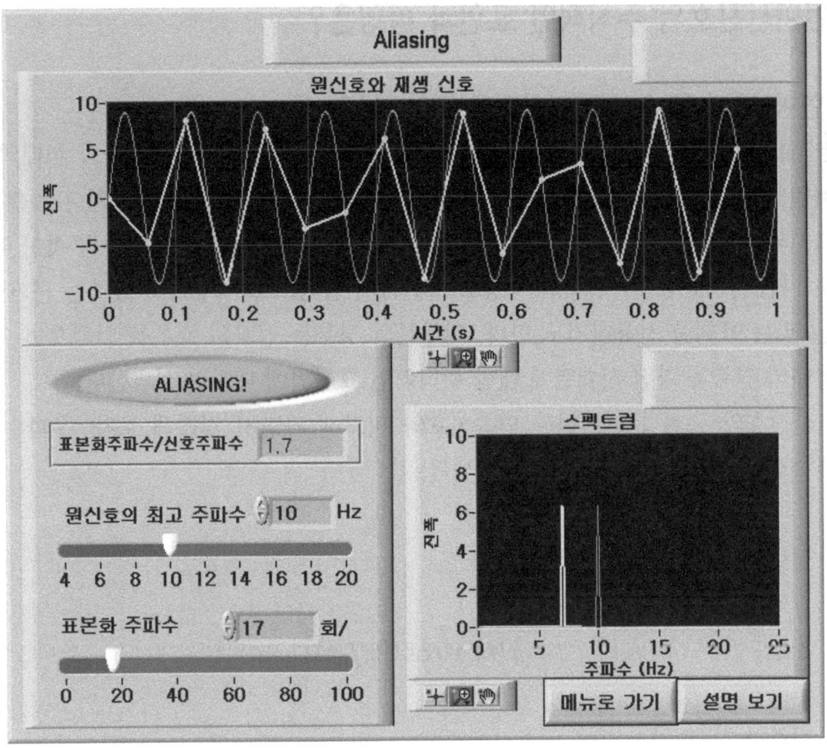

[그림 6-10] 샘플링 주파수에 따른 신호의 재생과 스펙트럼

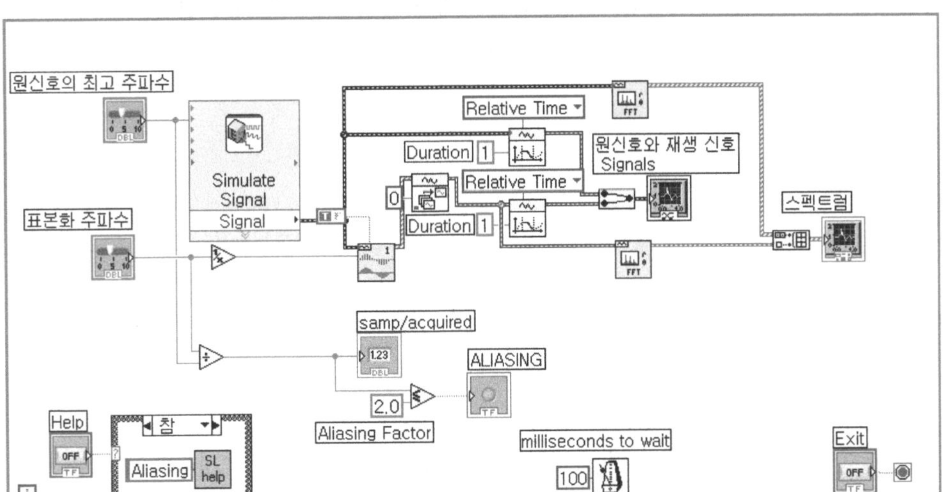

[그림 6-11] 샘플링 주파수에 따른 신호의 재생과 진폭스펙트럼을 위한 블록다이어그램

4. 정현이산신호의 수식적인 표현과 파형은?

4.1 정현이산신호를 수식으로 어떻게 표현하나?

정현이산신호라고 길게 이름 부친 것은 이산신호가 시간이 지남에 따라 정현파 형태의 진폭을 가진 시계열인 경우와, 이산신호가 시간에 따라 정현파의 진폭이 아닌 임의의 진폭을 가진 시계열로 표시되는 경우가 있다. 후자의 경우는 정현이산신호라고 표현하면 틀린 것이 아니냐라는 질문도 나올 수 있겠으나 임의의 파형도 정현파의 합성으로 이루어져 있다는 근거 하에 정현이산신호라는 표현을 사용하기도 한다. 대부분의 경우는 전자의 경우를 일컬으며 여기서도 정현파 형태의 진폭을 가진 시계열에 대한 수직적인 표현법에 대하여 설명한다.

정현이산신호의 표현법을 정현파 연속신호와 비교해 가면서 정리해 보자. 주파수가 f_0인 정현파 연속신호 $x(t)$는 다음과 같이 표현된다.

- 정현파 형태:

$$x(t) = \cos(2\pi f_0 t) \tag{6-11}$$

- 복소수 정현파 형태:

$$x(t) = e^{j\omega_0 t} = e^{j2\pi f_0 t} = \cos(\omega_0 t) + j\sin(\omega_0 t) \tag{6-12}$$

정현이산신호는 정현파 연속신호 $x(t)$에서, t 대신에 nT_s를 대입하는 것이므로 정현이산신호 $x[n]$은 다음과 같이 표현된다. 단 T_s는 표현상에서 생략하여 표기한다.

- 정현이산신호:

$$x[n] = \cos(2\pi f_0 n T_s) = \cos(2\pi f_0 n) = \cos(\Omega_0 n) \tag{6-13}$$

- 복소수정현이산신호:

$$x[n] = e^{j\Omega_0 n} = \cos(\Omega_0 n) + j\sin(\Omega_0 n) \tag{6-14}$$

Ω_0는 연속신호의 각주파수 ω_0에 대응되는 이산신호의 각주파수이다. Ω_0와 ω_0는 정현파 신호에 포함되어 있는 기본주파수를 의미한다.

4.2 두 개의 정현이산신호의 파형이 같으면 표현식도 같은가?

주파수가 $15Hz$인 정현파 연속신호 $x_1(t)$와 주파수가 $20Hz$인 정현파 연속신호 $x_2(t)$가 있다. 이 두개의 정현파 연속신호를 샘플링 주파수 $f_s = 100Hz$로 이산신호로 변환하여 각각을 $x_1[n]$과 $x_2[n]$로 하자. 또 하나의 정현파 연속신호를 $x_3(t)$라 하고 주파수는 $30Hz$라고 하자.

정현파 연속신호 $x_3(t)$를 샘플링 주파수 $f_s = 200Hz$로 변환된 정현이산신호를 $x_3[n]$으로 하자. 이 세 개의 그래프를 그려 보고 이 그래프로부터 무엇을 알 수 있는지를 살펴보자. 우선 각각의 정현파 연속신호를 수식으로 표현해 보면 다음과 같다(신호의 진폭은 모두 1로 가정함.).

$$x_1(t) = \cos(2\pi ft) = \cos(2\pi 15t) = \cos(30\pi t) \tag{6-15}$$
$$x_2(t) = \cos(2\pi ft) = \cos(2\pi 20t) = \cos(40\pi t)$$
$$x_3(t) = \cos(2\pi ft) = \cos(2\pi 30t) = \cos(60\pi t)$$

그리고 정현파 연속신호가 주어진 샘플링 주파수에 의하여 이산신호로 변환된 정현이산신호의 표현식은 다음과 같다.

$$x_1[n] = \cos(2\pi f_1 nT_s) = \cos(2\pi f_1 n\frac{1}{f_s}) = \cos(2\pi 15n\frac{1}{100}) = \cos(0.3\pi n) \tag{6-16}$$
$$x_2[n] = \cos(2\pi f_2 nT_s) = \cos(2\pi 20n\frac{1}{f_s}) = \cos(2\pi 20n\frac{1}{100}) = \cos(0.4\pi n)$$
$$x_3[n] = \cos(2\pi f_3 nT_s) = \cos(2\pi 30n\frac{1}{f_s}) = \cos(2\pi 30n\frac{1}{200}) = \cos(0.3\pi n)$$

위의 3개의 이산신호를 그래프로 그려보면 다음과 같다(76.vi).

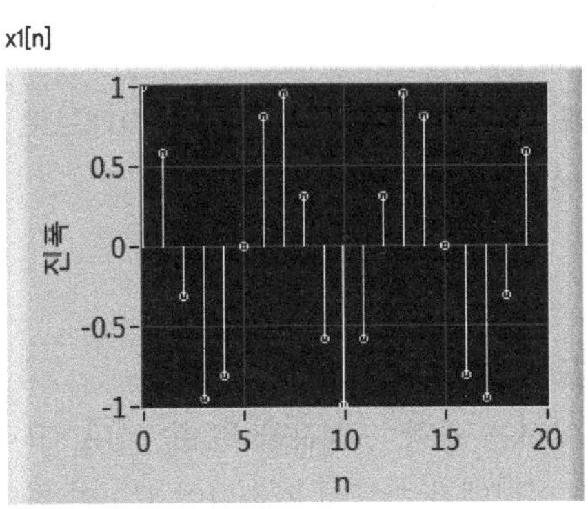

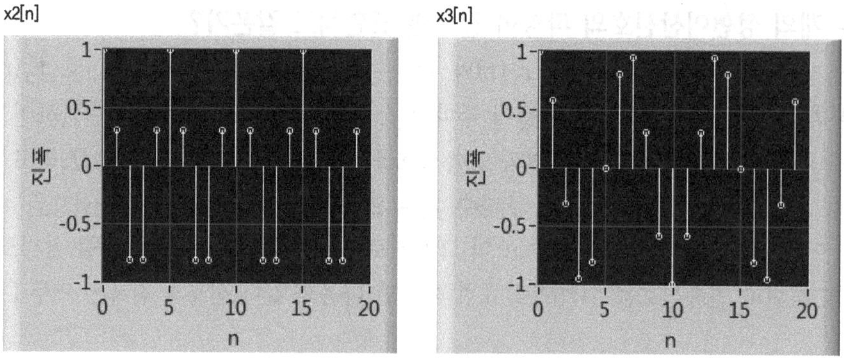

[그림 6-12] 주파수가 각기 다른 정현이산신호의 파형

위의 그래프로부터 우리가 무엇을 알 수 있는가를 생각해 보기 위하여 다음의 질문에 답해 보자.

- 세 개의 신호 혹은 $x_1(t)$, $x_2(t)$, $x_3(t)$은 모두 같은 신호인가? 다른 신호인가?

세 개 연속신호의 수식 표현에서 보듯이 기본주파수가 각각 $15Hz$, $20Hz$, $30Hz$이기 때문에 서로 다른 신호이다.

- 두 개의 이산신호가 서로 다른 신호이면 신호의 표현식도 다른가?

아니다. 서로 다른 이산신호일지라도 이산신호를 수식으로 표현하면 같을 수도 있고 다를 수도 있다. 위의 경우에서 보는 것처럼 $x_1[n]$과 $x_3[n]$은 같은 표현식을 나타내고 있다.

- 수식이 같으면 파형은 같게 표현되는가?

당연히 그렇다. 파형은 수식에 의하여 정해지기 때문이다.

- 그러면 이산신호의 경우에 수식이 표현되어 있거나, 그래프로 표현되어 있을 때에 신호에 포함되어 있는 주파수 성분을 알 수 있는가?

알 수 없다.

- 주파수를 알 수 있는 방법은 없나?

그래프 혹은 수식으로 보아서는 주파수 성분을 알 수 없다. 그래서 이산신호(혹은 디지털 세계)에서는 샘플링 주파수가 어디엔가 반드시 기술되어 있어야 한다.

- 수식 혹은 그래프가 주어지고 샘플링 주파수가 어디엔가 기술되어 있다면 주파수는 어떻

게 알 수 있나?

예를 들면 $x_1[n]$ 신호에서 **샘플링 주파수가 1000Hz로 표시되어 있다면 원신호인 정현파 연속신호 $x_1(t)$에 포함되어 있는 기본주파수(주기)는 얼마인가?** (위에서는 샘플링 주파수를 100Hz로 했지만 원리를 이해하기 위하여 다른 샘플링 주파수를 생각해 본다.) 기본주파수라함은 주파수의 고조파 성분을 제외한 주파수이며, $x_1[n]$ 신호는 주파수 성분이 한 종류만 있으므로 구태여 기본주파수라는 표현을 하지 않고 주파수라고만 표현하더라도 기본주파수를 의미한다.

$x_1[n]$ 신호는 위에서 기술한 대로 다음과 같다.

$$x_1[n] = \cos(0.3\pi n) \tag{6-17}$$

수식 내에서의 n은 실제로는 nT_s의 의미인데 식의 단순화를 위하여 n을 사용하였을 뿐이다. 따라서 주파수를 알기 위해서 시간의 정보를 수식에 넣는다. 즉 수식에서 n 대신에 nT_s를 대입한다.

$$\begin{aligned} x_1[n] &= \cos(0.3\pi n) = \cos(0.3\pi nT_s) = \cos(0.3\pi n\frac{1}{f_s}) \\ &= \cos(0.3\pi n\frac{1}{1000}) = \cos(2\pi fn\frac{1}{1000}) \end{aligned} \tag{6-18}$$

즉 $x_1[n]$ 은 $x_1(t) = \cos(2\pi ft)$가 $t = nT_s$로 샘플링된 신호이기 때문에 $x(t)$의 t 대신에 nT_s로 대입한 $x_1(nT_s) = \cos(2\pi fnT_s) = \cos(2\pi fn\frac{1}{1000})$ 이다.

따라서 주파수는 다음과 같이 계산된다.

$$0.3\pi n = 2\pi fn\frac{1}{1000} \rightarrow f = \frac{300}{2} = 150[Hz] \tag{6-19}$$

가 된다.

그리고 그래프에서 가로축의 간격은 T_s이며, 이는 $1/f_s$에 해당하는 0.001sec라고 할 수 있다. 여기서 중요한 사실은 이산신호(Discrete signal)의 표현에서는 시간의 개념이 포함되어 있지 않고, 단순히 정수인 n으로만 표시되기 때문에 절대적인 시간의 개념이 포함되어 있지 않다. 따라서 그래프 상 혹은 이산신호의 수식에서는 절대적인 시간의 개념이 포함되어 있지 않다. 그래서 수식을 나타낼 때에는 반드시 샘플링 주기 혹은 샘플링 주파수를 표기해 주어야 한다. 정현파 연속신호인 경우에 $x(t)$로 표시되어 있어서 절대적인 시간의 개념이 표기되기 때문에 주파수 혹은 주기 등을 계산하는 데에 문제가 없다. 예를 들면,

$$x(t) = \cos(100\pi t) \tag{6-20}$$

의 신호는

$$100\pi t = 2\pi ft \rightarrow f = \frac{100\pi}{2\pi} = 50[Hz] \tag{6-21}$$

가 된다.

5. 정현이산신호 $x[n]$이 주기신호인지 비주기신호인지는 어떻게 알 수 있나?

5.1 정현파 연속신호의 주기를 먼저 알아보자.

정현이산신호의 주기성을 알아보기 전에 정현파 연속신호의 주기성을 다시 보기로 하자. 일반적으로 연속신호 $x(t)$가 주기 T를 가지는 주기신호이면 다음과 같은 식이 성립한다.

$$x(t) = x(t+lT), \quad l = 0, \pm 1, \pm 2, \pm 3, \cdots \tag{6-22}$$

그런데 만약 $x(t)$가 다음과 같은 정현파 연속신호이면 $x(t)$는 항상 주기신호일까? 그림으로 그려서 확인해 보길 바란다(90.vi). 그리고 만약 주기신호이면 주기를 구해 보자.

$$\begin{aligned} x_1(t) &= \sin(5t) \\ x_2(t) &= \cos(\pi t) \\ x_3(t) &= \cos(\sqrt{2}\,t) \end{aligned} \tag{6-23}$$

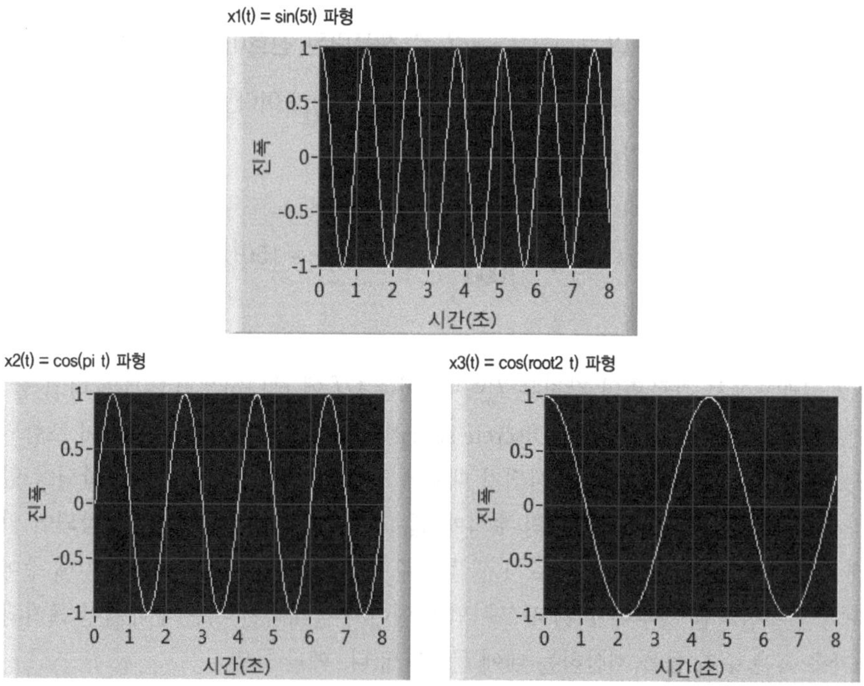

[그림 6-13] 주기가 각각 다른 연속신호의 파형

주기는 다음과 같이 구할 수 있다. 각 신호의 주파수 및 주기를 각각 $f_1, T_1, f_2, T_2, f_3, T_3$라 하면

$$2\pi f_1 t = 5t \rightarrow f_1 = \frac{5}{2\pi} \rightarrow T_1 = \frac{2\pi}{5} \approx 1.256\text{초} \quad (6\text{–}24)$$
$$2\pi f_2 t = \pi t \rightarrow f_2 = \frac{1}{2} \rightarrow T_2 = \frac{2}{1} = 2\text{초}$$
$$2\pi f_3 t = \sqrt{2}\, t \rightarrow f_3 = \frac{\sqrt{2}}{2\pi} \rightarrow T_3 = \frac{2\pi}{\sqrt{2}} \approx 4.441\text{초}$$

위의 그래프와 계산 결과로부터 다음과 같이 위의 질문에 답할 수 있다.

정현파 연속신호는 항상 주기신호이며, 따라서 주파수와 주기를 구할 수 있다.

5.2 정현이산신호 $x[n]$도 연속 정현파와 같이 항상 주기신호인가?

다음과 같은 세 종류의 신호를 생각해 보자.

$$x_1[n] = \sin(5n) \quad (6\text{–}25)$$
$$x_2[n] = \cos(\pi n)$$
$$x_3[n] = \cos(\sqrt{2}\, n)$$

일반적으로 어떤 임의의 이산신호가 주기신호이기 위해서는 다음의 관계가 성립하여야 한다.

$$x[n] = x[n \pm lN] \quad (6\text{–}26)$$

여기서 l은 임의의 정수, N은 주기이며 정수의 값만 가진다.

특별히, 신호 $x[n]$이 정현이산신호이고 동시에 주기신호이면 다음과 같이 기술할 수 있다. Ω_0는 이산 신호에서 사용하는 기본 각주파수이다.(아날로그신호의 ω_0에 대응됨)

$$x[n] = e^{j\Omega_0 n} = e^{j\Omega_0 (n+lN)} = e^{j\Omega_0 n + j\Omega_0 lN} = e^{j\Omega_0 n} e^{j\Omega_0 lN} \quad (6\text{–}27)$$

가 성립하기 위해서는

$$\Omega_0 lN = 2\pi l \quad (6\text{–}28)$$

가 되어야 한다. ($\because e^{j\Omega_0 lN} = 1$이 되기 위해서 $e^{j2\pi l} = 1$)

$$\therefore\ \Omega_0 = \frac{2\pi}{N} \quad (6\text{–}29)$$

이 되어야 한다. 물론 이때의 주기

$$N = \frac{2\pi}{\Omega_0} \tag{6-30}$$

가 정수의 값을 가져야 한다.

따라서 위의 신호에서 주기성을 살펴보면 다음과 같다.

$x_1[n]$의 경우: $\Omega_0 = 5 \;\rightarrow\; N = \frac{2\pi}{\Omega} = \frac{2\pi}{5}$: 정수가 아님, 따라서 비주기신호이다.

$x_2[n]$의 경우: $\Omega_0 = \pi \;\rightarrow\; N = \frac{2\pi}{\Omega_0} = \frac{2\pi}{\pi} = 2$: 정수, 따라서 주기신호이고 주기는 2이다.

$x_3[n]$의 경우: $\Omega_0 = \sqrt{2} \;\rightarrow\; N = \frac{2\pi}{\Omega_0} = \frac{2\pi}{\sqrt{2}}$: 정수가 아님, 따라서 비주기신호이다.

위의 과정이 다소 복잡하면, 다음과 같이 생각하여 주기 혹은 비주기 신호를 판단할 수 있다. 즉 위에서도 설명한 것 같이 주기신호이면 $x[n] = x[n+lN]$이 성립해야 하며(여기서 n, l, M은 반드시 정수이어야 함.), 이러한 관계가 성립하지 않으면 비주기신호라고 할 수 있다.
예를 들면, $x_1[n]$이 주기신호라고 가정하면 다음과 같이 식이 전개된다.

$$x_1[n] = \sin(5n) = \sin(5(n+lN)) = \sin(5n+5lN)$$

그리고, 정현파 신호는 2π를 위상으로 하는 주기신호임을 우리가 이미 알고 있음으로 $x_1[n]$의 위상항인 $5lN$이 2π의 정수배가 되어야 한다. 따라서, $5lN = k2\pi$로 부터 주기 $n = \frac{k2\pi}{5l}$가 된다.
그런데 여기서 l, k는 정수이므로 어떠한 l, k의 값에도 불구하고 주기 N은 절대로 정수가 될 수 없다(π항이 있기 때문에). 따라서 신호 $x_1[n]$은 비주기신호이다.

$x_2[n]$의 경우를 살펴보자. $x_2[n]$을 주기신호라고 가정하면,

$x_2[n] = \cos(\pi n) = \cos(\pi(n+lN)) = \cos(\pi n + \pi lN)$가 되며, 따라서 주기신호가 되기 위해서는 πlN(기본주기 위해서 $l = 1$로 생각함.)를 이 2π의 정수배가 되어야 함으로,

즉, $\pi N = k2\pi$로부터 $N = \frac{k2\pi}{\pi} = k2$가 된다. 즉 $k = 1$일 때에 $N=2$라는 정수값을 가진다.

따라서 주기가 2인 주기신호라고 할 수 있다. 여기서 한 가지 주의해야 할 점이 있는데 위에서는 $k = 1$인 경우를 생각했는데, 다른 경우인 $k = 2$인 경우($N=4$), 혹은 $k = 3$인 경우 등을 생각할 수 있으나 이는 최소의 N이 아니기 때문에 기본주기가 아니다.

[예제 6-1] $x[n]=\cos(\frac{\pi n}{8})$의 주기/비주기성을 조사하라(91.vi).

[풀이 1]

$$\Omega_0 = \frac{\pi}{8} \rightarrow N = \frac{2\pi}{\Omega_0} = \frac{2\pi}{\pi/8} = 16$$

$N=16$으로 정수이므로 주기신호이다.

[풀이 2] $x[n]$을 주기신호라고 가정하면,

$$x[n] = \cos(\frac{\pi n}{8}) = \cos(\pi(n+N)/8) = \cos(\frac{\pi n}{8} + \frac{\pi N}{8}),$$

$$\frac{\pi N}{8} = k2\pi \rightarrow N = k16,$$

따라서, $k=1$ 인 경우를 생각하면 N=16 인 주기신호이다.

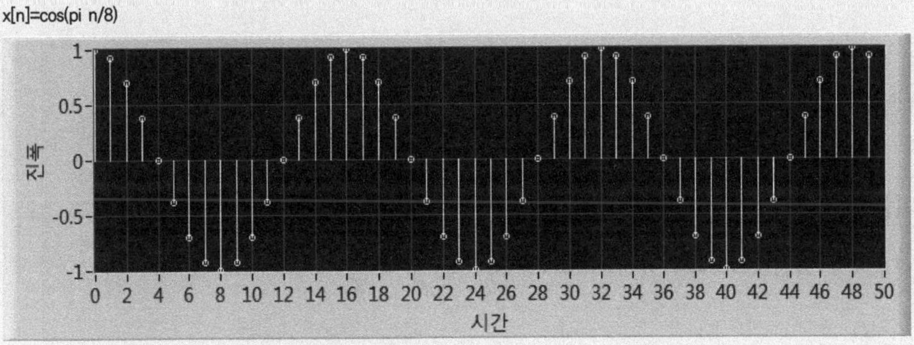

[그림 6-14] $x[n]=\cos(\frac{\pi n}{8})$의 파형

[예제 6-2] $x[n]=\cos(\pi+0.2n)$의 주기/비주기성을 조사하라(92.vi).

[풀이]

$$\Omega_0 n = \pi + 0.2n \rightarrow \Omega_0 = \frac{\pi+0.2n}{n} \rightarrow N = \frac{2\pi}{\Omega_0} = \frac{2\pi}{\frac{\pi+0.2n}{n}}$$: 정수가 아님

따라서 N은 정수가 아니므로(무리수) 비주기신호이다.

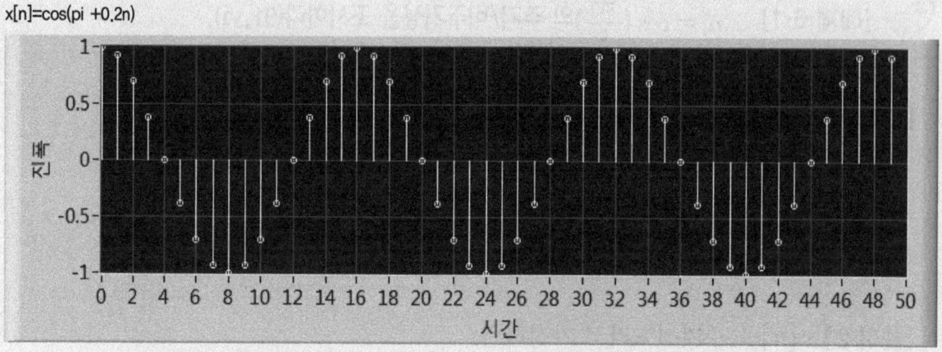

[그림 6-15] $x[n] = \cos(\pi + 0.2n)$의 파형

언뜻 보기에는 주기신호인 것처럼 보이지만 값이 정확하게 일치하지는 않는다. 여러분은 프로그램에서 정확한 진폭 값을 숫자로 확인하여 보길 바란다.

[예제 6-3] $x[n] = \cos(n\pi^2)$의 주기/비주기성을 조사하라(93.vi).

[풀이]

$$\Omega_0 n = n\pi^2 \rightarrow \Omega_0 = \pi^2 \rightarrow N = \frac{2\pi}{\Omega_0} = \frac{2\pi}{\pi^2} = \frac{2}{\pi}$$: 정수가 아님

따라서 N은 정수가 아니므로(무리수) 비주기신호이다.

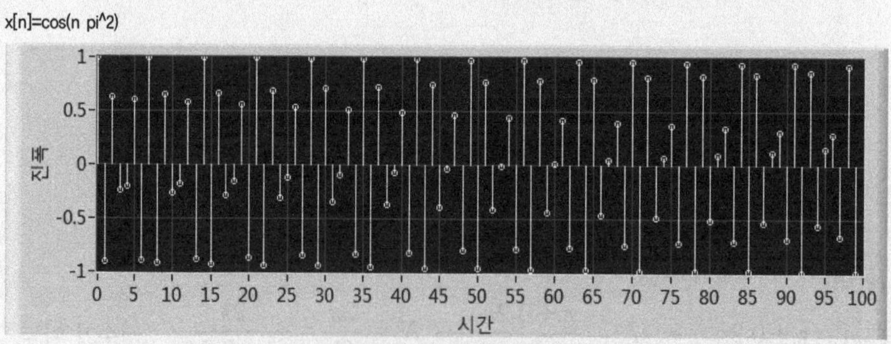

[그림 6-16] $x[n] = \cos(n\pi^2)$의 파형

Q [문제 6-1] $x[n]=\cos(\frac{\pi n}{5}+\pi)+\sin(\frac{\pi n}{10}-\pi)$**의 주기/비주기를 밝히고 주기신호이면 주기** N**을 구하라.**

Q [문제 6-2] $x[n]=\cos(\frac{\pi n^2}{15})$**의 주기/비주기를 밝히고 주기신호이면 주기** N**을 구하라.**

Q [문제 6-3] $x[n]=\cos(\frac{\pi n}{4}+\frac{\pi}{8})$**의 주기/비주기를 밝히고 주기신호이면 주기** N**을 구하라.**

Q [문제 6-4] $x[n]=\cos(\frac{3\pi n}{4})+\cos(\frac{\pi n}{3})$**의 주기/비주기를 밝히고 주기신호이면 주기** N**을 구하라.**

6. 이산신호 $x[n]$을 수식으로 어떻게 표현하나?

다음의 그래프로 표시된 이산신호 $x[n]$을 식으로 표현해 보자. n의 값은 0에서 7까지 값이 존재하고, 나머지의 n에서는 모두 0이다(50.vi).

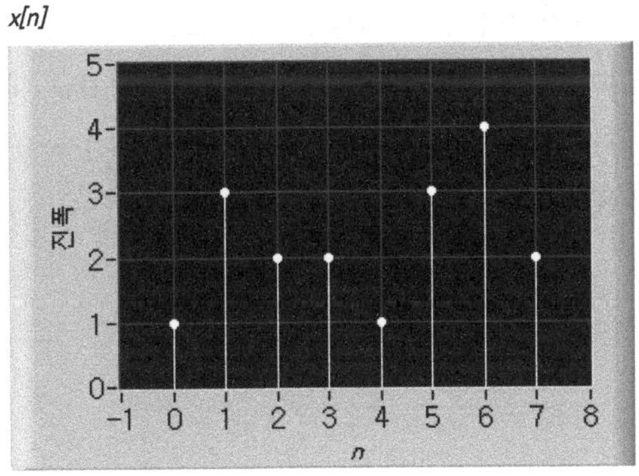

[그림 6-17] 이산신호의 예(50.vi)

디지털신호가 $n=0$일 때의 진폭은 1, $n=1$일 때의 진폭은 3, $n=2$일 때의 진폭은 2, $n=3$일 때의 진폭은 2, … 등으로 시간 정보와 진폭이 포함되어야 하며, 이들이 시계열로 표현되어야 한다.

이산신호 $x[n]$을 다음과 같이 표현하는 학생들이 가끔 있다.

$$x[n] = x[0]+3x[1]+2x[2]+2x[3]+x[4]+3x[5]+4x[6]+2x[7] \quad (6\text{-}31)$$
$$\text{혹은 } x[n] = x[0]+x[1]+x[2]+x[3]+x[4]+x[5]+x[6]+x[7]$$

으로 표현하는 너무나 큰 착각을 하고 있는 것이다. 단순히 생각하더라도, 만약 $n=3$, 즉 $x[3]$은 위의 그림에서 보면 값이 2가 되어야 하는데 위의 식을 계산하면 다음과 같이 값이 40이 나오므로 $x[n]$으로 표현하는 적당한 식이라고 말할 수 없다.

$$\begin{aligned} x[n] &= x[0]+3x[1]+2x[2]+2x[3]+x[4]+3x[5]+4x[6]+2x[7] \\ &= 1+3\cdot 3+2\cdot 2+2\cdot 2+1+3\cdot 3+4\cdot 4+2\cdot 2 \\ &= 40 \end{aligned} \quad (6\text{-}32)$$

$x[n]$을 가만히 보면, $x[n]$이란 시간이 n일 때의 진폭값을 나타내는 것이므로 $x[n]$에는 시간과 진폭의 정보가 들어 있다. 따라서 $x[n]$을 식으로 표현하기 위해서는 시간과 진폭의 정보를 포함시켜야 한다. 그러면 진폭은 진폭의 값을 이용하면 되지만, 시간 정보를 어떻게 포함시켜야 하는가? 즉 $x[3]$이란 시간 $n=3$일 때만 값이 존재하고 나머지 값은 모두 0 이어야 한다.

시간의 정보를 포함시키기 위해서는 Kronecker delta 함수(혹은 단순히 델타함수) $\delta[n]$을 이용하면 시간과 진폭의 정보가 포함된 디지털신호를 표현할 수 있다.

크로네커 델타함수 $\delta[n]$이란 다음의 정의식과 같이 [ ] 안이 0일 때에 1의 값이 존재하며, 그 외에는 모두 0 인 값을 가지는 함수이다. 즉 $\delta[n-1]$이란 $n-1=0 \rightarrow n=1$일 때만 1의 값을 가진다. 자세한 내용은 8장의 1.3 절에 기술한다.

$$\delta[n] = \begin{cases} 1 & n=0 \\ 0 & n \neq 0 \end{cases} \quad (6\text{-}33)$$

따라서

$n=0$일 때의 표현식은 $\delta[n]$이 되고, 진폭은 $1(x[0])$이니깐 $\delta[n]$,
$n=1$일 때의 표현식은 $\delta[n-1]$이 되고, 진폭은 $3(x[1])$이니깐 $3\delta[n-1]$,
$n=2$일 때의 표현식은 $\delta[n-2]$이 되고, 진폭은 $2(x[2])$이니깐 $2\delta[n-2]$,
⋮
등으로 표현할 수 있으므로 전체의 $x[n]$은 다음과 같이 표현된다.

$$\begin{aligned} x[n] &= x[0]\delta[n]+x[1]\delta[n-1]+x[2]\delta[n-2]+x[3]\delta[n-3] \\ &\quad +x[4]\delta[n-4]+x[5]\delta[n-5]+x[6]\delta[n-6]+x[7]\delta[n-7] \\ &= \delta[n]+3\delta[n-1]+2\delta[n-2]+2\delta[n-3]+1\delta[n-4] \\ &\quad +3\delta[n-5]+4\delta[n-6]+2\delta[n-7] \end{aligned} \tag{6-34}$$

$x[n]$을 살펴보면, $n=0$일 때의 $x[0]$은 그래프에서 1이 되어야 하는데 수식에서도 1이 되는가? 확인해 보자. 수식에 $n=0$을 대입하면

$$\begin{aligned} x[n] &= \delta[n]+3\delta[n-1]+2\delta[n-2]+2\delta[n-3]+1\delta[n-4] \\ &\quad +3\delta[n-5]+4\delta[n-6]+2\delta[n-7] \\ x[0] &= \delta[0]+3\delta[0-1]+2\delta[0-2]+2\delta[0-3]+1\delta[0-4] \\ &\quad +3\delta[0-5]+4\delta[0-6]+2\delta[0-7] \\ &= \delta[0] \\ &= 1 \end{aligned} \tag{6-35}$$

이 된다. 따라서 $x[n]$을 표현하는 식을 구했다고 할 수 있다. 이러한 형식으로 이산신호를 나타내는 식을 일반화하면 다음과 같이 표현할 수 있다.

$$\begin{aligned} x[n] &= x[0]\delta[n]+x[1]\delta[n-1]+x[2]\delta[n-2]+\cdots \\ &= \sum_{k=0}^{\infty} x[k]\delta[n-k] \end{aligned} \tag{6-36}$$

또한, 이산 시계열로 표시하면,

$$\{x[n]\}_{n=0}^{\infty} = \{x[0],x[1],x[2],x[3],\cdots\} \tag{6-37}$$

와 같이 된다.

7. 디지털신호를 아날로그신호로 어떻게 복원하나?

지금까지는 아날로그신호(연속신호)를 샘플링하여 디지털신호(이산신호)로 변환하였는데 이 과정을 Analog-to-Digital 변환이라고 하며, AD변환기(일반적으로 하나의 칩으로 되어 있음)에 의해서 이루어진다.

다음은 디지털신호를 컴퓨터(마이크로프로세서 등)로 디지털 처리를 하여 마지막에는 현실의 실세계로 내어 보내어야 하며, 현실의 세계에서는 디지털신호는 쓸모가 없다. 디지털신호는 우리 인간이 볼 수도, 들을 수도 없기 때문이다. 그러면 인간이 볼 수 있고, 들을 수 있게 하기 위해서는 디지털신호를 다시 아날로그신호로 변환하여야 하는데 이를 Digital-to-Analog 변환이라고 하며, DA변환기에 의하여 이루어진다.

그러면 **어떻게 해서 디지털신호를 아날로그신호로 변환할 수 있을까?** 기본적으로 원래의 아날로그신호 $x(t)$를 디지털로 변환하여 디지털신호 $x[n]$로 되었고, 다시 아날로그신호로 변환된 신호를 $x'(t)$라고 하면, 복원된 신호 $x'(t)$는 원 신호 $x(t)$와 같아야 한다. 이렇게 되기 위하여 이산시간에서의 신호 값만을 가지고 있는 $x[n]$ 신호로부터 연속시간에서의 신호값을 가지게 하기 위해서는 이산시간 사이에 어떤 값을 채워 넣어야 한다. 즉 사이에 값을 채워 넣는다는 의미로 보간(補間, Interpolation)이라고 하며, 보간의 방법에는 영차 지속형 보간법, 선형 보간법, 포물선 보간법, 과샘플링을 위한 보간법, 이상적인 대역제한 보간법이 있다. 자세한 내용은 DSP First(James H. McClellan, p. 100~)를 참조하기 바라며, 여기서는 이상적인 대역제한 보간법에 대하여 설명한다.

이상적인 대역제한 보간법은 이산신호에 싱크(sinc)함수를 적용하는 방법이다(141.vi).
싱크함수는 다음과 같이 $x=\pm n$에서 0의 값을 가진다.

$$\mathrm{sinc}(x) = \frac{\sin \pi x}{\pi x} \qquad (6\text{-}38)$$

아래의 그래프는 싱크함수를 나타낸다(140.vi). $x = 0$에서 진폭이 1이고, $x = \cdots$, −3, −2, −1, 1, 2, 3, ⋯ 에서 0의 값을 가지며 정현파가 감쇄되는 형태로 되어 있다.

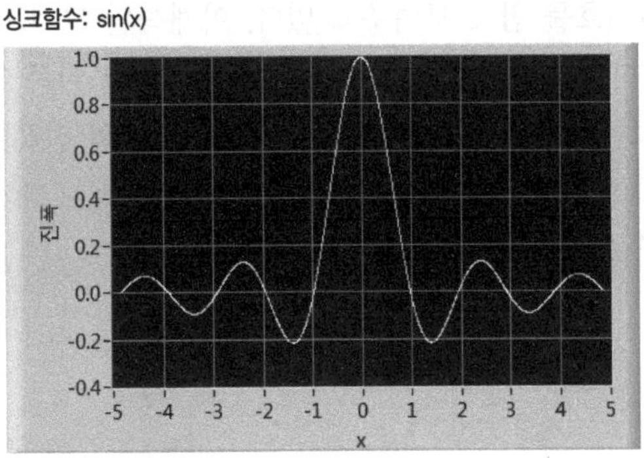

[그림 6-18] 싱크함수 $\mathrm{sinc}(x)$ (140.vi)

싱크함수를 시간의 함수로 하여 샘플링주파수 f_s로 표기하면 다음과 같다.

$$p(t)=\frac{\sin(f_s\pi t)}{f_s\pi t}=\frac{\sin(\frac{\pi t}{T_s})}{\frac{\pi t}{T_s}},\qquad -\infty<t<\infty \tag{6-39}$$

$T_s=0.5$초와 $T_s=0.2$초인 경우의 그래프를 아래에 나타낸다(142.vi). 그래프에서 알 수 있듯이 각각의 nT_s 시간에 0이 되는 사실을 확인할 수 있다.

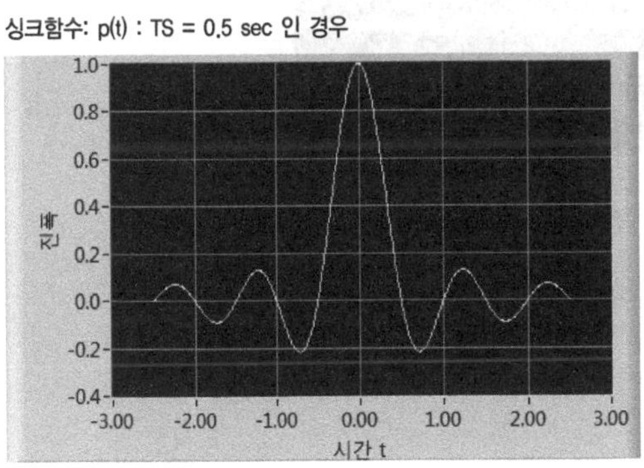

[그림 6-19] $T_s=0.5$초 때의 싱크함수

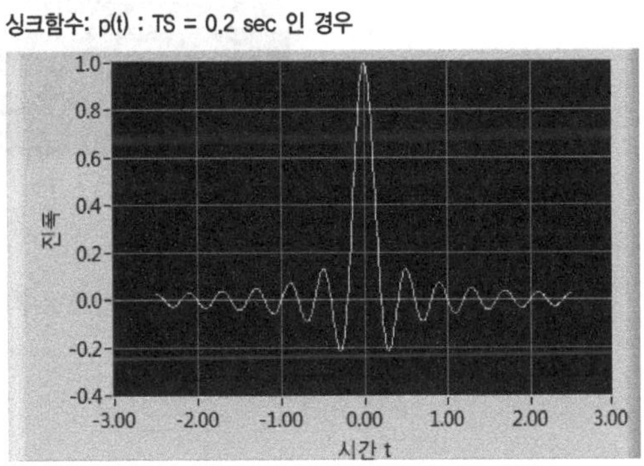

[그림 6-20] $T_s=0.2$초 때의 싱크함수

위의 식 $p(t)$에서도 알 수 있듯이 이산신호로부터 원래의 신호로 변환하기 위해서는 싱크함수를 사용해야 하며, 신호의 길이 또한 해당 시간 주위의 몇 개의 샘플이 아니라 무한대 개수의 모든 샘플이 필요하다는 의미이다.

아래의 그림은 이산신호로부터 연속신호로의 변환과정을 보여주고 있다. 위쪽의 그래프는 원래의 신호인 주파수 $1Hz$를 가진 정현파 신호를 나타내며, 연속정현파 신호에 샘플링 주파수 5Hz로 샘플링한 이산신호를 함께 보여주고 있다. 아래쪽의 그래프는 이산신호의 각 진폭에 대한 싱크함수들을 나타내 보이고 있다. 이들을 모두 합하면 위쪽 그래프의 원신호인 연속신호가 된다. 한마디로 표현하면, 이산신호에 이산신호의 각각의 진폭에 싱크함수를 적용하여 이들 모두를 합하면 원래의 연속신호로 변환된다. 이 과정은 하드웨어적으로 DA변환기라는 하나의 반도체 칩(chip)에 의하여 구현된다.

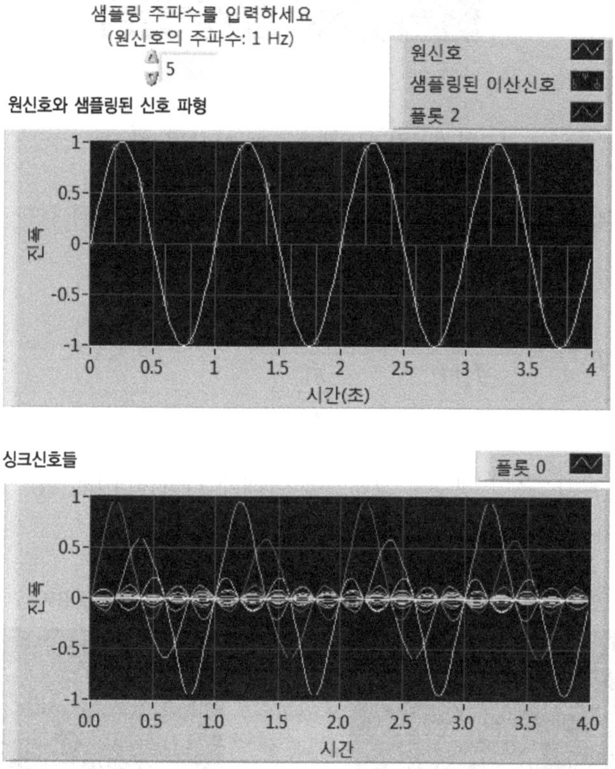

[그림 6-21] 이산신호로부터 연속신호로의 변환(141.vi)

1. 이산신호 분석을 위해서 미리 알아야 할 사항

2. 주기가 있는 이산신호의 스펙트럼은 어떻게 구하나?

3. 주기가 없는 이산신호의 스펙트럼은 어떻게 구하나?

CHAPTER 07

이산신호에 포함되어 있는 주파수 성분은 어떻게 알 수 있나?

이산신호에 포함되어 있는 주파수 성분을 알기 위하여 이산신호에서의 주파수와 아날로그신호에서의 주파수와의 차이점에 대하여 알아본다. 주파수 성분을 주기가 있는 이산신호에 대하여 알아보고, 비주기 이산신호의 스펙트럼을 구하는 방법을 설명한다.

신호의 구간이 긴 혹은 끊임없이 입력되는 이산신호의 스펙트럼을 구하기 위하여 윈도우함수를 정의한다. 윈도우함수를 정의함으로서 주파수 분해능과 시간 분해능의 문제가 나오는데 이를 해결하기 위한 방안을 제시한다. 또한 푸리에변환으로 스펙트럼을 구하기 위한 대규모의 계산량 때문에 계산시간이 현실적이지 못한 경우가 생긴다. 이를 해결하기 위한 푸리에변환 방법에 대하여 설명한다.

CHAPTER 07 이산신호에 포함되어 있는 주파수 성분 은 어떻게 알 수 있나?

1. 이산신호 분석을 위해서 미리 알아야 할 사항

1.1 아날로그신호의 주파수와 이산신호의 주파수는 같을까?

아날로그신호에 관련 있는 주파수와 이산신호와 관련된 주파수가 다른가? 같은 신호인데 포함된 주파수가 다를 이유가 없다. 그러나 이산신호에 관련된 주파수와 아날로그신호에 관련된 주파수와는 미묘한 차이가 있다. 차이의 가장 큰 원인은 이산신호는 아날로그신호로부터 샘플링 주파수의 개념이 들어가기 때문이다. 이에 관하여 아래에 설명한다. 우선 이들을 구분하기 위해서, 아날로그신호에 포함된 주파수를 아날로그 주파수, 이산신호에 포함된 주파수를 디지털 주파수라고 구분한다.

아날로그 주파수 f는 특별히 신경을 쓰지 않고 보통의 의미대로 $-\infty Hz$에서 $+\infty Hz$까지의 주파수로 생각하면 되고, 각주파수 ω는 주파수 f에 2π를 곱하여 사용하면 문제가 없다.

그러나 디지털 주파수는 디지털신호가 가지고 있는 특징에 맞게 다시 정의된다. 즉, 아날로그신호가 디지털신호로 변환되었다함은 최고 주파수가 정해져 버린다는 의미이다. 샘플링 정리에 의하면 아날로그신호가 샘플링 주파수 f_s로 샘플링되었다면 디지털신호가 가지는 최고 주파수는 $f_s/2$ 이상은 절대로 포함되어 있지 않다는 의미이다. 따라서 디지털신호의 최고 주파수는 $f_s/2$로 고정되어 버린다. 디지털 주파수를 각주파수로 나타내는 경우에, 아날로그신호의 각주파수 ω 대신에 디지털신호의 각주파수는 Ω를 사용한다. 디지털신호의 각주파수 $\Omega = 2\pi$를 아날로그 주파수 f_s에 대응시켜서 사용한다.

즉, 디지털 각주파수 Ω는 $-\pi$에서 $+\pi$까지를 아날로그 주파수의 $-f_s/2$에서 $+f_s/2$를 대응시킨다. 또한 경우에 따라서는 진폭스펙트럼의 경우에 세로축에 대하여 대칭(Even function)이기 때문에 $\Omega = 0 \sim \pi$를 주로 사용한다. 아날로그 주파수로 생각하면 $0Hz \sim f_s/2$로 생각할 수 있다. 왜냐하면, 앞에서 기술했지만, 디지털신호의 주파수 성분은 $f_s/2$ 이상은 있을 수 없기 때문이다.

아래에 아날로그 주파수와 디지털 주파수를 비교 정리한다.

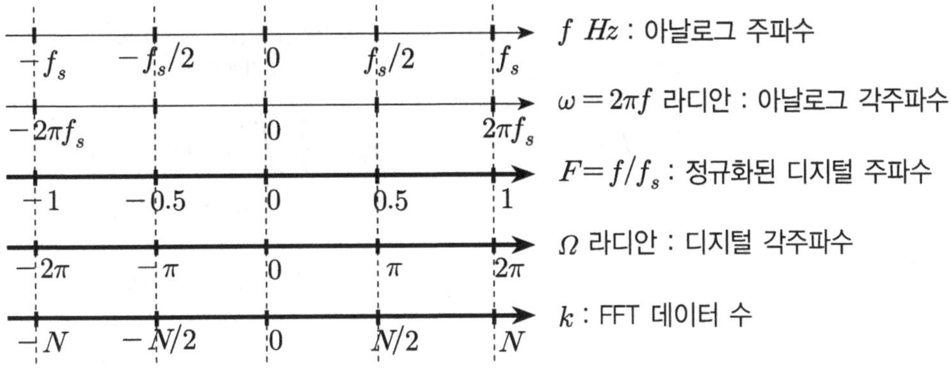

[그림 7-1] 아날로그신호의 주파수와 디지털신호의 주파수 대응

중요한 것은 아날로그 주파수에서 샘플링 주파수 f_s가 디지털 각주파수 $\Omega = 2\pi$에, 뒤에서 설명하겠지만 이산푸리에변환 DFT(FFT)에서의 데이터의 개수 N에 대응된다는 다음의 사실을 반드시 기억해 두기 바란다.

$$\begin{matrix} f & & \Omega & & \text{DFT} \\ f_s & \leftrightarrow & 2\pi & \leftrightarrow & N \end{matrix} \tag{7-1}$$

1.2 신호의 종류에 따라서 스펙트럼 분석 방법은?

스펙트럼이라 함은 앞에서 설명한 대로 신호의 주파수 성분을 의미하며, 스펙트럼 분석이란 신호에 어떤 처리를 하여 주파수 성분들을 검출해 내는 과정을 말한다. 아날로그신호인 경우에 신호가 주기신호이면 푸리에 급수(시리즈)로, 비주기신호이면 푸리에변환이라는 과정으로 스펙트럼을 분석하였다. 이산신호의 경우에도 마찬가지로 주기신호이면 이산시간 푸리에 급수, 비주기신호이면 이산시간 푸리에 급수의 구간(주기)을 무한대로 하여 이산시간 푸리에계수를 구하면 된다. 구간을 무한대로 하는 것은 실제적으로 불가능하므로 구간을 나누어서 스펙트럼을 분석해야 하는데 이를 이산푸리에변환이라고 한다.

이를 정리해 보면 다음의 표와 같다. 표에 표기된 변수와 첨자의 의미에 대하여는 앞으로 설명해 나간다.

[표 7-1] 신호 종류에 따른 스펙트럼 분석 방법

아날로그 신호 $x(t)$	주기신호 (주기: T)	푸리에 급수(Fourier Serious) 푸리에계수: $c_n = \frac{1}{T}\int_0^T x(t)e^{-j\frac{2n\pi t}{T}}dt$ 예) $x(t) = \cos(2\pi f_0 t) = \cos(\omega_0 t)$
	비주기신호	푸리에변환(Fourier Transform) $X(\omega) = \int_{-\infty}^{\infty} x(t)e^{-j\omega t}dt$ $\omega = -\infty \sim \infty$
디지털신호 $x[n]$	주기신호 (주기: N)	이산시간 푸리에 급수(Discrete Fourier Serious) $X(k) = \frac{1}{N}\sum_{n=0}^{N-1} x[n]e^{-j\Omega_0 kn}$ $k = 0 \sim N-1$ 예) $x[n] = \cos(\Omega_0 n)$
	비주기신호 (윈도우 구간: N)	이산시간 푸리에변환 (Discrete Time Fourier Transform) $X(e^{j\Omega}) = X(\Omega) = \sum_{n=-\infty}^{n=\infty} x[n]e^{-j\Omega n}$ $\Omega = -\infty \sim \infty$
		이산푸리에변환(Discrete Fourier Transform) $X(k) = \sum_{n=0}^{N-1} x[n]e^{-j\frac{2\pi}{N}kn}$ $k = 0 \sim N-1$

2. 주기가 있는 이산신호의 스펙트럼은 어떻게 구하나?

2.1 고조파들의 각주파수를 어떻게 알 수 있나?

주기를 갖는 이산신호를 주기이산신호 $x[n]$이라고 하자. 예를 들면 다음과 같은 파형은 주기 $N=5$인 주기이산신호이며, $n = 0, 1, 2, \cdots, N-1$이다(95.vi).

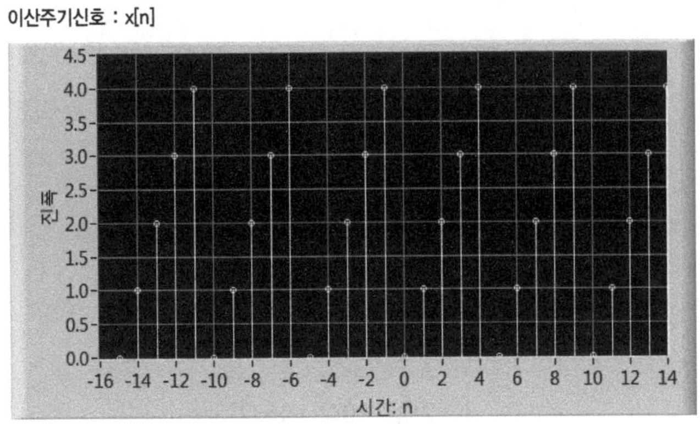

[그림 7-2] 주기가 5인 주기이산신호의 예

신호의 각주파수가 ω_0인 아날로그신호 $x(t)$를 복소지수신호의 형식으로 표현하면 다음과 같다.

$$x(t) = e^{-j\omega_0 t} = \cos(\omega_0 t) + j\sin(\omega_0 t) \tag{7-2}$$

이에 대비하여 이산신호를 복소지수신호의 형태로 표현하면 t 대신에 n, ω_0 대신에 Ω_0를 대입하여

$$x[n] = e^{-j\Omega_0 n} = \cos(\Omega_0 n) + j\sin(\Omega_0 n) \tag{7-3}$$

으로 표현된다.

Ω_0는 기본 각주파수라고 하며, 아날로그의 기본 각주파수 ω_0와 구분하기 위하여 디지털 기본 각주파수라고도 한다.

그리고 기본 각주파수 Ω_0는 원주 2π를 주기인 N으로 등분한 각(라디안)이다. 예를 들면 위의 예에서 $N=5$이면

$$\Omega_0 = \frac{2\pi}{N} = \frac{2\pi}{5} \tag{7-4}$$

이 된다.

그리고 기본 각주파수 Ω_0의 정수배를 고조파라고 하며 다음과 같다.

$$\begin{aligned}&\Omega_0,\ 2\Omega_0,\ 3\Omega_0,\cdots,\quad (N-1)\Omega_0,\\ &N\Omega_0,\ (N+1)\Omega_0,\cdots,(2N-1)\Omega_0,\\ &2N\Omega_0,\cdots \qquad\qquad ,(3N-1)\Omega_0,\\ &\quad\vdots\end{aligned} \tag{7-5}$$

위의 각주파수를 $N=8$인 경우에 대한 그림으로 그려 보면 다음과 같다.

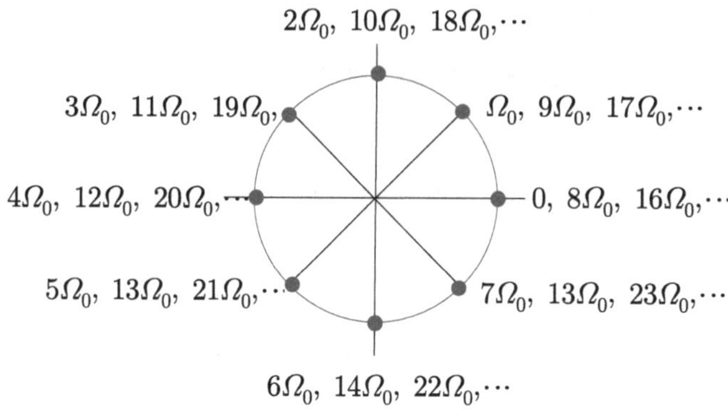

[그림 7-3] 기본 각주파수 Ω_0의 고조파들

위의 그림으로부터 알 수 있듯이, 고조파는 한없이 많지만 각주파수 Ω의 성분은 주기와 같은 N개가 존재함을 알 수 있다(여기서는 8 종류). 다시 강조하는 것은 디지털 세계에서 각주파수 Ω는 0에서부터 2π까지 혹은 $-\pi$부터 π까지만 존재한다. 기본 각주파수가 있는 경우에는 기본 각주파수에 대한 최고 고조파의 각주파수는 2π이다. 실제로 진폭스펙트럼을 나타내는 경우에 최고 고조파의 각주파수는 π이다. 왜냐하면, 각주파수에 대한 진폭은 π에 대하여 대칭이기 때문에 π 이상의 주파수 성분은 생각할 필요가 없다. 아날로그 주파수와의 관계를 보더라도 π 각주파수는 신호에 포함되어 있는 최고 주파수인 $f_s/2\ Hz$와 대응되기 때문이기도 하다.

[예제 7-1] $x[n]=\cos(\frac{\pi}{8}n)$**의 기본 각주파수를 구하라(147.vi).**

[풀이] $\Omega_0=\pi/8=2\pi/N \rightarrow N=16$이므로, 원주 2π 라디안을 16등분한 각이다 (혹은 π 라디안을 8 등분한다는 의미).

따라서, 고조파의 각주파수는 0, $\pi/8$, $2\pi/8$, $4\pi/8$, …, $7\pi/8$(8종류)가 있다. 신호는 다음의 그림과 같다.

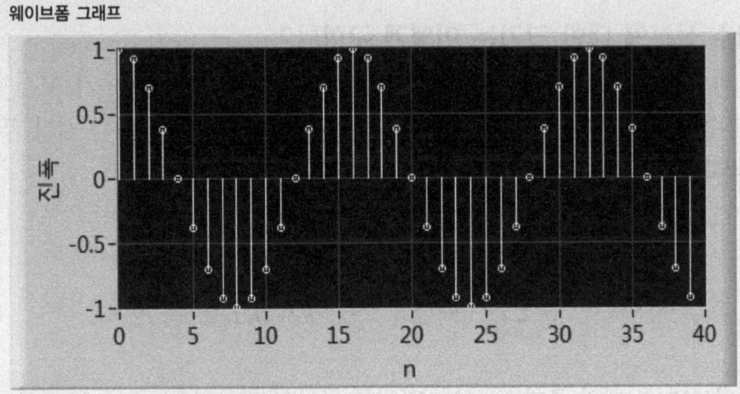

[그림 7-4] 주기이산신호의 예

2.2 각주파수(Ω)로부터 주파수(f)를 어떻게 구하나?

앞에서 각주파수에 알아보았다. 즉 각주파수 Ω는 0에서부터 2π까지 존재한다는 사실을 알고 있다(물론 2π 이상의 값도 있지만 의미가 없음). 이산세계에서 표현하는 각주파수 $\Omega = 2\pi$는 원주 상을 한 바퀴 회전한 의미이며 이는 샘플링 주파수 $f_s Hz$에 해당하는 주파수이다.

위의 예에서 보면 샘플링 주파수 $f_s = 100Hz$로 디지털(이산)신호로 하였다면 기본주파수

$$f_0 = \frac{f_s}{N} = \frac{100}{16} = 6.25Hz \tag{7-6}$$

이며, 이의 고조파는 kf_0, $k=0, 1, 2, \cdots, 15$가 되어

$$\begin{aligned} &0 \times 6.25 = 0Hz, \\ &1 \times 6.25 = 6.25Hz, \\ &2 \times 6.25 = 12.5Hz, \\ &3 \times 6.25 = 18.75Hz, \\ &4 \times 6.25 = 25Hz, \\ &\cdots \\ &15 \times 6.25 = 93.75Hz \end{aligned}$$

이다.

Q [문제 7-1] $x[n]=\cos(\frac{\pi}{10}n)$ **이고, 샘플링 주파수** $f_s=1000Hz$**일 때 기본주파수 (단위:** Hz**)를 구하여라.**

2.3 각주파수 성분에 대한 크기는 어떻게 구하나?

주기이산신호의 각주파수의 종류는 우리가 알았다. 즉 유한개이면서 개수가 N개이다. 그러면 각각의 각주파수 성분에 대한 크기도 N개가 나와야 함은 당연하다. 이를 시간 푸리에급수전개에 의하여 푸리에계수라고 한다.

다음의 식으로 주기이산신호의 푸리에계수를 구한다.

$$X(k)=\frac{1}{N}\sum_{n=0}^{N-1}x[n]e^{-jk\Omega_0 n}, \quad k=0,1,2,\cdots,N-1 \tag{7-7}$$

위 식을 살펴보면 한 개의 주파수 성분 $X(k)$를 구하기 위하여 한 주기 N개의 신호의 크기인 $x[0]$, $x[1]$, $x[2]$, $\cdots$, $x[N-1]$을 알아야 한다.

그리고 k의 의미는 각주파수를 나타내며, $\Omega_0=2\pi/N$이며, $k=1$이라 함은 각주파수 Ω_0를, $k=2$라 함은 각주파수 $2\Omega_0$ 등을 의미한다. $X(k)$는 실수 곱하기 복소수이므로 $X(k)$는 복소수가 된다. 따라서 $X(k)$를 다음과 같이 극좌표 형식으로 나타낼 수 있다.

$$X(k)=|X(k)|e^{j\angle X(k)} \tag{7-8}$$

가 되어, $|X(k)|$를 진폭스펙트럼, $\angle X(k)$는 위상스펙트럼이라고 한다.

또 역으로 푸리에계수 $X(k)$를 알면 원래의 신호 $x[n]$을 다음과 같이 구할 수 있다.

$$x[n]=\frac{1}{N}\sum_{k=0}^{N-1}X(k)e^{jk\Omega_0 n}, \quad n=0,1,2,\cdots,N-1 \tag{7-9}$$

[예제 7-2] 다음 그림에서 나타내는 $x[n]$에 대한 진폭스펙트럼과 위상스펙트럼을 구하라. 스펙트럼을 이용하여 다시 $x[n]$을 구하고 원래의 신호와 같게 되는지를 확인하라(96.vi).

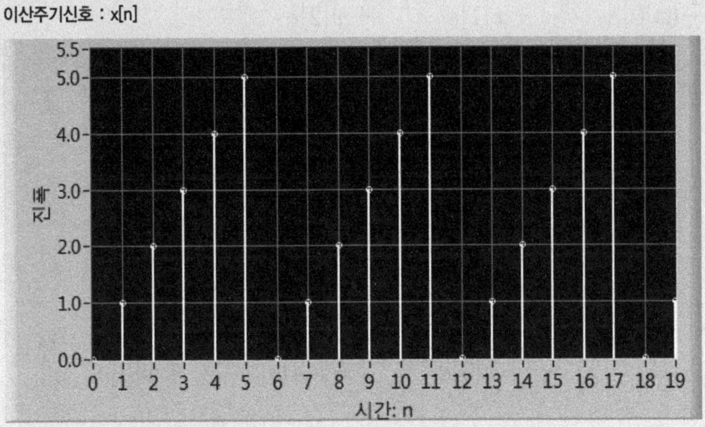

[그림 7-5] 주기가 6인 주기이산신호

[풀이] 주기 $N=6$이므로 이산시간 푸리에계수를 구하는 정의식으로부터 한 주기 동안의 계수를 구한다.

$$X(k)=\frac{1}{N}\sum_{n=0}^{N-1}x[n]e^{-jk\Omega_0 n}$$

에서 $N=6$, $\Omega_0=2\pi/N=2\pi/6$이므로 위 식은 다음과 같이 된다.

$$X(k)=\frac{1}{6}\sum_{n=0}^{5}x[n]e^{-jk\frac{2\pi}{6}n}$$

따라서

$$\begin{aligned}X(0)&=\frac{1}{6}\sum_{n=0}^{5}x[n]e^{-j0\frac{2\pi}{6}n}\\&=\frac{1}{6}(x[0]+x[1]+x[2]+x[3]+x[4]+x[5])\\&=\frac{1}{6}(0+1+2+3+4+5)\\&=\frac{15}{6}\end{aligned}$$

$$X(1) = \frac{1}{6}\sum_{n=0}^{5} x[n]e^{-j\frac{2\pi}{6}n}$$

$$= \frac{1}{6}(x[0]e^{-j\frac{2\pi}{6}0} + x[1]e^{-j\frac{2\pi}{6}1} + x[2]e^{-j\frac{2\pi}{6}2}$$

$$+ x[3]e^{-j\frac{2\pi}{6}3} + x[4]e^{-j\frac{2\pi}{6}4} + x[5]e^{-j\frac{2\pi}{6}5})$$

$$\vdots$$

$$X(5) = \frac{1}{6}\sum_{n=0}^{5} x[n]e^{-j5\frac{2\pi}{6}n}$$

$$= \frac{1}{6}(x[0]e^{-j5\frac{2\pi}{6}0} + x[1]e^{-j5\frac{2\pi}{6}1} + x[2]e^{-j5\frac{2\pi}{6}2}$$

$$+ x[3]e^{-j5\frac{2\pi}{6}3} + x[4]e^{-j5\frac{2\pi}{6}4} + x[5]e^{-j5\frac{2\pi}{6}5})$$

등으로 계산한다. 보기에도 계산이 상당히 복잡하다. LabVIEW 그래프로 나타내면 다음과 같다.

단, 스펙트럼을 나타냄에 있어서 $k = 0, 1, 2, \cdots, N-1$까지 인데 진폭스펙트럼은 $k = (N-1)/2$에 대하여 대칭이기 때문에(대칭인 이유는 뒤에서 설명한다.) 전반부의 스펙트럼만 표현한다. 여기에서는 $N = 6$이므로 $k = 0, 1, 2$까지만 나타낸다.

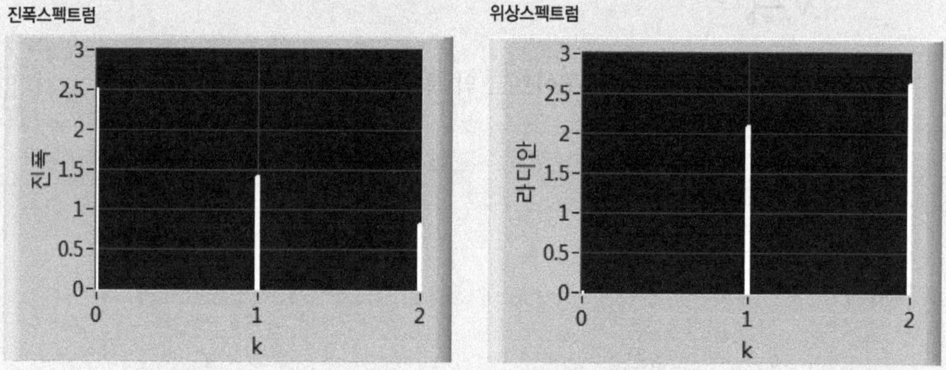

[그림 7-6] 주파수에 해당하는 k축에서의 진폭스펙트럼과 위상스펙트럼

$X(k)$로부터 원 신호 $x[n]$을 재생하는 과정을 역변환이라고 하며 위에서 정의한 역이산시간푸리에변환식을 활용하여 구한다.

(LabVIEW로 구현할 때에는 푸리에변환(Fast Fourier Transform)과 IFFT(Inverse FFT)를 하여 원 신호를 다음과 같이 재생한다. 이런 과정을 통하여 원 신호와 같음을 확인할 수 있다.(FFT에 대하여는 뒤에서 설명한다.)

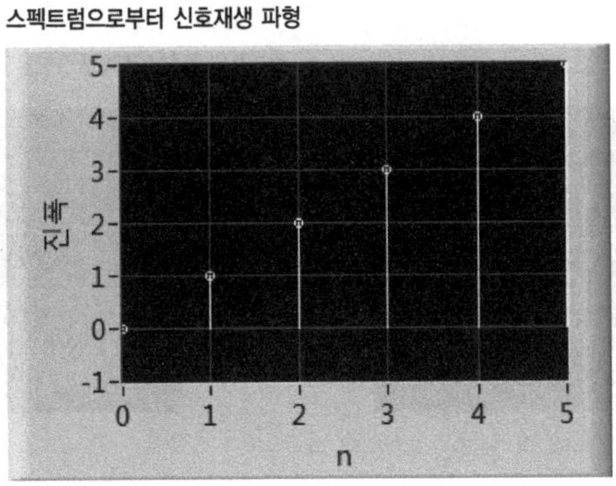

[그림 7-7] 스펙트럼으로부터 역푸리에변환에 의하여 복원된 신호

다음의 예제를 통하여 정현파로 구성된 주기이산신호로 이산푸리에급수전개에 의한 계수를 구하고 진폭스펙트럼과 위상스펙트럼을 구하여 보자.

[예제 7-3] $x[n]=1+\sin(\frac{\pi}{3}n)-2\cos(\frac{\pi}{2}n)$**의 파형을 그리고, 주기** N**을 구하고, 진폭스펙트럼과 위상스펙트럼을 그려라. 그리고 스펙트럼으로부터 원래의 신호로 합성하여서 원신호와 같음을 확인하라(97.vi).**

[풀이] $x[n]$의 두 번째 항인 사인함수의 주기는 $\Omega_0=\pi/3=2\pi/N \rightarrow N=6$이고, 세 번째 항인 코사인 함수의 주기는 $\Omega_0=\pi/2=2\pi/N \rightarrow N=4$이다. 따라서 주기가 4인 신호와 주기 6인 신호가 합성되면 두 주기의 최소공배수인 12가 합성된 신호의 주기가 된다. 첫 번째 항인 1은 직류성분(주파수가 $0Hz$ 성분)이기 때문에 주기에는 아무런 영향을 미치지 않는다. 파형을 그래프로 나타내면 다음과 같다.

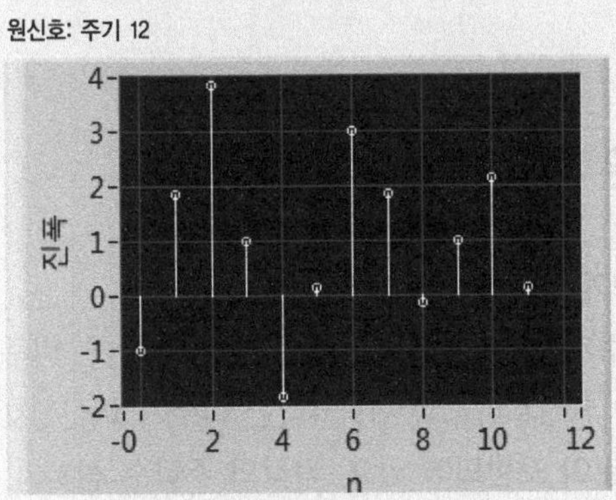

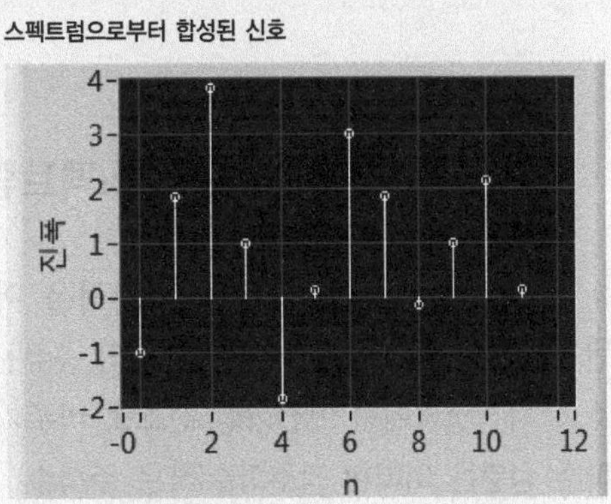

[그림 7-8] 원신호(좌)와 스펙트럼으로부터 복원된 신호(우)

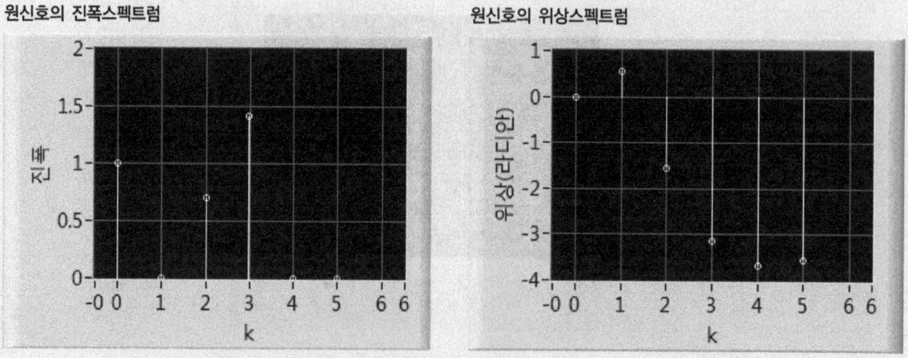

[그림 7-9] 원신호의 진폭스펙트럼과 위상스펙트럼

- 스펙트럼에서 k의 값이 0에서 11(N-1)까지 있어야 하나, 대칭성 관계로 k의 값을 0에서 $(N-1)/2 = (12-1)/2$인 정수 5까지 표현하였다.
- 위의 스펙트럼으로부터 합성된 신호는 원신호와 같음을 알 수 있다. 물론 그림으로는 정확한 값을 모르기 때문에 실제로 숫자로 확인해 보아야 한다.
- 원신호의 각주파수 성분이 스펙트럼에서도 같은 각주파수 성분으로 분석되었는가?

[답] 식에서 보면 원신호의 각주파수는 각각 $\pi/3$과 $\pi/2$이다. 이를 k값으로 환산해 보자. 각주파수 2π가 $k=12$에 해당함으로 각주파수 $\pi/3$과 $\pi/2$은 각각 $k=2$, $k=3$에 해당된다. 스펙트럼에서도 보면 $k=2$, $k=3$에 각각 크기(진폭)가 표현되어 있음을 알 수 있다.(위상스펙트럼에 $k=1$, 4, 5에 위상이 나타나는 이유를 생각해 보라.)

3. 주기가 없는 이산신호의 스펙트럼은 어떻게 구하나?

3.1 비주기 이산신호의 주파수 분석을 어떻게 하나?

일반적으로 우리가 접하고 있는 신호의 종류는 주기신호보다 비주기신호가 훨씬 많다. 비주기 신호의 시간영역에서 이산화한 신호를 비주기 이산신호라고 한다. 이러한 비주기 이산신호의 주파수 성분은 어떠한 각주파수(혹은 주파수) 성분이 포함되어 있고, 각각의 주파수 성분의 세기는 얼마나 되는지를 알고 싶을 때는 어떻게 하나?

이것을 구하는 방법을 이산시간 푸리에변환(DTFT: Discrete Time Fourier Transform)이

라고 하고, 스펙트럼을 $X(\Omega)$라고 표현한다.

우선, 이산시간(Discrete Time)이라는 말의 의미는 시간영역(축)에서 연속적인 값을 가지는 것이 아니라 불연속적인 값을 가짐을 의미한다. 이산시간신호는 디지털신호(시간과 진폭이 모두 이산값을 가짐)의 일부로 생각할 수 있다. 여기에서는 주기가 없는 비주기신호이면서 이산신호인 비주기 이산신호의 주파수 성분을 구하는 방법에 대하여 설명한다. 앞에서도 설명했듯이 주파수 성분 즉 스펙트럼을 구하기 위하여 푸리에변환을 하며 특별히 비주기 이산신호의 푸리에변환을 이산시간 푸리에변환이라고 다음과 같이 정의한다. 다음부터는 이산시간 푸리에변환 대신에 DTFT라는 용어를 사용한다.

$$X(e^{j\Omega}) = X(\Omega) = \sum_{n=-\infty}^{n=\infty} x[n]e^{-j\Omega n} \tag{7-10}$$

n은 정수이며, Ω는 $-\pi$에서 $+\pi$까지(혹은 0에서 2π까지)의 모든 디지털 각주파수이다(ω는 아날로그 각주파수이며 $-\infty$에서 ∞의 모든 값을 가짐). 특별히 Ω는 연속적인 값임을 반드시 기억해야 한다. 위 식에서 알 수 있듯이 스펙트럼 $X(\Omega)$를 얻기 위해서는 무한대 개수의 디지털신호 $x[n]$을 알아야 힘을 알 수 있다.(뒤에시 설명하겠지만 현실직으로 무한대 개수의 신호를 알 수 없기 때문에 시간영역에서 윈도우(Window) 함수를 이용하여 구간화하는 방법이 있는데 이를 이산푸리에변환(DFT: Discrete Fourier Transform)이라고 한다.)

여기서 한 가지 생각해 보고 넘어가야 할 점이 있다.

$X(\Omega)$가 존재하기 위해서는 $x[n]$의 값은 n이 증가함에 따라 발산하지 않아야 한다. 이를 이산시간 푸리에변환(DTFT)의 수렴조건이라고 한다. 예를 들면 $x[n] = a^n$에서 $|a| > 1$이면 $x[\infty] = a^\infty = \infty$가 되어 DTFT가 존재하지 않는다.

$X(\Omega)$는 복소수이기 때문에 이를 다음과 같이 극좌표 형식으로 표현할 수 있다.

$$X(\Omega) = |X(\Omega)|e^{\angle X(\Omega)} \tag{7-11}$$

가 되며, $|X(\Omega)|$를 비주기 이산신호의 진폭스펙트럼, $\angle X(\Omega)$을 비주기 이산신호의 위상스펙트럼이라고 한다.

각주파수와 우리가 흔히 사용하는 Hz로 표현하는 주파수와의 관계식은 각주파수 $\Omega = 2\pi$가 샘플링 주파수 f_s에 해당된다. 진폭스펙트럼은 $\Omega = \pi$에 대하여 우함수이기 때문에 $\Omega = 0$에서 $\Omega = \pi$까지 계산하면 된다(이는 주파수 $f = 0Hz$에서 $f = f_s/2\ Hz$까지의 주파수에 해당).

[예제 7-4] 다음과 같은 단위임펄스신호 $x[n]=\delta[n]$의 진폭스펙트럼과 위상스펙트럼을 구하라(98.vi).

[풀이] 단위임펄스신호 $x[n]=\delta[n]$의 파형은 다음과 같다.

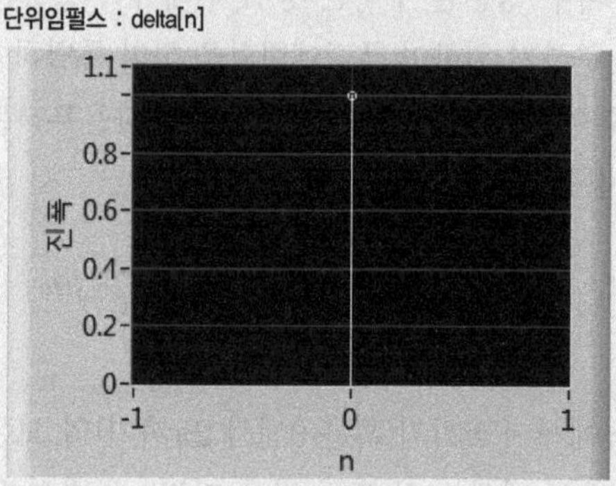

[그림 7-10] 단위임펄스신호 $x[n]=\delta[n]$

스펙트럼은 정의식으로부터

$$\begin{aligned} X(e^{j\Omega}) = X(\Omega) &= \sum_{n=-\infty}^{n=\infty} x[n]e^{-j\Omega n} \\ &= \sum_{n=-\infty}^{n=\infty} \delta[n]e^{-j\Omega n} \\ &= \sum_{n=-\infty}^{n=\infty} \delta[0]e^{-j\Omega 0} \\ &= 1 \end{aligned}$$

진폭스펙트럼 $|X(\Omega)|=1$ 위상스펙트럼 $\angle X(\Omega)=0$

이다. 이는 모든 Ω, 즉 모든 각주파수(혹은 주파수) 성분이 포함되어 있으며, 각주파수 성분의 세기도 모두 일정하게 1의 값을 가지고 있다는 의미이다. 그림으로 표현하면 다음과 같다.

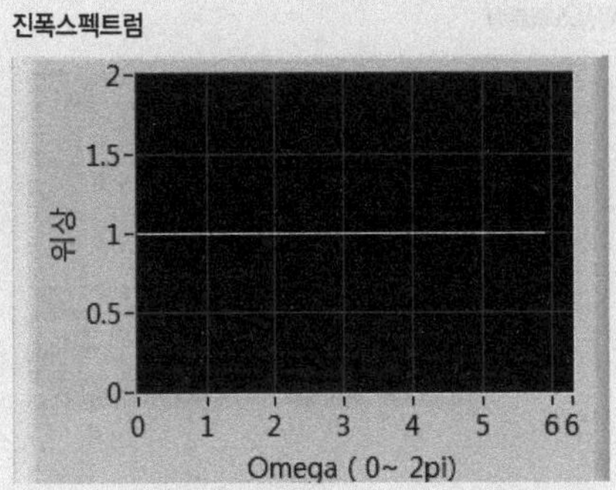

[그림 7-11] 단위임펄스신호의 진폭스펙트럼과 위상스펙트럼

[예제 7-5] 다음의 $x[n]$에 대하여 DTFT를 하고 진폭스펙트럼과 위상스펙트럼의 그래프를 그려라(99.vi).

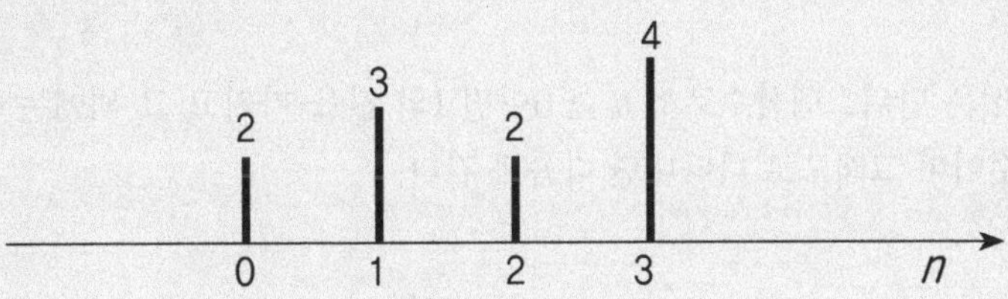

[그림 7-12] 입력 이산신호

[풀이]

$$X(\Omega) = \sum_{n=-\infty}^{n=\infty} x[n]e^{-j\Omega n}$$

$$= x[0]e^{-j\Omega 0} + x[1]e^{-j\Omega 1} + x[2]e^{-j\Omega 2} + x[3]e^{-j\Omega 3}$$

$$= 2e^{-j\Omega 0} + 3e^{-j\Omega 1} + 2e^{-j\Omega 2} + 4e^{-j\Omega 3}$$

따라서 Ω는 0부터 2π까지의 모든 값(예를 들면 0, 0.001, 0.002,..... 등으로)에 대하여 위의 식을 계산하고 각각의 각주파수에 대한 실수와 허수를 계산하여 세기와 위상을 구하여 그래프로 그린다.

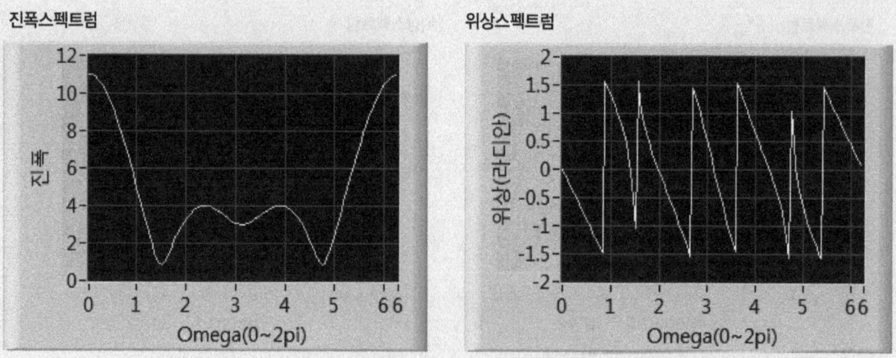

[그림 7-13] 입력신호에 대한 진폭스펙트럼과 위상스펙트럼

[예제 7-6] $x[n]=0.5^n u[n]$의 진폭스펙트럼과 위상스펙트럼을 구하라. ($u[n]$은 단위 스텝(Unit Step)함수이다.)(100.vi, 101.vi)

[풀이] $u[n]$은 단위스텝함수로서 $n \geq 0$이면 1의 값을 가지고 그 외에는 0의 값을 가지는 함수이며 그래프로 나타내면 다음과 같다.

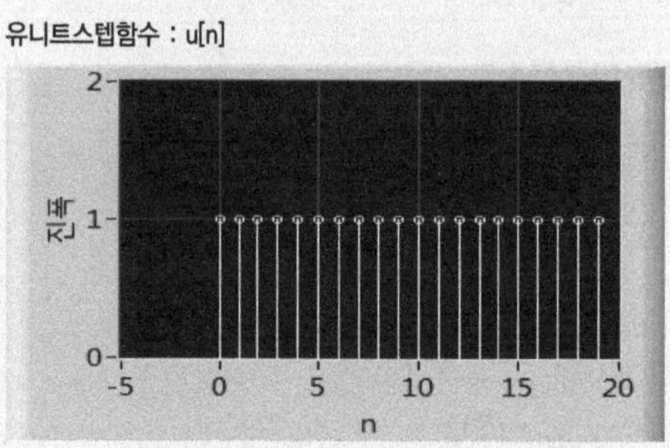

[그림 7-14] 단위스텝함수

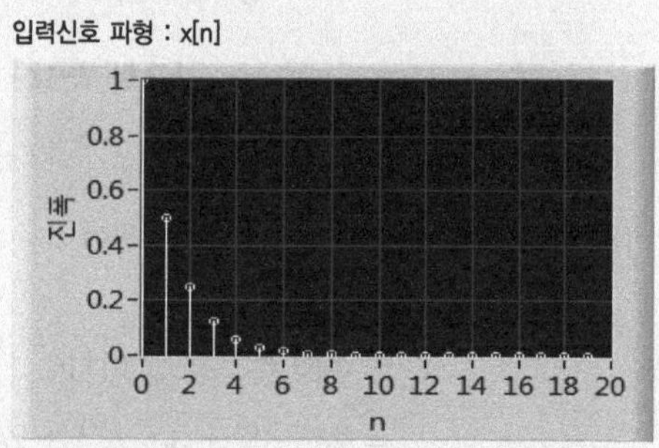

[그림 7-15] 입력 신호파형 $x[n]=0.5^n u[n]$

그래프를 나타냄에 있어서, LabVIEW에 있는 함수인 FFT(뒤에서 설명함)를 이용해 계산하여 그래프를 나타내는 방법(100.vi)과 아래의 수식으로 계산하여 그래프로 나타내는 방법(101.vi)이 있으며 두 가지의 경우를 비교하여 보기 바란다.

$$X(\Omega) = \sum_{n=0}^{\infty} 0.5^n e^{-j\Omega n} = \frac{1}{1-0.5e^{-j\Omega}}$$

$$|X(\Omega)| = \frac{1}{\sqrt{1+0.5^2-2*0.5\cos(\Omega)}}$$

$$\measuredangle X(\Omega) = -\tan^{-1}\frac{0.5\sin(\Omega)}{1-0.5\cos(\Omega)}$$

FFT로 계산한 스펙트럼은 다음과 같다($\Omega = 0 \sim \pi$까지 표현되어 있음을 주의 깊게 보기 바란다.).

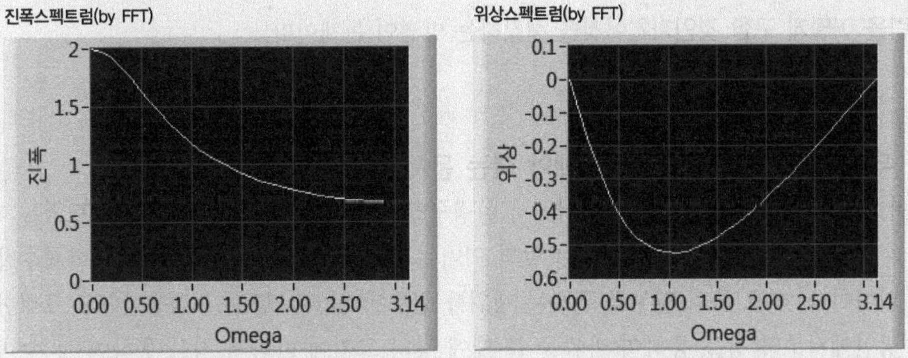

[그림 7-16] $x[n] = 0.5^n u[n]$의 FFT에 의해서 구해진 진폭스펙트럼과 위상스펙트럼

계산식에 의한 스펙트럼은 다음과 같다. 그림에서도 알 수 있듯이 어떤 방법이든지 같은 결과가 얻어짐을 알 수 있다.

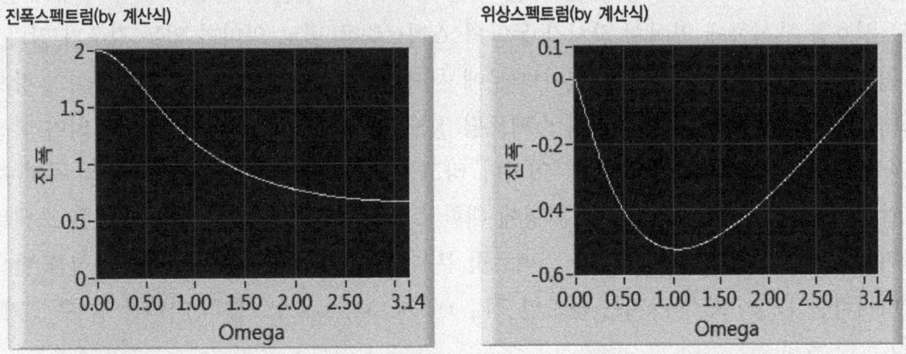

[그림 7-17] $x[n] = 0.5^n u[n]$의 계산식에 의해서 구해진 진폭스펙트럼과 위상스펙트럼

3.2 이산시간 푸리에변환의 문제점은 무엇인가?

이산시간 푸리에변환(DTFT)의 계산식을 다시 보자.

$$X(\Omega) = \sum_{n=-\infty}^{n=\infty} x[n]e^{-j\Omega n} \tag{7-12}$$

신호에 포함되어 있는 주파수 성분을 알기 위해서는 무한대 개수의 신호 $x[n]$을 알아야 하는데 가능한 일일까? 경우에 따라서는 일정시간 대에서만 신호가 존재하는 경우에는 신호가 있는 구간의 신호만(유한개의 신호) 이용하면 된다. 그러나 현실적으로는 실시간으로 계속 들어오는 신호를 분석하여 스펙트럼으로 분석해 가면서 신호를 관찰해야 하는 경우가 실제적으로 훨씬 많다. 즉, 무한대 개수의 신호가 있다든가 혹은 실시간으로 계속 입력되는 신호의 스펙트럼을 어떻게 구할 것인가? 이것을 해결하는 방법이 문제이다.

3.3 무한대 개수의 신호를 활용해야 하는 문제점을 어떻게 해결하나?

특별한 방법은 없다. 신호를 시간영역에서 일정구간으로 나누어서 구간별로 스펙트럼을 계산하는 수밖에 없다. 구간으로 나눈다는 말의 의미는 구간내의 시간영역 신호를 유한개수화 한다는 의미이다. 신호 중의 일부를 취하는 행위를 신호에 윈도우 함수를 적용한다고 표현한다. 마치 방안에서부터 창을 통하여 바깥을 볼 때에 창의 크기에 따라서 창을 통하여 볼 수 있는 풍경만 볼 수 있는 것과 같다. 윈도우 함수에는 여러 종류가 있는데 뒤에서 설명하기로 한다.

다음의 그림은(103.vi) 많은 신호 중에서 일정구간 내의 신호만 활용하는 예를 보이고 있다(103.vi). 이런 경우에 전체 신호에 대한 스펙트럼을 알기를 원할 때는 적당하지 않다. 즉, 신호 전체에 대한 주파수 성분들을 알기를 원하는데 특정구간 내의 신호에 대하여 스펙트럼을 보면 본질에 어긋나는 것이지 않느냐라는 의문이 생길 것이다. 이를 위하여 한 개 구간 내의 스펙트럼만을 보는 것이 아니라, 볼 수 있는 모든 구간내의 스펙트럼을 구간별로 보는 수밖에 없다. 실제로 신호를 분석함에 있어서 장시간 동안의 스펙트럼은 별로 의미가 없는 경우가 많다. 신호란 원래가 시시각각으로 변하고 있기 때문에 시시각각의 스펙트럼이 필요한 것이지 장시간의 스펙트럼을 보게 되면 시시각각의 스펙트럼 정보가 없어지거나 평균화되어서 의미가 전혀 없어져 버린다. 예를 들면 “아버지”, “어머니”라고 발성했을 경우에 발성된 신호의 주파수 성분을 알고자 할 때에 “아버지” 전체 파형에 대한 스펙트럼과 “어머니” 전체에 대한 스펙트럼은 차이가 별로 없을 수 있다(장시간 스펙트럼 분석). 그러나 단시간 스펙트럼 분석을 함으로써 아버지라는 음성신호가 가지는 음소인 “ㅏ, ㅂ, ㅈ, ㅁ, ㄴ, ㅣ” 등의 차이를 알 수 있게 될 것이다.

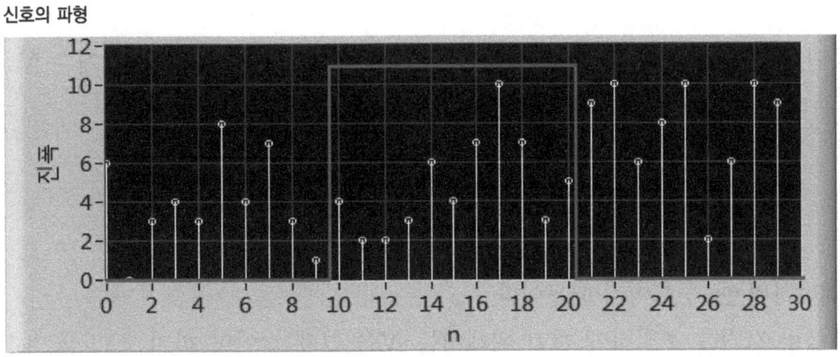

[그림 7-18] 신호파형을 구간화하기 위한 윈도우 함수 적용(103.vi)

구간 내의 신호에 대하여 스펙트럼을 구한다는 것은 주파수의 영역에서 생각하면 Ω의 구간인 $0 \sim 2\pi$인 원둘레를 구간 내에 있는 신호의 개수인 N으로 나눈 값이 주파수 성분이 된다는 의미이다. 좀 어려운 것처럼 느껴질지 모르나 아래의 설명을 보면 쉽게 이해할 것이다.
DTFT에서의 스펙트럼을 구하는 다음의 식

$$X(\Omega) = \sum_{n=-\infty}^{n=\infty} x[n]e^{-j\Omega n} \tag{7-13}$$

으로부터 생각해 보면 시간영역의 신호의 수가 ∞가 아니고, 유한개인 0부터 $N-1$까지의 N개의 데이터가 될 것이며, 주파수의 간격은 원둘레를 N으로 나눈 $2\pi/N$이 되어, 각주파수 성분은

$$0,\ \frac{2\pi}{N}\times 1,\ \frac{2\pi}{N}\times 2,\ \frac{2\pi}{N}\times 3,\ \cdots,\ \frac{2\pi}{N}k,\ \cdots\ \frac{2\pi}{N}\times(N-1) \tag{7-14}$$

가 된다. 따라서 DTFT의 수파수 성분을 나타내는 Ω 대신에 $(2\pi/N)k$을 대입히면 스펙트럼 계산식은 다음과 같이 표현할 수 있다. 이러한 표현식을 이산푸리에변환(Discrete Fourier Transform)이라고 한다.

$$X(k) = \sum_{n=0}^{N-1} x[n]e^{-j\frac{2\pi}{N}kn}, \qquad k = 0,\ 1,\ \cdots,\ N-1 \tag{7-15}$$

이 된다.

여기에서 k의 의미는 기본 각주파수 $2\pi/N$의 k번째 고조파를 의미한다. 즉 기본 각주파수가 있으면 고조파가 있는데 고조파는 기본주파수의 정수배이다. 따라서 $(2\pi/N)k$는 k차 고조파를 나타낸다. 이 개념을 우리가 흔히 사용하는 Hz 개념의 주파수와 관련지어 설명하면 다

음과 같다.

예를 들면, 샘플링 주파수 $f_s = 100Hz$이고, 신호의 한 구간 내의 신호의 개수 $N = 50$으로 가정하면 주파수 간격(이를 주파수 분해능이라고 한다.)은

$$\frac{2\pi}{N} \rightarrow \frac{f_s}{N} = \frac{100Hz}{50} = 2Hz \tag{7-16}$$

가 된다. 왜냐하면 2π가 f_s이기 때문이다.

또한 샘플링 간격을 조밀하게 하기 위해서는 N을 크게 잡아야 하며, 그만큼 계산량도 많아진다.

위의 식 $X(k)$에서 $k = 0, 1, 2, \cdots N-1$이며, 실제로 주파수(샘플링 주파수)가 $100Hz$이고 주기 $N=50$인 경우에 $X(0)$은 $0Hz$, $X(1)$은 $2Hz$, $X(2)$는 $4Hz$, $X(3)$은 $6Hz$, ..., $X(49)$는 $98Hz$의 주파수 성분을 나타내는 스펙트럼이 된다.

그러면 k의 값이 50, 51, 52, ... 등으로 하면 어떻게 될까?

일반적으로 k의 값이 $0, 1, \cdots, N-2, N-1, N, N+1, N+2, N+3, \cdots$ 등으로 되면 어떻게 될까?

다시 위의 식 (7.15)으로 생각해 보자.

$k = N$인 경우에는 다음 식에서 보는 바와 같이 $k = 0$인 경우와 같다.

$$\begin{aligned} X(N) &= \sum_{n=0}^{N-1} x[n] e^{-j\frac{2\pi}{N}Nn} \\ &= \sum_{n=0}^{N-1} x[n] e^{-j2\pi n} \\ &= \sum_{n=0}^{N-1} x[n] \\ &= X(0) \quad \because e^{-j2\pi n} = \cos(2\pi n) - j\sin(2\pi n) = 1 \end{aligned} \tag{7-17}$$

$k = N+1$인 경우에는 다음 식에서 보는 바와 같이 $k = 1$인 경우와 같다.

$$\begin{aligned} X(N+1) &= \sum_{n=0}^{N-1} x[n] e^{-j\frac{2\pi}{N}(N+1)n} \\ &= \sum_{n=0}^{N-1} x[n] e^{-j2\pi n} e^{-j\frac{2\pi}{N}1} \\ &= \sum_{n=0}^{N-1} x[n] e^{-j\frac{2\pi}{N}1} \\ &= X(1) \end{aligned} \tag{7-18}$$

$k=N+2$인 경우에는 다음 식에서 보는 바와 같이 $k=2$인 경우와 같다.

$$\begin{aligned} X(N+2) &= \sum_{n=0}^{N-1} x[n] e^{-j\frac{2\pi}{N}(N+2)n} \\ &= \sum_{n=0}^{N-1} x[n] e^{-j2\pi n} e^{-j\frac{2\pi}{N}2} \\ &= \sum_{n=0}^{N-1} x[n] e^{-j\frac{2\pi}{N}2} \\ &= X(2) \end{aligned} \tag{7-19}$$

....

등으로 된다. 다음의 그림은 주기가 8인 이산신호에 대한 $X(k)$를 구하여, 진폭스펙트럼 $|X(k)|$와 위상스펙트럼 $\angle X(k)$를 보여주고 있다(33.vi).

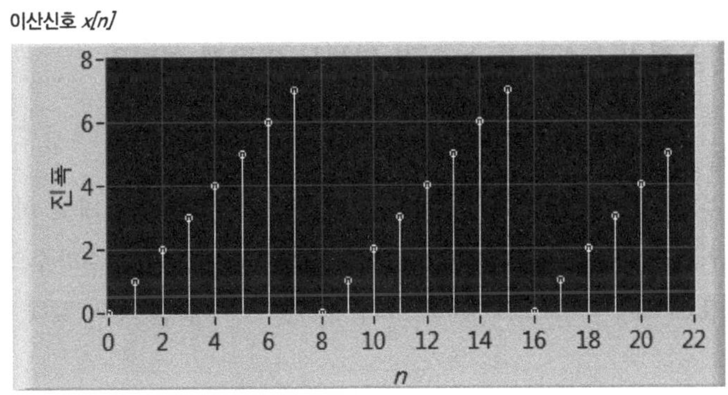

[그림 7-19] 주기가 8인 이산신호

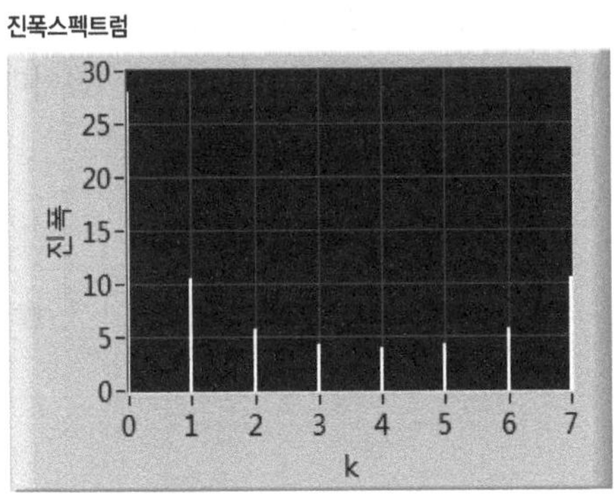

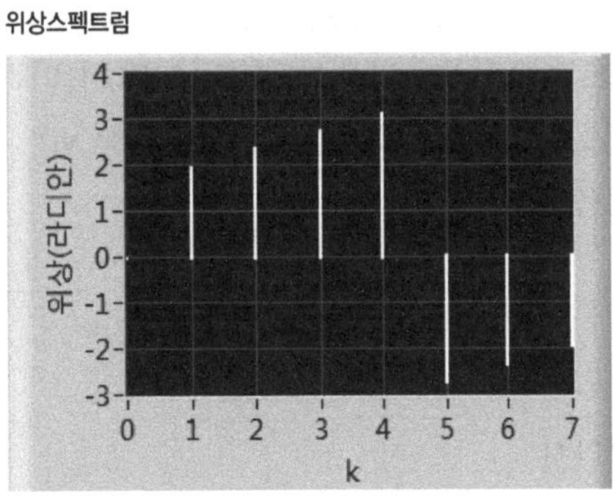

[그림 7-20] 주기가 8인 이산신호에 대한 진폭스펙트럼과 위상스펙트럼

[예제 7-7] 샘플링 주파수를 1000Hz로 하였을 경우에 스펙트럼을 구하는데 주파수 분해능을 10Hz로 하고 싶다. 이를 위하여 N을 얼마로 하면 좋은가?

[풀이] $\frac{1000}{N} \le 10$, 따라서 $N = 100$ 이상이면 된다.

[예제 7-8] 위의 문제에서 $N = 100$ 이상이 되기 위해서는 $x[n]$의 개수도 100개 이상 있어야 하는데 $x[n]$의 개수가 100개 이하인 80개이면 어떻게 해야 하나?

[풀이] $x[n]$의 개수인 80개와 나머지 20개를 0으로 채워서 계산하면 된다.

3.4 스펙트럼의 주파수 분해능을 높이기 위해서 어떻게 하나?

– 주파수의 간격을 좁히기 위해서?

주파수 해상도란 주파수(혹은 각주파수)의 간격 혹은 주파수 분해능이라고 한다. 주파수 해상도를 높인다는 말의 의미는 주파수 분해능의 값을 적게 하는 것이며, 주파수의 간격을 좁힌다는 의미이다. 마치 LCD TV의 화소(팩셀)의 크기가 적은 것이 좋은 것과 같다. DFT의 정의식

$$X(k) = \sum_{n=0}^{N-1} x[n] e^{-j\frac{2\pi}{N}kn} \tag{7-20}$$

로부터 주파수 간격은 $2\pi/N$이므로 $2\pi/N$를 작게 하기 위해서는 N을 크게 하면 된다. 그럼 실제적으로 $x[n] = \{1, 2, 2, 1\}$에 대하여 생각해 보자. 현재 $N = 4$이다. 이 신호에 대한 진폭 스펙트럼 $|X(k)|$와 위상스펙트럼 $\angle X(k)$을 구하면 다음과 같다(단 샘플링 주파수는 80이다.).

신호의 크기는 각각 1, 2, 2, 1이다(34.vi).

다음의 계산식으로부터 출발하자.

$$X(k) = \sum_{n=0}^{N-1} x[n] e^{-j\frac{2\pi}{N}kn}, \qquad k = 0, 1, \cdots, N-1, \tag{7-21}$$

따라서

$$
\begin{aligned}
X(0) &= x[0]e^{-j\frac{2\pi}{4}0\cdot 0}+x[1]e^{-j\frac{2\pi}{4}0\cdot 1}+x[2]e^{-j\frac{2\pi}{4}0\cdot 2}+x[3]e^{-j\frac{2\pi}{4}0\cdot 3} \\
&= 1+2+2+1=6 \\
|X(0)| &= 6 \\
\angle X(0) &= \tan^{-1}\frac{0}{6}=0
\end{aligned}
\tag{7-22}
$$

$$
\begin{aligned}
X(1) &= x[0]e^{-j\frac{2\pi}{4}1\cdot 0}+x[1]e^{-j\frac{2\pi}{4}1\cdot 1}+x[2]e^{-j\frac{2\pi}{4}1\cdot 2}+x[3]e^{-j\frac{2\pi}{4}1\cdot 3} \\
&= 1+2e^{-j\frac{2\pi}{4}}+2e^{-j\frac{4\pi}{4}}+e^{-j\frac{6\pi}{4}} \\
&= 1-j2-2+j=-1-j \\
|X(1)| &= \sqrt{1^2+1^2}=\sqrt{2} \\
\angle X(1) &= \tan^{-1}\frac{-1}{-1}=\frac{\pi}{4}
\end{aligned}
$$

$$
\begin{aligned}
X(2) &= x[0]e^{-j\frac{2\pi}{4}2\cdot 0}+x[1]e^{-j\frac{2\pi}{4}2\cdot 1}+x[2]e^{-j\frac{2\pi}{4}2\cdot 2}+x[3]e^{-j\frac{2\pi}{4}2\cdot 3} \\
&= 1+2e^{-j\frac{4\pi}{4}}+2e^{-j\frac{8\pi}{4}}+e^{-j\frac{12\pi}{4}} \\
&= 1-2+2-1=0 \\
|X(2)| &= 0 \\
\angle X(2) &= \tan^{-1}\frac{0}{0}
\end{aligned}
$$

$$
\begin{aligned}
X(3) &= x[0]e^{-j\frac{2\pi}{4}3\cdot 0}+x[1]e^{-j\frac{2\pi}{4}3\cdot 1}+x[2]e^{-j\frac{2\pi}{4}3\cdot 2}+x[3]e^{-j\frac{2\pi}{4}3\cdot 3} \\
&= 1+2e^{-j\frac{6\pi}{4}}+2e^{-j\frac{12\pi}{4}}+e^{-j\frac{18\pi}{4}} \\
&= 1+j2-2-j=-1+j \\
|X(3)| &= \sqrt{1^2+1^2}=\sqrt{2} \\
\angle X(3) &= \tan^{-1}\frac{1}{-1}=-\frac{\pi}{4}
\end{aligned}
$$

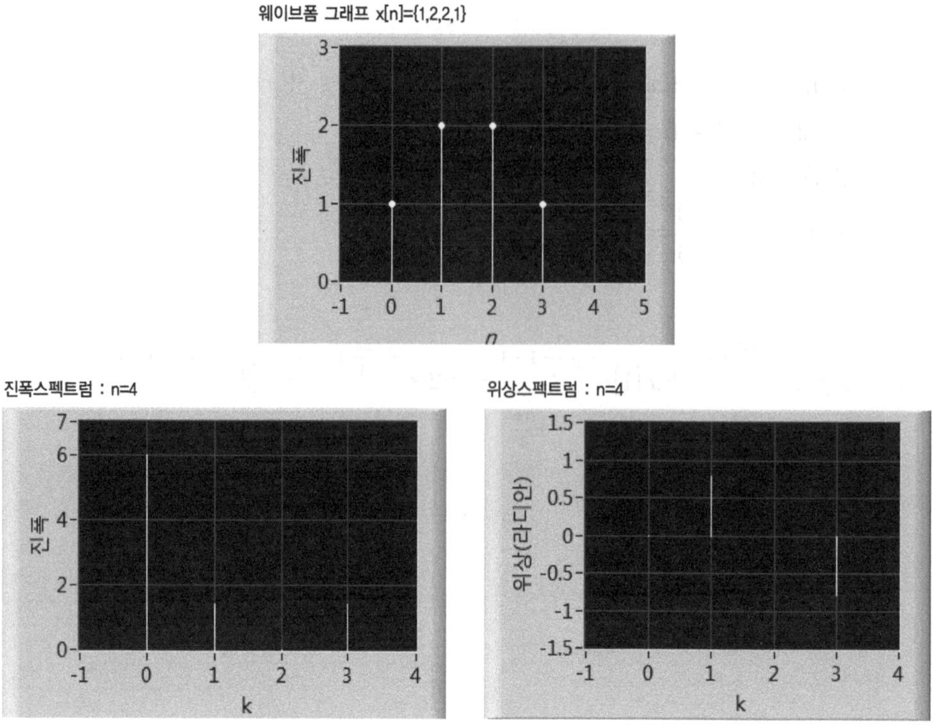

[그림 7-21] $x[n]=\{1,2,2,1\}$에 대한 스펙트럼

다음은 스펙트럼의 해상도를 높여 보자. 해상도를 높인다는 의미는 앞에서도 설명했듯이 주파수의 간격을 좁힌다는 의미이므로 주파수 간격 $2\pi/N$에서 N을 크게 한다는 의미이기 때문에 $N=4$에서 $N=8$로 해보자.

원래 신호 $x[n]$에는 4개의 데이터만 있는데 어떻게 8개의 데이터를 만드는가? 어떤 방법이 있을까? 원래 있는 데이터에 0을 추가하는 수밖에 없다. 이를 영점 채우기(zero padding)라고 한다. 그래서 신호는 0을 채운 다음과 같다고 생각한다.

$$x[n]=\{1,2,2,1,0,0,0,0\} \tag{7-23}$$

이에 대한 진폭스펙트럼과 위상스펙트럼은 다음과 같다.(계산 과정은 생략하며 LabVIEW에 의한 그래프만 아래에 나타낸다.)

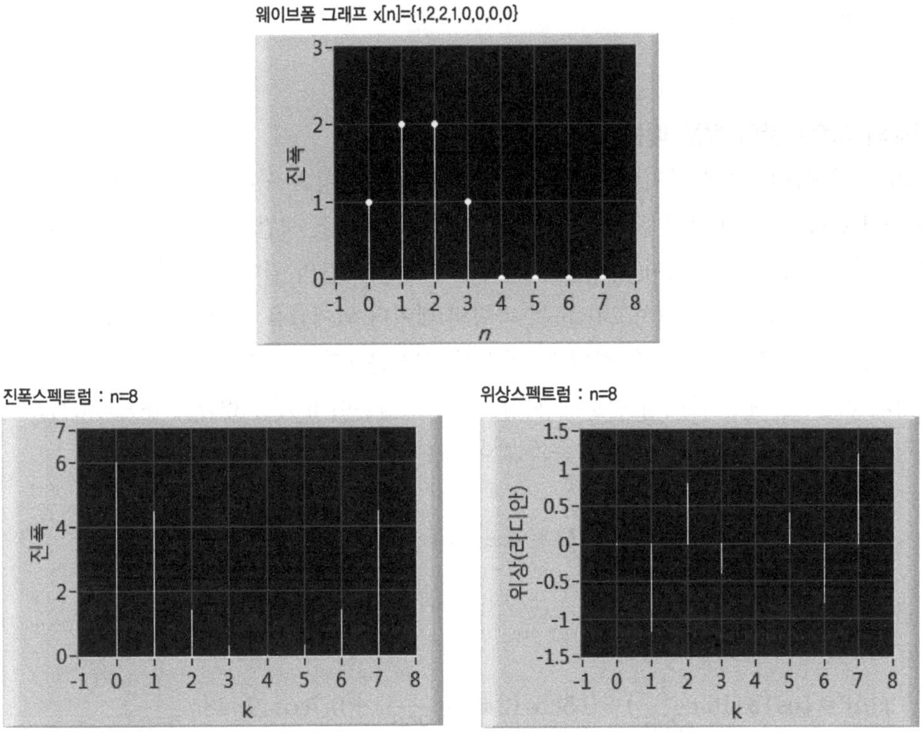

[그림 7-22] $x[n]=\{1,2,2,1\}$에 0을 추가한 $x[n]=\{1,2,2,1,0,0,0,0\}$에 대한 스펙트럼

[그림 7-21]에서 $k=0, 1, 2, 3$은 각각 $0Hz$, $20Hz$, $40Hz$, $60Hz$를 의미한다.

왜냐하면 $f_s = 80Hz$이기 때문에 한 칸의 간격(주파수 분해능) 혹은 기본주파수는 $2\pi/N = f_s/N = 80/4 = 20Hz$가 된다. 각 고조파는 정수배로서 나타나기 때문이다.

[그림 7-22]에서도 위와 같이 생각하여 $k=0, 1, 2, 3, 4, 5, 6, 7$ 각각은 $0Hz$, $10Hz$, $20Hz$, $30Hz$, $40Hz$, $50Hz$, $60Hz$, $70Hz$를 의미한다.

- $N=4$로부터 $N=8$로 증가시키면 스펙트럼에서 차이가 무엇인가?

첫째, 위에서 설명한 것처럼 주파수 분해능이 $20Hz$에서 $10Hz$로 되었다.(주파수 분해능 상승 효과)

둘째, 주파수 성분의 세기는 주파수 분해능이 상승되더라도 같은 주파수 성분의 세기는 변함이 없다. 예를 들면, $N=4$의 경우에 $k=1(20Hz)$은 주파수 분해능이 상승된 $N=8$의 경우에 $20Hz(k=2)$의 세기와 같다는 사실이다.

셋째, 스펙트럼 상에 보이는 주파수 성분이 해당 신호가 가지고 있는 모든 주파수 성분을 나타낸다고 할 수 없다. 예를 들면, $N=4$의 경우에 주파수가 $10Hz$ 성분은 나타나지 않기 때문에 없다고 생각해서는 안된다. 주파수 분해능을 $N=8$로 하면, 없다고 생각한 $10Hz$ 성분이 나타남을 확인할 수 있다.

– 신호의 지속시간이 짧을 때는 어떻게 하나?

주파수 분해능을 좋게 하기 위하여 분석하고자 하는 파형의 구간(길이)을 길게 하여 N을 크게 하면 된다. 그런데 분석하고자 하는 파형 자체가 짧거나, 시간적으로 파형의 변화가 심해서 같은 파형이 길게 계속되지 않으면 분석하고자 하는 시간의 길이를 길게 할 수가 없다. 일반적으로 이러한 경우에 분석하고자 하는 파형의 데이터 외에 0을 삽입하여 구간의 길이를 길게 하면 된다라고 위에서 설명을 하였다. 이렇게 하면 문제가 없는지 혹은 예상치 않은 현상이 나타나지 않는지? 예를 들어서 검토해 보자. 주파수 성분이 $16Hz$, $32Hz$, $48Hz$, $64Hz$이고, 샘플링 주파수가 $256Hz$인 신호는 다음과 같이 표현할 수 있다.

$$x(t) = \cos(2\pi ft) = \cos(2\pi fnT_s) = \cos(2\pi fn\frac{1}{f_s}) \tag{7-24}$$

로부터

$$\begin{aligned} x[n] &= \cos(2\pi 16n\frac{1}{256}) + 0.5\cos(2\pi 32n\frac{1}{256}) + 0.7\cos(2\pi 48n\frac{1}{256}) \\ &\quad + 0.8\cos(2\pi 64n\frac{1}{256}) \\ &= \cos(0.125\pi n) + 0.5\cos(0.25\pi n) + 0.7\cos(0.375\pi n) + 0.8\cos(0.5\pi n) \end{aligned}$$

신호의 파형을 다음 그래프에서처럼 32개의 신호로 그래프로 나타내었다(106.vi). 32개의 신호란 $(1/f_s) \times N = (1/256) \times 32 = 0.125$초 구간의 신호를 의미한다. 이 구간에 신호의 기본주파수인 $16Hz(= 0.0625 \text{ sec})$의 신호 2주기가 포함된다고 할 수 있다. 진폭스펙트럼을 분석하기 위해서 DFT를 수행하는 데에 DFT를 위한 데이터의 개수를 512개와 16개를 실시한 결과를 아래에 나타내고 있다. 16개로 DFT한 결과인 스펙트럼을 보면 원래의 신호에 포함되어 있는 $16Hz$, $32Hz$, $48Hz$, $64Hz$성분이 선스펙트럼의 형태로 잘 나타내 주고 있다. 이는 주파수 분해능이 $f_s/N = 256Hz/16 = 16Hz$가 되어 분해능의 정수배가 원래의 신호에 포함되어 있으니 잘 정합되고 있어 스펙트럼에도 표현되고 있다고 할 수 있다.

그러나 512개의 DFT한 결과인 스펙트럼을 보면 원래의 신호에 포함된 4종류의 주파수와, 그 외의 다른 주파수 성분도 많이 나타나고 있음을 알 수 있다. 이를 누설 스펙트럼이라고 한다.

x[n] : 데이터의 개수가 32개인 신호

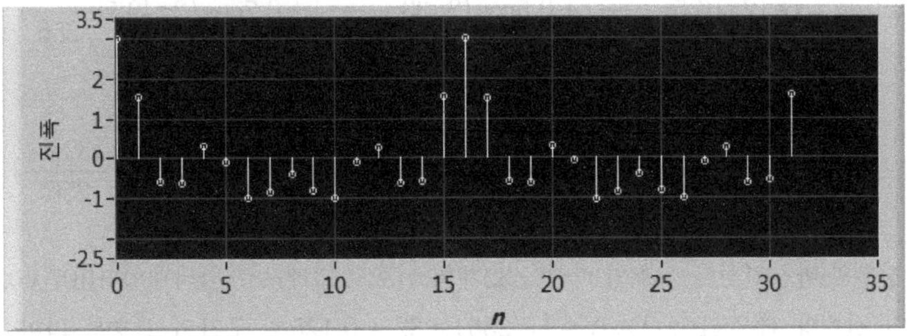

진폭스펙트럼(N=512로 한 DFT)

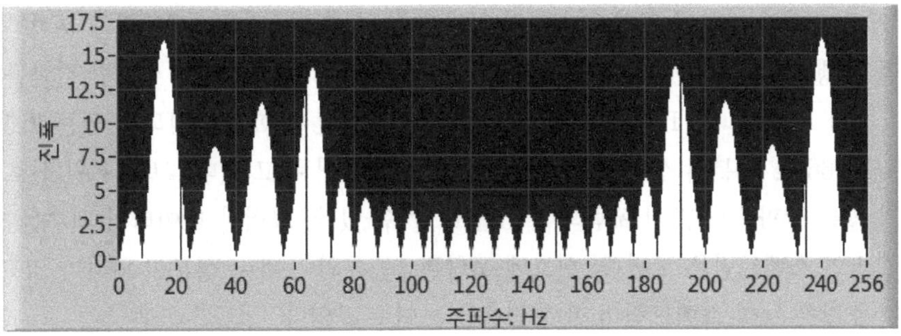

진폭스펙트럼(N=16으로 한 DFT)

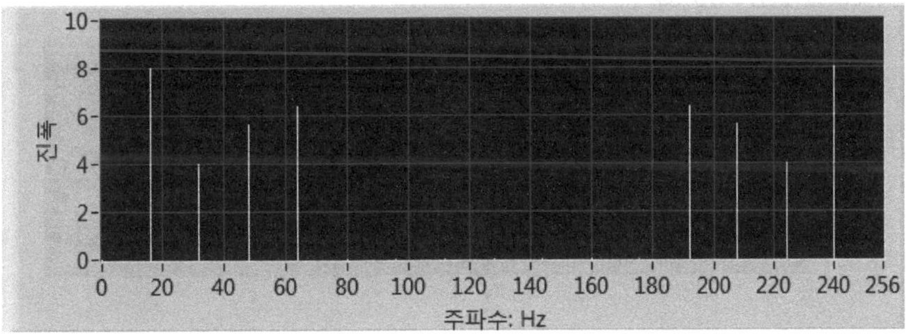

[그림 7-23] 데이터의 수가 32개인 신호의 경우에 진폭스펙트럼을 구하기 위하여 DFT를 할 때에 데이터 개수 N을 512로 한 경우와 16으로 한 경우의 진폭스펙트럼(106.vi)

이번에는 위의 주파수 성분보다 3%정도로 약간 상승된 $16.5Hz$, $33Hz$, $49.5Hz$, $66Hz$이고, 샘플링 주파수는 같은 $256Hz$인 신호를 생각해 보자. 신호의 표현식은 다음과 같이 된다.

$$x[n] = \cos(2\pi 16.5n\frac{1}{256}) + 0.5\cos(2\pi 33n\frac{1}{256}) + 0.7\cos(2\pi 49.5n\frac{1}{256}) + 0.8\cos(2\pi 66n\frac{1}{256})$$
$$= \cos(\frac{33\pi n}{256}) + 0.5\cos(\frac{66\pi n}{256}) + 0.7\cos(\frac{99\pi n}{256}) + 0.8\cos(\frac{132\pi n}{256})$$

위의 경우와 마찬가지로 신호의 파형을 32개의 신호로 그래프로 나타내었다(107.vi).

32개의 신호라 함은 $(1/f_s)\times N = (1/256)\times 32 = 0.125$초 구간의 신호를 의미한다. 이 구간에 기본주파수인 16.5Hz(0.06 sec)의 신호 2주기보다 조금 많이 포함된다고 할 수 있다. 즉, 주기의 정수배인 파형이 포함되어 있지 않다고 볼 수 있다. 진폭스펙트럼을 분석하기 위해서 DFT를 수행하는 데에 DFT를 위한 데이터의 개수를 512개와 16개로 실시한 결과를 아래에 나타내고 있다. 16개로 DFT한 결과인 스펙트럼을 보면 원 신호에 포함되어 있는 16.5Hz, 33 Hz, 47.5Hz, 66Hz 성분이 선스펙트럼의 형태로 잘 나타내 주고 있다. 그러나 원 신호에 포함되어 있지 않은 주파수도 많이 포함되어 있음도 알 수 있다. 그러나 데이터의 개수를 512개로 DFT한 결과인 스펙트럼을 보면 원 신호에 포함된 4종류의 주파수 성분이 나타나 있고, 그 외에도 주위에 많은 누설 스펙트럼이 함께 있음을 보여주고 있다.

x[n] : 데이터의 개수가 32개인 신호

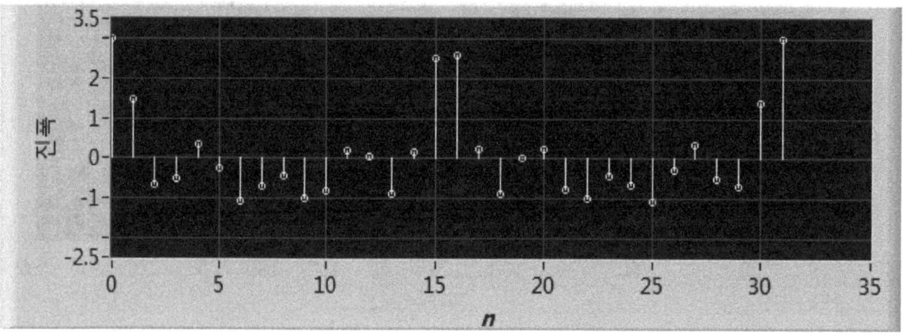

진폭스펙트럼 N=512 DFT

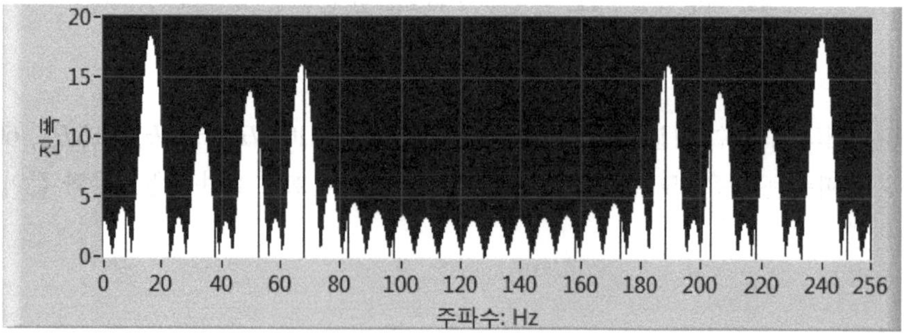

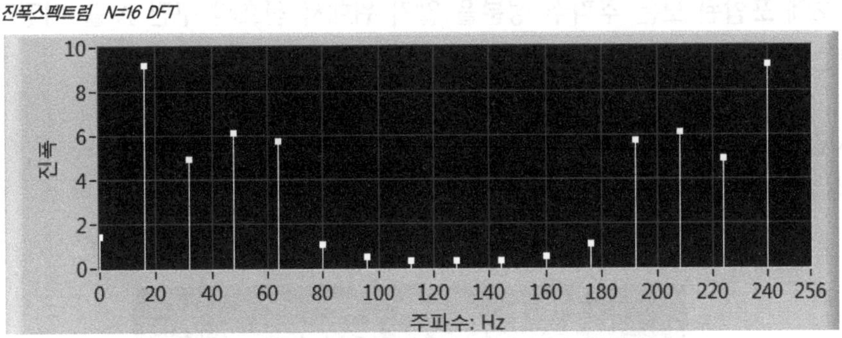

[그림 7-24] 원래의 신호에 포함된 주파수 성분과 누설주파수(107.vi)

위의 두 스펙트럼으로부터 알 수 있는 것은, 스펙트럼을 구하기 위한 DFT의 데이터 개수 N을 정함에 있어서, N이 적으면 분석구간이 원신호가 가지고 있는 기본주파수의 정수배이냐 아니냐에 따라서 얻어지는 스펙트럼의 모양은 상당히 다르다. 그러나 N을 크게 하면 원신호가 가지고 있는 기본주파수의 정수배이냐 아니냐에 따라서 얻어지는 스펙트럼의 모양은 거의 같다. 따라서 우리는 일반적으로 스펙트럼을 구하기 위해서 구간을 나누는 경우에 기본주파수의 정수배로 나눈다는 것은 현실적이지 못하다. 왜냐하면 우리는 기본주파수를 모르기 때문이다. 이러한 경우에 N을 원신호의 길이의 수배로 충분히 크게 하면 안정적인 스펙트럼을 얻을 수 있다.

이와 같이 시간축의 신호를 구간화(프레이므로 나눔)함에 있어서 신호가 가지고 있는 기본주파수의 정수배냐 아니냐에 따라서 스펙트럼이 달라진다. 이러한 구간의 길이에 따른 주파수 성분의 오차를 최소화하기 위하여 어떻게 해야 하나? 구간의 길이인 N을 신호의 크기보다 훨씬 크게 잡기도 하지만, 시간영역 상에서 윈도우 함수를 사용함에 있어서 신호 구간 양단의 크기를 줄여 구간의 비주기에 대하여 보완하는 역할을 하게 한다. 이러한 차원에서 생각한다면 위에서 사용한 사각윈도우가 가장 좋지 않은 것으로 생각될 수 있다. 왜냐하면 사각윈도우는 신호 양단을 전혀 감쇄시키지 않기 때문에 비주기에서의 파형이 그대로 살아남기 때문이다. 그러나 계산량이 거의 필요 없기 때문에 정밀한 스펙트럼 분석이 아니면 많이 사용하기도 한다.

3.5 신호에 포함된 모든 주파수 성분을 알기 위해서 신호의 구간 N을 어떻게 결정하는가?

– 지속시간이 길거나, 연속으로 입력되는 신호의 구간화는 어떻게 하는가?

다음의 신호 $x[n]$을 생각해 보자(36.vi).

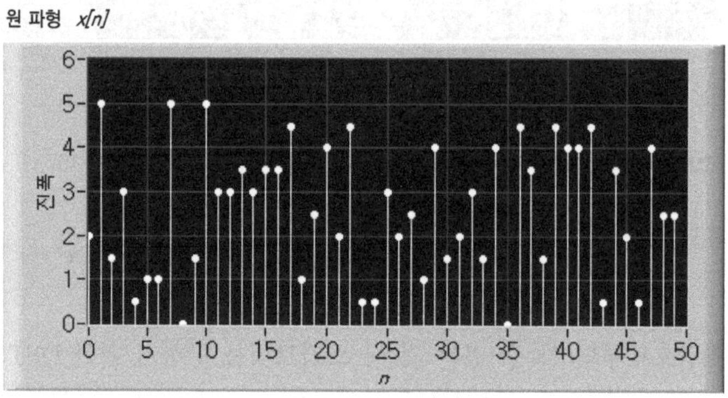

[그림 7-25] 신호가 연속적으로 입력되는 경우의 신호

위의 그림에서 눈에 보이는 신호의 개수는 50개이나 실제로는 이보다 훨씬 많은 개수를 가진다. 이들에 대한 스펙트럼을 구한다고 할 때에 구간으로 분할하여야 한다(N을 정하는 문제). 예를 들면, 무한히 많은 데이터를 10개씩으로 구간을 정하여 스펙트럼을 구한다고 하자. 많은 량의 데이터 중에서 원하는 일부분의 데이터를 취하기 위하여 가장 간단한 방법으로 다음과 같은 함수를 원함수와 곱하면 구간 내의 데이터는 남고, 구간 바깥 부분의 데이터는 모두 0이 된다(37.vi). 이러한 과정을 '신호파형에 윈도우(Window)를 적용한다' 혹은 '윈도우잉(Windowing)'이라고 표현하며 윈도우 함수라고 한다.

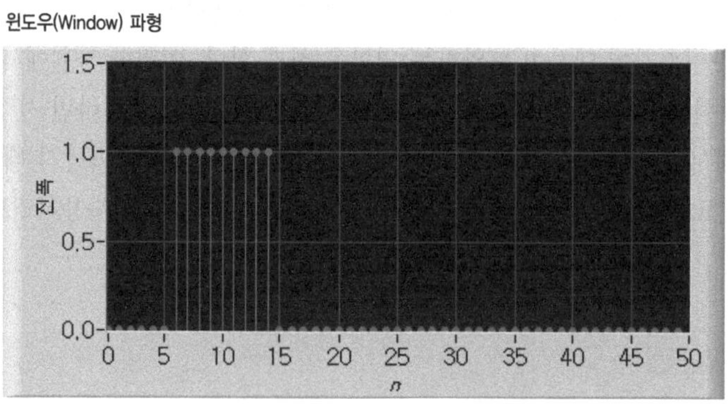

[그림 7-26] 구형파 윈도우 파형

실제로 원함수에 위와 같은 윈도우 함수를 취하는 과정은 다음과 같으며, 식과 그림으로 표시하면 다음과 같다.

$$y[n] = x[n]w[n] \tag{7-26}$$

$x[n]$은 원함수, $w[n]$은 윈도우 함수, $y[n]$은 원함수에 윈도우 함수가 취해진 결과함수이다.

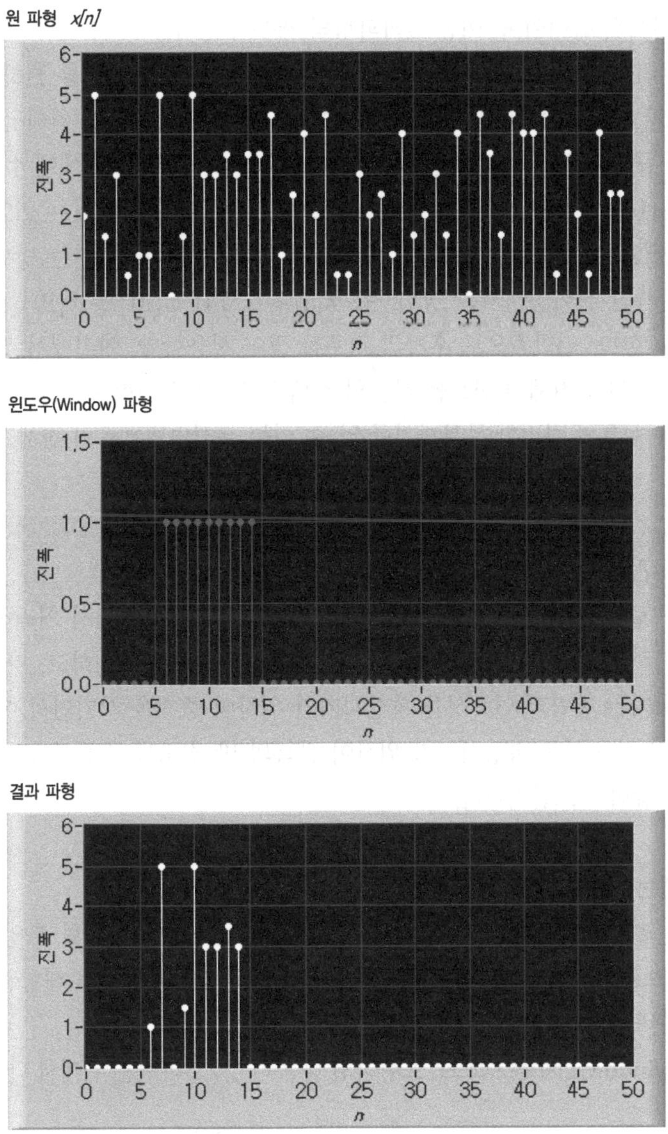

[그림 7-27] 원신호에 윈도우 신호의 곱에 의해서 얻어진 파형

이 결과 함수를 이용하면 이산시간 푸리에변환을 할 수 있으며, 특히 윈도우 함수를 이용하여 블록으로 구간화하여 이를 이산푸리에변환(Discrete Fourier Transform)을 한다고 표현한다.

다시 표현하면 다음과 같다.

$$X(k) = \sum_{n=0}^{N-1} x[n] e^{-j\frac{2\pi}{N}kn} \qquad k = 0, 1, 2, \cdots, N-1 \tag{7-27}$$

여기서 N은 블록의 길이이며, 이는 결과파형의 개수가 된다.

일반적으로 **우리는 원하는 신호의 스펙트럼은 원신호의 일부만 알기를 원하지 않고 전체의 스펙트럼을 알고자 할 때에는 어떻게 하나?** 전체의 스펙트럼을 구하기 위해서는 구간을 반복하여 이동하면서 구간별로 스펙트럼을 구하여 보는 수밖에 없다. 위의 예에서 보면 전체 구간 중에서 $x[5] \sim x[14]$의 구간에서의 신호를 스펙트럼분석을 하고, $x[15] \sim x[24]$ 구간의 데이터를 분석하고, $x[25] \sim x[34]$, $x[35] \sim x[44], \cdots$ 등으로 분석해 나가는 방법이 있다. 혹은 분석구간을 겹쳐가면서 이동시키는 방법, 즉 $x[5] \sim x[14]$, $x[10] \sim x[19]$, $x[15] \sim x[24]$, … 등으로 하기도 한다. 일반적으로 후자의 경우를 많이 사용한다. 여기에서 전체의 스펙트럼이라고 표현했는데 이는 전체의 신호를 하나의 스펙트럼으로 표현한다(장시간 스펙트럼 분석)는 의미가 아니라 신호의 정밀한 부분까지를 알 수 있는 분석방법으로의 전체스펙트럼을 의미한다.

– 시간영역에서 구간화는 어떻게 하는가?

위와 같은 방법으로 윈도우 함수를 왼쪽에서 오른쪽으로 이동해 가면서 처리하면 된다. 이동하는 방법도 간단하게 다음과 같은 여러 방법이 있다. 한 블록을 지정하고, 다음 블록을 중첩하지 않고 이동시키는 방법과 연속성을 향상시키기 위하여 중첩을 시키면서 이동시키는 방법이 있다. 대부분은 연속성을 향상시키기 위하여 블록의 반 정도를 중첩시키면서 이동시켜 스펙트럼을 구하는 방법이 보편적이다.

– 윈도우 함수에는 어떠한 것이 있나?

윈도우 함수에는 여러 종류가 있으나, 대표적으로는 위와 같은 사각형 모양의 사각윈도우(Rectangular Window), 종모양의 해밍윈도우(Hamming Window)와 해닝윈도우(Hanning Window), 삼각윈도우(Triangular Window)가 있다.

Rectangular window 함수는 식으로 표현하면 다음과 같고, 파형은 위에서 나타낸 것과 같다.

$$w_R[n] = \begin{Bmatrix} 1 & 0 \le n \le N \\ 0 & \text{기타} \end{Bmatrix} \tag{7-28}$$

Hamming window 함수는 다음과 같다(39.vi).

$$w_{hamming}[n] = 0.54 - 0.46\cos\frac{2\pi(n+0.5)}{N},\ \ 0 \le n \le N-1 \tag{7-29}$$

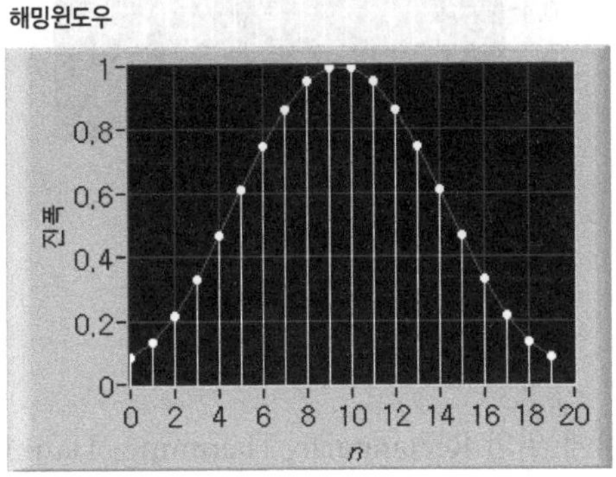

[그림 7-28] 해밍(Hamming) 윈두우함수

Hanning window 함수는 다음과 같다(40.vi).

$$w_{hanning}[n] = 0.5(1 - \cos\frac{2\pi(n+0.5)}{N}),\ \ 0 \le n \le N-1 \tag{7-30}$$

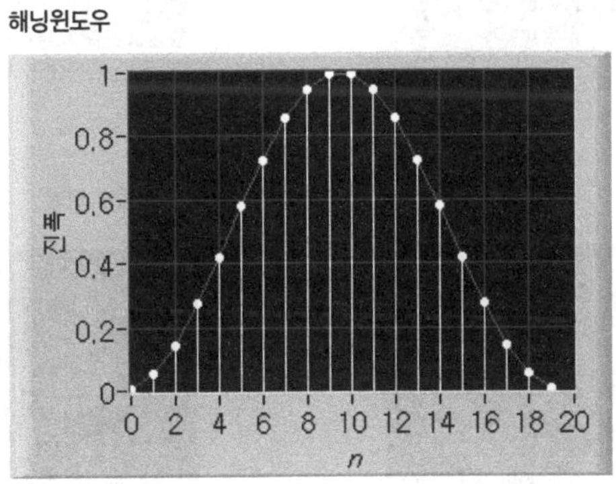

[그림 7-29] 해닝(Hanning) 윈도우함수

삼각(Triangular window) 윈도우 함수는 다음과 같다(41.vi).

$$w[n] = \frac{2}{N} \cdot \left(\frac{N}{2} - \left|n - \frac{N-1}{2}\right|\right) \tag{7-31}$$

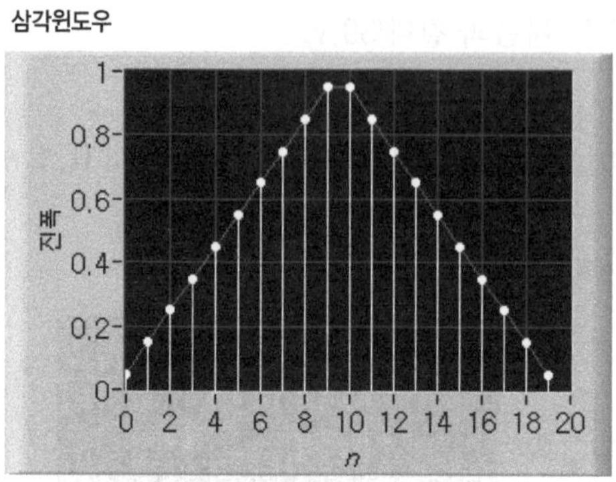

[그림 7-30] 삼각 윈도우함수

다음과 같은 원래의 파형에 위의 Rectangular, Hamming, Hanning, Triangular 윈도우를 취한 결과파형을 그리면 다음과 같다(42.vi).

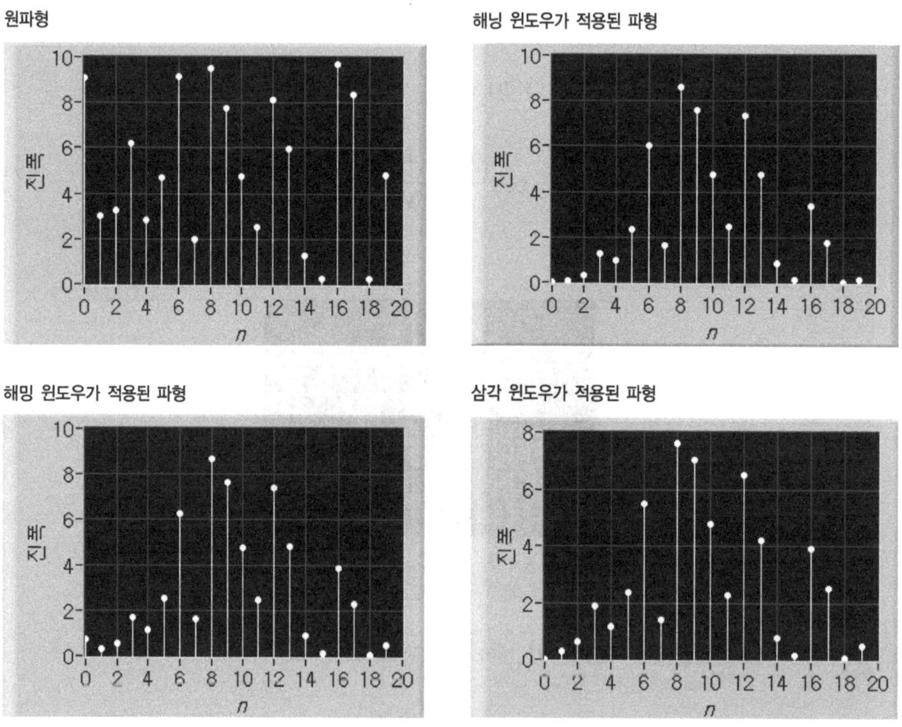

[그림 7-31] 원파형에 해닝윈도우, 해밍윈도우, 삼각윈도우가 적용된 파형

윈도우 함수를 적용하면 파형이 바뀌는데, 바뀐 파형의 스펙트럼을 구하는 것은 의미가 없지 않은가?

그렇다. 우리가 원하는 것은 원래의 파형인 $x[n]$의 스펙트럼을 구하는 것이다. 이를 위하여 어쩔 수 없이 윈도우 $w[n]$을 적용하여 나온 파형 $x[n]w[n]=y[n]$의 스펙트럼을 구하면 우리가 원하는 것이 아니지 않는가? 만약 다르다면 윈도우를 적용하면 의미가 없는 것이 아닐까? 결론부터 말하면 $x[n]$의 스펙트럼과 $y[n]$의 스펙트럼은 다르다. 그러나 어쩔 수 없이 사용할 수밖에 없다. 뿐만 아니라 윈도우 종류에 따라서 출력 $y[n]$의 스펙트럼도 모두 다르다.

어쩔 수 없이 윈도우 함수를 사용할 수밖에 없다는 말의 의미는 무한대 개수의 $x[n]$을 현실적으로 모두 사용할 수 없어서 부분적으로만 사용할 수밖에 없다는 것이다. 그러나 너무 걱정할 필요가 없다. 공학이란 현실과의 타협이다. 타협이라는 말의 의미는 사용하는 용도에 따라서 다름의 정도를 허용할 수 있다는 의미이다. 예를 들면 10cm 정도의 길이를 가진 막대가 필요한데, 장난감을 만들 경우에는 5mm 정도는 더 길거나 짧아도 큰 지장이 없으나, 자동차 부품이라고 하면 0.1mm의 오차도 허용되지 않을 수 있다. 즉, $y[n]$의 스펙트럼도 현실적으로 사용하는 데는 전혀 문제가 없으며, 특수한 경우의 사용 용도에 따라서는 윈도우의 종류를 가려서 목적에 맞는 윈도우 함수를 선정하면 되는 것이다.

윈도우 함수의 종류에 따른 영향이 어느 정도인지를 보기 위하여 주파수가 $20Hz$와 $30Hz$가 포함되어 있고, $100Hz$로 샘플링된 다음의 파형을 생각해 보자.

$$\begin{aligned} x[n] &= \cos(2\pi 20n\frac{1}{100}) + \cos(2\pi 30n\frac{1}{100}) \\ &= \cos(0.4\pi n) + \cos(0.6\pi n) \end{aligned} \tag{7-32}$$

다음의 그림은 64개의 $x[n]$에 대한 파형과 진폭스펙트럼을 나타낸다(43.vi).

x[n] : 데이터의 개수가 64개인 경우

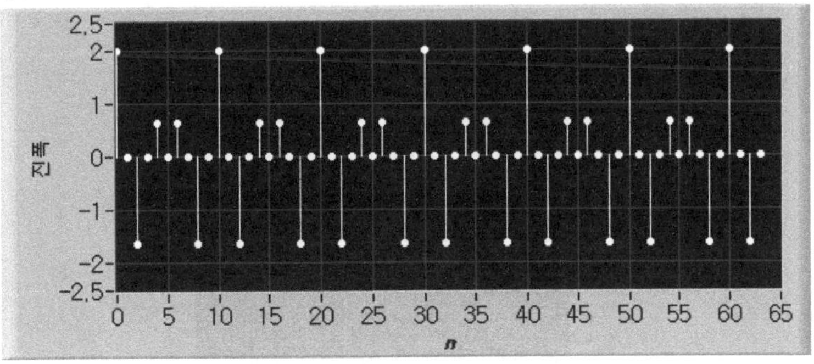

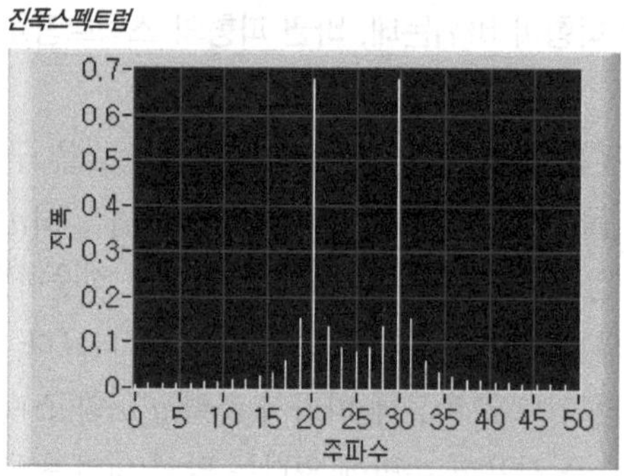

[그림 7-32] 64개의 데이터로 된 신호와 진폭스펙트럼

- 우리가 원하는 데로 얻어졌는가?

위의 진폭스펙트럼을 자세히 보기 바란다. 우리가 예상한대로 얻어졌는가? 즉 입력파형에 포함된 주파수 성분은 20*Hz*와 30*Hz*가 포함되어 있다. 그런데 스펙트럼을 보니 20*Hz*와 30*Hz*외에도 다른 많은 주파수도 함께 나타남을 알 수 있다. 그러면, $x[n]$의 데이터 개수를 64개에서 50개로 변경하여 스펙트럼을 구하여 보자. 결과는 다음과 같다(44.vi).

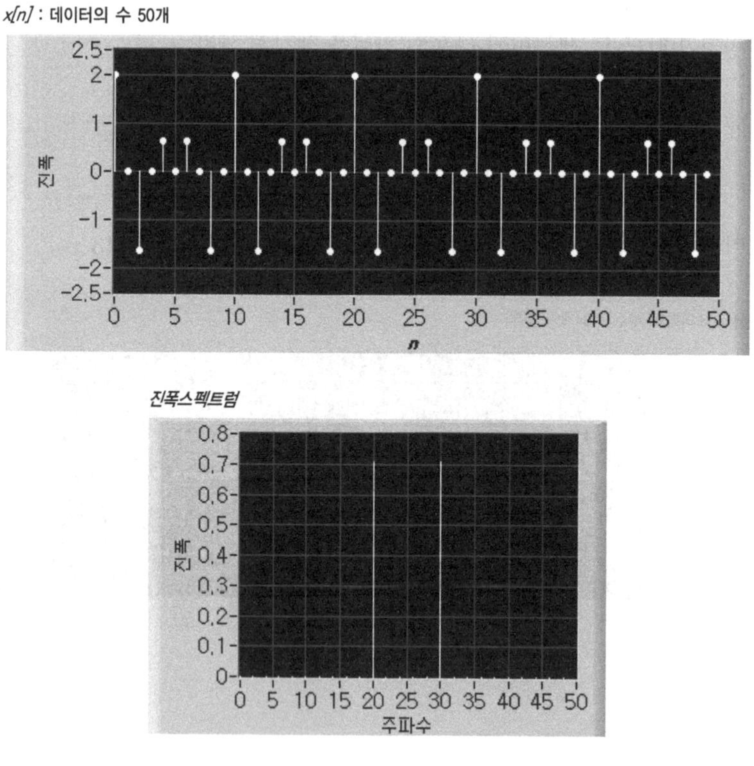

[그림 7-33] 50개의 데이터로 된 신호와 진폭스펙트럼

스펙트럼에서 보면 주파수 성분이 어떻게 나타났는가? 이제는 우리가 예상한대로 20Hz와 30Hz성분만이 나타남을 알 수 있다. 이게 무슨 말인가? 스펙트럼을 분석할 때에는 데이터의 개수에 따라서 스펙트럼이 다르게 나타난다면 데이터의 개수를 어떻게 정해야 하느냐의 문제가 대두된다. 현재 이 경우에 우리는 이미 원신호에 포함된 주파수가 얼마인지를 알기 때문에 이렇게 판단이라도 할 수가 있다. 그러나 일반적으로 원 신호에 포함된 주파수 성분을 모르기 때문에 스펙트럼을 분석해서 주파수 성분을 알고자 하는 것인데 데이터의 수에 따라서 신호에 포함된 주파수 성분이 다르게 나타난다면 우리는 결코 이러한 스펙트럼 분석 방법을 사용할 수가 없다는 생각이 든다. 이제 이에 대한 설명을 한다.

데이터를 64개 취했을 경우에는 아날로그신호를 디지털신호로 바꾸기 위하여 샘플링 주파수 100Hz를 사용하였다. 따라서 64개의 신호를 취했다는 말의 의미는 스펙트럼으로 분석하기 위하여 파형의 구간을 0.64초(64개×1/100초)로 하였으며, 주파수로 볼 때에는 1/0.64=1.5625Hz의 간격을 가진 주파수 성분이 나타나게 된다. 이를 주파수 분해능이라고 하며 다음과 같은 식의 형태로 생각할 수 있다.(7장의 3.3절, 7장의 3.4절 참조)

$$\Delta f = \frac{1}{N\frac{1}{f_s}} = \frac{f_s}{N} \tag{7-33}$$

일반적으로 주파수 분해능이 좋은 것(Δf가 적은 값)이 좋으므로, 주파수 분해능을 좋게 하기 위해서는 N의 값 즉 파형(시간)의 구간을 길게 취한다. 시간에서의 구간을 시간 분해능이라고 한다. 즉, 주파수 분해능을 좋게 하기 위해서 시간 구간을 길게 하면 시간 분해능이 나빠지며, 시간 분해능을 좋게(시간 구간을 짧게) 하기 위하여 N을 작은 수로 취하게 되면 주파수 분해능이 나빠지는 결과를 얻을 수 있다.

다시, 위의 경우로 돌아가 보자. 왜 데이터 개수를 50개 취하였을 경우에는 20Hz와 30Hz의 주파수 성분이 정확하게 나타나고, 나머지 주파수 성분은 나타나지 않는 이론대로 나타나고, 데이터 개수를 64개 취하였을 경우에는 20Hz와 30Hz의 주파수 성분이 정확하게 나타나지 않고, **불필요하게 나타나서는 안 될 주파수 성분이 함께 나타날까?**

여기에 대한 이유가 앞에서 설명한 주파수 분해능으로 설명할 수 있다. 데이터를 50개 이용하였을 경우에는 주파수 분해능이 100/50=2Hz가 되어 2Hz의 정수배인 20Hz와 30Hz 성분이 정확하게 정합되고, 주기의 정수배가 되어야 한다. 이런 조건하에 해당 주파수 성분이 나타나고, 나머지 성분은 당연히 0이 된다. 그러나 데이터를 64개 이용하였을 경우에는 주파수 분해능이 100/64=1.5625Hz가 되어 이 주파수의 정수배의 주파수는 20Hz 부근에 18.75Hz, 20.3125Hz이며, 30Hz 부근에는 29.6875Hz, 31.25Hz이다. 즉 30Hz 주파수 성분이 존재하지 않는다. 이러한 경우에 원신호에 포함되어 있는 주파수 성분이 누설되어 나타나게 된다. 또한, 구간 내에 있는 신호가 원신호로부터 잘라 낸 신호인데 이 신호가 주기의 정수배가 아니기 때문이다. 원신호에 포함되어 있는 주파수에 가까울수록 누설 주파수도 커지게 됨을 위의 스펙트럼에서 알 수 있다.

결과적으로 원신호의 주파수 성분을 알기 위하여 스펙트럼 분석을 하여야 하며, 데이터의 개수 즉, 시간 구간을 얼마의 길이로 할 것이냐는 원하는 주파수 분해능을 생각하여 정하여야 한다. 그리고 누설 주파수가 당연히 존재함도 생각해야 한다.

- 윈도우 함수의 스펙트럼은 어떤 특성을 가지고 있나?

스펙트럼을 조사해 보고 그 특성을 분석하여 목적에 부합되는 윈도우 함수를 사용하여야 한다. 일반적으로 해밍 윈도우 등을 사용한다.

다음의 그림은 각 윈도우 함수에 대한 진폭스펙트럼을 나타낸다(46.vi). 그래프로 표현함에 있어서 이산신호(디지털신호)로 표현함이 마땅하지만 그래프의 모양을 좀 더 알기 쉽게 하기 위하여 그래프를 연속적으로 그렸다.

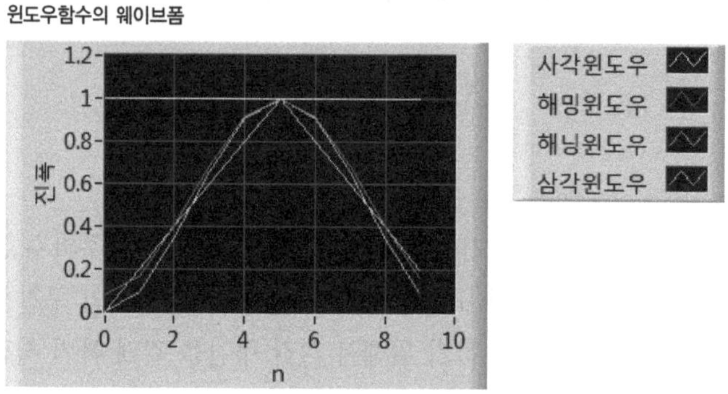

[그림 7-34] 윈도우 종류별 파형

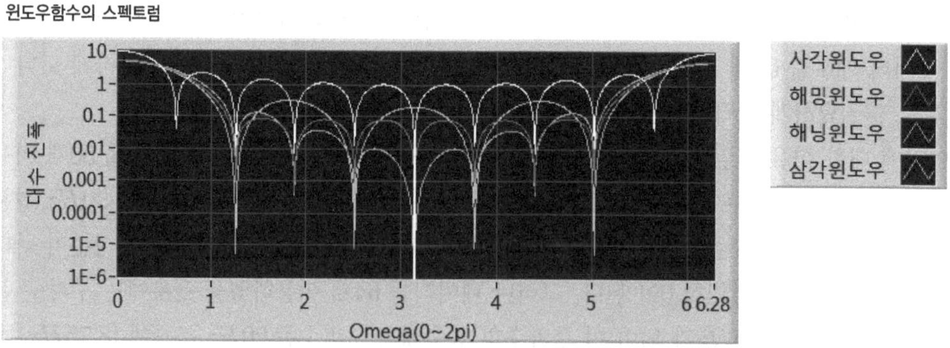

[그림 7-35] 윈도우 종류별 윈도우 파형의 진폭스펙트럼

[예제 7-9] $4Hz$와 $10Hz$가 포함된 신호 $x[n]=\cos(2\pi 4\frac{n}{32})+0.5\cos(2\pi 10\frac{n}{32})$의 진폭스펙트럼을 구함에 있어서 사각윈도우가 적용된 진폭스펙트럼과 해밍윈도우가 적용된 진폭스펙트럼을 그리고 어떤 차이가 있는지를 설명하라(108.vi).

[풀이] 그래프는 다음과 같이 그릴 수 있다.

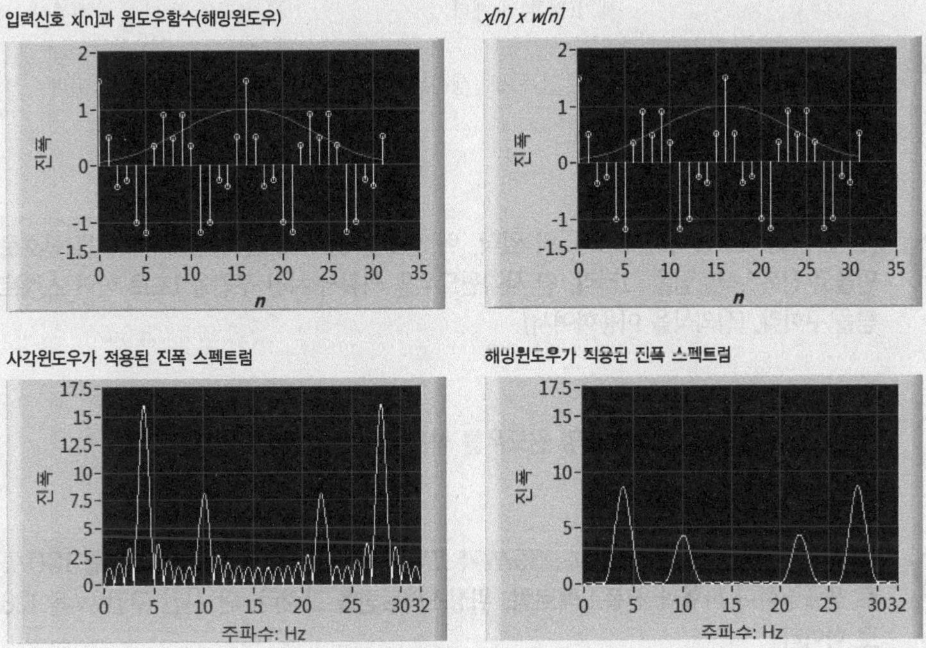

[그림 7-36] (위) 입력신호와 입력신호에 해밍윈도우가 적용된 신호파형,
(아래) 입력신호에 사각윈도우가 적용되었을 때에의 진폭스펙트럼과
해밍윈도우가 적용되었을 때의 진폭스펙트럼

그림에서 알 수 있는 사실을 아래의 표에서 나타낸다. 아래 표에서 알 수 있듯이 중요한 사실은 해밍윈도우를 적용함으로써 원신호가 가지는 주파수 외의 다른 주파수 성분이 아주 감소된다는 특징이 있다. 이러한 이유로 해밍윈도우를 일반적으로 많이 사용한다.

[표 7-2] 신호에 사각윈도우와 해밍윈도우가 적용되었을 때의 진폭스펙트럼의 차이

윈도우 종류 / 주파수 성분	사각윈도우가 적용된 스펙트럼	해밍윈도우가 적용된 스펙트럼
원신호에 포함되어 있는 $4Hz$와 $10Hz$ 성분	있다.	있다.
	폭이 좁다.	폭이 넓다.
	세기(진폭)가 세다.	세기(진폭)가 다소 약해졌다.
$4Hz$와 $10Hz$ 성분 외의 주파수 성분	어느 정도의 진폭으로 생성된다.	극히 미미하게 생성된다.

Q **[문제 7-2] $10Hz$의 신호 $x[n]$이 있다. 이 신호를 $50Hz$로 샘플링하여 디지털신호로 만들고 진폭스펙트럼을 그려라. 단 사각윈도우를 씌워서 시간 구간을 1초로 하여 스펙트럼을 구하라. (정의식을 이용하여서)**

Q **[문제 7-3] 위의 문제에서 해밍 윈도우를 씌운 스펙트럼과 비교하라.**

Q **[문제 7-4] $7Hz$, $15Hz$, $25Hz$, $35Hz$가 포함된 신호 $x[n]$이 있다. 이 신호를 $100Hz$로 샘플링하여 파형과 진폭스펙트럼, 위상스펙트럼을 그려라. 단 시간 구간 N을 128로 하여라.**

3.6 이산푸리에변환과정에서 문제점은 없는가?

이산푸리에변환의 계산량을 계산해 보자.

$$X(k) = \sum_{n=0}^{N-1} x[n] e^{-j\frac{2\pi}{N}kn}, \qquad k = 0, 1, 2, \cdots, N-1 \tag{7-34}$$

즉, 하나의 $X(k)$를 위하여 실수 곱하기 복소수를 N번, 곱한 값끼리 더하기를 $N-1$번을 계산해야 한다. 이러한 $X(k)$가 N개가 있으니 전체의 계산량은

$$N(N+N-1) = 2N^2 - N \tag{7-35}$$

가 된다. 따라서 계산량을 계산해 보면 다음과 같이 된다.

$N = 64$ 이면 8,128번,
$N = 128$ 이면 32,640번,
$N = 256$ 이면 130,816번,
$N = 512$ 이면 523,776번,
$N = 1{,}024$ 이면 2,096,128번

으로 지수함수적으로 계산량이 증가한다. 또한 복소수 계산을 해야 하는 것이므로 실제로는 훨씬 복잡하고 계산시간이 많이 걸린다.

3.7 이산푸리에변환을 위한 효과적인 계산 방법이 없을까?

이에 대한 연구가 있었는데 1965년에 Cooley and Tukey가 고속푸리에변환(FFT: Fast Fourier Transform)의 계산법을 발표하였다. 이는 계산 시간을 수 백분의 1로 단축시키기 때문에 공학적 활용범위가 폭발적으로 증가하였다. 즉 실시간 처리가 가능하여져서 입력되고 있는 신호를 실시간으로 스펙트럼을 분석할 수가 있게 되었다. FFT는 $N = 2^p$ (p는 임의의 정수)으로 하였을 경우에 계산을 수개의 데이터별로 축차적으로 할 수 있으므로 반복적인 계산의 곱과 더하기를 줄일 수 있는 원리를 이용한 것이다. 예를 들면 $N = 4$인 경우를 생각해 보기 위하여 위의 식을 풀어 쓰면 다음과 같다.

$$\begin{aligned}
X(0) &= x[0]e^{-j\frac{2\pi}{4}0\cdot 0} + x[1]e^{-j\frac{2\pi}{4}0\cdot 1} + x[2]e^{-j\frac{2\pi}{4}0\cdot 2} + x[3]e^{-j\frac{2\pi}{4}0\cdot 3} \\
X(1) &= x[0]e^{-j\frac{2\pi}{4}1\cdot 0} + x[1]e^{-j\frac{2\pi}{4}1\cdot 1} + x[2]e^{-j\frac{2\pi}{4}1\cdot 2} + x[3]e^{-j\frac{2\pi}{4}1\cdot 3} \\
X(2) &= x[0]e^{-j\frac{2\pi}{4}2\cdot 0} + x[1]e^{-j\frac{2\pi}{4}2\cdot 1} + x[2]e^{-j\frac{2\pi}{4}2\cdot 2} + x[3]e^{-j\frac{2\pi}{4}2\cdot 3} \\
X(3) &= x[0]e^{-j\frac{2\pi}{4}3\cdot 0} + x[1]e^{-j\frac{2\pi}{4}3\cdot 1} + x[2]e^{-j\frac{2\pi}{4}3\cdot 2} + x[3]e^{-j\frac{2\pi}{4}3\cdot 3}
\end{aligned} \tag{7-36}$$

이를 자세히 보면, 두 번째 행의 세 번째 항과 세 번째 행의 두 번째 항의 복소수 값이 같기 때문에 다시 계산할 필요가 없다.

이러한 방법으로 계산량을 줄이는 것이며 시간영역에서 분할하여 FFT를 하는 방법과 주파수영역에서 분할하여 FFT하는 방법이 있다. FFT의 계산량은 $(N/2)\log_2 N$가 된다. $N = 1024$인 경우를 생각해보면 일반적인 DFT를 하면 계산량이 위에서 보았듯이 2,096,128번이지만, FFT의 경우에는 $(1024/2)\log_2 1024 = 512\log_2 2^{10} = 5{,}120$번이다. 이는 약 1/410 정도이다. 즉 N이 크면 클수록 계산량의 감소폭은 더욱 커진다고 할 수 있다(FFT에 대한 자세한 내용은 장영범 저, DSP 이론과 실무, 295쪽을 참고 바란다.).

일반적으로 우리가 DFT를 한다는 것은 실제로는 FFT를 하고 있다. 위의 예제 등에서도 FFT를 실시한 결과이다. 아무튼, DFT와 FFT는 구별할 필요 없이 같은 의미로 사용하여도 무방하다. 결론적으로 우리가 실제로 FFT를 많이 활용하는데 이를 위해서 고려해야 할 사항은 다음과 같다.

- FFT를 위한 구간의 길이 N을 정해야 하며, N은 반드시 2^p(4, 8, 16, 32, 64, 128, 256, ...)이어야 한다.
- 구간을 정하기 위하여(구간을 프레임이라고도 한다.) 윈도우 함수의 종류를 정해야 한다. 정하지 않으면 자동적으로 사각윈도우가 될 것이며, 일반적으로 해밍 윈도우가 많이 사용된다.
- 스펙트럼으로 표현할 때에 $k = 0, 1, 2, \cdots, (N-1)/2$까지만 확인하면 된다(7장의 3.8절 참조).
- 진폭스펙트럼은 우대칭이며, 위상스펙트럼은 기대칭이다(7장의 3.8절 참조).

고속푸리에변환(FFT)를 위한 제한조건이 있나?

우선 스펙트럼에 신호가 가지고 있는 모든 주파수 성분을 가지고 있다는 의미는 신호로부터 스펙트럼으로 변환시키고, 변환된 스펙트럼으로부터 신호로 복원하였을 때에 원신호로 복원되어야 함을 의미한다. 이를 위하여 다음의 조건이 필요하다.

첫째, 연속신호를 이산신호로 만들기 위하여 AD(Analogue-to-Digital)변환을 하는 과정에서 샘플링 주파수 f_s는 연속신호가 가지고 있는 최고 주파수 f_m의 2배 이상이 되어야 한다. 이를 샘플링 정리라고 하고 다음과 같은 식으로 표현한다(6장의 2.2절 참조).

$$f_s \geq 2f_m \tag{7-37}$$

둘째, 원하는 주파수 간격(주파수 분해능)을 Δf라고 하고 구간 내의 신호의 수를 N이라고 할 때에

$$N > \frac{f_s}{\Delta f} \tag{7-38}$$

이다. 예를 들면 샘플링 주파수 $f_s = 5000Hz$, 원하는 주파수 분해능 $\Delta f = 20Hz$라고 하면

$$N > \frac{f_s}{\Delta f} = \frac{5000}{20} = 250 \tag{7-39}$$

따라서 FFT를 하기 위한 N은 2^p이어야 하므로 $N = 256$으로 하면 된다.

[참 고]

- * J. W. Cooley and J.W.Tukey: An Algorithm for the Machine Calculation of Complex Fourier Series, Math. Computation, Vol.19(1965)
- * J. W. Cooley, P.A.W.Lewis and P.D.Welch: Historical Notes on the Fast Fourier Transform, IEEE Transactions on Audio and Electroacoustics, AU-15, No.2(1967)

3.8 이산푸리에변환은 어떠한 성질이 있나?

사람도 기질을 알면 대하기가 쉽고, 학생들에게 공부를 가르칠 때에도 학생들의 공부 스타일을 알면 쉽게 가르칠 수 있다고 한다.

DFT도 성질을 알면 응용하고 활용하기에 일일이 계산을 해 보지 않더라고 유용하게 사용할 수 있다. CTFT(연속시간 푸리에변환)의 성질에 대하여 앞에서 설명하였다. 푸리에변환의 기본 성질의 개념은 같고, 연속시간과 이산시간이라는 차이가 있기 때문에 DFT 중요한 성질을 CTFT와 비교하면서 설명한다. 단 신호 $x[n]$은 실수값을 가진 신호로 생각한다.

– DFT에 의해서 구한 스펙트럼은 주기성을 가진다.

스펙트럼의 주기는 신호의 주기인 N과 같다. 즉

$$x[n] = x[n+lN] \leftrightarrow X(k) = X(k+lN), \quad l = 0, 1, 2, 3, \cdots \tag{7-40}$$

위의 식에 의하면 신호 $x[n]$이 주기신호인 것으로 표현되어 있다. 그러나 $x[n]$ 자체는 주기신호는 아니다. 여기서 $x[n]$신호라 함은 전체 신호 중에서 구간으로 나누어진 구간내의 신호를 의미한다. 전체 구간에 대한 스펙트럼을 구할 수가 없어서 구간을 나눈다고 앞에서 설명하였으며, 이 경우에 나누어진 구간은 구간내의 신호가 반복된다고 가정하고(주기성) 있음을 의미한다. 연속시간 푸리에변환(CTFT)에서는 주기성은 없다.

– 선형성이다.

선형성이란 다음의 식과 같이 시간영역에서 상수배한 것은 주파수영역에서도 같은 상수배를 한 것과 같다.

$$ax[n] + by[n] \leftrightarrow aX(k) + bY(k) \tag{7-41}$$

– 대칭성이다.

진폭스펙트럼 $|X(k)|$에서 $k = 0, 1, 2, \cdots, N-1$까지 각각의 k값에 대하여 $|X(k)|$의 값을 가지는데 $k = (N-1)/2$에 대하여 우대칭이다. 그리고 위상스펙트럼의 경우에는 기대칭이다. 이유는 다음과 같다.

$$X(k) = \sum_{n=0}^{N-1} x[n] e^{-j\frac{2\pi}{N}kn} \tag{7-42}$$

$$\rightarrow X(-k) = \sum_{n=0}^{N-1} x[n] e^{-j\frac{2\pi}{N}(-k)n} = \sum_{n=0}^{N-1} x[n] e^{j\frac{2\pi}{N}kn}$$

$$= X^*(k)$$

따라서 $|X(k)| = |X^*(k)| = |X(-k)|$이므로 진폭스펙트럼은 우대칭(Even Symmetry)이다. 다음의 예제를 통하여 대칭성을 확인하여 보길 바란다.

[예제 7-10] $x[n] = \{1, 2, 3, 1, 2\}$**일 때에 진폭스펙트럼과 위상스펙트럼의 그래프를 그려라(104.vi).**

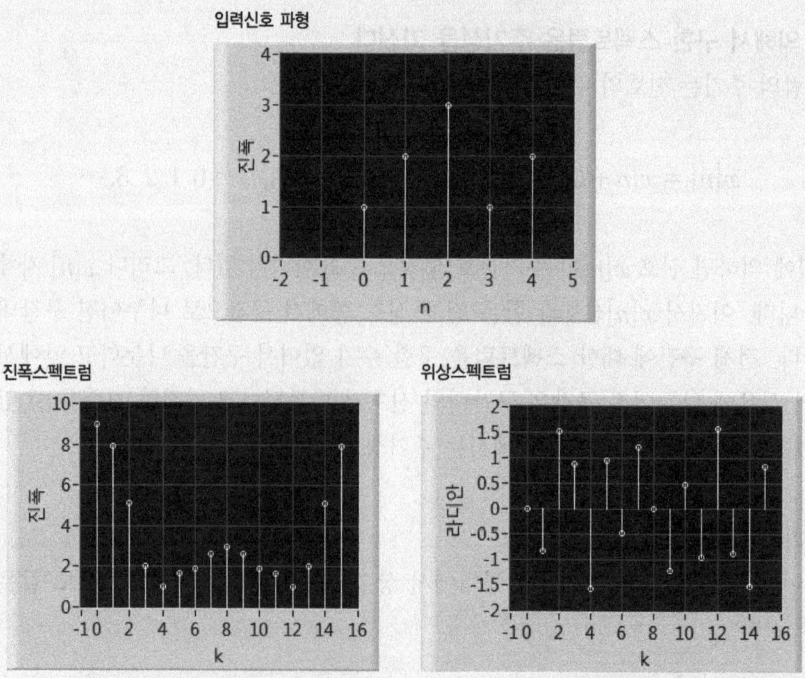

[그림 7-37] $x[n] = \{1, 2, 3, 1, 2\}$에 대한 진폭스펙트럼과 위상스펙트럼

신호의 값은 5개의 값을 가지지만 주파수 해상도를 좋게 하기 위한 FFT를 하기 위하여 $N=16$으로 하였다. 위의 스펙트럼의 그래프를 보면 $k=0\sim15$까지 표현되어 있으며, 이 이상의 k값에 대하여는 표현되어 있지 않다. 이는 주기 $N=16$이라는 의미이며, 진폭스펙트럼인 경우에 $(N-1)/2=(16-1)/2$인 정수값은 8이므로 $k=8$에 대하여 우대칭이며, 위상스펙트럼은 기대칭임을 알 수 있다.

– 시간 이동에 관한 성질이다.

시간 이동양을 n_0라고 하면, 이는 당연히 상수이다. 따라서 시간영역에서의 상수 성분 n_0는 주파수영역에서도 상수성분이 되어야 함은 지극히 당연하다. 즉 다음과 같이 DFT의 쌍으로 표현된다.

$$x[n-n_0] \;\leftrightarrow\; e^{-j\frac{2\pi}{N}kn_0}X(k) \tag{7-43}$$

위의 표현에서 **주파수영역에서도 상수라고 표현했는데 무슨 의미인가?** $e^{-j\frac{2\pi}{N}kn_0}$ 항을 잘 보길 바란다. 각각의 주파수 k에 대하여 일정한 값인 상수 n_0 항이 포함되어 있음을 의미한다.

실제로 어떤 **신호 $x[n]$이 n_0 만큼 이동한 $x[n-n_0]$의 진폭스펙트럼은 어떻게 될까?** 진폭스펙트럼은 다음과 같이 시간적으로 이동하기 전의 진폭스펙트럼과 이동 후의 진폭스펙트럼은 같다. 당연한 사실로서 신호가 시간축에서 이동하였다 하더라도 파형이 변하는 것은 아니기 때문에 주파수 성분별 진폭인 진폭스펙트럼이 바뀔 수가 없는 것이다.

$$\left|e^{-j\frac{2\pi}{N}kn_0}X(k)\right| = \left|e^{-j\frac{2\pi}{N}kn_0}\right||X(k)| = 1\cdot|X(k)| = |X(k)| \tag{7-44}$$

위상스펙트럼은 주파수에 따라 선형적으로 바뀜을 의미한다.

다음의 그래프를 통하여 이를 눈으로 확인해 보자(105.vi).

입력신호 파형 : x[n]

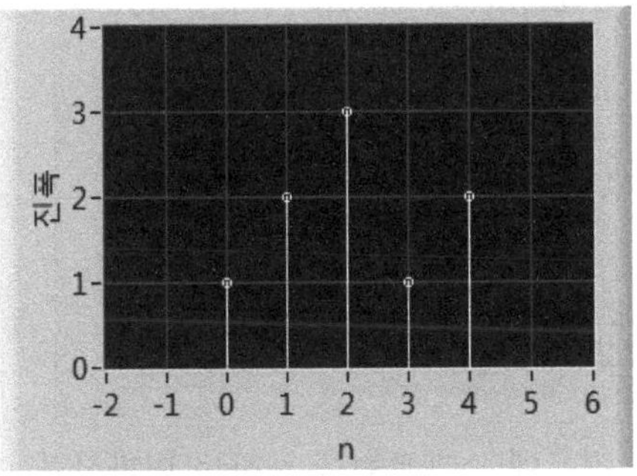

입력신호 파형 : x[n-1]

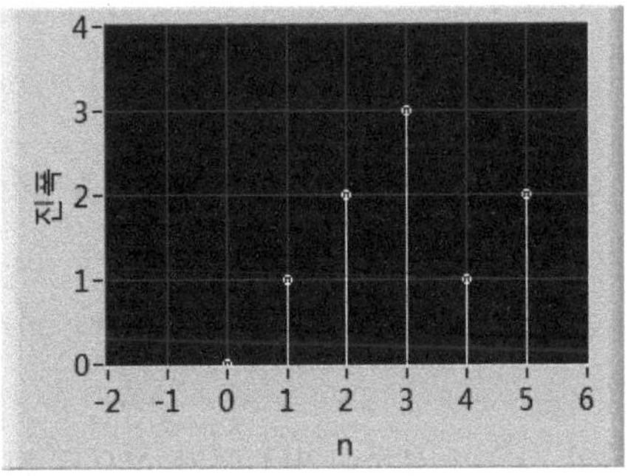

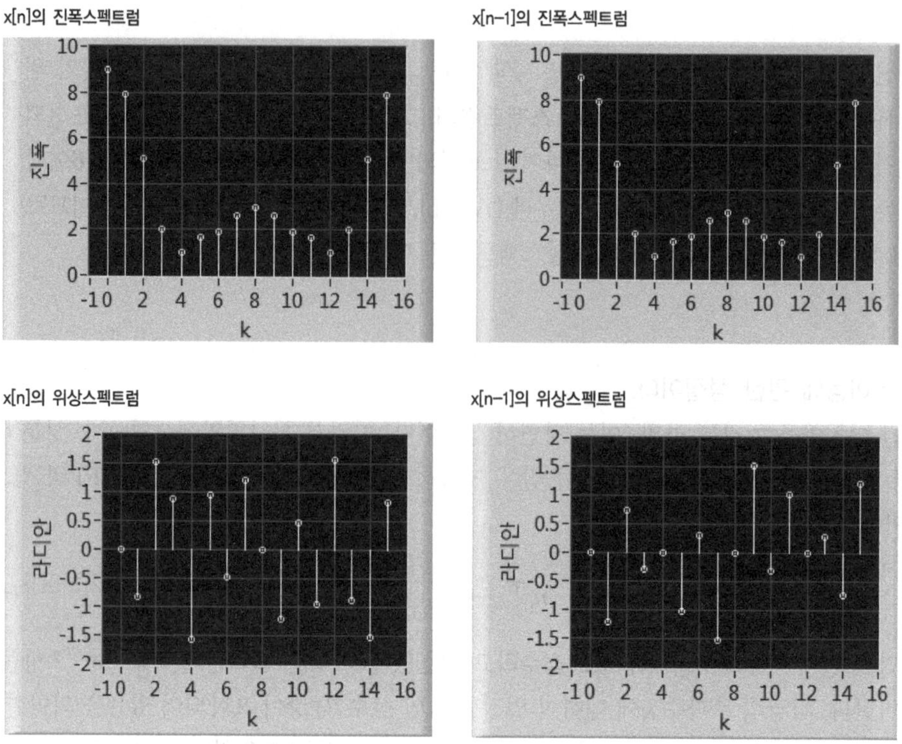

[그림 7-38] (좌) $x[n]$의 스펙트럼, (우) $x[n-1]$의 스펙트럼

시간축에서의 이동량이 1이지만 진폭스펙트럼은 변함이 없고, 위상스펙트럼의 변화는 생겼다. 선형적으로 바뀐 모양은 관찰하기가 어렵다.

3.9 주파수영역에서의 스펙트럼을 알면 시간영역의 파형을 구할 수 있을까?

구할 수 있다. 우선, 여기에서 푸리에변환에 관련된 변환식을 정리해 본다. $x[n]$의 신호가 무한이거나 연속신호인 경우에 스펙트럼을 구하는 변환식과 스펙트럼으로부터 원신호 $x[n]$을 구하는 역변환식은 다음과 같다.

$$\text{이산시간 푸리에변환식(DTFT): } X(e^{j\Omega}) = X(\Omega) = \sum_{n=-\infty}^{n=\infty} x[n]e^{-j\Omega n} \tag{7-45}$$

$$\text{역이산시간 푸리에변환식(IDTFT): } x[n] = \frac{1}{2\pi}\int_{-\pi}^{\pi} X(\Omega)e^{j\Omega n}d\Omega \tag{7-46}$$

$x[n]$의 신호가 유한이거나 구간 N으로 하였을 경우에 스펙트럼을 구하는 변환식과, 스펙

트럼으로부터 원신호 $x[n]$을 구하는 역변환식은 다음과 같다.

$$\text{이산푸리에변환식: } X[k] = \sum_{n=0}^{N-1} x[n] e^{-j\frac{2\pi}{N}kn}, \qquad k = 0, 1, \cdots, N-1 \tag{7-47}$$

$$\text{역이산 푸리에변환식: } x[n] = \frac{1}{N}\sum_{k=0}^{N-1} X[k] e^{-j\frac{2\pi}{N}kn}, \qquad k = 0, 1, \cdots, N-1 \tag{7-48}$$

위의 역이산시간 푸리에변환식을 보면 우선 왼쪽항인 $x[n]$이 오른쪽항인 적분항과 완전히 같다. 대략 같다는 의미가 아니다. 그러나 여기에서 조건이 있다. 완전히 같기 위해서는 각주파수의 간격인 $d\Omega \rightarrow 0$이어야 한다. 즉 $d\Omega$가 거의 0이면서 $d\Omega$의 값인 $-\pi$에서 π까지의 모든 값을 알아야 한다. 이것은 불가능한 일이기 때문에 근사값의 $x[n]$을 얻을 수밖에 없다. 실제로 원신호의 파형으로부터 이산푸리에변환(Discrete Fourier Transform)을 하여 스펙트럼을 구하고, 구해진 스펙트럼으로부터 역이산푸리에변환을 하여 파형을 합성한다.

(LabVIEW에서도 스펙트럼을 구하기 위하여 [함수/신호처리/변환/FFT]와 [함수/신호처리/변환/IFFT]를 활용한다.

[예제 7-11] $x[n] = 0.5^n u[n]$에서 구한 $X(\Omega)$으로부터 $x[n] = 0.5^n u[n]$이 됨을 보여라(역이산시간 푸리에변환)(102.vi).

아래의 그래프로 보면 알 수 있듯이 원신호인 입력신호와 같은 합성된 신호를 얻을 수 있다. (원신호와 합성된 신호를 한 그래프에 표시할 수 있으나 두 파형이 같기 때문에 차이를 볼 수 없어서 두 개의 신호를 따로 표현한다.)

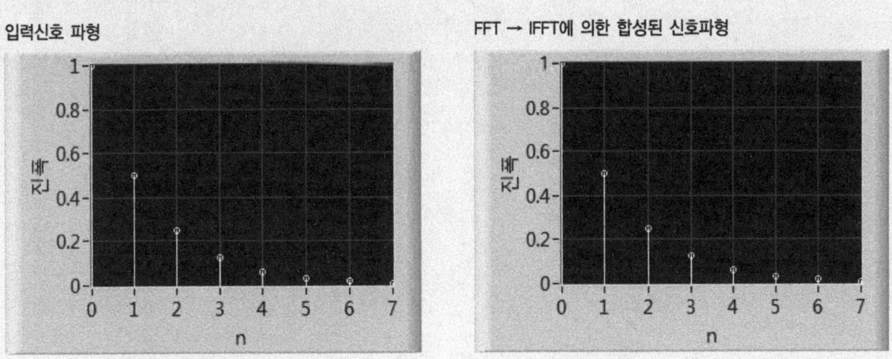

[그림 7-39] 입력신호파형과 입력신호를 FFT한 후에 다시 역FFT해서 얻어진 복원된 신호파형

1. 입/출력을 결합시켜 주는 기능을 무엇이라고 하나?

2. 시스템에는 어떤 종류가 있나?

3. 시스템에 입력이 들어가야만 출력이 나오는가?

CHAPTER 08

입력과 출력은 어떻게 결합되고 표현되는가?

신호가 단독으로 존재할 때는 의미가 없다. 신호를 무엇인가의 방법에 의하여 처리를 할 때 우리가 볼 수 있고, 들을 수 있고, 변형된 모습을 확인할 수 있다. 즉, 처리라는 과정이 반드시 필요한데 처리과정을 시스템을 통과한다고 표현한다. 본 장에서는 입력신호와 출력신호를 맺어주는 기능을 하는 시스템을 설명하고, 같은 신호가 입력되더라도 시스템의 특성에 의해서 출력이 다르게 나오므로 시스템의 특성을 구하는 방법과, 입력과 시스템의 특성을 알면 출력은 어떻게 얻어지는가에 대하여 설명한다.

CHAPTER 08 입력과 출력은 어떻게 결합되고 표현되나?

1. 입/출력을 결합시켜 주는 기능을 무엇이라고 하나?

신호의 입력과 출력을 결합시켜 주는 기능 혹은 장치를 시스템이라고 한다. 시스템은 아주 간단한 것으로는 전기회로에서 저항 하나도 시스템이며, 복잡하게는 컴퓨터 전체가 하나의 시스템, 더욱 크게는 발전소 전체가 하나의 시스템이 되기도 한다. 이들 어느 것도 입력신호가 있고 입력신호가 변하여 출력신호가 된다. 이러한 시스템의 기능과 시스템에서 일어나는 일 등을 살펴보자.

1.1 다음의 블랙박스는 어떤 역할을 하나?

1) 블랙박스에 들어가기 전에는 5V이었던 입력이 블랙박스를 통해서 나오면 4V가 된다.

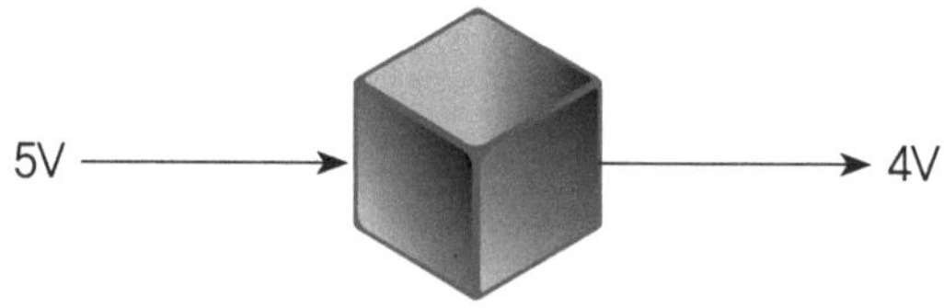

[그림 8-1] 블랙박스 1

2) 블랙박스에 들어가기 전에는 1의 값이 블랙박스를 통해서 나오면 2가 된다.

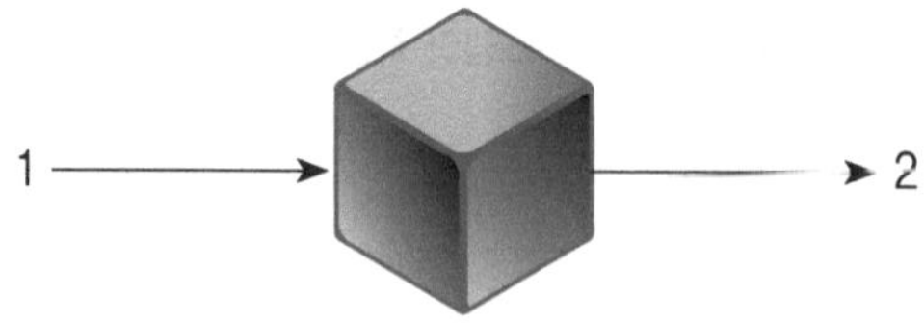

[그림 8-2] 블랙박스 2

3) 2개의 입력이 있는데 블랙박스에 들어가기 전에 1의 값이 5가 되고, 다른 하나의 입력은 2

의 값이 블랙박스를 통해서 4가된다. 즉 블랙박스의 입력과 출력이 2개인 경우이다.

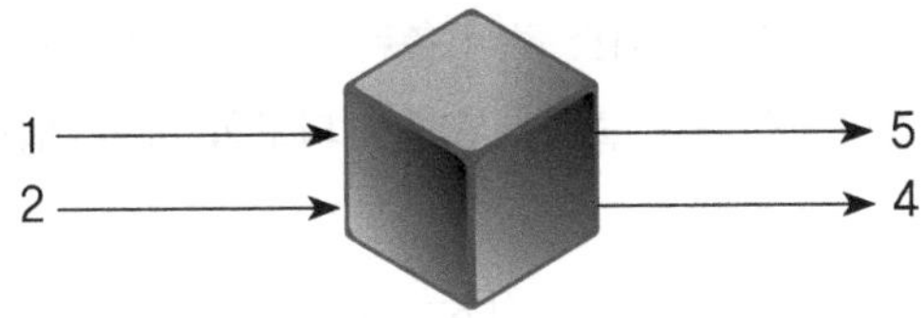

[그림 8-3] 블랙박스 3

4) 블랙박스의 입력이 3개가 있으며 각각이 1, 2, 3이고, 출력은 1개가 있고 출력이 6인 경우이다.

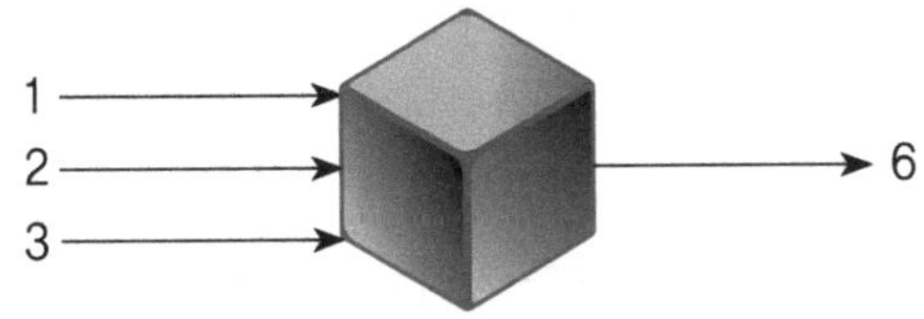

[그림 8-4] 블랙박스 4

5) 블랙박스의 입력에 시간의 데이터가 들어가서, 출력은 주파수의 데이터가 출력된다.

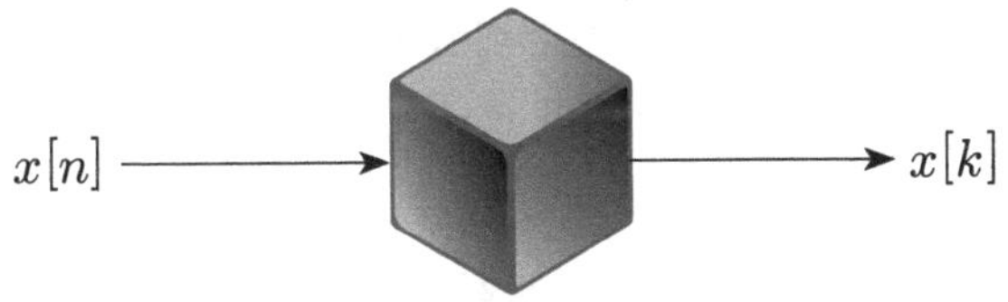

[그림 8-5] 블랙박스 5

6) 10,000종류의 부품이 블랙박스로 들어가서 자동차가 되어서 나온다.

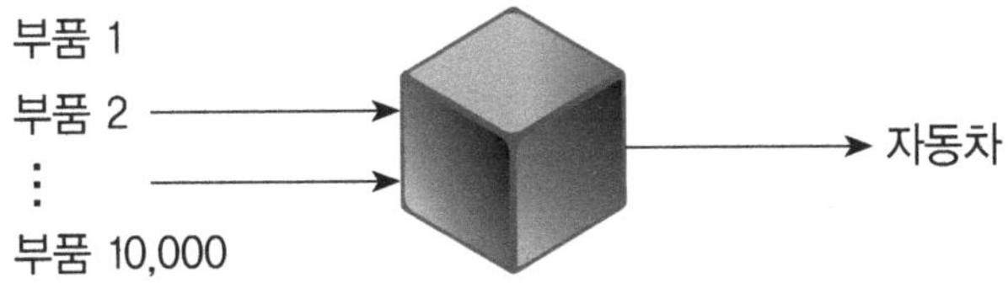

[그림 8-6] 블랙박스 6

위의 각각의 블랙박스의 기능은 다음과 같다.

1)번 블랙박스의 기능은 입력의 전압을 1V 강하시켜주는 기능을 하며,

2)번 블랙박스의 기능은 입력의 값을 2배로 하여 출력시켜 주는 기능을 하며,

3)번 블랙박스의 기능은 입력 1에 대한 출력은 5배가 되도록 하며, 입력 2의 기능은 2배가 되도록 하는 기능을 가진다.

4)번 블랙박스의 기능은 입력을 모두 합하는 기능을 한다.

5)번 블랙박스의 기능은 시간의 데이터를 주파수의 데이터로 변환해 주는 기능을 한다.

6)번 블랙박스의 기능은 자동차를 조립하는 기능을 가진다.

1.2 시스템이란 무엇인가?

시스템이란 위에서 설명한 블랙박스를 의미한다. 즉, 입력을 받아서 원하는 출력으로 변환해 주는 장치, 혹은 기구를 시스템이라고 한다. 간단하게는 입력을 단순히 2배로 하여 출력해 주는 시스템에서부터 자동차를 조립해 주는 시스템 혹은 더욱 큰 시스템까지가 있다.

따라서 우리가 신호를 처리할 때에 신호를 처리하는 장치 혹은 기능을 시스템이라고 한다. 흔히들 큰 장치만을 시스템이라고 생각하는 경우가 있는데 결코 아님을 명심하길 바란다. 입력이 어떤 모양으로든지 변화(변화가 전혀 없더라도) 되었으면 입력 신호가 시스템을 통과했다고 말할 수 있다.

그래서 우리는 시스템의 종류가 어떤 것이 있으며, 어떤 성질이 있는지, 시스템의 특성이 주어졌을 때에 신호를 입력하면 어떤 신호가 출력될 것인지를 알아야 한다.

시스템을 다른 말로 표현하면, '시스템이란 하나의 신호를 다른 신호로 매핑(mapping), 혹은 변형(transformation)하는 규칙이다' 라고도 할 수 있다. 시스템에는 아날로그시스템과 디지털(혹은 이산)시스템이 있는데 이는 입력 신호가 아날로그신호이면 아날로그시스템, 입력이 디지털신호이면 디지털시스템이라고 한다. 여기에서는 디지털신호를 주로 취급하기 때문에 시스템도 디지털시스템을 다루도록 한다. 따라서 이제부터 언급되는 시스템은 디지털시스템을 의미한다.

시스템의 입력 신호 $x[n]$을 출력신호 $y[n]$으로 변형하는 규칙이며 다음과 같이 표현한다.

$$y[n] = T\{x[n]\} \tag{8-1}$$

T는 Transform(변환)의 앞글자이다. 이를 다음과 같이 그림으로 표현할 수 있으며, 입력과 출력은 선으로, 시스템은 블랙박스로 표현한다.

[그림 8-7] 입출력이 디지털신호로 된 디지털시스템

1.3 시스템의 특성을 어떻게 구하나?

우리가 원하는 특성을 가지도록 시스템을 설계해야 하며, 설계 후에는 시스템이 원하는 특성을 가진 시스템으로 설계되었는지를 시험하기 위하여 알고 있는 신호를 입력하여 출력신호를 확인할 필요가 있다. 출력신호를 계산하기 위해서 사용하는 방법은 컨볼루션(Convolution)에 의한 방법과 차분방정식(Difference Equation)에 의한 방법이 있다. 이 방법들에 대하여 앞으로 설명해 나간다.

- 강의실의 특성을 어떻게 구할까?

시스템의 특성을 구하기 위해서 시스템을 강의실로 가정하여 생각해 보자. 여러분들 중에서 강의실 등에서 손뼉을 친다든가 말을 하면 어떤 강의실은 많이 울리기도 하고, 어떤 강의실은 적게 울리는 등 울리는 정도가 다른 강의실을 경험하였을 것이다. 이는 강의실(시스템)의 특성이 다르기 때문이다.

강의실의 특성은 임펄스(impulse) 성의 소리(아주 짧은 소리)를 발생시켜서 강의실 내에서의 음향적 신호를 조사하여 강의실의 특성을 알아낸다. 즉 강의실의 특성은 발생시킨 소리인 임펄스신호에 반응하는 소리로 특성지울 수 있다. 짧게 발생시킨 임펄스 성의 소리에 어떤 강의실은 "웅~"하고 울리면서 소리가 감쇄해 가면서 완전히 소리가 없어지는데 걸리는 시간이 5초정도 걸리기도 하고, 어떤 강의실은 2초 정도로 "웅~"하기도 한다. 강의실을 전달계(혹은 시스템)라고 하면 입력 신호를 임펄스로 하였을 때에 임펄스가 변환되어 "웅"하는 소리가 되며, 이 변환되는 소리는 강의실의 특성(전달계 혹은 시스템)에 의한다.

- 임펄스(Impulse)란?

임펄스를 $\delta[n]$으로 표현하며, 정확하게는 크로넥커 델타 함수(Kronecker delta function)라고 하며, $n=0$일 때만 크기가 1이고, $n=0$ 이외의 구간에서는 모두 0인 함수이다. 또한 크기가 1이면 단위임펄스라고도 말한다. 일반적으로 단위라는 말은 생략하여 사용하는 경우가 많다. 크기가 0.5인 임펄스는 $0.5\delta[n]$으로 표현한다. 한편 아날로그신호인 경우에 사용되는 임펄스함수는 $\delta(t)$로 표현하며 Dirac delta 함수라고 한다. 혼동하지 않도록 주의를 요한다.

$$\delta[n] = \begin{cases} 1 & n = 0 \\ 0 & n \neq 0 \end{cases} \tag{8-2}$$

이며 다음 표와 같이 표현할 수 있다.

[표 8-1] n에 따른 Kronecker delta 함수 $\delta[n]$의 값

n	⋯	-2	-1	0	1	2	3	4	5	⋯
$\delta[n]$	0	0	0	1	0	0	0	0	0	0
$\delta[n-2]$	0	0	0	0	0	1	0	0	0	0

$\delta[n-2]$는 , $n-2=0$ 즉 $n=2$에서 0 아닌 값을 가진다(49.vi).

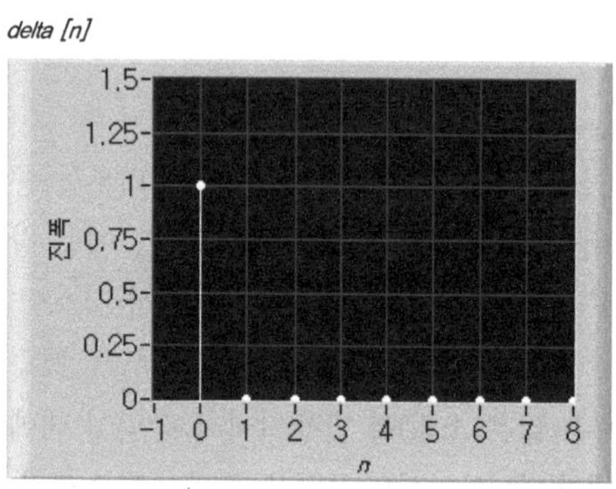

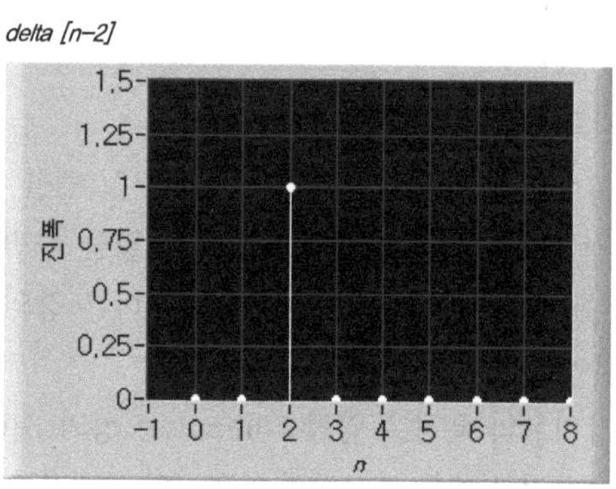

[그림 8-8] $\delta[n]$과 $\delta[n-2]$의 그래프

- 임펄스응답이란?

시스템의 특성을 임펄스응답이라고 하고 $h[n]$으로 표시하자. 이는 시스템의 특성을 알고자 하는 시스템에 임펄스 $\delta[n]$을 입력하여 그 때에 시스템의 출력 $y[n]$이 얻어지는데, 이때에 얻어지는 시스템의 출력이 시스템의 특성을 나타내는 임펄스응답이 된다. 왜 이렇게 되는지에 대해서는 컨볼루션의 개념을 이해해야 하므로 컨볼루션을 설명할 때(8장의 3.1절)에 이유를 설명한다. 임펄스응답을 그림으로 표현하면 다음과 같다.

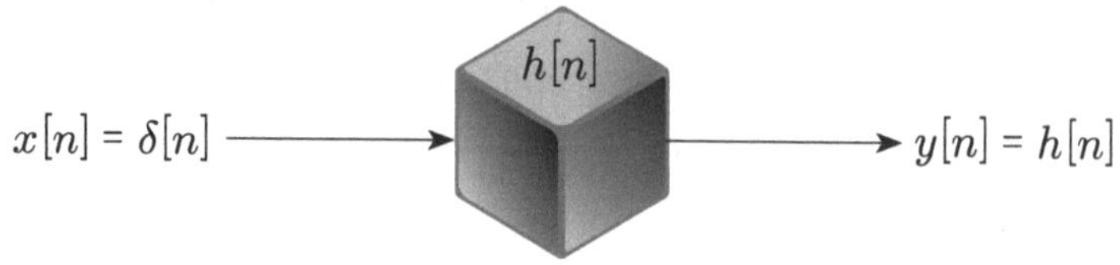

[그림 8-9] 시스템의 특성 임펄스응답은 입력을 델타함수로 했을 때의 출력

2. 시스템에는 어떤 종류가 있나?

2.1 입력이 a배가 되면 출력도 a배가 되는가?

시스템이 선형적인 성질을 가질 때에 이를 선형시스템(Linear System)이라고 한다. 그러면 선형이라는 말이 무슨 의미일까? 선형이라는 말 속에는 비례관계가 1차라는 의미이다. 예를 들면 $y=2x$를 생각해 보면 x가 변화되면 y는 x 값의 2배로 변화한다는 것이다. 이 개념을 시스템으로 가져가면, 입력 x_1이 들어가면 출력은 y_1이 나오고, 입력 x_2가 들어가면 출력은 y_2가 나오면, x_1과 x_2가 동시에 즉 x_1+x_2가 입력되면 출력도 두 개의 출력y_1과 y_2가 합쳐진 형인 y_1+y_2가 출력된다는 의미이다. 선형이라는 말의 의미는 입력이 시스템에 각각 들어가거나 합쳐져서 들어가는 경우에도 출력도 각각의 출력이 합쳐져서 나오며, 단 출력이 나올 때에 입력에서의 정도의 변화(여기에서는 x_2가 2배가 되어서 들어감을 의미함.)가 출력에의 변화로 그대로(1차적으로) 적용되어서 출력이 얻어진다는 의미이다.

이를 하나의 식으로 표현하면 다음과 같다.

$$\begin{aligned} T\{ax_1[n]+bx_2[n]\} &= T\{ax_1[n]\}+T\{bx_2[n]\} \\ &= aT\{x_1[n]\}+bT\{x_2[n]\} \\ &= ay_1[n]+by_2[n] \end{aligned} \tag{8-3}$$

가 된다. 이는 입력 x_1에 a배를 하고, 입력 x_2에 b배를 하여 시스템에 입력시키면, x_1만 입력시켰을 때에 나오는 출력 y_1의 a배의 출력인 ay_1과, x_2만 입력시켰을 때에 나오는 출력 y_2의 b배의 출력인 by_2와의 합이 시스템의 출력이 된다는 의미이다.

그림으로 표기하면 다음과 같다(47.vi).

x1 [n]

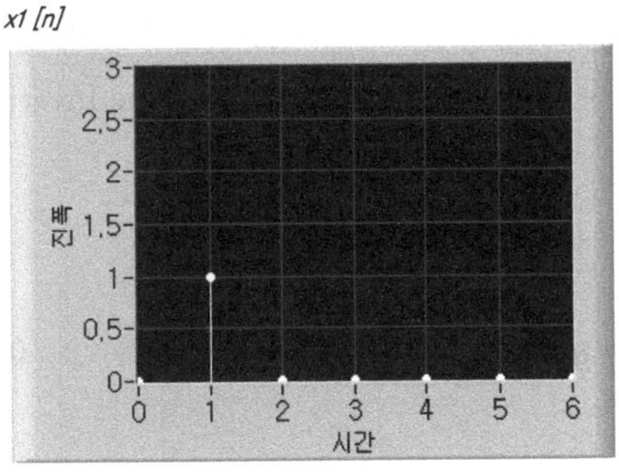

y1 [n]

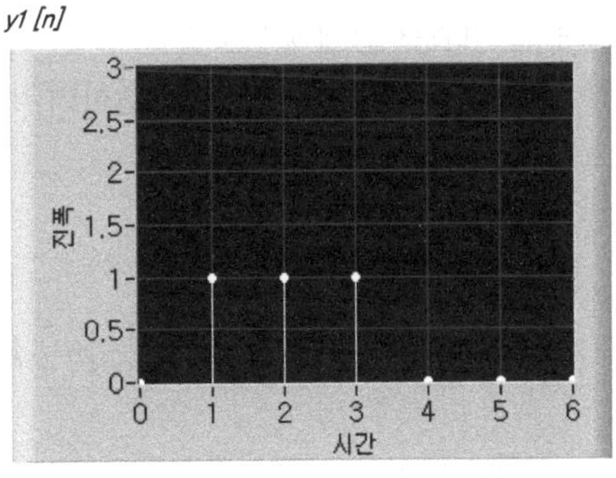

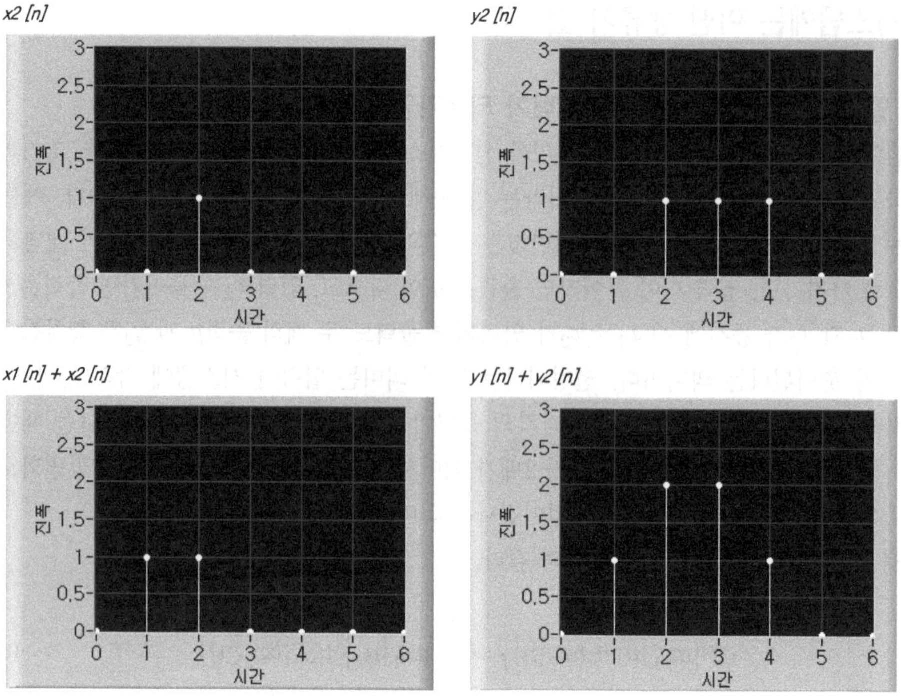

[그림 8-10] 시스템의 선형성

2.2 시간에 관계없이 a가 입력되었을 때에 b가 출력되면?

이것은 무슨 의미인가? 시간에 따라 불변이라는 의미이며, 이는 어떤 신호 a가 오후 1시에 입력되었을 때에 출력 b가 얻어졌다면, 신호 a가 오후 1시가 아니라 오후 2시, 3시,..등 언제 입력되더라도 출력은 b가 된다는 의미이다. 즉 입력된 신호가 변환되고, 변환된 신호가 출력된다면 입력되는 시점과 관계없이 같은 변환된 신호가 출력된다는 의미이다. 이를 '시스템이 시불변적인 성질을 가지고 있다'라고 표현하며, 이러한 시스템을 시불변 시스템(Time Invariant)이라고 한다.

이를 식으로 표현하면 다음과 같다.

$$T\{x[n-k]\} = y[n-k] \quad (8\text{-}4)$$

위 식의 의미는 입력 신호 $x[n]$이 k만큼 시간적으로 이동하였으면 출력 $y[n]$도 k만큼 시간적으로 이동한 출력이 얻어진다는 의미이다.

이를 그림으로 그려보면 다음과 같다.

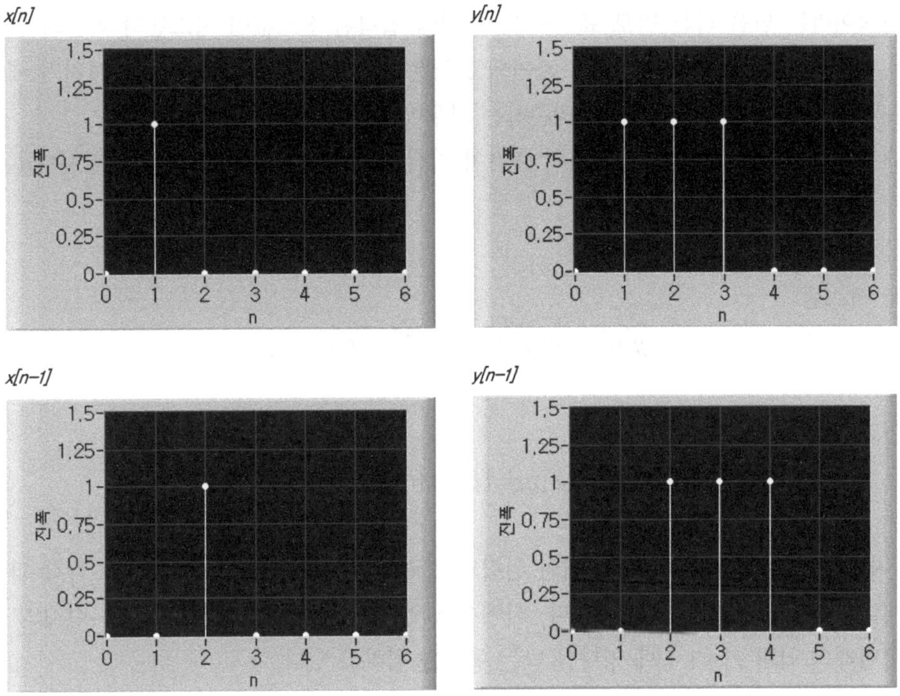

[그림 8-11] 시스템의 시불변성을 나타내는 그래프

위 그림에서 알 수 있듯이, 입력 $x[n]$의 출력이 $y[n]$일 때, 입력 $x[n]$이 1만큼 지연된 입력 $x[n-1]$이 되면, 출력 $y[n]$도 1만큼 지연된 $y[n-1]$이 그림과 같이 얻어진다.

3. 시스템에 입력이 들어가야만 출력이 나오는가?

시스템에 입력이 들어가야만 출력이 나오는가? 당연히 그렇다라고 할 수 있을 것 같으나 그렇지 않은 경우도 다수 있다. '입력이 있어야 결과가 나타난다.' 혹은 '출력이 나타난다는 표현은 입력은 원인이며, 출력은 결과이다.' 혹은 바꾸어서 표현하면 '시스템에 원인이 있어야 결과가 있다'라고 할 수 있다. 이를 '인과(因果)적이다'라고 하며 이러한 성질을 가질 때에 인과 시스템(Causal System)이라고 한다. 한자의 의미와 같이 인(因)은 원인을 나타내는 의미이며, 과(果)는 실과의 의미인데 결과의 뜻을 내포하고 있다. 매우 당연한 것 같이 보이나 이와 대조적인 의미로는 비인과(非因果: Non-causal) 시스템도 있다. 즉 입력이 들어가지 않아도 출력이 나오는 시스템이다. 예를 들면, 전자회로에서 많이 사용하는 발진기 회로가 대표적인 예이다.

인과적이라는 말을 다른 말로 표현하면, 현재에 입력된 신호값이 시스템의 과거의 출력에 영향을 미칠 수 없다는 의미이다. 즉, 과거의 출력은 과거의 입력에 의하여 정하여지기 때문이다. 현재의 출력은 과거의 입력에만 의존하는 경우이다.

상대적으로 비인과 시스템은 현재의 출력이 미래의 입력에 의하여 영향을 미칠 수 있는 경우이다.

식으로 표현하면 다음과 같다.

인과 시스템:

$$y[n] = x[n] + x[n-1] - x[n-2] \tag{8-5}$$

비인과 시스템:

$$y[n] = x[n+1] + x[n] - x[n-2] \tag{8-6}$$

이다. 여기서 $x[n]$, $y[n]$은 각각 현재의 입력과 출력이며, $x[n-1]$, $x[n-2]$ 도 각각 과거의 입력이고, $x[n+1]$은 미래의 입력이다. 식에서도 알 수 있듯이 비인과 시스템은 현재의 출력 $y[n]$이 미래의 입력 $x[n+1]$에 영향을 받는 형태를 취하고 있다.

3.1 입력이 시스템을 통과하면 어떤 출력이 얻어질까?

– 출력은 입력과 임펄스응답(시스템의 특성)의 곱으로 얻어진다?

다음 그림과 같이 입력 $x[n]$이 $h[n]$의 임펄스응답을 가진 시스템을 통과하면 얻어지는 출력 $y[n]$에 대하여 살펴보자. 출력은 입력과 시스템의 특성이 곱해져서 나오는 형태인

$$y[n] = x[n] \times h[n] \tag{8-7}$$

으로 나오지 않을까라고 생각하는 학생도 많이 있을 수 있다. 과연 그런 것인지?

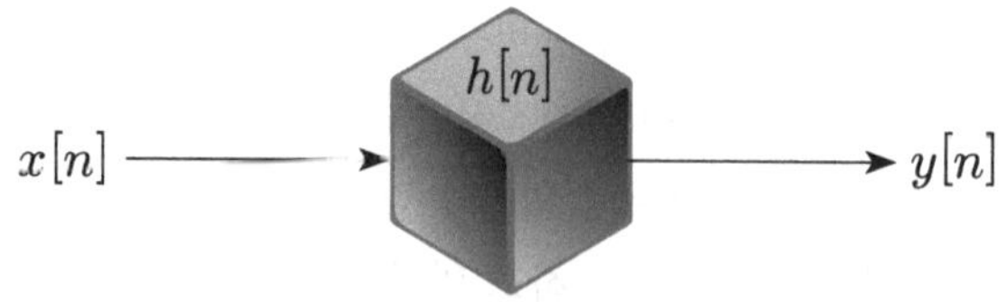

[그림 8–12] 시스템의 입력과 출력

결론부터 말하면 출력 $y[n]$은 입력 $x[n]$과 시스템의 임펄스응답(혹은 시스템의 특성) $h[n]$ 간의 곱으로 얻어지는 것이 아니라 컨볼루션(Convolution)이라는 계산의 형태에 의하여 얻어진다. 수식으로 표현하면 다음과 같다.

$$y[n] = x[n] * h[n] \tag{8-8}$$

$*$는 컨볼루션을 의미한다.

– 컨볼루션은 어떻게 계산하는 것인가?

이를 알아보기 위하여 다음의 예를 보기로 한다.

입력 $x[n]$과 시스템의 임펄스응답 $h[n]$은 다음 그림과 같다고 생각한다(51.vi).

x[n]

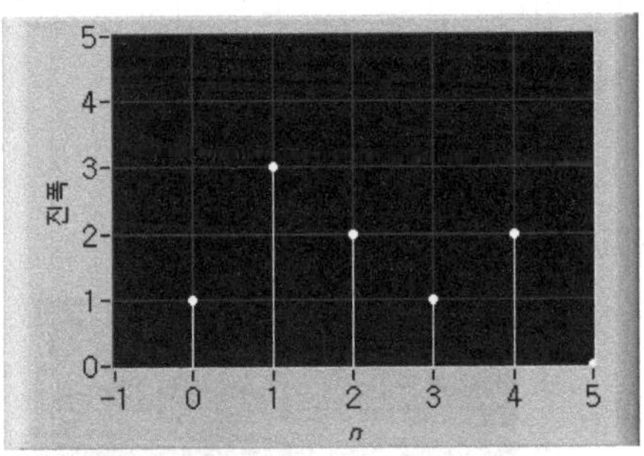

[그림 8-13] 입력 $x[n]$

h[n]

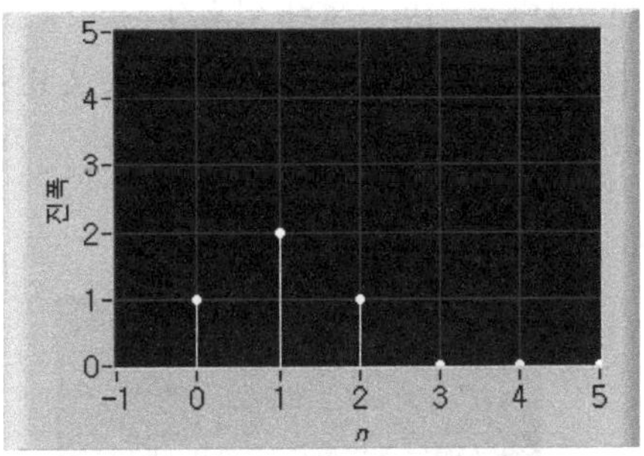

[그림 8-14] 임펄스응답 $h[n]$

– 어떤 형태를 가진 신호가 출력될까?

우리가 이미 알고 있는 것은 시스템의 임펄스응답 $h[n]$은 단위임펄스응답이라고 했다. 즉 입력에 하나의 임펄스가 들어오면 입력 임펄스의 크기에 비례하는 $h[n]$이 얻어진다. 그 과정을 보면 다음과 같다(53.vi).

[표 8-2] 각각의 임펄스가 입력되었을 때에 나오는 각각의 출력

	$x[n]$								$y[n]$							
n	0	1	2	3	4	5	6	7	0	1	2	3	4	5	6	7
0	1	0	0	0	0	0	0	0	1	2	1	0	0	0	0	0
1	0	3	0	0	0	0	0	0	0	3	6	3	0	0	0	0
2	0	0	2	0	0	0	0	0	0	0	2	4	2	0	0	0
3	0	0	0	1	0	0	0	0	0	0	0	1	2	1	0	0
4	0	0	0	0	2	0	0	0	0	0	0	0	2	4	2	0
	1	3	2	1	2	0	0	0	1	5	5	8	6	5	2	0

$n=0$ 일때의 입력신호는 크기가 1인 임펄스 하나가 입력되면,

　　출력은 1배가 되어 $n=0$부터 시작하여 {1, 2, 1, 0, 0, 0, 0, 0}

$n=1$ 일때의 입력신호는 크기가 3인 임펄스 하나가 입력되면,

　　출력은 3배가 되어 $n=1$부터 시작하여 {0, 3, 6, 3, 0, 0, 0, 0}

$n=2$ 일때의 입력신호는 크기가 2인 임펄스 하나가 입력되면,

　　출력은 2배가 되어 $n=2$부터 시작하여 {0, 0, 2, 4, 2, 0, 0, 0}

$n=3$ 일때의 입력신호는 크기가 1인 임펄스 하나가 입력되면,

　　출력은 1배가 되어 $n=3$부터 시작하여 {0, 0, 0, 1, 2, 1, 0, 0}

$n=4$ 일때의 입력신호는 크기가 2인 임펄스 하나가 입력되면,

　　출력은 2배가 되어 $n=4$부터 시작하여 {0, 0, 0, 0, 2, 4, 2, 0}

가 된다. 그리고 위의 4개의 신호가 동시에 시스템에 입력되면 출력을 모두 합하면 되므로(시스템의 선형성), 출력은 {1, 5, 9, 8, 6, 5, 2, 0}이 된다.

이를 그래프로 그려보면 다음과 같다.

x[0] [n]

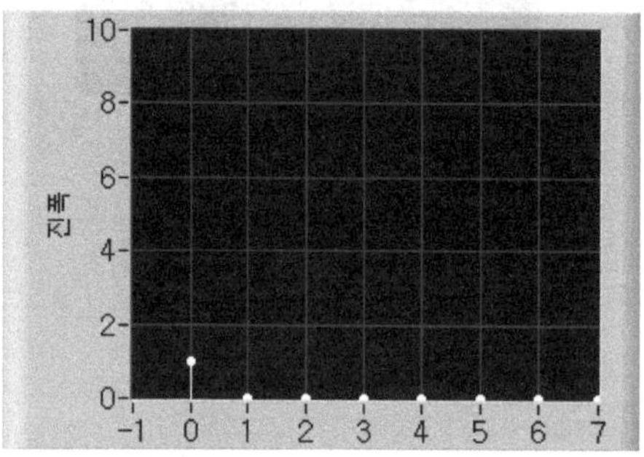

h [n]

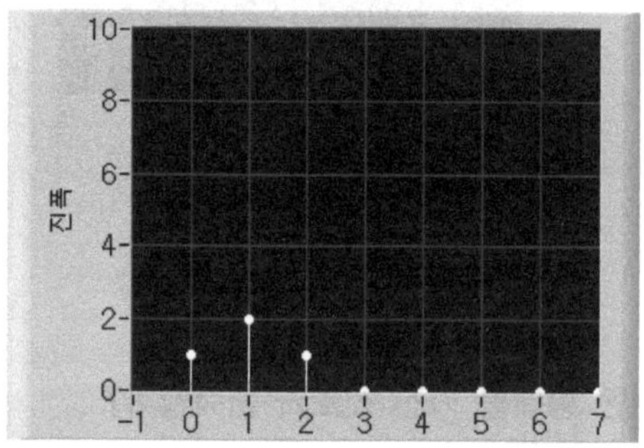

x[1] [n-1]

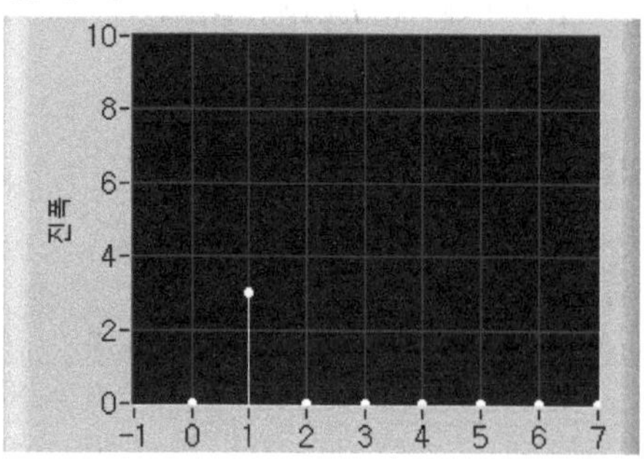

h[n-1]

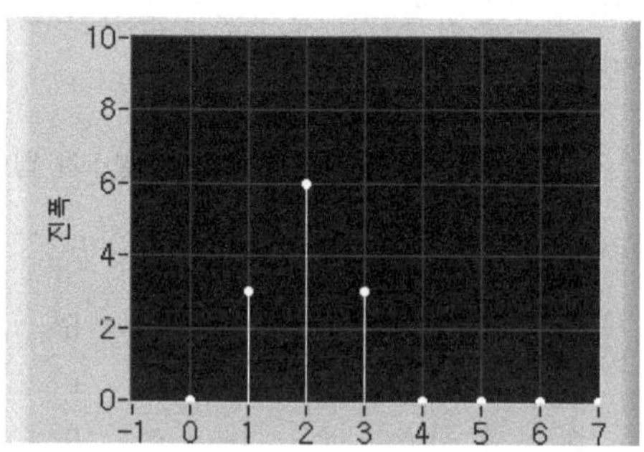

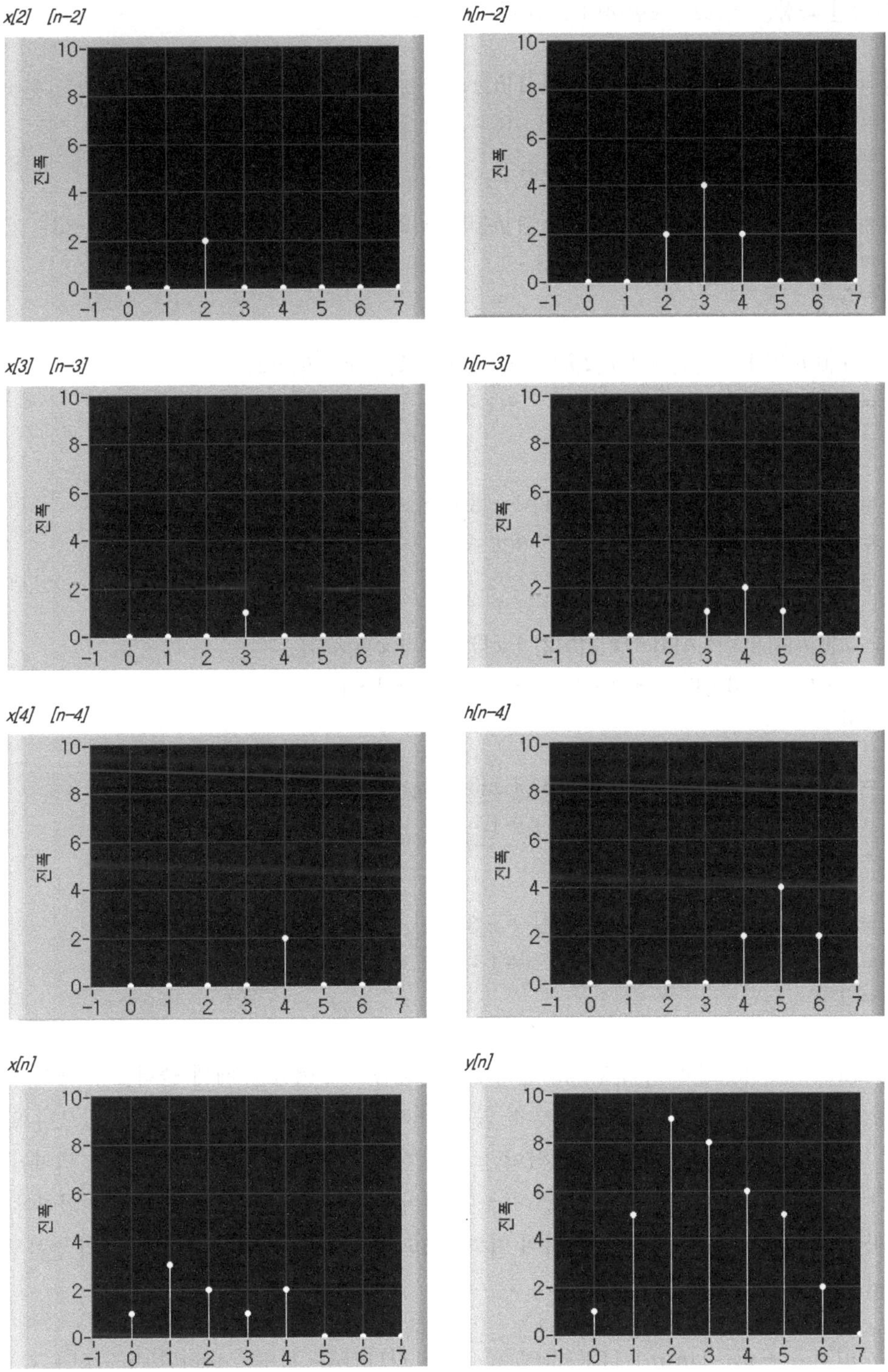

[그림 8-15] 컨볼루션 계산과정(각각의 입력에 대한 출력의 합)

이러한 과정을 식으로 표현하여 보면 다음과 같다.

$$\begin{aligned} y[0] &= \cdots + x[-1]h[1] + x[0]h[0] + x[1]h[-1] + x[2]h[-2] + x[3]h[-3] + x[4]h[-4] + \cdots \\ &= 0 \cdot 2 + 1 \cdot 1 + 3 \cdot 0 + 2 \cdot 0 + 1 \cdot 0 + 2 \cdot 0 \\ &= 1 \end{aligned} \tag{8-9}$$

$$\begin{aligned} y[1] &= \cdots + x[-1]h[2] + x[0]h[1] + x[1]h[0] + x[2]h[-1] + x[3]h[-2] + x[4]h[-3] \\ &= 0 \cdot 1 + 1 \cdot 2 + 3 \cdot 1 + 2 \cdot 0 + 1 \cdot 0 + 2 \cdot 0 \\ &= 5 \end{aligned}$$

$$\begin{aligned} y[2] &= x[0]h[2] + x[1]h[1] + x[2]h[0] + x[3]h[-1] + x[4]h[-2] \\ &= 1 \cdot 1 + 3 \cdot 2 + 2 \cdot 1 + 1 \cdot 0 + 2 \cdot 0 \\ &= 9 \end{aligned}$$

$$\begin{aligned} y[3] &= x[0]h[3] + x[1]h[2] + x[2]h[1] + x[3]h[0] + x[4]h[-1] \\ &= 1 \cdot 0 + 3 \cdot 1 + 2 \cdot 2 + 1 \cdot 1 + 2 \cdot 0 \\ &= 8 \end{aligned}$$

$$\begin{aligned} y[4] &= x[0]h[4] + x[1]h[3] + x[2]h[2] + x[3]h[1] + x[4]h[0] \\ &= 1 \cdot 0 + 3 \cdot 0 + 2 \cdot 1 + 1 \cdot 2 + 2 \cdot 1 \\ &= 6 \end{aligned}$$

$$\begin{aligned} y[5] &= x[0]h[5] + x[1]h[4] + x[2]h[3] + x[3]h[2] + x[4]h[1] \\ &= 1 \cdot 0 + 3 \cdot 0 + 2 \cdot 0 + 1 \cdot 1 + 2 \cdot 2 \\ &= 5 \end{aligned}$$

$$\begin{aligned} y[6] &= x[0]h[6] + x[1]h[5] + x[2]h[4] + x[3]h[3] + x[4]h[2] \\ &= 1 \cdot 0 + 3 \cdot 0 + 2 \cdot 0 + 1 \cdot 0 + 2 \cdot 1 \\ &= 2 \end{aligned}$$

실제로 어떤 시스템에 입력과 시스템의 임펄스응답이 주어졌을 때에 출력을 구하기 위하여 항상 이렇게 계산해야 하는가? 그렇지 않다. 이제 하나 하나의 과정을 살펴보았으니 일반화된 식을 도입하여 보자. 일반화된 식이란 숫자 대신에 어떤 변수를 사용한다는 의미이다. 즉 변수는 시간 축을 나타내는 n이 있어야 할 것이고, $h[n]$이 이동되는 변수 k가 있어야 한다. 따라서 식은 다음과 같이 일반화하여 입력 $x[n]$과 시스템의 임펄스응답 $h[n]$간의 컨볼루션(Convolution)이라고 부른다.

$$\begin{aligned} y[n] &= \cdots + x[-1]h[n+1] + x[0]h[n-0] + x[1]h[n-1] + \cdots + x[k]h[n-k] + \cdots \\ &= \sum_{k=-\infty}^{\infty} x[k]h[n-k] \end{aligned} \tag{8-10}$$

컨볼루션을 위한 연산자를 $*$로 정의하면 다음과 같이 표현할 수 있다.

$$y[n] = \sum_{k=-\infty}^{\infty} x[k]h[n-k] = x[n] * h[n] \tag{8-11}$$

3.2 단위임펄스응답이 왜 시스템의 특성이 되나?

입력이 $x[n]$이고, 시스템의 임펄스응답을 $h[n]$이라고 했을 때에 출력 $y[n]$은 다음과 같이 입력과 출력의 컨볼루션으로 얻어진다.

$$y[n] = x[n] * h[n] \tag{8-12}$$

이때에 입력을 단위임펄스(Kronecker delta function)로 하였을 경우의 출력을 구해보면

$$\begin{aligned} y[n] &= x[n] * h[n] \\ &= \delta[n] * h[n] && \because x[n] = \delta[n] \\ &= \sum_{k=-\infty}^{\infty} \delta[k]h[n-k] && \because k = 0 \text{ 일때만 } \delta[0] = 1\text{값이 존재} \\ &= h[n] \end{aligned} \tag{8-13}$$

이 식의 결과는 $y[n] = h[n]$이다. 의미는 입력신호를 단위임펄스로 하였을 때에 나오는 출력 $y[n]$이 곧 시스템의 임펄스응답 $h[n]$이 된다는 의미이다.

3.3 무한개의 입력신호와 유한개의 임펄스응답에 의한 출력은 어떻게 얻어지나?

입력 $x[n]$은 계속적으로 시스템으로 입력된다고 하자. 이때에 시스템의 임펄스응답 $h[n]$이 유한한 경우, 즉 $h[0]$, $h[1]$, $\cdots$, $h[M-1]$가 존재하는 경우에 출력을 어떻게 구할 수 있을까?

즉 시스템의 임펄스응답 $h[n]$이 $0 \le n \le M-1$이면, 임펄스응답의 변수범위 $[n-k]$가 $0 \le n \le M-1$ 범위에 있어야 한다. 따라서 다음과 같이 변수의 범위를 바꾸어서 표현할 수 있다.

$$\begin{aligned} & 0 \le n-k \le M-1 \\ \rightarrow\ & -n \le -k \le M-1-n \\ \rightarrow\ & n \ge k \ge n-M+1 \\ \therefore\ & y[n] = \sum_{k=-\infty}^{\infty} x[k]h[n-k] \\ & \quad = \sum_{k=n-M+1}^{n} x[k]h[n-k] \end{aligned} \tag{8-14}$$

*임펄스응답의 시퀀스(Sequence: 시계열) $h[n]$이 유한한 경우에 Finite Impulse Response (FIR)라고 하고, 임펄스응답의 시퀀스가 무한한 경우에는 Infinite Impulse Response(IIR)라고 한다.

위의 컨볼루션은 다음과 같이 표현할 수도 있다.

$$\begin{aligned} y[n] &= \sum_{k=n-M+1}^{n} x[k]h[n-k] \\ &= \sum_{p=0}^{M-1} h[p]x[n-p] \end{aligned} \tag{8-15}$$

왜냐하면,

$p = n-k$로 두면 $h[n-k] = h[p]$가 되고, $k = n-p$가 되어 $x[k] = x[n-p]$가 된다.

$\sum$의 구간은 $k = n-M+1$에서 k 대신에 $n-p$를 대입하면 $n-p = n-M+1$로부터 $p = M-1$이 되고,

다른 하나의 구간 $k = n$에서 k 대신에 $n-p$를 대입하면

$n-p = n$으로부터 $p = 0$이 된다. 따라서

$$\begin{aligned} y[n] &= \sum_{k=n-M+1}^{n} x[k]h[n-k] \\ &= \sum_{p=0}^{M-1} x[n-p]h[p] \\ &= \sum_{p=0}^{M-1} h[p]x[n-p] \end{aligned} \tag{8-16}$$

가 된다. 실제로 컨볼루션의 계산은 위의 식을 일반적으로 사용한다. 물리적인 의미를 살펴보면, 현재의 출력 $y[n]$을 얻기 위하여 현재의 입력 $x[n]$과 과거의 $M-1$개의 입력이 필요하며, 시스템의 임펄스응답은 입력에 대한 하중(계수)의 역할을 한다. 다음의 펼쳐진 식을 보면 더욱 확실히 알 수 있다.

$$y[n] = h[0]x[n] + h[1]x[n-1] + h[2]x[n-2] + \cdots + h[M-1]x[n-M+1] \tag{8-17}$$

가 된다.

LabVIEW에서 계산하는 예를 들어 보자.

$$\begin{aligned} x[n] &= [1, 3, 2, 1, 2, 0, 0, 0, 0] \\ h[n] &= [1, 2, 1, 0, 0, 0, 0] \end{aligned} \tag{8-18}$$

LabVIEW에서는 컨볼루션 연산자를 합성곱으로 표현하고 있으며, 합성곱 연산자는 [신호처리/신호연산]에 있다. 결과는 다음과 같다(54.vi).

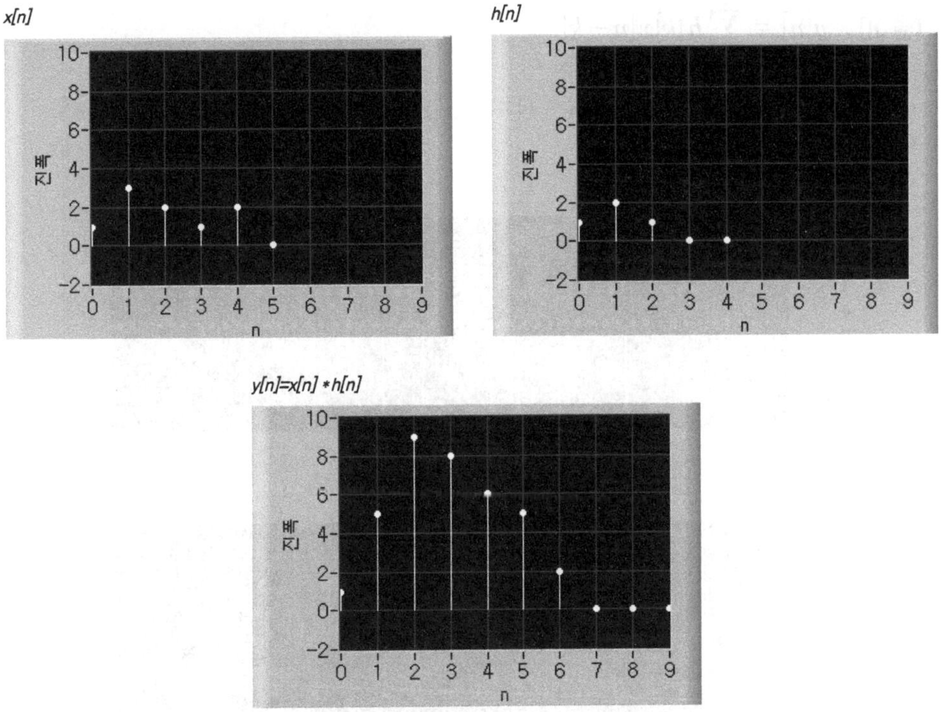

[그림 8-16] 유한한 개수의 입력과 임펄스응답의 컨볼루션에 의한 출력

Q [문제 8-1] 다음의 입력과 임펄스응답에 대한 출력을 그려라 (LabVIEW 활용).

$x[n]=[0,2,-3,4,2,-1,2,2,0,-1,2,0,0]$

$h[n]=[-1,2,3,1,-2,4,0,0,0]$

[예제 8-1] 주파수가 20Hz와 30Hz가 포함되어 있고, 100Hz로 샘플링된 신호 $x[n]$이 다음과 같은 시스템의 임펄스응답 $h[n]$을 통과하면 어떤 신호가 출력되는지를 그려보아라(57.vi).

$$x[n] = \cos(2\pi 20n\frac{1}{100}) + \cos(2\pi 30n\frac{1}{100})$$

$$= \cos(0.4\pi n) + \cos(0.6\pi n)$$

$$h[n] = \frac{1}{3}\delta[n] + \frac{1}{3}\delta[n-1] + \frac{1}{3}\delta[n-2]$$

[풀이] $y[n] = \sum_{k=0}^{2} h[k]x[n-k]$

$$= \frac{1}{3}x[n] + \frac{1}{3}x[n-1] + \frac{1}{3}x[n-2]$$

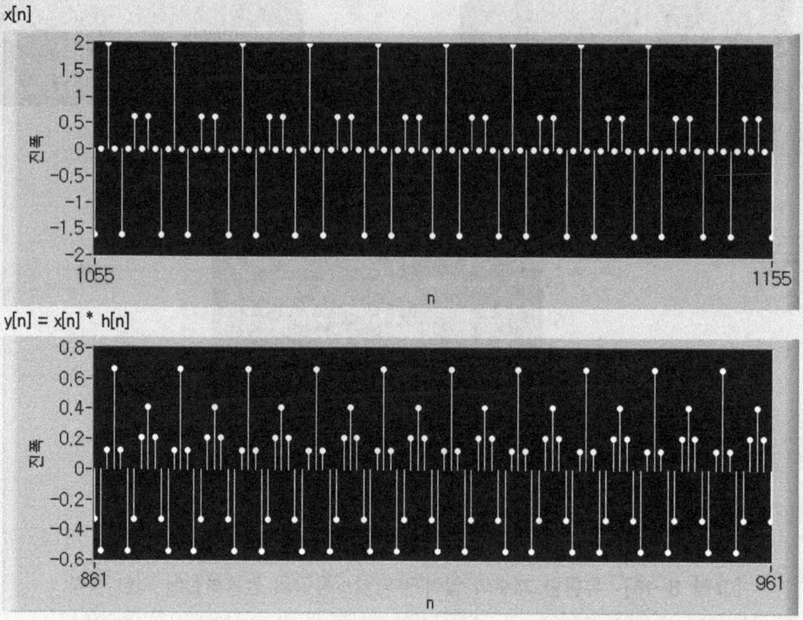

[그림 8-17] 무한히 계속되는 입력신호와 유한한 개수로 이루어진 임펄스응답과의 컨볼루션에 의한 출력

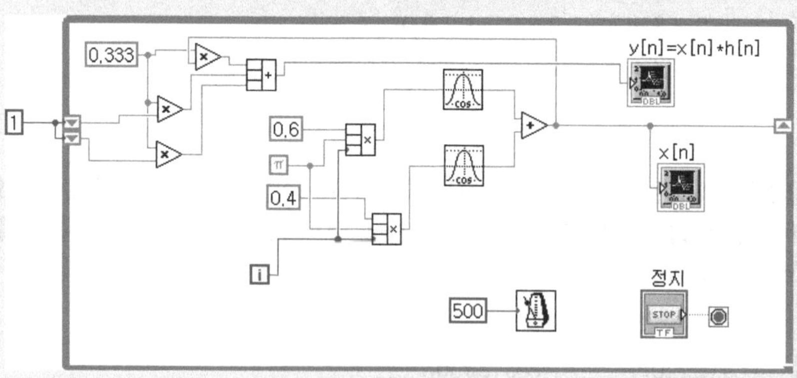

[그림 8-18] 컨볼루션에 의한 출력 계산을 위한 블록다이어그램

3.4 시스템 출력의 시작점과 끝점을 알 수 있는가?

대부분의 이산신호는 일정구간 안에서 값을 가진다. 일정구간을 신호의 지속시간 혹은 신호의 길이라고도 한다. 다음의 그림과 같이 입력 신호 $x[n]$이 시간 n_1에서 시작하여 n_2까지 지속되고, 임펄스응답 $h[n]$은 n_3에서 시작하여 n_4에서 끝난다고 하자. 즉 입력의 길이는 n_2-n_1+1이 되고, 임펄스응답의 길이는 n_4-n_3+1이 된다.

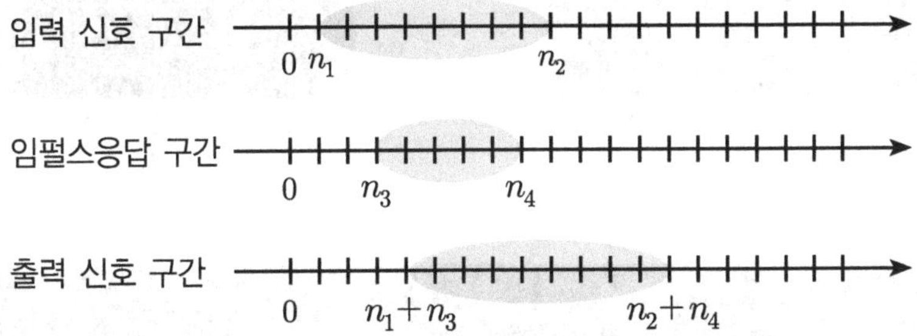

[그림 8-19] 입력신호구간과 임펄스응답의 구간을 아는 경우의 출력신호구간

위의 그림에 의하면 **출력신호는** n_1+n_3**에서** n_2+n_4**까지** 인데 이해가 되는가? 입력은 시간 n_1 때에 한 개의 신호가 입력되면 임펄스응답은 n_1+n_3부터 n_4-n_3+1개의 신호가 얻어진다. 시간 n_2 때에 입력 신호가 들어가면 $n_2+((n_3-n_1)+n_4-n_3+1)=n_2+n_4+1$개의 출력이 얻어진다. 따라서 출력은 n_1+n_3에서 n_2+n_4까지의 신호가 얻어지며, 출력의 지속시간(길이)은 $n_2+n_4-(n_1+n_3)+1$이 된다.
아래의 예제를 통하여 확인해 보도록 하자.

[예제 8-2] 주파수가 20*Hz*와 30*Hz*가 포함되어 있고, 100*Hz*로 샘플링된 신호 50개가 시스템의 임펄스응답 $h[n]=\{0,1,2,3,2,1\}$인 시스템을 통과하면 어떤 신호가 출력되는지를 그려보아라(55.vi).

[풀이] 입력 $n_1=0$에서 시작하여 $n_2=49$에서 끝나며 길이가 50이며($n=0\sim49$), 임펄스응답은 $n_3=1$에서 시작하여 $n_4=5$에서 끝나며 길이는 5이다. 따라서 출력은 $n_1+n_3=0+1=1$에서 시작하여 $n_2+n_4=49+5=54$에서 끝난다. 그래프를 그려 보면 아래와 같다(55.vi).

$$x[n]=\cos(2\pi 20n\frac{1}{100})+\cos(2\pi 30n\frac{1}{100})$$
$$=\cos(0.4\pi n)+\cos(0.6\pi n)$$

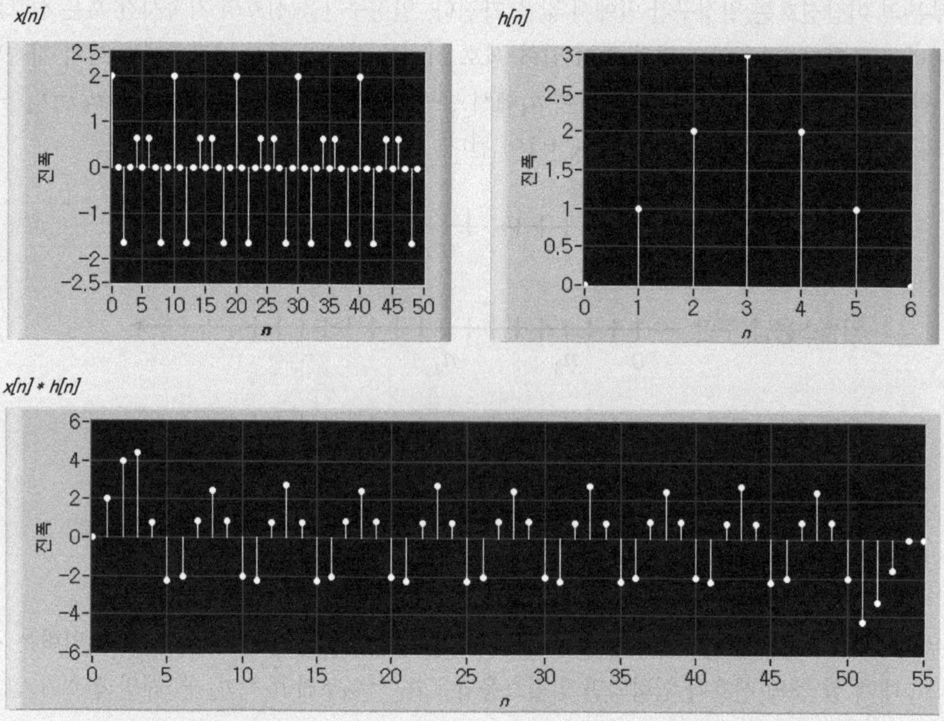

[그림 8-20] 컨볼루션에 의한 출력 구간(55.vi)

[예제 8-3] $x[n]=\{1,1,1\}$, $h[n]=\{1,-1,1,-1\}$**일 때에 출력** $y[n]$**을 구하고, 그래프를 그려라. { }내의 값은** $n=0$**부터 시작한 값이다(109.vi).**

[풀이] 컨볼루션의 계산식으로부터 다음과 같이 식을 전개한다. 출력은 $n=0$부터 $n=5$까지 계산한다.

$$y[n]=x[n]*h[n]=\sum_{k=-\infty}^{\infty}x[k]h[n-k]$$

$$\begin{aligned}y[0]&=x[0]h[0-0]+x[1]h[0-1]+x[2]h[0-2]\\&=1\times1+1\times0+1\times0=1\end{aligned}$$

$$\begin{aligned}y[1]&=x[0]h[1-0]+x[1]h[1-1]+x[2]h[1-2]\\&=1\times(-1)+1\times1+1\times0=0\end{aligned}$$

$$y[2] = x[0]h[2-0] + x[1]h[2-1] + x[2]h[2-2]$$
$$= 1\times1 + 1\times(-1) + 1\times1 = 1$$

$$y[3] = x[0]h[3-0] + x[1]h[3-1] + x[2]h[3-2]$$
$$= 1\times(-1) + 1\times1 + 1\times(-1) = -1$$

$$y[4] = x[0]h[4-0] + x[1]h[4-1] + x[2]h[4-2]$$
$$= 1\times0 + 1\times(-1) + 1\times1 = 0$$

$$y[5] = x[0]h[5-0] + x[1]h[5-1] + x[2]h[5-2]$$
$$= 1\times0 + 1\times0 + 1\times(-1) = -1$$

그래프는 다음과 같다.

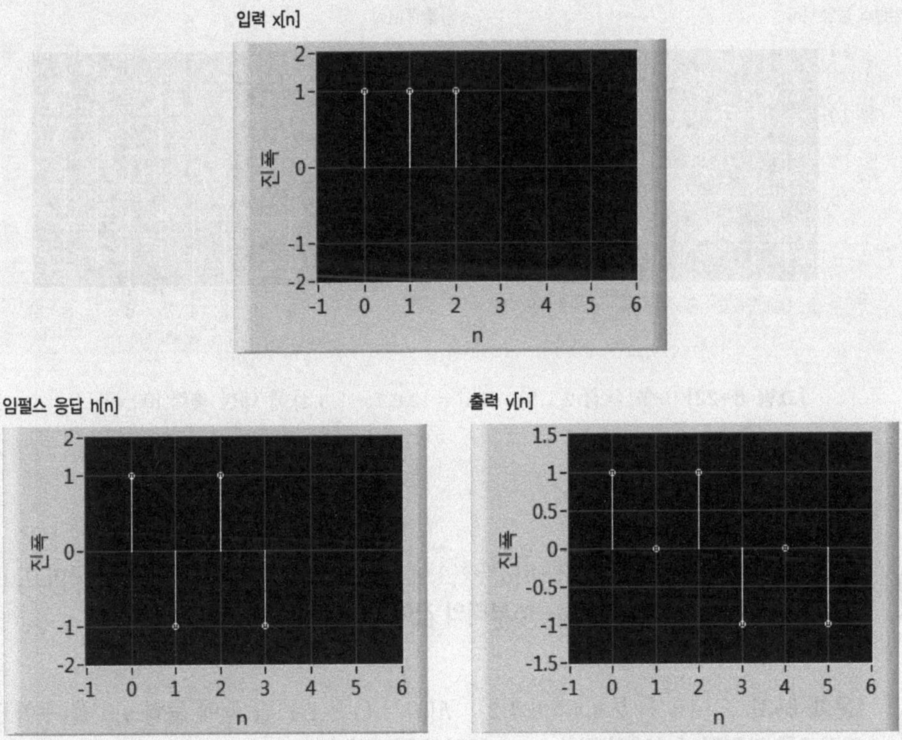

[그림 8-21] $x[n] = \{1,1,1\}$, $h[n] = \{1,-1,1,-1\}$ 에 대한 출력(109.vi)

[예제 8-4] $x[n]=\{1,2,1,3\}$, $h[n]=\{2,0,1,-1,3,4\}$**일 때에 출력** $y[n]$**의 그래프를 그려라. { }내의 값은** $n=0$**부터의 값이다.**

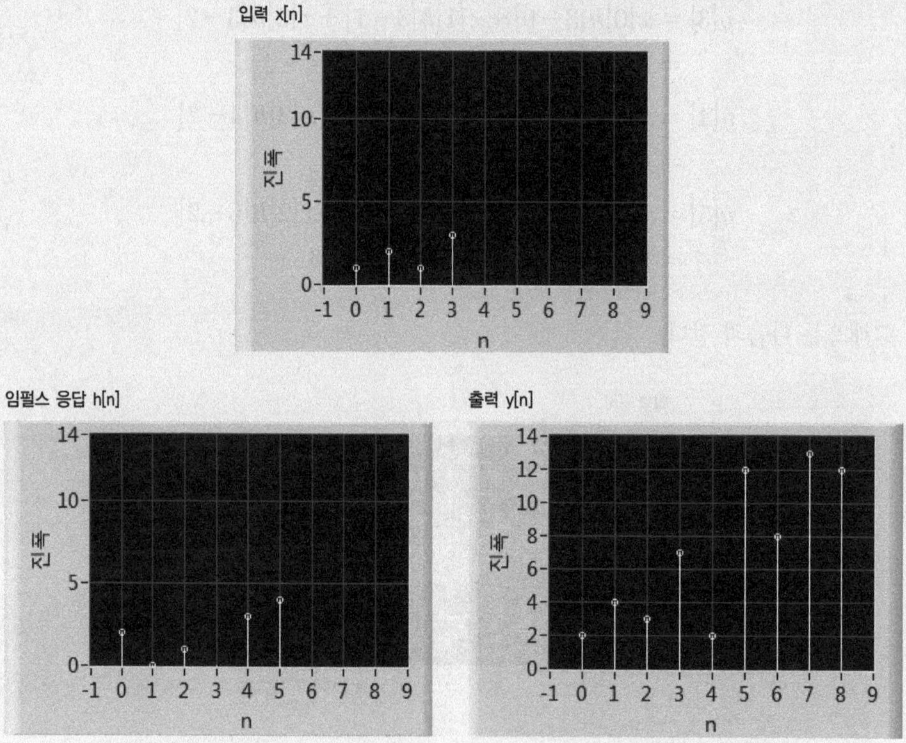

[그림 8-22] $x[n]=\{1,2,1,3\}$, $h[n]=\{2,0,1,-1,3,4\}$에 대한 출력(109.vi)

Q **[문제 8-2]** $x[n]=\{1,-1,1\}$, $h[n]=\{3,2,1,0,1,2,3\}$**일 때에 출력** $y[n]$**을 구하고, 그래프를 그려라. { }내의 값은** $n=0$**부터의 값이다.**

Q **[문제 8-3]** $x[n]=\{1,2,3,4,5,6,4,2\}$, $h[n]=\{1,-1,1\}$**일 때에 출력** $y[n]$**을 구하고, 그래프를 그려라. { }내의 값은** $n=0$**부터의 값이다.**

3.5 입력과 임펄스응답이 계속적인 신호인 경우에 출력은 어떻게 구하는가?

– 어떻게 계산하며, 편리한 방법이 있는가?

입력과 임펄스응답이 계속적인 신호라 함은 신호가 일정구간에만 값이 있는 것이 아니라 시간과 함께 값이 계속 나타나는 신호를 말한다. 아래의 그림에서 보이는 것은 시간 $n=17$에서 끝나는 것처럼 보이지만, 계속적으로 나타나는데 신호의 일부를 편의상 부분적으로만 표현한 것이다. 입력과 임펄스응답이 계속적인 신호라 할지라도 컨볼루션을 할 수 있다. 단 두 신호 모두가 같은 주기를 가져야 한다. 주기가 서로 다르든가 주기신호가 아니면 컨볼루션을 할 수 없다. 예를 들면 다음과 같은 두 신호를 생각해 보자.

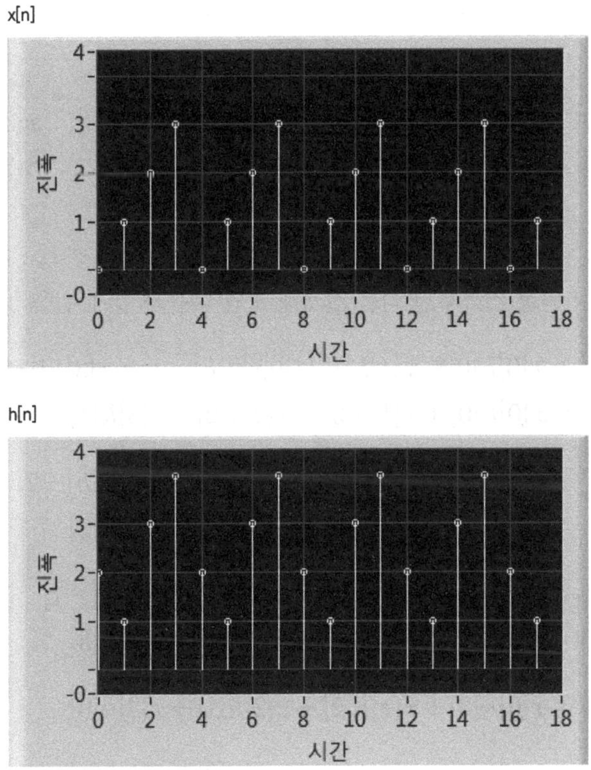

[그림 8-23] 입력과 임펄스응답의 신호파형: 연속적이면서 같은 주기 $N=4$를 가짐(112.vi)

위의 두 신호 $x[n]=\{0, 1, 2, 3, 0, 1, 2, 3, \cdots\}$이고, $h[n]=\{2, 1, 3, 4, 2, 1, 3, 4, \cdots\}$이므로 양 신호는 모두 주기 $N=4$로서 같다.

주기적인 신호인 경우에 푸리에 시리즈로 전개하는 경우에서도 사용한 것처럼 한 주기 동안의 신호에 대하여 계산하면 된다. 같은 방법으로 컨볼루션도 주기신호인 경우에 다음과 같이 한 주기 동안의 컨볼루션으로 생각할 수 있다.

$$y[n] = \sum_{k=0}^{N-1} x[k]h[n-k] = x[n] \otimes h[n] \tag{8-19}$$

로 표현한다. 식 중의 ⊗는 컨볼루션의 표기인 ∗과 비교되는 것으로 원형 컨볼루션이라고 한다. 또한 원형 컨볼루션은 주기신호를 대상으로 하기 때문에 주기(Periodic) 컨볼루션이라고 하며, 이러한 용어에 대하여 지금까지의 컨볼루션은 선형(Linear) 컨볼루션이라고 한다.

원형 컨볼루션을 주기가 4인 경우에 대하여 위의 식을 전개하여 보자. 주기가 4라는 의미는 다음과 같다.

[표 8-3] 입력과 임펄스응답의 시간에 따른 진폭

n	…	−4	−3	−2	−1	0	1	2	3	4	…
$x[n]$		$x[0]$	$x[1]$	$x[2]$	$x[3]$	$x[0]$	$x[1]$	$x[2]$	$x[3]$	$x[0]$	
$h[n]$		$h[0]$	$h[1]$	$h[2]$	$h[3]$	$h[0]$	$h[1]$	$h[2]$	$h[3]$	$h[0]$	

위의 표를 이용하여 원형 컨볼루션 식을 전개해 보면 다음과 같게 됨을 알 수 있다.

$$\begin{aligned} y[0] &= x[0]h[0] + x[1]h[-1] + x[2]h[-2] + x[3]h[-3] \\ &= x[0]h[0] + x[1]h[3] + x[2]h[2] + x[3]h[1] \end{aligned} \tag{8-20}$$

$$\begin{aligned} y[1] &= x[0]h[1] + x[1]h[0] + x[2]h[-1] + x[3]h[-2] \\ &= x[0]h[1] + x[1]h[0] + x[2]h[3] + x[3]h[2] \end{aligned}$$

$$\begin{aligned} y[2] &= x[0]h[2] + x[1]h[1] + x[2]h[0] + x[3]h[-1] \\ &= x[0]h[2] + x[1]h[1] + x[2]h[0] + x[3]h[3] \end{aligned}$$

$$y[3] = x[0]h[3] + x[1]h[2] + x[2]h[1] + x[3]h[0]$$

$$\begin{aligned} y[4] &= x[0]h[4] + x[1]h[3] + x[2]h[2] + x[3]h[1] \\ &= x[0]h[0] + x[1]h[3] + x[2]h[2] + x[3]h[1] = y[0] \end{aligned}$$

$$\begin{aligned} y[5] &= x[0]h[5] + x[1]h[4] + x[2]h[3] + x[3]h[2] \\ &= x[0]h[1] + x[1]h[0] + x[2]h[3] + x[3]h[2] = y[1] \end{aligned}$$

$$\vdots$$

아래의 그림은 위와 같은 계산 과정을 이해하기 쉽도록 그림으로 나타낸 것이다. 두 개의 동심원에 각각의 값을 올려놓고 바깥 원을 시계방향으로 회전시키면서 대응점끼리의 값을 곱하여 더하기를 하는 형태이다.

즉 $n=0$인 경우에 왼쪽 동심원과 같이 배치시키고, 서로 마주보는 값끼리 곱하여 더하기를 하며, $n=1$인 경우에 바깥 동심원을 시계방향으로 한 칸 회전시켜 서로 마주보는 값끼리 곱하여 더하기를 하며, 원이 한 바퀴 회전하여 원위치에 오면 계산을 종료한다.

마지막으로 원형 컨볼루션은 두 개 신호의 주기가 반드시 같아야 함을 명심하길 바란다.

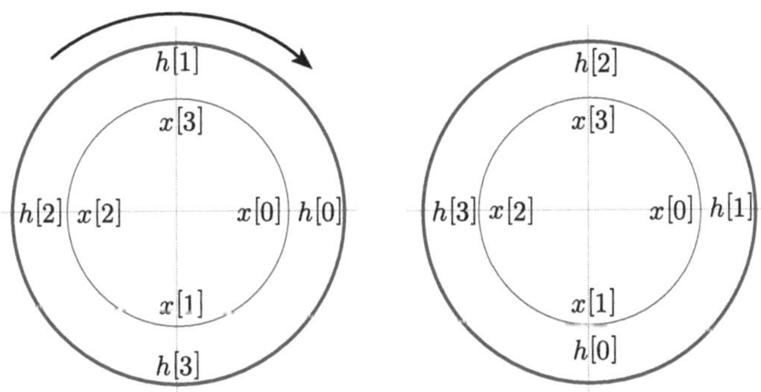

[그림 8-24] 원형 컨볼루션의 계산 과정

> **Q** **[문제 8-4]** $x[n]=\{1,2,3,1,2,3,\cdots\}$, $h[n]=\{3,2,2,3,2,2,\cdots\}$**일 때에 두 신호의 컨볼루션은 원형 컨볼루션인가? 원형 컨볼루션이면 계산하여 그래프로 그려라.**

– (선형)컨볼루션도 원형 컨볼루션처럼 계산할 수 있는가?

일반 컨볼루션인 선형 컨볼루션은 계속적으로 입력되는 신호가 아니라 일정 구간에만 신호가 존재하는 신호에 대한 컨볼루션이다. 이러한 경우에도 원형 컨볼루션처럼 계산할 수 있는가이다. 대답은 계산할 수 있다. 단 원형 컨볼루션의 형식으로 계산할 수 있기 위해서는 두 가지의 조건이 필요한데 첫째가 지속시간을 같게 맞추어야 하며, 지속시간을 같게 맞추었을 때에 부족한 데이터는 0의 값으로 채워 넣어야 하는 조건이다.

첫째, 서로 다른 길이를 가진 신호이므로 두 개의 신호의 길이가 같아야 한다.(원형 컨볼루션이 되기 위한 필수 조건) **신호의 길이를 어떻게 같게 맞출까?**

예를 들면, $x[n]=\{6,5,4,3,2,1\}$, $h[n]=\{1,1,1\}$가 있다고 생각하자. 양 신호는 모두 시작점은 $n=0$이다. 그러면 $x[n]$의 지속시간(길이)은 $N_x=6$이고, $h[n]$의 지속시간 $N_h=3$이다. 지속시간을 같게 하기 위해서는 **지속시간이 긴 신호인** $x[n]$**의 지속시간인** $N_x=6$에 맞추면 될까? 아니다. 왜?

만약에 위의 두 신호를 원형 컨볼루션이 아닌 컨볼루션(일반적으로 컨볼루션이라고 할 때는 선형 컨볼루션이다.)을 하면 출력의 지속시간은 $N_x + N_h - 1 = 6 + 3 - 1 = 8$이 됨을 우리는 알고 있다. 따라서 여기에 지속시간을 맞추어야 한다. 즉 지속시간이 다른 두 신호를 원형 컨볼루션하기 위하여 지속시간을 두 신호 모두 하나의 지속시간에 맞추어야 하는데 각각의 지속시간을 더하기하여 1을 뺀 값에 맞춘다.(1을 빼는 이유는 알겠는가? 생각해 보길 바란다.)

둘째, 예를 들면, 위의 경우에 현재 $x[n]$의 지속시간은 6인데, 지속시간을 어떻게 하여 8로 맞추는가? 아주 간단하다. 나머지 칸에 0을 채워 넣으면 된다(0점 채우기).

결론적으로 각각의 신호는 다음과 같이 바꾸면 선형컨볼루션을 원형 컨볼루션으로 계산할 수 있다.

$$\begin{aligned} x[n] &= \{6, 5, 4, 3, 2, 1, 0, 0\} \\ h[n] &= \{1, 1, 1, 0, 0, 0, 0, 0\} \end{aligned} \tag{8-21}$$

출력을 계산으로 하는 방법은 각자가 해 보길 바라며, 아래에 그래프로 결과를 보여준다(111.vi).

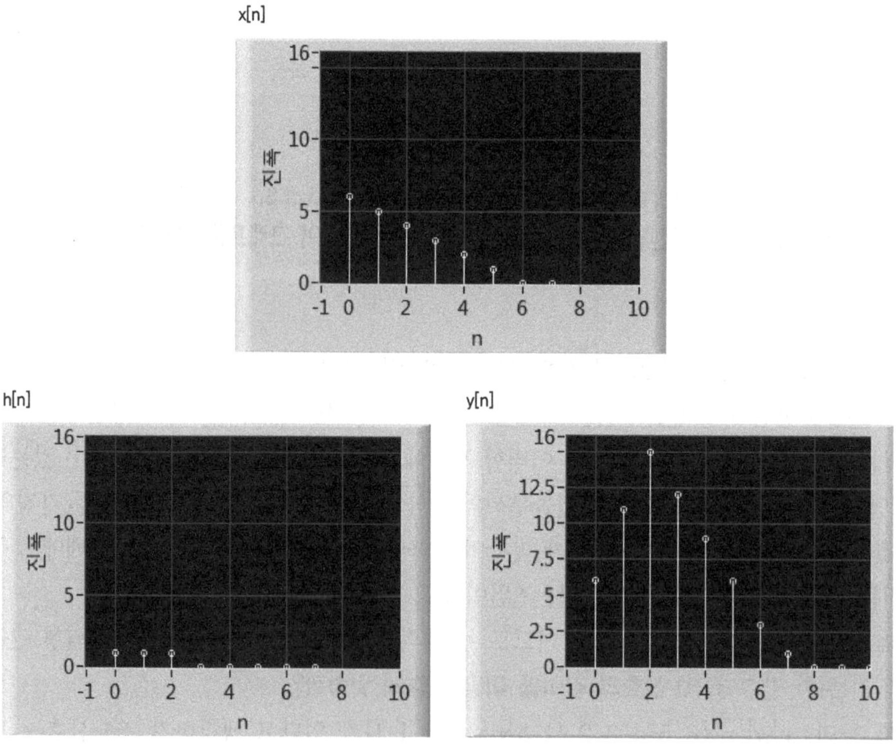

[그림 8-25] (선형)컨볼루션을 원형컨볼루션 방법으로 계산

– 원형 컨볼루션을 계산하는 다른 방법은 없을까?

있다. 원래는 원형 컨볼루션의 정의식인

$$y[n] = \sum_{k=0}^{N-1} x[k]h[n-k] = x[n] \otimes h[n] \tag{8-22}$$

에 의해서 전개하면 되지만 다른 방법도 있다.

이산푸리에변환(DFT)을 이용하여 원형 컨볼루션을 할 수 있다. 푸리에변환이란 원래가 계속적인 신호 중에서 구간을 정하여 푸리에변환을 하는 것이다. 계속 신호 가운데 구간을 정한다는 말의 의미는 해당 구간의 신호를 주기로 무한이 반복한다는 의미가 있기도 하다.

원형 컨볼루션도 같은 개념을 사용하여 다음과 같은 순서로 출력을 생성할 수 있다.

1) 각각의 신호, 즉 위의 $x[n]$과 $h[n]$의 주기를 맞춘다. 주기는 2^p(FFT를 하기 위해서)으로 하며 데이터가 부족하면 0을 채워 넣는다.
2) $x[n]$과 $h[n]$ 각각의 DFT인 $X(k)$와 $H(k)$를 구하고, 두 스펙트럼을 곱하여 $X(k)H(k)$를 계산한다.
3) $X(k)H(k)$의 역푸리에변환(IDFT)를 계산하면 원형 컨볼루션한 결과인 출력을 얻는다.

다음의 그래프는 $x[n] = \{6, 5, 4, 3, 2, 1\}$, $h[n] = \{1, 1, 1\}$로 하여 위와 같은 과정을 통하여 얻은 결과이다. 우선 다음과 같이 주기를 8로 하고 부족한 데이터의 값은 0으로 채워 넣었다.

$$\begin{aligned} x[n] &= \{6, 5, 4, 3, 2, 1, 0, 0\} \\ h[n] &= \{1, 1, 1, 0, 0, 0, 0, 0\} \end{aligned} \tag{8-23}$$

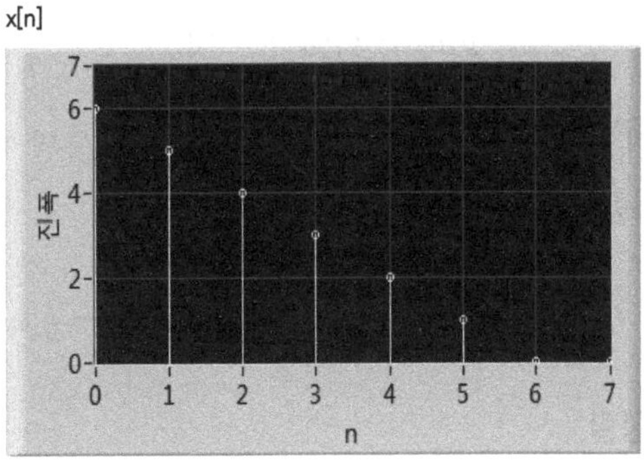

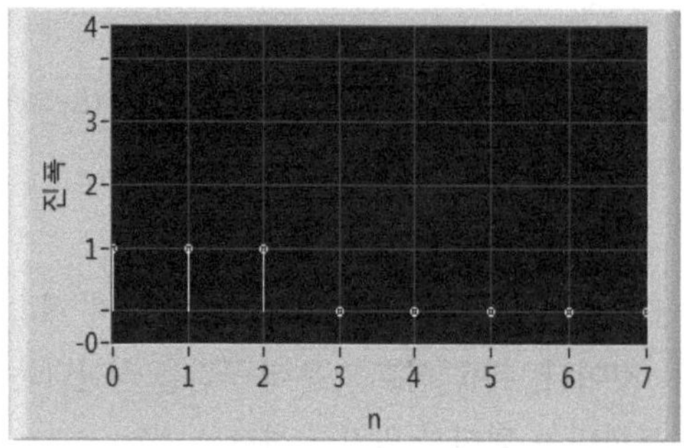

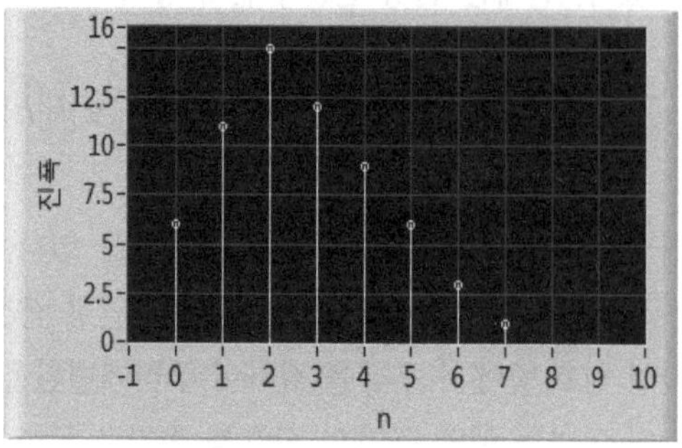

[그림 8-26] 원형컨볼루션을 FFT에 의해서 구하는 방법(113.vi)

위의 그림으로 보아서도 같은 결과가 얻어짐을 알 수 있다.

3.6 컨볼루션은 어떤 성질이 있나?

컨볼루션의 성질을 앎으로서 시스템의 설계 등에 유용하게 활용할 수 있다. 또한 컨볼루션의 성질 혹은 특성이란 선형 시불변 시스템(Linear Time-Invariant System: LTI System)의 특성이라고도 할 수 있다.

- 컨볼루션의 시간 이동의 성질

입력신호가 $x[n]$인 시스템의 임펄스응답 $h[n]$을 통과해서 나온 출력은 입력과 출력의 컨볼루션인 다음의 식으로 출력이 표현된다.

$$y[n] = x[n] * h[n] \tag{8-24}$$

이다. 간단한 예로서, 입력신호가 $x[n]$ 대신에 n_0 만큼 시간 이동된 신호 $x[n-n_0]$가 입력되면 출력도 n_0 만큼 시간 이동된 출력 $y[n-n_0]$가 출력된다.

$$x[n] * h[n] = y[n] \ \rightarrow \ x[n-n_0] * h[n] = y[n-n_0] \tag{8-25}$$

- 컨볼루션의 교환법칙 성질

컨볼루션은 다음과 같이 두 신호를 서로 교환해도 출력은 같다.

$$x[n] * h[n] = h[n] * x[n] \tag{8-26}$$

증명은 다음과 같이 쉽게 할 수 있다.

$$\begin{aligned} x[n]*h[n] &= \sum_{k=-\infty}^{\infty} x[k]h[n-k] \qquad n-k=l\text{로 두면} \\ &= \sum_{l=-\infty}^{\infty} x[n-l]h[l] \\ &= \sum_{l=-\infty}^{\infty} h[l]x[n-l] \\ &= h[n]*x[n] \end{aligned} \tag{8-27}$$

이를 그림으로 그려 보면 다음과 같다. 입력신호와 시스템의 임펄스응답의 기능을 바꾸어도 출력에는 변함이 없음을 의미한다.

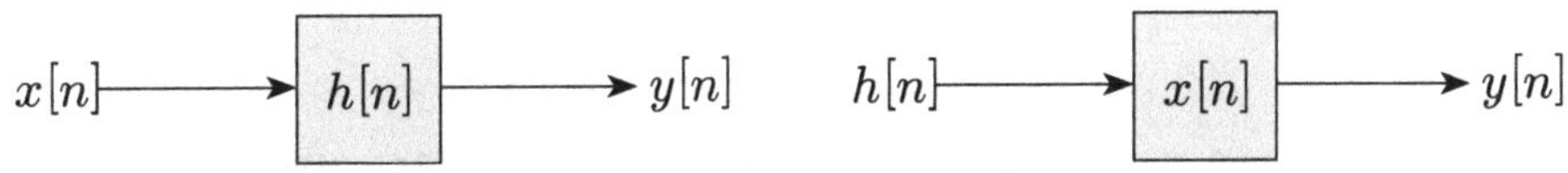

$x[n]*h[n] = h[n]*x[n] = y[n]$

[그림 8-27] 컨볼루션의 교환법칙

그러나 입력과 시스템의 임펄스응답 기능을 바꾸기 보다는 다음 그림과 같이 시스템 두 개가 직렬로 연결되어 있을 때에 시스템의 순서를 바꾸어도 출력에는 변함이 없다는 의미로 많이 사용된다.

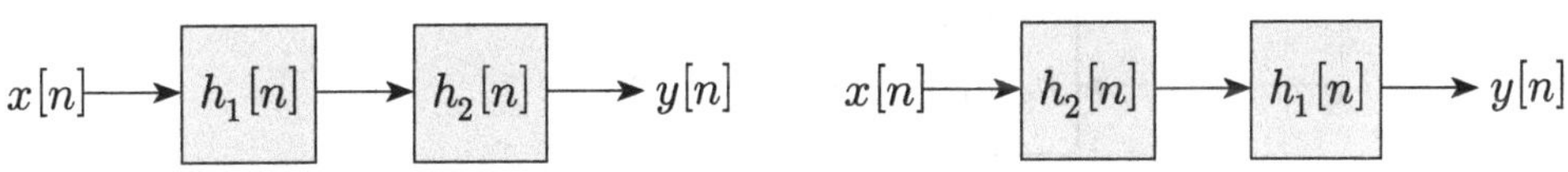

$x[n]*(h_1[n]*h_2[n]) = x[n]*(h_2[n]*h_1[n]) = y[n]$

[그림 8-28] 교환법칙에 의한 시스템의 순서 변경

– 컨볼루션의 결합 성질

컨볼루션은 결합성이 있는데, 의미는 두 개의 시스템이 직렬로 연결되어 있을 때에 두 시스템의 임펄스응답 $h_1[n]$과 $h_2[n]$이 하나의 임펄스응답 $h[n]=h_1[n]*h_2[n]$으로 표현될 수 있음을 의미한다.(결합법칙)

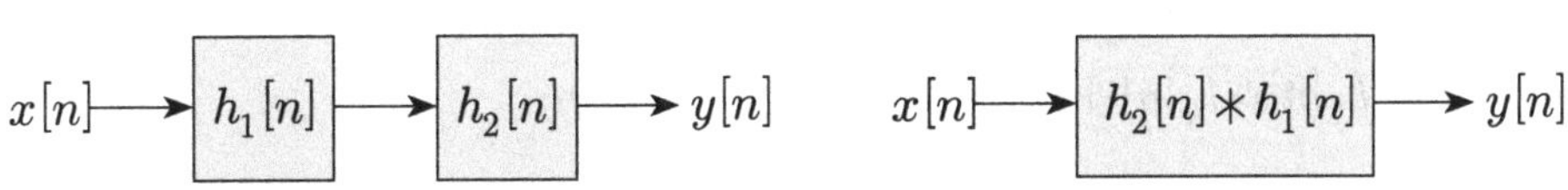

$x[n]*h_1[n]*h_2[n] = x[n]*(h_2[n]*h_1[n]) = y[n]$

[그림 8-29] 결합법칙을 이용한 두 개의 시스템을 하나로 시스템화

– 컨볼루션의 배분 성질

덧셈에 대한 배분성이 있다. 물리적인 의미를 그림으로 그리면 다음과 같이 표현할 수 있다.

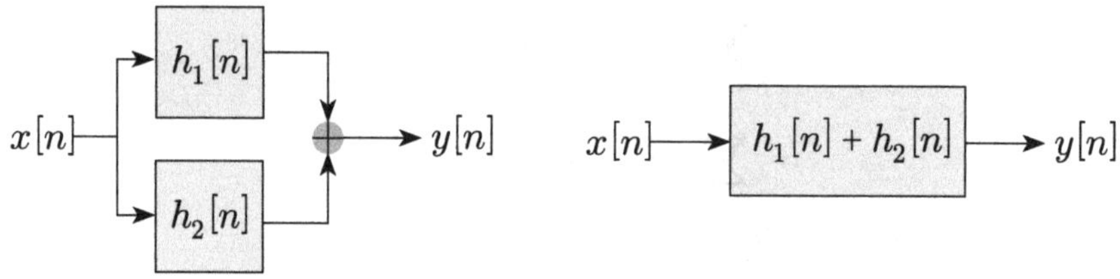

$$x[n] * h_1[n] + x[n] * h_2[n] = x[n] * (h_1[n] + h_2[n]) = y[n]$$

[그림 8-30] 병렬인 두 개의 시스템을 하나로 통합

[예제 8-5] 다음과 같이 연결된 시스템이 있다. 전체시스템의 임펄스응답 $h[n]$을 구하라.

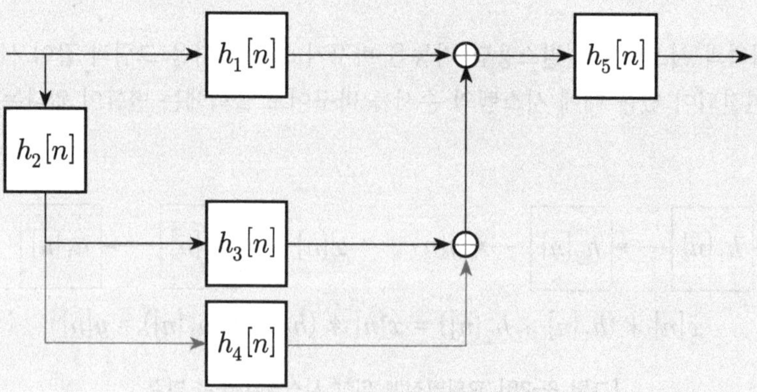

[그림 8-31] 시스템 통합을 위한 예제

[풀이] 1) $h_3[n]$과 $h_4[n]$이 병렬이므로 $h_3[n] + h_4[n] = h_a[n]$

2) $h_2[n]$과 $h_a[n]$과의 직렬이므로 $h_2[n] * h_a[n] = h_b[n]$

3) $h_1[n]$과 $h_b[n]$과의 병렬이므로 $h_1[n] + h_b[n] = h_c[n]$

4) $h_5[n]$과 $h_c[n]$과의 직렬이므로 $h_5[n] * h_c[n]$

따라서 전체 시스템의 임펄스응답은 다음과 같다.

$$
\begin{aligned}
h[n] &= h_5[n] * h_c[n] \\
&= h_5[n] * (h_1[n] + h_b[n]) \\
&= h_5[n] * (h_1[n] + h_2[n] * (h_2[n] + h_4[n]))
\end{aligned}
$$

Q [문제 8-5] 다음의 그림에서 전체 시스템의 임펄스응답 $h[n]$을 구하라.

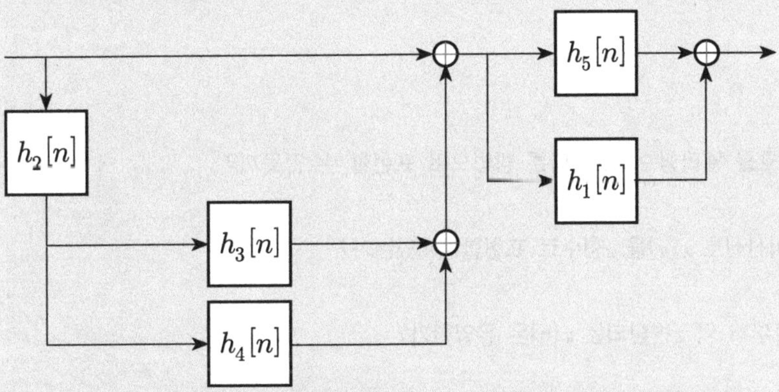

[그림 8-32] 시스템 통합을 위한 예제

1. 이산신호를 델타함수 외에 다른 방법으로 표현할 수 없을까?

2. 모든 이산신호 $x[n]$을 z함수로 표현할 수 있는가?

3. $X(z)$로부터 역 z변환되는 $x[n]$은 유일한가?

4. $X(z)$로부터 $x[n]$은 어떻게 구하나?

5. z변환식이 주파수영역을 표현한다는 말의 의미는?

6. z변환은 이산신호를 표현하기 위해서만 필요한가?

7. 변환은 어떤 성질이 있는가?

CHAPTER 09

신호 및 시스템을 주파수영역에서 표현하기 위해서 필요한 변환은 무엇인가?

신호를 표현하기 위하여 시간영역인 델타함수를 이용하여 표현하여 왔다. 그리고 시스템을 시간영역에서 표현하기 위한 임펄스응답에 대하여 설명하였다. 그러면 신호의 세계에서는 시간영역과 주파수영역이 항상 공존하기 때문에 신호 및 시스템을 주파수영역에서 표현하고 특성을 알 수 있는 방법이 없을까라는 질문이 나올 수 있다. 그렇다. 신호 및 시스템을 주파수영역에서 표현할 수 있다. 즉, 신호 및 시스템을 시간영역에서 주파수영역으로 변환하는 방식인데 그 중에서 변환에 대한 설명을 한다.

CHAPTER 09

신호 및 시스템을 주파수영역에서 표현하기 위해서 필요한 변환은 무엇인가?

1. 이산신호를 델타함수 외에 다른 방법으로 표현할 수 없을까?

6장의 6절에서 이산신호가 델타함수를 이용하여 다음과 같이 표현됨을 보아왔다.

$$\begin{aligned} x[n] &= x[0]\delta[n] + x[1]\delta[n-1] + x[2]\delta[n-2] + \cdots \\ &= \sum_{k=0}^{\infty} x[k]\delta[n-k] \end{aligned} \tag{9-1}$$

그런데 이산신호를 표현하기 위하여 일일이 델타함수를 쓰기가 불편하지 않을까? 좀 더 편리한 방법이 없을까? 그래서 나온 것이 시간을 나타내는 정보인 델타함수 $\delta[n]$ 대신에 z^{-1}을 도입하기로 한다. 즉 다음과 같이 약속하고 사용한다.

z^0 : $\delta[n]$ 대신에 사용하며 값은 1이다.
z^{-1} : $\delta[n-1]$ 대신에 사용하며, 시간 n 축에서 1만큼 지연(오른쪽으로 1만큼 이동)됨을 의미한다.
z^{-2} : $\delta[n-2]$ 대신에 사용하며, 시간 n 축에서 2만큼의 지연(오른쪽으로 2만큼 이동)됨을 의미한다.
⋮

z^{-k} : $\delta[n-k]$ 대신에 사용하며, 시간 n 축에서 k만큼의 지연(오른쪽으로 k만큼 이동)됨을 의미한다.

여기서 k 만큼이란 k 개의 샘플만큼 지연됨을 의미하며, 시간적으로 샘플링 주기의 k배인 kT_s 만큼의 지연을 의미한다.

따라서 위의 이산신호를 나타내는 식은 다음과 같이 된다.

$$\begin{aligned} x[n] &= \delta[n]+3\delta[n-1]+2\delta[n-2]+2\delta[n-3]+\delta[n-4] \\ &\quad +3\delta[n-5]+4\delta[n-6]+2\delta[n-7] \\ &= 1+3z^{-1}+2z^{-2}+2z^{-3}+z^{-4}+3z^{-5}+4z^{-6}+2z^{-7} \end{aligned} \tag{9-2}$$

이 식을 일반화하여 표현하면 다음과 같다.

$$\begin{aligned} x[n] &= \sum_{k=0}^{\infty} x[k]\delta[n-k] \\ &= x[0]\delta[n]+x[1]\delta[n-1]+x[2]\delta[n-2]+\cdots \\ &= x[0]z^{0}+x[1]z^{-1}+x[2]z^{-2}+\cdots \\ &= \sum_{k=0}^{\infty} x[k]z^{-k} \end{aligned} \tag{9-3}$$

결과적으로 이산신호 $x[n]$은 z의 함수로 표현되기 때문에 (왜냐하면 $x[k]$는 상수이기 때문), '$x[n]$이 z함수로 변환되고, 변환된 z의 함수를 $X(z)$로 표기한다' 라고 표현하고 다음과 같은 쌍으로 나타낸다. 일반적으로 z는 복소수이다.

$$x[n] \leftrightarrow X(z) \tag{9-4}$$

그런데 $x[n]$에서 n은 $-\infty$에서 ∞까지의 정수의 값을 가질 수 있으므로 일반적으로 z변환의 일반화된 표현식은 다음과 같다.

n의 범위에 따라서 양방향과 단방향 z변환으로 분류한다. 여기서 방향이라 함은 0을 기점으로 +, - 양쪽으로 값이 있으면 양방향 신호, 어느 한쪽의 값만 있으면 단방향 신호라고 한다. 그리고 단방향 신호 중에서도 신호의 값이 + 방향으로 값이 있으면 우방향 신호, −방향의 값이 있으면 좌방향 신호라고 한다.

$$\text{양방향 } z \text{ 변환: } X(z) = \sum_{n=-\infty}^{\infty} x[n]z^{-n} \tag{9-5}$$

$$\text{단방향 } z \text{ 변환: } X(z) = \sum_{n=0}^{\infty} x[n]z^{-n} \tag{9-6}$$

2. 모든 이산신호 $x[n]$을 z 함수로 표현할 수 있는가?

아니다. 위의 z변환식에서 합산의 구간이 무한대($n=\infty$)이기 때문에 합산의 값이 무한대가 되지 않아야 한다. 이를 위해서는 신호의 개수가 유한개이든가, 무한급수의 합이 수렴해야 한다. 이를 변환의 수렴조건이라고 하고 아래와 같이 표현한다.

$$\sum_{n=-\infty}^{\infty} |x[n]z^{-n}| < \infty \tag{9-7}$$

z변환의 경우에는 n이 무한대로 증가함에 따라 $x[n]$의 값은 무한대로 발산할지라도 $|x[n]z^{-n}|$가 발산하지 않으면 z변환이 가능하다.

즉 예를 들면, $x[n]=a^n$일 경우에 $|x[n]z^{-n}| = |a^n z^{-n}| = |(az^{-1})^n|$이 발산되지 않기 위해서는 $|az^{-1}| < 1$이면 된다. 이산시간푸리에변환(Discrete Time Fourier Transform)은 존재하지 않더라고 z변환은 존재할 수 있으므로, z변환은 DTFT보다 훨씬 많은 종류의 신호(예를 들면 $x[n]=a^n$, $|a|>1$ 인 신호)까지도 주파수영역으로 변환하여 취급할 수 있다.

z평면은 복소수 평면(실수축과 허수축으로 구성된 평면)이며, z변환이 존재하기 위한 z변환의 수렴영역(ROC: Region of Convergence)을 z평면에서 생각해 보자. 여기서는 편의상 인과시스템인 경우에 신호가 유한구간만 존재할 때와 $x[n]$의 신호가 $n \ge 0$일 때만 존재하는 우방향 신호인 경우에 다음의 예제를 통하여 수렴영역을 구해 보자.

[예제 9-1] 다음의 각 신호에 대하여 z변환을 구하고, z변환이 존재하기 위한 수렴영역을 구하라(114.vi).

1) $x_1[n] = \delta[n]$

2) $x_2[n] = \delta[n] - 2\delta[n-1] + 2\delta[n-2]$

3) $x_3[n] = \delta[n+1] + \delta[n]$

4) $x_4[n] = \delta[n+2] - 2\delta[n] + 4\delta[n-1]$

5) $x_5[n] = a^n u[n]$: $n \ge 0$에서 값이 있는 우측 신호

6) $x_6[n] = -a^n u[-n-1]$: $n \le -1$에서 값이 있는 좌측 신호

[풀이]

1) $X_1(z) = \sum_{n=-\infty}^{\infty} x[n]z^{-n} = \sum_{n=-\infty}^{\infty} \delta[n]z^{-n} = z^0 = 1$

따라서 z 평면의 모든 영역에서 수렴한다.

(이 말의 의미는 z가 어떠한 값을 가지더라도 $X_1(z)$의 값이 존재한다는 의미이다.)

$$
\begin{aligned}
2)\ X_2(z) &= \sum_{n=-\infty}^{\infty} x[n]z^{-n} \\
&= \sum_{n=-\infty}^{\infty} \delta[n]z^{-n} - 2\sum_{n=-\infty}^{\infty} \delta[n-1]z^{-n} + 2\sum_{n=-\infty}^{\infty} \delta[n-2]z^{-n} \\
&= z^0 - 2z^{-1} + 2z^{-2} \\
&= 1 - 2z^{-1} + 2z^{-2}
\end{aligned}
$$

따라서 $z=0$을 제외한 모든 점에서 수렴한다(만약 $z=0$이면 분모에 0이 들어가기 때문에 값이 존재하지 않는다).

$$
\begin{aligned}
3)\ X_3(z) &= \sum_{n=-\infty}^{\infty} x[n]z^{-n} \\
&= \sum_{n=-\infty}^{\infty} \delta[n+1]z^{-n} + \sum_{n=-\infty}^{\infty} \delta[n]z^{-n} \\
&= z^1 + 2z^0 \\
&= 2 + z
\end{aligned}
$$

따라서 $z=\infty$를 제외한 모든 점에서 수렴한다(즉, $X_3(z)$의 값이 존재한다).

$$
\begin{aligned}
4)\ X_4(z) &= \sum_{n=-\infty}^{\infty} x[n]z^{-n} \\
&= \sum_{n=-\infty}^{\infty} \delta[n+2]z^{-n} - 2\sum_{n=-\infty}^{\infty} \delta[n]z^{-n} + 4\sum_{n=-\infty}^{\infty} \delta[n-1]z^{-n} \\
&= z^2 - 2z^0 + 4z^{-1} \\
&= z^2 - 2 + 4z^{-1}
\end{aligned}
$$

따라서 $z=0$와 $z=\infty$를 제외한 모든 점에서 수렴한다(즉, $X_4(z)$의 값이 존재한다).

5) $u[n]$은 $n \geq 0$에서 크기가 1인 함수이므로 $x_5[n]$신호는 우측 신호이다.

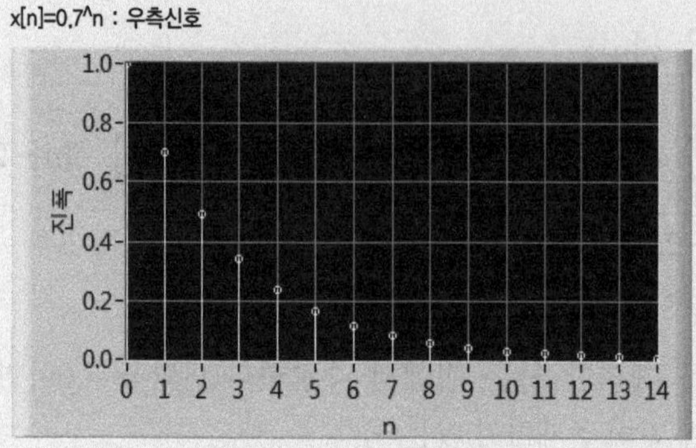

[그림 9-1] 지수함수의 우측신호

$$
\begin{aligned}
X_5(z) &= \sum_{n=-\infty}^{\infty} x[n]z^{-n} \\
&= \sum_{n=0}^{\infty} a^n z^{-n} \\
&= \sum_{n=0}^{\infty} (az^{-1})^n \\
&= \frac{1}{1-az^{-1}}, \quad \text{ROC}: |az^{-1}| < 1 \rightarrow \frac{|a|}{|z|} < 1 \rightarrow |z| > |a| \\
&= \frac{z}{z-a}
\end{aligned}
$$

따라서 z 복소평면의 반지름이 a인 원 밖의 모든 점(z 값)에서 수렴한다(원주상은 포함되지 않음.).

6) $x_6[n] = -a^n u[-n-1]$: $n \leq -1$에서 값이 있는 좌측 신호이므로

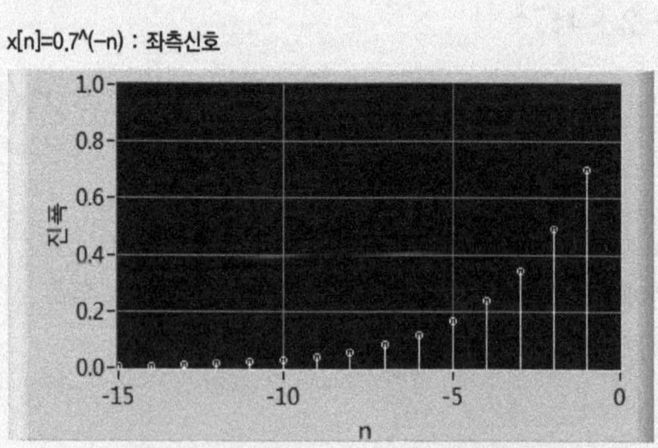

[그림 9-2] 지수함수의 좌측 신호파형

$$X_6(z) = \sum_{n=-\infty}^{\infty} x[n]z^{-n}$$

$$= -\sum_{n=-\infty}^{-1} a^n z^{-n} \qquad -n=m \text{ 으로 두면}$$

$$= -\sum_{m=1}^{\infty} (a^{-1}z)^m$$

$$= -\frac{a^{-1}z}{1-a^{-1}z}, \quad \text{ROC}: |a^{-1}z| < 1 \rightarrow \frac{|z|}{|a|} < 1 \rightarrow |z| < |a|$$

$$= \frac{z}{z-a}$$

3. $X(z)$로부터 역 z변환되는 $x[n]$은 유일한가?

예제의 5)과 6)에서 무엇을 알 수 있는가?에 대한 답으로 알 수 있다.

z변환한 함수 $X_5(z)$, $X_6(z)$는 양쪽 모두 같다. 그런데 신호 $x_5[n]$과 $x_6[n]$는 전혀 다른 신호이다. 한 쪽은 우측신호이고, 다른 한쪽은 좌측신호이다. 그렇다면 하나의 정해진 z변환식이 있을 경우에(예를 들면, 위의 경우에 $X(z) = z/(z-a)$) 역 z변환하여 시간영역의 신호로 환원했을 때에 유일한 시간영역의 신호가 얻어지지 않는다는 의미이다. 그래서 이들을 구분하기 위하여 z변환식은 다르지만 수렴영역도 서로 다르기 때문에 z변환을 했을 경우에는 반드시 수렴영역을 표시해 주어야 한다. 일반적으로 우측신호이면 수렴영역이 일정한 원의 외부임($|z| > |a|$의 형태)을 예상할 수 있으며, 좌측신호이면 수렴영역이 원의 내부임($|z| < |a|$의 형태)을 예상할 수 있다.

이러한 z변환은 디지털신호처리 시스템을 해석하기에 아주 편리하다. 왜냐하면, $x[k]$는 어떤 상수(여기서는 진폭을 나타내는 량)이므로 이산신호는 z함수로 표현될 수 있기 때문이다. 예를 들면 $n = 0$부터 신호의 크기가 1, 3, 2, 2, 1, 3, 4, 2이면 이산신호는 다음과 같이 z의 함수로 표현할 수 있다.

$$X(z) = 1 + 3z^{-1} + 2z^{-2} + 2z^{-3} + 1z^{-4} + 3z^{-5} + 4z^{-6} + 2z^{-7}$$

이는 물론

$$x[n] = 1 + 3\delta[n-1] + 2\delta[n-2] + 2\delta[n-3] + 1\delta[n-4] + 3\delta[n-5] + 4\delta[n-6] + 2\delta[n-7] \quad (9\text{-}10)$$

와 같이 델타함수로도 표현할 수 있다. 위의 것은 이산신호를 z함수(영역)에서 표현하였고, 아래의 것은 시간영역인 n영역에서 표현하였다. z영역에서는 대문자 X를 사용하였고, n영역에서는 소문자 x를 사용하였음을 주의 깊게 보아 두길 바란다. 신호처리 분야에서 소문자와 대문자를 구분하여 사용하며, 일반적으로 소문자는 시간영역의 신호를 표현하고, 대문자는 주파수영역의 신호를 표현한다(z 표현은 주파수영역임.).

[예제 9-2] Kronecker 델타 함수인 단위임펄스 $\delta[n]$의 z변환된 신호 $X(z)$를 구하라.

[풀이] $X(z) = \sum_{n=-\infty}^{\infty} x[n]z^{-n}$

$= \sum_{n=-\infty}^{\infty} \delta[n]z^{-n}$

$= 1 \qquad \because n = 0$ 일때만 값 1이 존재

ROC : 모든 z의 값

[예제 9-3] 크기가 1인 스텝함수(Unit Step Function) (58.vi)

$u[n] = \begin{cases} 0 : n < 0 \\ 1 : n \geq 0 \end{cases}$ **의 z변환된 신호 $U(z)$를 구하라.**

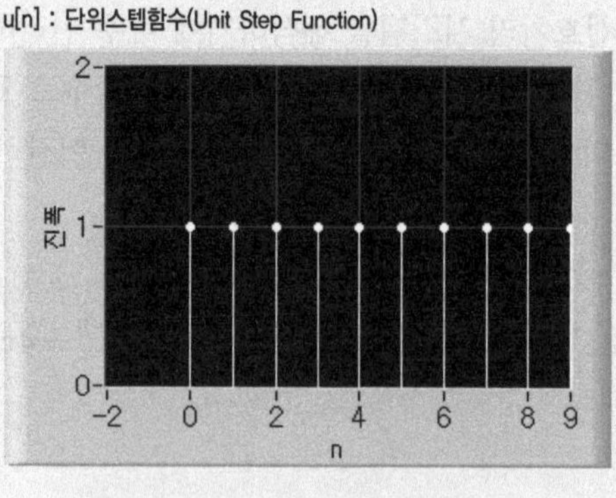

[그림 9-3] 단위스텝함수의 신호

[풀이] $$U(z) = \sum_{n=0}^{\infty} u[n]z^{-n}$$
$$= 1 + z^{-1} + z^{-2} + z^{-3} + \cdots$$
$$= \frac{1}{1-z^{-1}}, \ \text{ROC}: |z| \neq 1$$

[참고] $1+r+r^2+r^3+r^4+\cdots = \dfrac{1}{1-r}$ (단, $|r| < 1$ 인 경우)

이 수열을 등비수열이라고 하며, 초항이 a이고, 등비가 r인 경우의 합을 구하는 공식은 $a/(1-r)$이다.

합이 존재하기 위한 조건으로 당연히 $|z^{-1}| < 1$이 되어야 하며, 즉 $|z| > 1$이 되어야 합이 존재하며(합이 존재하기 위한 수렴조건이라고 함.), 만약 이 조건을 만족하지 않으면 합이 존재하지 않고 발산하며 이 때 z 변환이 존재하지 않는 경우가 생긴다.

[예제 9-4] $x[n] = a^n u[n]$, $|a| < 1$, $n \geq 0$을 z 변환하라.

[풀이] $$X(z) = \sum_{n=0}^{\infty} x[n]z^{-n}$$
$$= \sum_{n=0}^{\infty} a^n z^{-n}$$
$$= \sum_{n=0}^{\infty} (az^{-1})^n$$
$$= 1 + (az^{-1})^1 + (az^{-1})^2 + (az^{-1})^3 + (az^{-1})^4 + \cdots$$
$$= \frac{1}{1-az^{-1}}, \ \text{ROC}: |z| > |a|$$
$$= \frac{z}{z-a}$$

이와 같이 이산신호를 z 변환할 때에는 z 변환할 수 있는 조건(수렴 조건)을 생각해야 한다. 그러나 실제적으로 시불변시스템(LTI)에서는 크게 신경 쓰지 않아도 수렴조건을 만족한다.

위의 예제의 결과를 종합해 보면 다음의 표와 같다. 이 결과는 역 z 변환 즉 $H(z)$로부터

$h[n]$을 구하는 경우에 많이 활용된다.

[표 9-1] z 변환쌍

시간영역함수	z 변환	수렴영역(ROC)
$\delta[n]$	1	$all \quad z$
$\delta[n-k]$	z^{-k}	$z \neq 0$
$u[n]$	$\frac{1}{1-z^{-1}}(=\frac{z}{z-1})$	$\lvert z\rvert > 1$
$a^n u[n]$	$\frac{1}{1-az^{-1}}(=\frac{z}{z-a})$	$\lvert z\rvert > \lvert a\rvert$
$n^2 u[n]$	$\frac{z^{-1}(1+z^{-1})}{(1-z^{-1})^3}(=\frac{z^2+z}{z^3-3z^2+3z-1})$	$\lvert z\rvert > 1$
$na^n u[n]$	$\frac{az^{-1}}{(1-az^{-1})^2}(=\frac{az}{z^2-2az+a^2})$	
$\cos(\Omega_0 n)u[n]$	$\frac{1-\cos(\Omega_0)z^{-1}}{1-2\cos(\Omega_0)z^{-1}+z^{-2}}(=\frac{z^2-\cos(\Omega_0)z}{z^2-2\cos(\Omega_0)z+1})$	$\lvert z\rvert > 1$
$\sin(\Omega_0 n)u[n]$	$\frac{1-\sin(\Omega_0)z^{-1}}{1-2\cos(\Omega_0)z^{-1}+z^{-2}}(=\frac{z^2-\sin(\Omega_0)z}{z^2-2\cos(\Omega_0)z+1})$	$\lvert z\rvert > 1$
$a^n\cos(\Omega_0 n)u[n]$	$\frac{1-a\cos(\Omega_0)z^{-1}}{1-2a\cos(\Omega_0)z^{-1}+a^2z^{-2}}(=\frac{z^2-a\cos(\Omega_0)z}{z^2-2a\cos(\Omega_0)z+a^2})$	$\lvert z\rvert > \lvert a\rvert$
$a^2\sin(\Omega_0 n)u[n]$	$\frac{a\sin(\Omega_0)z^{-1}}{1-2a\cos(\Omega_0)z^{-1}+a^2z^{-2}}(=\frac{a\sin(\Omega_0)z}{z^2-2a\cos(\Omega_0)z+a^2})$	$\lvert z\rvert > \lvert a\rvert$

4. $X(z)$로부터 $x[n]$은 어떻게 구하나?

$X(z)$으로부터 $x[n]$을 구하는 과정을 역 z 변환이라고 하며 다음과 같은 방법이 있다.

1) 역변환의 식을 직접 이용하는 방법
2) 멱급수 전개법에 의하여 $X(z)$를 전개하여 z 변환쌍을 이용하는 방법이며, 분자를 분모로 나누어 z^{-1} 형태로 전개하는 방법이다.
3) 부분분수 전개법에 의하여 $X(z)$를 전개하여 z 변환쌍을 이용하는 방법이 있다.

다음의 예제를 통하여 알아보자.

[예제 9-5] $X(z)=3+2z^{-1}+z^{-2}-2z^{-4}-z^{-5}+z^{-7}$**의** $x[n]$**을 구하고 파형을 그려라**($z=0$)**(60.vi).**

[풀이] z^{-k} 대신에 $\delta[n-k]$를 대입하면 다음과 같다(60.vi).

$$x[n]=3+2\delta[n-1]+\delta[n-2]-2\delta[n-4]-\delta[n-5]+\delta[n-7]$$

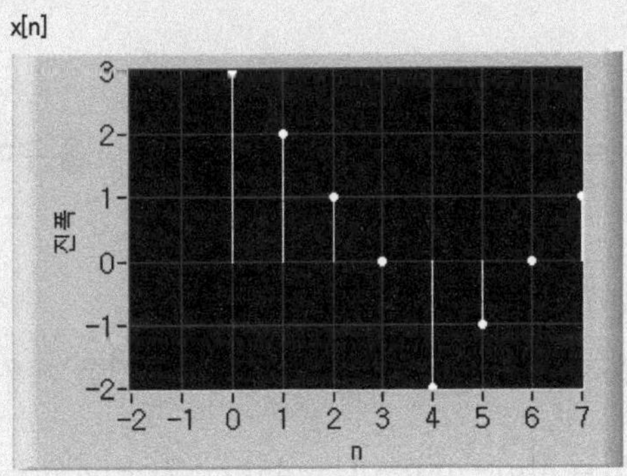

[그림 9-4] 이산신호파형

[예제 9-6] $H(z)=\dfrac{1}{1-0.5z^{-1}}$ $(|z|>0.5)$**에 대한** $h[n]$**을 구하고, 파형을 그려라 (61.vi).**

[풀이] $H(z)$를 다항식(더하기로 연결된 항)으로 나타낸다. 실제로 분자 나누기 분모(1 나누기 $1-0.5z^{-1}$)를 하면

$$H(z)=1+0.5z^{-1}+0.25z^{-2}+0.125z^{-3}+\cdots$$

$H(z)$를 $h[n]$으로 변환하면

$$h[n]=1+0.5\delta[n-1]+0.25\delta[n-2]+0.125\delta[n-3]+\cdots$$

따라서 그래프로 나타내면 다음과 같다.

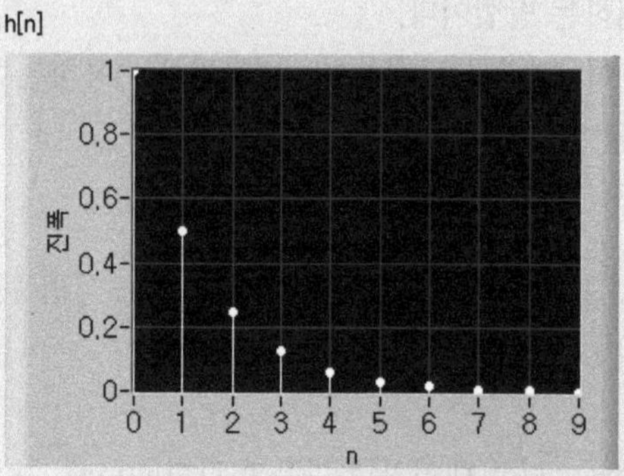

[그림 9-5] 지수함수의 이산신호파형

[예제 9-7] $X(z) = \dfrac{2z^3 - z^2 + 4z + 5}{z^3}$ $(|z| \neq 0)$**의** $x[n]$**을 구하라.**

[풀이] 분자를 분모로 나누면

$X(z) = 2 - z^{-1} + 4z^{-2} + 5z^{-3}$ 이 된다. 따라서 변환쌍을 이용하면,

$$x[n] = \delta[n] - \delta[n-1] + 4\delta[n-2] + 5\delta[n-3]$$

이 된다.

[예제 9-8] $H(z) = \dfrac{z^{-1} + 2z^{-2}}{1 - 3.5z^{-1} + 1.5z^{-2}}$ **를 수렴영역이 다음과 같을 때** $h[n]$**을 구하여라. 그리고 역** z **변환하라.**

[풀이] ① $|z| > 3$
② $0.5 < |z| < 3$
③ $|z| < 0.5$

다음과 같이 부분분수로 전개한다.

$$H(z) = \frac{z^{-1} + 2z^{-2}}{1 - 3.5z^{-1} + 1.5z^{-2}}$$

$$
\begin{aligned}
&= \frac{z+2}{z^2-3.5z+1.5} \\
&= \frac{z+2}{(z-0.5)(z-3)} \\
&= \frac{A}{z-0.5}+\frac{B}{z-3}
\end{aligned}
$$

여기에서 A, B를 구하기 위하여 위의 식을 다음과 같이 다시 정리한다.

$$
\begin{aligned}
H(z) &= \frac{A}{z-0.5}+\frac{B}{z-3} \\
&= \frac{A(z-3)+B(z-0.5)}{(z-3)(z-0.5)}
\end{aligned}
$$

따라서 위의 두 식이 같기 위해서는

$$
\begin{aligned}
&A(z-3)+B(z-0.5) = z+2 \\
&(A+B)z-3A-0.5B = z+2 \\
\therefore\quad &A + B = 1 \\
&-3A-0.5B = 2
\end{aligned}
$$

연립방정식을 풀면

$$A=-3/7, \quad B=10/7$$

이 된다. 이 계수를 원래의 $H(z)$에 넣으면 다음과 같다.

$$H(z) = -\frac{3}{7}\frac{1}{z-0.5}+\frac{10}{7}\frac{1}{z-3}$$

이렇게 부분분수로 전개하여 [표 9-1]의 z 변환쌍을 이용할 수가 없다. 왜냐하면 z 변환쌍에는 $1/(z-a)$의 형태가 없기 때문이다. 따라서 변환쌍을 이용하기 위하여 즉 $z/(z-a)$의 형태로 만들기 위해서는 다음과 같이 하면 쉽게 구할 수 있다.

$$H(z) = \frac{z^{-1}+2z^{-2}}{1-3.5z^{-1}+1.5z^{-2}}$$

$$= \frac{z+2}{z^2-3.5z+1.5z}$$
$$= \frac{z+2}{(z-0.5)(z-3)}$$
$$\frac{H(z)}{z} = \frac{z+2}{z(z-0.5)(z-3)} = \frac{A}{z} + \frac{B}{z-0.5} + \frac{C}{z-3}$$

이 식으로부터 A, B, C를 다음과 같이 구한다.

먼저 A를 구하기 위해서는 양변에 z를 곱하고 $z = 0$을 대입한다.

$$A + \frac{Bz}{z-0.5} + \frac{Cz}{z-3} = \frac{z+2}{(z-0.5)(z-3)}$$
$$A = \left.\frac{z+2}{(z-0.5)(z-3)}\right|_{z=0} = \frac{2}{(-0.5)(-3)} = \frac{2}{1.5} = \frac{4}{3}$$

B는 다음과 같이 양변에 $(z-0.5)$를 곱하고 $z = 0.5$를 대입한다.

$$B = \left.\frac{z+2}{z(z-3)}\right|_{z=0.5} = \frac{0.5+2}{0.5(0.5-3)} = -2$$

C는 다음과 같이 양변에 $(z-3)$을 곱하고 $z = 3$을 대입한다.

$$C = \left.\frac{z+2}{z(z-0.5)}\right|_{z=3} = \frac{3+2}{3(3-0.5)} = \frac{2}{3}$$

따라서

$$\frac{H(z)}{z} = \frac{A}{z} + \frac{B}{z-0.5} + \frac{C}{z-3}$$
$$= \frac{4}{3}\frac{1}{z} - \frac{2}{z-0.5} + \frac{2}{3}\frac{1}{z-3}$$

양변에 z를 곱하면

$$H(z) = \frac{4}{3} - \frac{2z}{z-0.5} + \frac{2}{3}\frac{z}{z-3}$$

z 변환쌍을 이용하여 역 z 변환을 하면 다음과 같다.

$$h[n] = \frac{4}{3}\delta[n] - 2(0.5)^n u[n] + \frac{2}{3}3^n u[n]$$

이 된다.
수렴영역이 ②, ③ 의 경우는 각자 생각해보길 바란다.

이와 같이 역 z 변환은 다소 복잡하다. 실제로 위의 경우는 단순한 경우이다. 더욱 복잡한 경우로서 $H(z)$의 분모 다항식이 위와 같이 실근을 갖는 경우도 있지만, 분모 다항식이 중근을 갖는 경우, 허근을 갖는 경우가 있다. 이러한 경우에는 더욱 신경을 써야 할 부분이 많이 있다. 여기에서는 생략하며, 자세한 내용은 다음의 책을 참고 바란다.
(DSP 이론과 실무, 장영범 저, 생능출판사, 193쪽부터)
(Continuous and Discrete Signals and Systems, Samir S et al., 380쪽부터)

Q **[문제 9-1]** $X(z) = \dfrac{2-3.5z^{-1}+2.5z^{-2}-0.5z^{-3}}{1-1.5z^{-1}+0.5z^{-2}}, \quad |z|>1$

역 z 변환하여 $x[n]$을 구하라.

[힌트] 수렴영역이 $|z|>|a|$의 형태이므로 원의 외부 영역이기 때문에 우측신호임을 나타낸다.

$$x[n] = -\delta[n-1] + 2\delta[n] + (1-0.5^n)u[n]$$

Q **[문제 9-2]** $X(z) = \dfrac{1}{(z-\frac{1}{2})(z-\frac{1}{4})} \quad |z|>\dfrac{1}{2}$

역 z 변환하여 $x[n]$을 구하라.

[힌트] 수렴영역이 $|z|>|a|$의 형태이므로 원의 외부 영역이기 때문에 우측신호임을 나타낸다.

$$x[n] = 8\delta[n] + 8(0.5)^n u[n] - 16(\frac{1}{4})^n u[n]$$

Q **[문제 9-3]** $X(z) = \dfrac{\frac{2}{3}z^3}{(z-\frac{1}{3})(z-\frac{1}{2})(z+\frac{1}{2})}, \quad |z|>\dfrac{1}{2}$

역 z 변환하여 $x[n]$을 구하라.

[힌트] 수렴영역이 $|z| > |a|$의 형태이므로 원의 외부 영역이기 때문에 우측신호임을 나타낸다.

$$x[n] = \left\{-\frac{8}{15}(\frac{1}{3})^n + (\frac{1}{2})^n + \frac{1}{5}(-\frac{1}{2})^n\right\}u[n]$$

Q [문제 9-4] $X(z) = \frac{z}{z-0.1}, \quad |z| > 0.1$

역 z 변환하여 $x[n]$을 구하라.

[힌트] 수렴영역이 $|z| > |a|$의 형태이므로 원의 외부 영역이기 때문에 우측신호임을 나타낸다.

$$x[n] = 0.1^n u[n]$$

5. z변환식이 주파수영역을 표현한다는 말의 의미는?

z변환은 주파수영역으로 변환하는 한 방법이기도 하다. z변환식과 이산시간 푸리에변환(DTFT)식을 비교해 보자.

z변환식:

$$X(z) = \sum_{n=0}^{\infty} x[n] z^{-n} \tag{9-11}$$

DTFT(이산시간 푸리에변환)식:

$$X(e^{j\Omega}) = X(\Omega) = \sum_{n=-\infty}^{n=\infty} x[n] e^{-j\Omega n} \tag{9-12}$$

$$= \sum_{n=0}^{n=\infty} x[n] e^{-j\Omega n}, \quad n < 0, \quad x[n] = 0$$

DFT(이산 푸리에변환)식:

$$X(k) = \sum_{n=0}^{N-1} x[n] e^{-j\frac{2\pi}{N}kn}, \quad k = 0, 1, 2, \cdots, N-1 \tag{9-13}$$

DTFT 변환식에서 $\sum$ 구간이 $n = -\infty \sim \infty$인데, 만약 $x[n]$의 신호가 $n < 0$인 경우에 $x[n] = 0$이라면 $\sum$의 구간 $n = 0 \sim \infty$가 된다. 즉 DTFT 변환식은 z변환식의 z 대신에 $e^{j\Omega}$를

대입한 형태가 된다. 각주파수 $\Omega = 0 \sim 2\pi$까지를 임의의 간격으로 나누어 $X(\Omega)$를 계산한다. 물론 주파수로 환산하면 $\Omega = 2\pi$는 샘플링 주파수 f_s에 해당된다. 그리고 데이터의 수 n이 유한개이면 z 대신에 $e^{j\frac{2\pi}{N}}$을 대입한 이산 푸리에변환(DFT)으로 되어 z 변환은 주파수영역을 표현한다고 할 수 있다.

6. z변환은 이산신호를 표현하기 위해서만 필요한가?

아니다. 이것이 z변환을 하는 이유라면 차라리 z변환을 하지 않고, 약간 복잡하지만 델타 함수를 이용하여 신호를 표현하면 된다. z변환을 신호를 표현하기 위한 수단으로 사용하는 것은 z 변환 전제 기능에서 매우 미미할 뿐이다.

신호를 z변환을 하면 다음과 같은 이점이 있다.

1) z변환의 성질을 알면 이산푸리에변환(Discrete Fourier Transform)과의 상관관계를 이해할 수 있다.
2) 전달함수의 개념을 알고 쉽게 구할 수 있다.
3) 전달함수, 주파수 응답, 임펄스응답, 차분 방정식의 상호 관계를 이해할 수 있다.
4) 시스템의 전달함수의 극점과 영점의 역할과 중요성을 알 수 있다.
5) $H(z)$의 극의 위치에 따른 시스템 응답의 형태를 알 수 있다.

7. z변환은 어떤 성질이 있는가?

7.1 $x[n]$을 시간축에서 k만큼 이동하면 $X(z)$는 어떻게 변하나?

시간이동성질: 다음과 같은 경우를 통하여 z변환이 가지고 있는 하나의 성질을 이해하자. 예를 들면,

$$x[n] = 3 + 2\delta[n-1] + \delta[n-2] - 2\delta[n-3] - \delta[n-4] + \delta[n-5] \qquad (9\text{–}14)$$

을 T_s(시간영역 n에서는 한 샘플을 의미한다.)만큼 오른쪽으로 이동시킨 파형 $y[n]$은 어떻게 표현될까? 그림으로 그려보면 다음과 같다(62.vi).

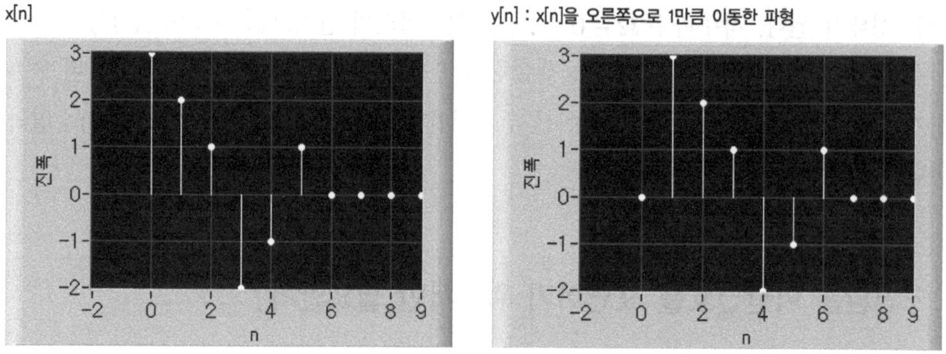

[그림 9-6] 원신호와 오른쪽으로 1만큼 시간이동한 파형

즉,

$$y[n] = 3\delta[n-1] + 2\delta[n-2] + \delta[n-3] - 2\delta[n-4] - \delta[n-5] + \delta[n-6] \quad (9\text{–}15)$$

가 된다.

위의 $x[n]$과 $y[n]$ 각각을 z변환하면,

$$X(z) = 3 + 2z^{-1} + z^{-2} - 2z^{-3} - z^{-4} + z^{-5} \quad (9\text{–}16)$$
$$Y(z) = 3z^{-1} + 2z^{-2} + z^{-3} - 2z^{-4} - z^{-5} + z^{-6}$$

가 된다.

$Y(z)$를 살펴보면 $X(z)$와의 관계가 다음과 같음을 알 수 있다.

$$\begin{aligned} Y(z) &= 3z^{-1} + 2z^{-2} + z^{-3} - 2z^{-4} - z^{-5} + z^{-6} \\ &= z^{-1}(3 + 2z^{-1} + z^{-2} - 2z^{-3} - z^{-4} + z^{-5}) \\ &= z^{-1}X(z) \end{aligned} \quad (9\text{–}17)$$

따라서 위 식으로부터 알 수 있듯이 $x[n]$을 k 샘플링만큼 오른쪽으로 이동시켰을 때의 파형을 $y[n]$이라 하고, 각각을 z변환하여 표현하면 다음과 같음을 알 수 있다.

$$Y(z) = z^{-k}X(z) \quad (9\text{–}18)$$

가 된다.

즉 원래의 파형에 k만큼 지연시키려면(시간으로 볼 때는 kT_s만큼 지연) 원래의 파형에 단순히 z^{-k}만 곱하면 된다는 의미이다.

다른 표현으로 하면 다음과 같이 표현할 수도 있다.

$$x[n-k] \leftrightarrow z^{-k}X(z) \tag{9-19}$$

이를 z 변환의 "시간 이동(Time Shifting)" 성질이라고 말한다.

7.2 시간영역에서의 컨볼루션이 z변환에서는 어떻게 되나?

시간 컨볼루션 성질: 디지털신호 시스템이 출력은 입력신호 $x[n]$과 임펄스응답 신호 $h[n]$과의 컨볼루션(Convolution)으로 얻어진다. 그러면 이러한 신호들의 z 변환과의 관계는 어떤지를 알아보자. 우선 결론을 말하면, 시간영역(n 영역)에서의 컨볼루션은 z 영역(나중에 설명하겠지만 주파수영역과 통한다.)에서는 다음과 같이 곱하기로 표현된다.

$$y[n] = x[n] * h[n] \leftrightarrow Y(z) = X(z)H(z) \tag{9-20}$$

로 된다.

왜 이렇게 될까? 다음을 보면 쉽게 이해할 수 있다.

$$\begin{aligned} Y(z) &= \sum_{k=0}^{\infty} y[k]z^{-k} \qquad\qquad (9\text{-}21) \\ &= \sum_{k=0}^{\infty}\left\{\sum_{l=0}^{\infty} h[l]x[k-l]\right\}z^{-k} \\ &= \sum_{l=0}^{\infty} h[l]\left\{\sum_{k=0}^{\infty} x[k-l]z^{-k}\right\} \\ &= \sum_{l=0}^{\infty} h[l]\left\{\sum_{m=-l}^{\infty} x[m]z^{-m-l}\right\} && \because m = k-l \\ &= \sum_{l=0}^{\infty} h[l]z^{-l}\left\{\sum_{m=-l}^{\infty} x[m]z^{-m}\right\} && \because z^{-m-l} = z^{-m}z^{-l} \\ &= \sum_{l=0}^{\infty} h[l]z^{-l}\{X(z)\} && \because \sum_{m=-l}^{\infty} x[m]z^{-m} = X(z) \\ &= H(z)X(z) \end{aligned}$$

즉, 시간영역(n 영역)에서의 컨볼루션은 z 영역에서는 곱하기로 표현되며, 이를 "z 변환의 컨볼루션 성질"이라고 한다.

선형성 성질: z 변환은 선형성(Linearity) 성질을 가지고 있다. 결론부터 말하면 시간영역(n 영역)에서 어떤 상수인 a배가 되면 z 영역에서도 마찬가지로 a배가 된다는 의미이다.

식으로는 다음과 같이 표현할 수 있다.

$$x_1[n] \leftrightarrow X_1(z), \qquad x_2[n] \leftrightarrow X_2(z) \tag{9-22}$$

일 때, $x_1[n]$ 신호에는 가중치 a배가 곱해진 $ax_1[n]$과, $x_2[n]$ 신호에는 가중치 b배가 곱해진 $bx_2[n]$이 합해진 신호 $ax_1[n]+bx_2[n]$에 대한 z 변환은 $aX_1(z)+bX_2(z)$가 된다는 의미이다.

이를 다음과 같이 표현한다.

$$ax_1[n]+bx_2[n] \leftrightarrow aX_1(z)+bX_2(z) \tag{9-23}$$

1. 임펄스응답 대신에 시스템을 표현하는 방법은?

2. 시스템의 전달함수는 어떻게 구하나?

3. 시스템의 임펄스응답은 어떻게 구하나?

4. 전달함수로부터 시스템의 대략적인 임펄스응답을 알 수 있나?

5 전달함수로서 시스템의 인과성의 여부를 알 수 있나?

6. 전달함수로서 시스템의 안정도를 알 수 있나?

7. 시스템의 주파수 응답(특성)을 어떻게 알 수 있나?

8. z에 관한 다항식에서 근의 위치에 따른 대략적인 주파수 응답을 알 수 있나?

CHAPTER 10

시스템의 입력과 출력 관계를 다른 방법으로 표현할 수는 없는가?

시스템의 입력과 출력관계를 표현하는 방법으로 시간영역에서는 임펄스응답으로 표현함을 알았다. 그러나 본 장에서는 주파수 영역에서 시스템을 표현하는 방법을 기술한다. 이를 전달함수라고 하고 전달함수를 표현하기 위한 차분방정식에 대하여 알아본다. 전달함수로서 시스템의 대략적인 임펄스 응답을 추측할 수 있으며, 전달함수의 극점과 영점의 위치를 앎으로서 시스템의 임펄스 응답을 알 수도 있다. 또한 전달함수로 시스템의 안정성을 판단하고 시스템의 주파수 특성도 알 수 있음을 기술한다.

CHAPTER 10 시스템의 입력과 출력 관계를 다른 방법으로 표현할 수는 없는가?

1. 임펄스응답 대신에 시스템을 표현하는 방법은?

시간영역에서의 시스템의 특성을 나타내는 임펄스응답에 대하여 8장의 3.1절에서 설명하였다. 그러면 신호는 시간영역과 주파수영역은 항상 쌍을 이루어 왔는데, 주파수영역에서 시스템의 특성을 표현할 수는 없을까? 라는 질문이 있을 수 있다. 대답은 있다.

1.1 시간영역에서 z영역으로 변환하면?

다음과 같은 선형 시불변 시스템(Linear Time-Invariant)을 생각하자. 시스템의 입력을 $x[n]$, 출력을 $y[n]$으로 하고 각각의 z변환한 것을 $X(z)$, $Y(z)$로 하면 이들 입출력간의 관계는 어떻게 표현될 수 있을까?

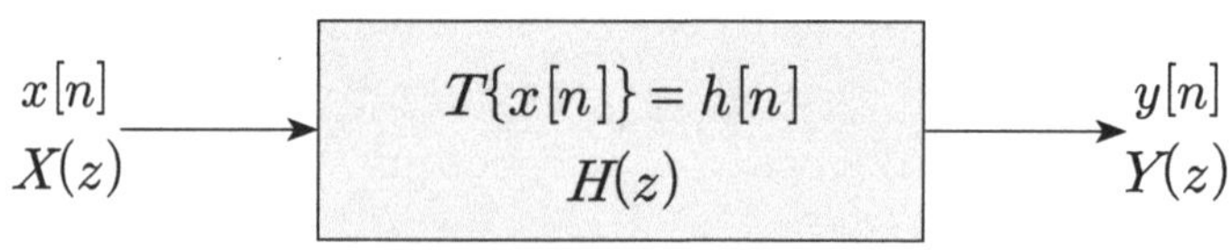

[그림 10-1] 시간영역과 z표현식에 의한 시스템 표현

입력과 출력 간의 관계를 표현할 때에 두 종류의 표현방법이 있다. 하나는 z영역에서 표현하는 $H(z)$가 있고 이를 전달함수라고 하며, 시간영역인 n영역에서 표현하는 $h[n]$이 있고 이를 임펄스응답이라고 한다.

다음 식과 같이 출력 $y[n]$은 입력 $x[n]$과 $h[n]$과의 컨볼루션으로 얻어짐은 우리가 이미 알고 있다.

$$y[n] = x[n] * h[n] = \sum_{k=-\infty}^{\infty} x[k]h[n-k] \tag{10-1}$$

입력, 출력, 시스템 특성의 시계열을 각각 z변환으로 표현한 것을 $X(z)$, $Y(z)$, $H(z)$라 하면, z변환의 성질(컨볼루션은 곱으로 변환)에 의하여 다음과 같이 표현된다.

$$y[n] = x[n] * h[n] \quad \leftrightarrow \quad Y(z) = X(z)H(z) \tag{10-2}$$

로부터 시스템의 전달함수는

$$H(z) = \frac{Y(z)}{X(z)} \tag{10-3}$$

이다.

1.2 시스템의 전달함수 혹은 임펄스응답은 왜 알아야 하나?

시스템의 전달함수를 알면 다음과 같은 사실을 알 수 있기 때문에 시스템의 전달함수를 알 필요가 있다.

- 전달함수로서 시스템의 임펄스응답의 대략적인 형태를 알 수 있다.
- 시스템이 인과성인지 아닌지를 알 수 있다.
- 시스템이 안정한지 불안정한지를 알 수 있다.
- 시스템의 주파수 응답(특성)을 알 수 있다.

2. 시스템의 전달함수는 어떻게 구하나?

2.1 차분방정식이란 무엇인가?

전달함수를 구하기 전에 우선 차분방정식에 대하여 알아보자.

디지털시스템은 입력과 출력이 모두 디지털(이산)신호이다. 입력을 $x[n]$이라 하고, 출력을 $y[n]$이라 할 때에 입력과 출력과의 관계를 다음과 같은 수식으로 표현한 것을 "차분방정식"이라고 한다. 차분방정식은 아날로그신호의 미분 방정식에 대응하여 디지털신호에서 사용한다.

예를 들면, 현재의 출력 $y[n]$은 현재의 입력 $x[n]$의 2배에서 한 개 이전의 입력 $x[n-1]$을 빼고 3개 이전의 입력 $x[n-3]$의 3배를 더한 것이라 하면 출력은 다음과 같이 표현된다.

$$y[n] = 2x[n] - x[n-1] + 3x[n-3] \tag{10-4}$$

혹은, 현재의 출력 $y[n]$은 현재의 입력 $x[n]$의 2배에서 한 개 이전의 입력 $x[n-1]$을 빼고, 1개 이전의 출력 $y[n-1]$을 더하고, 2개 이전의 출력 $y[n-2]$에 2배를 하여 뺀 값이라고 하면 출력은 다음과 같은 차분방정식으로 표현된다.

$$y[n] = 2x[n] - x[n-1] + y[n-1] - 2y[n-2] \tag{10-5}$$

2.2 차분방정식을 그림으로 표현할 수 없을까?

차분방정식 $y[n] = 2x[n] - 3x[n-1] + 2x[n-2]$을 구성하고 있는 연산자를 살펴보면 더하기, 곱하기, 지연소자로 구성되어 있음을 알 수 있다. 따라서 이를 그림으로 그려 보면 눈에 감각을 익히고, 구조도 알기에 쉽다. 그림으로 나타내기 위해서는 위에서 열거한 덧셈기, 곱셈기, 지연소자에 대한 각각의 부품을 다음과 같이 나타내면 차분방정식 전체도 부품의 조합으로 표현할 수 있게 된다

– 시간 지연 소자:

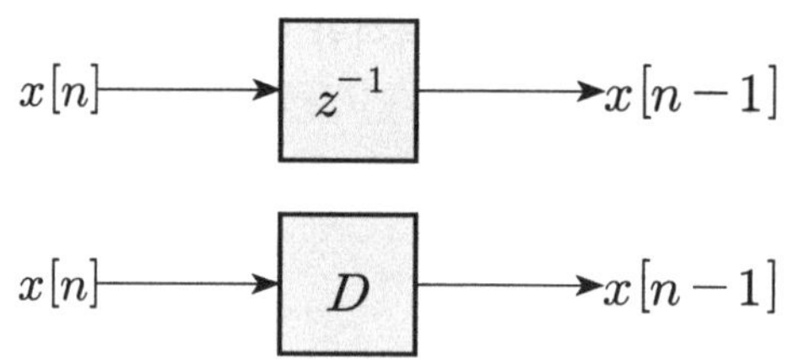

[그림 10-2] 차분방정식을 블록선도로 나타내기 위한 시간지연소자

– 곱셈기:

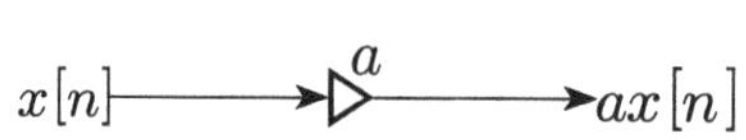

[그림 10-3] 차분방정식을 블록선도로 나타내기 위한 곱셈기

– 덧셈기:

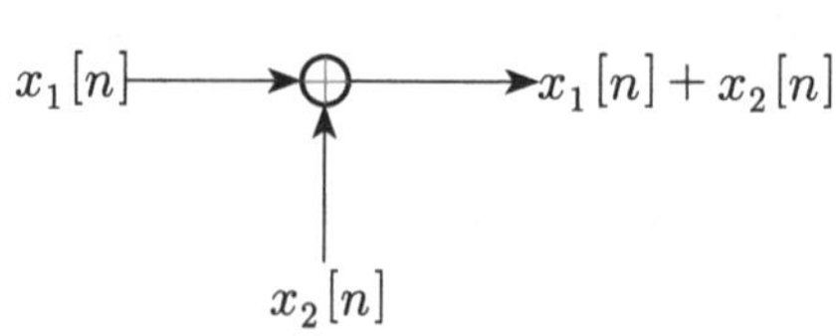

[그림 10-4] 차분방정식을 블록선도로 나타내기 위한 덧셈기

이들을 이용하여 차분방정식 $y[n]=2x[n]-3x[n-1]+2x[n-2]$을 표현하면 다음과 같다. 이러한 표현 방법을 블록선도로 차분방정식을 표현했다고 말한다.

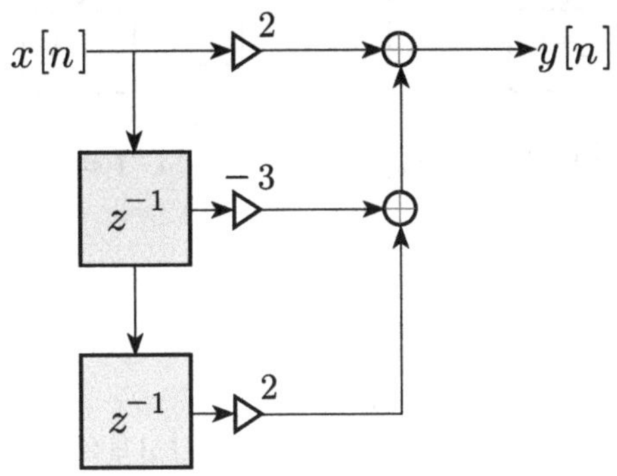

[그림 10-5] $y[n]=2x[n]-3x[n-1]+2x[n-2]$의 블록선도

[예제 10-1] $y[n]=x[n]+2x[n-1]+3x[n-2]+4x[n-3]-5x[n-4]$의 블록선도로 나타내어라.

[풀이]

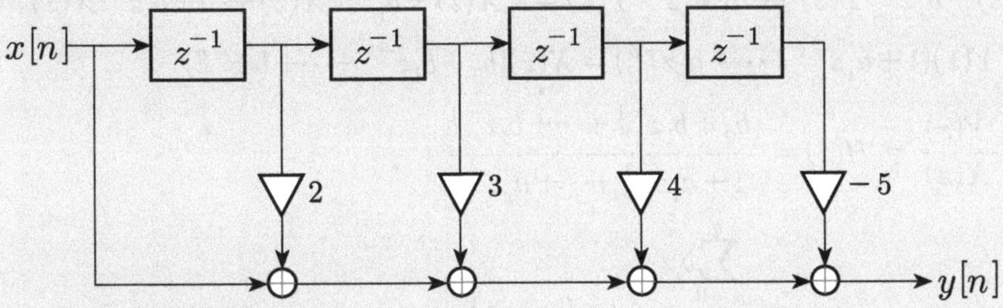

[그림 10-6] $y[n]=x[n]+2x[n-1]+3x[n-2]+4x[n-3]-5x[n-4]$의 블록선도

[예제 10-2] $y[n]=x[n]+x[n-1]+y[n-1]$의 블록선도로 나타내어라.

[풀이] (과거의 출력 $y[n-1]$이 현재의 출력 $y[n]$에 영향을 미치는 사실에 주목할 것이며, 이 의미는 현재의 출력이 부분적으로 과거의 출력에 의해서도 정해짐을 의미한다.)

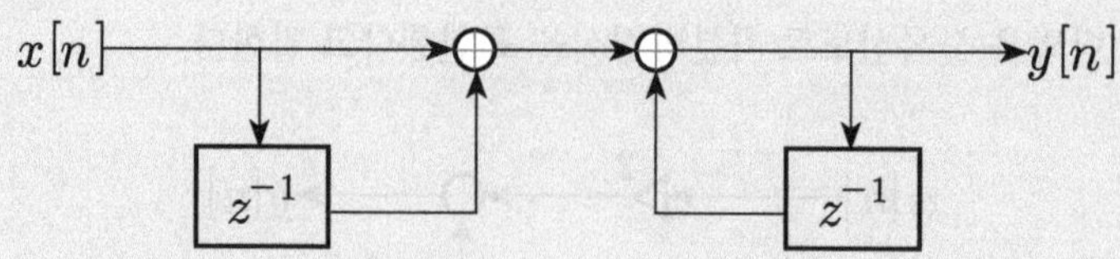

[그림 10-7] $y[n]=x[n]+x[n-1]+y[n-1]$의 블록선도

2.3 차분방정식으로부터 전달함수를 구해보자.

차분방정식으로부터 전달함수를 구하는 방법에 대하여 알아보자.

일반적으로 현재의 출력은 과거의 입력과 출력에 의하여 정해지므로 다음과 같이 표현한다.

$$y[n]+a_1y[n-1]+\cdots+a_py[n-p]=b_0x[n]+b_1x[n-1]+\cdots+b_qx[n-q] \quad (10\text{-}6)$$

이를 z변환하여 $H(z)$를 구하면 다음과 같다.

$$Y(z)+a_1z^{-1}Y(z)+\cdots+a_pz^{-p}Y(z)=b_0X(z)+b_1z^{-1}X(z)+\cdots+b_1z^{-q}X(z) \quad (10\text{-}7)$$

$$\rightarrow\ Y(z)(1+a_1z^{-1}+\cdots+a_pz^{-p})=X(z)(b_0+b_1z^{-1}+\cdots+b_1z^{-q})$$

$$\therefore\ \frac{Y(z)}{X(z)}=H(z)=\frac{b_0+b_1z^{-1}+\cdots+b_1z^{-q}}{1+a_1z^{-1}+\cdots+a_pz^{-p}}$$

$$=\frac{\sum_{i=0}^{q}b_iz^{-i}}{\sum_{j=0}^{p}a_jz^{-j}},\quad (a_0=1)$$

[예제 10-3] 시스템의 입출력 관계가 $y[n]=2x[n]-x[n-1]+3x[n-3]$ 일 때에 시스템의 전달함수를 구하라.

[풀이] $y[n]=2x[n]-x[n-1]+3x[n-3]$의 양변을 z변환하면

$$\begin{aligned} Y(z) &= 2X(z) - z^{-1}X(z) + 3z^{-3}X(z) \\ &= (2 - z^{-1} + 3z^{-3})X(z) \end{aligned}$$

$$\therefore \frac{Y(z)}{X(z)} = H(z) = 2 - z^{-1} + 3z^{-3}$$

3. 시스템의 임펄스응답은 어떻게 구하나?

시스템의 임펄스응답을 구하는 방법에는 두 가지의 방법이 있다.

3.1 입력을 델타함수로 하여 임펄스응답을 구하면?

다음의 경우에 대하여 출력을 구해보자.

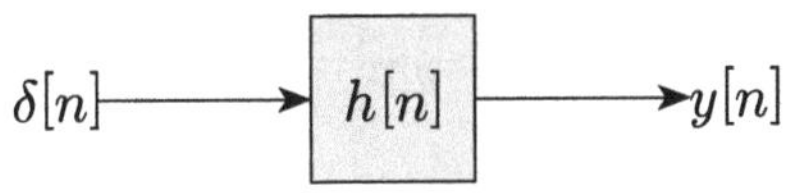

[그림 10-8] 시스템의 입력이 델타함수인 경우의 출력

출력은

$$\delta[n] * h[n] = \sum_{k=-\infty}^{\infty} \delta[k]h[n-k] = h[n] = y[n] \qquad (10-8)$$

이다. 이 식의 의미는 시스템의 입력 $x[n]$대신에 델타함수인 $\delta[n]$으로 하였을 때에 출력 $y[n]$이 바로 구하고자 하는 임펄스응답 $h[n]$이라는 의미이다. 즉,

$$x[n] = \delta[n] \;\rightarrow\; y[n] = h[n] \qquad (10-9)$$

으로 표현할 수 있다.

3.2 전달함수로부터 임펄스응답을 구하면?

입출력간의 관계식인 차분방정식을 z 변환하여 $H(z)$를 구하고, 구한 $H(z)$로부터 역 z 변환하여 $h[n]$을 구한다. 어느 쪽을 이용하든지 모두 가능하며 식의 형태 등으로 보아 쉬운 쪽을 선

정해야 한다.

역 z 변환을 위해서는 다음과 같은 변환쌍을 알고 있으며 편리하다.

아래의 식은 모두 $n \geq 0$인 경우이다.

$$\begin{aligned} \delta[n] &\leftrightarrow 1 \\ \delta[n-k] &\leftrightarrow z^{-k} \\ u[n] &\leftrightarrow \frac{1}{1-z^{-1}} \left(= \frac{z}{z-1}\right) \\ a^n &\leftrightarrow \frac{1}{1-az^{-1}} \left(= \frac{z}{z-a}\right) \end{aligned} \tag{10-10}$$

[예제 10-4] (차분방정식으로부터 임펄스응답 구하기)
$y[n] = 2x[n] - x[n-1] + 3x[n-3]$ **일 때에 시스템의 임펄스응답을 구하라.**

[풀이 1] 임펄스응답이란 입력을 델타함수인 $\delta[n]$으로 했을 경우의 출력이기 때문에 입력 $x[n]$ 대신에 $\delta[n]$을, 출력 $y[n]$ 대신에 $h[n]$을 대입하면 다음과 같다.

$$h[n] = 2\delta[n] - \delta[n-1] + 3\delta[n-3]$$

[풀이 2] 위의 예제에서 구한 전달함수 $H(z)$로부터 역 z 변환을 하여 임펄스응답을 구한다.

$$\frac{Y(z)}{X(z)} = H(z) = 2 - z^{-1} + 3z^{-3}$$

$$\rightarrow h[n] = 2\delta[n] - \delta[n-1] + 3\delta[n-3]$$

즉, 풀이 1의 방법과 풀이 2의 방법으로 얻은 임펄스응답은 같은 결과를 얻었다.

[예제 10-5] (피드백 성분이 있는 차분 방정식으로부터 전달함수와 임펄스응답 구하기) $y[n] = 2x[n] - x[n-1] + y[n-1]$**에 대한 전달함수와 임펄스응답을 구하라.**

[풀이] 임펄스응답은 다음과 같이 구한다. 입력 $x[n]$ 대신에 $\delta[n]$을, 출력 $y[n]$ 대신에 $h[n]$을 대입한다.

$$h[n] = 2\delta[n] - \delta[n-1] + h[n-1]$$

여기에는 $h[n-1]$ 항 때문에 식의 형태를 표현할 수가 없으므로 다음과 같이 전개하여 생각하여 보자.

단, 조건은 $h[n] = 0,\ n < 0$

$$\begin{aligned} h[0] &= 2-0-h[-1] = 2-0-0 = 2 \\ h[1] &= 0-1+h[0] \quad = 0-1+2 = 1 \\ h[2] &= 0-0+h[1] \quad = 0+0+1 = 1 \\ h[3] &= 0+0+h[2] \quad = 0+0+1 = 1 \\ &\vdots \\ h[n] &= \begin{cases} 2 & n=0 \\ 1 & n>0 \end{cases} \end{aligned}$$

이다. 이를 하나의 식으로 표현하면

$$h[n] = 2 + u[n-1]$$

가 된다.

전달함수는 다음과 같이 구한다. 입출력 차분방정식의 양변을 z 변환하면,

$$\begin{aligned} Y(z) &= 2X(z) - z^{-1}X(z) + z^{-1}Y(z) \\ Y(z)(1-z^{-1}) &= (2-z^{-1})X(z) \\ \frac{Y(z)}{X(z)} &= H(z) = \frac{2-z^{-1}}{1-z^{-1}} = 2 + z^{-1} + z^{-2} + z^{-3} + \cdots,\ |z| \neq 0 \end{aligned}$$

전달함수로부터 임펄스응답을 구하기 위해서는 다음과 같이 전달함수를 역 z 변환하면 된다.

$$\begin{aligned} h[n] &= 2\delta[n] + \delta[n-1] + \delta[n-2] + \delta[n-3] + \cdots \\ &= \begin{cases} 2, & n=0 \\ u[n], & n>1 \end{cases} \\ &= 2 + u[n-1] \end{aligned}$$

이 된다.

이는 위와 같은 결과로서 $n = 0$ 일때에는 2의 값을 가지고, 나머지의 경우인 $n = 1$부터는 1의 값을 가진다.

[예제 10-6] (피드백 성분이 있는 차분 방정식으로부터 전달함수와 임펄스응답 구하기) $y[n]=x[n]+0.5y[n-1]$**의 전달함수와 임펄스응답을 구하라. 단,** $h[n]=0,\ n<0$

[풀이] 임펄스응답은 다음과 같이 구한다. 입력 $x[n]$ 대신에 $\delta[n]$을, 출력 $y[n]$ 대신에 $h[n]$을 대입한다.

$h[n]=\delta[n]+0.5h[n-1]$이므로

$$
\begin{aligned}
h[0] &= 1+0.5h[-1] = 1+0 = 1 \\
h[1] &= 0+0.5h[0] = 0+0.5*1 = 0.5 \\
h[2] &= 0+0.5h[1] = 0+0.5*0.5 = 0.5^2 \\
h[3] &= 0+0.5h[2] = 0+0.5*0.5^2 = 0.5^3 \\
h[4] &= 0+0.5h[3] = 0+0.5*0.5^3 = 0.5^4 \\
&\vdots \\
h[n] &= 0+0.5h[n-1] = 0+0.5*0.5^{n-1} = 0.5^n
\end{aligned}
$$

전달함수는 차분방정식을 다음과 같이 z 변환을 하면

$$
\begin{aligned}
Y(z) &= X(z)+0.5z^{-1}Y(z) \\
Y(z)-0.5z^{-1}Y(z) &= X(z) \\
(1-0.5z^{-1})Y(z) &= X(z) \\
\therefore \frac{Y(z)}{X(z)} &= H(z) = \frac{1}{1-0.5z^{-1}}
\end{aligned}
$$

임펄스응답을 구하기 위해서 전달함수를 역 z 변환하면 다음과 같다.

$H(z)=\dfrac{1}{1-0.5z^{-1}}$의 역변환은 $h[n]=0.5^n \quad n\geq 0$ 이다. ($|z|<0.5$)

[예제 10-7] (입출력으로부터 전달함수와 임펄스응답 구하기) 입력 $x[n]$**과 출력** $y[n]$**이 다음과 같을 때에 전달함수** $H(z)$**와 임펄스 응답** $h[n]$**을 구하라.**

$$
\begin{aligned}
x[n] &= 0.8^n u[n] \\
y[n] &= (2+(-0.8^n))u[n]
\end{aligned}
$$

[풀이] $x[n]$을 z 변환하면, $X(z) = \dfrac{1}{1-0.8z^{-1}} = \dfrac{z}{z-0.8}$

$y[n] = (2+(-0.8^n))\,u[n] = 2u[n]+(-0.8^n)u[n]$을 z 변환하면,

$$Y(z) = \frac{2}{1-z^{-1}} + \frac{1}{1+0.8z^{-1}} = \frac{2z}{z-1} + \frac{z}{z+0.8} = \frac{z(3z+0.6)}{(z-1)(z+0.8)}$$

가 되며, 전달함수는

$$H(z) = \frac{Y(z)}{X(z)} = \frac{z(3z+0.6)}{(z-1)(z+0.8)} \cdot \frac{(z-0.8)}{z} = \frac{z(3+\frac{0.6}{z})(z-0.8)}{(z-1)(z+0.8)}$$

이다.

임펄스응답 $h[n]$은 $H(z)$로부터 역 z 변환을 해서 구해야 하므로, 이를 위하여 $H(z)/z$에 대하여 부분분수로 전개하면

$$\frac{H(z)}{z} = \frac{(3+\frac{0.6}{z})(z-0.8)}{(z-1)(z+0.8)} = \frac{A}{z-1} + \frac{B}{z+0.8}$$

여기서

$$A = \left.\frac{(3+\frac{0.6}{z})(z-0.8)}{(z-1)(z+0.8)}(z-1)\right|_{z=1} = \frac{(3+0.6)(1-0.8)}{1+0.8} = 0.4$$

$$B = \left.\frac{(3+\frac{0.6}{z})(z-0.8)}{(z-1)(z+0.8)}(z+0.8)\right|_{z=-0.8} = \frac{(3+\frac{0.6}{-0.8})(-0.8-0.8)}{-0.8-1} = 2$$

따라서

$$\frac{H(z)}{z} = \frac{0.4}{z-1} + \frac{2}{z+0.8} \;\rightarrow\; H(z) = \frac{0.4z}{z-1} + \frac{2z}{z+0.8}$$

임펄스응답

$$h[n] = 0.6u[n] + 2(-0.8^n)u[n]$$

이 된다(역변환을 위해서 변환쌍을 이용하였다.).

[예제 10-8] (전달함수로부터 차분방정식 구하기) 전달함수 $H(z)=\dfrac{2-3.5z^{-1}+2.5z^{-2}}{1-1.5z^{-1}}$ 가 있다. 이로부터 시스템의 입출력 관계를 가진 차분방정식을 구하라.

[풀이] $H(z)=Y(z)/X(z)$에서 $X(z)$와 $Y(z)$로 표현된 식으로부터 역 z 변환을 하면 된다.

$$H(z)=\frac{2-3.5z^{-1}+2.5z^{-2}}{1-1.5z^{-1}}=\frac{Y(z)}{X(z)}$$
$$\rightarrow Y(z)(1-1.5z^{-1})=X(z)(2-3.5z^{-1}+2.5z^{-2})$$

역 z 변환을 하면 다음과 같은 차분방정식이 얻어진다.(변환쌍을 나타낸 표를 이용 바란다.)

$$y[n]-1.5y[n-1]=2x[n]-3.5x[n-1]+2.5x[n-2]$$

4. 전달함수로부터 시스템의 대략적인 임펄스응답을 알 수 있나?

4.1 전달함수에서 영점과 극점을 표현하는 방법은?

전달함수의 형태 등을 보고 대략적인 시스템의 임펄스응답을 알 수 있다. 전달함수로서 시스템의 임펄스응답의 대략적인 형태를 알기 위해서는 전달함수의 극점과 영점의 위치를 알아야 한다. 전달함수 $H(z)=Y(z)/X(z)$가 z의 다항식으로 유리함수로 주워질 때에, 분모 $X(z)=0$이 되면 $H(z)$는 정의되지 않으며 $X(z)=0$이 되는 근 z의 값을 극점(pole)이라고 한다. 또한 분자 $Y(z)=0$이 되는 근 z의 값을 영점(zero)이라고 한다. z평면은 복소수 평면이며 z평면 상에서 극점을 ×, 영점을 ○로 표시한다. 또한 z평면의 원점을 중심으로 하고 단위원(반지름이 1인 원)을 함께 그려서 영점과 극점들의 위치를 표시하여 상호관계를 쉽게 알 수 있도록 한다. 극점의 개수와 영점의 개수는 같다.

극점과 영점을 다항식을 풀어서 근을 극점 혹은 영점으로 하면 되는데 이를 LabVIEW에서 근을 구하고 극점과 영점을 표시하는 프런트 패널과 블록다이어그램으로 아래에 표시한다(126.vi).(Cory L. Clark: LabVIEW Digital Signal Processing, pp.164를 참고하여 개선하였음.)

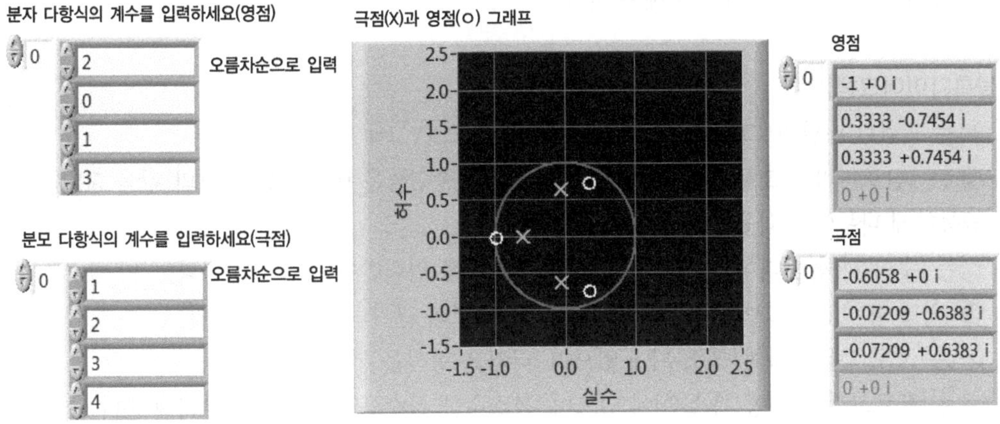

[그림 10-9] 유리함수의 극점과 영점을 구하고 그림으로 표시

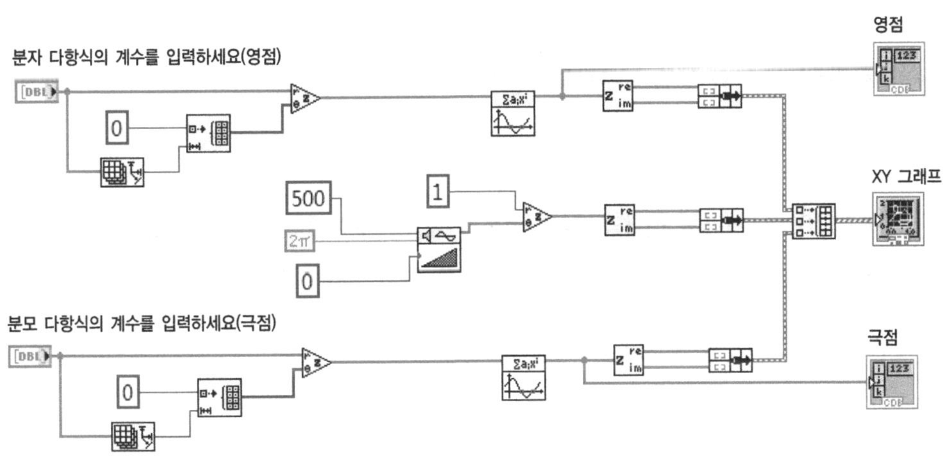

[그림 10-10] 유리함수의 극점과 영점을 구하고 그림으로 표시하기 위한 블록다이어그램

[프런트 패널]

- 프런트 패널에서 다항식의 계수를 입력할 때에는 오름차순으로 입력한다.

  예: $3z^3 - z \quad \Rightarrow \quad 0, -1, 0, 3$

  $3 + 2z^{-1} + z^{-2} \quad \Rightarrow \quad 3, 2, 1$

  (다항식의 차수가 높으면 배열을 늘여서 사용하여야 한다.)
- 극점은 ×, 영점은 ○로 표시된다.
- 극점과 영점을 값으로 표시해 준다.
- 그래프의 실수축과 허수축의 크기의 영점과 극점의 크기에 따라서 그래프의 [프로퍼티/스케

일]에서 적당히 조정하여 사용해야 한다.

[블록다이어그램]

- 는 프런트 패널의 [그래프인디케이터/익스프레스XY그래프]이다.
- 는 [신호처리/신호발생/램프패턴]이며, 주변 변수들은 0부터 2π까지의 값을 500개로 균등하게 나누어 결과를 출력한다.
- 는 [수학/다항식/다항식근]이며, 다항식의 계수를 입력받아 근을 출력한다.
- 와 는 [프로그램/배열]에 있으며, 각각 배열의 크기와 초기화를 한다.
- 는 [프로그램/숫자형/복소수]에 있으며, 극좌표 형식을 복소수로 만든다.
- 는 [프로그램/숫자형/복소수]에 있으며, 복소수를 실수부와 허수부로 분리해 준다.
  (영점과 극점의 크기는 프런트패널의 퍼러퍼티의 플롯범례보이기를 실행시켜서 범례를 보이게 한 후에 범례에서 마우스의 오른쪽 버튼을 눌러 라인폭을 적당히 변경하여 크기를 조정한다.)

다음의 예제들의 극점과 영점을 구하고 z평면상에서 나타내어 보자.

[예제 10-9] 아래의 전달함수들의 영점과 극점을 구하고 z평면상에서 점들을 표시하여라.

1) $H(z) = 1 + z^{-1} + z^{-2}$

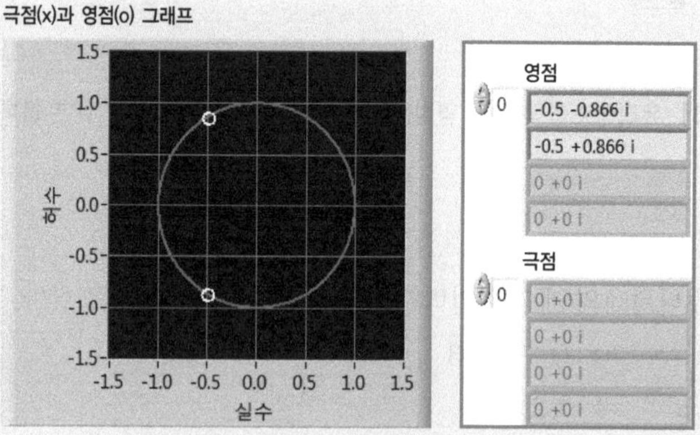

[그림 10-11] $H(z) = 1 + z^{-1} + z^{-2}$의 영점과 극점

2) $H(z)=\dfrac{1}{z^3+1}$

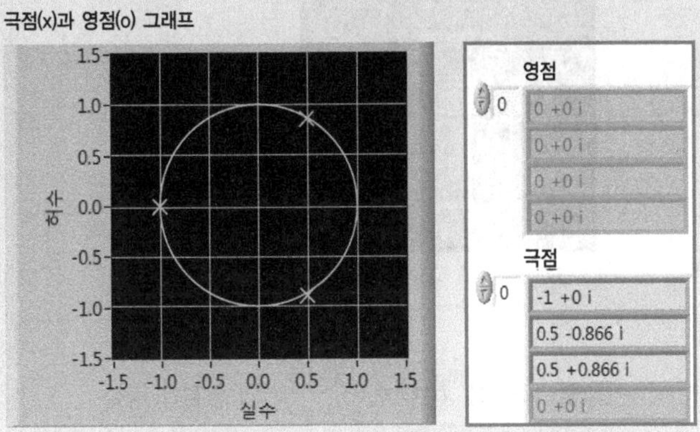

[그림 10-12] $H(z)=\dfrac{1}{z^3+1}$의 영점과 극점

3) $H(z)=\dfrac{2z^2+1}{z^3-2z^2+3}$

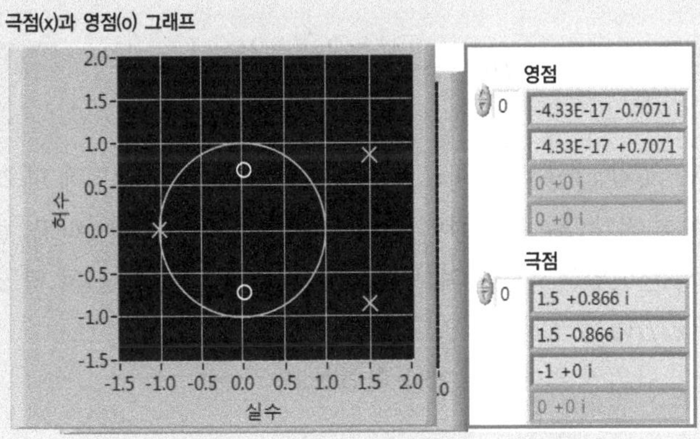

[그림 10-13] $H(z)=\dfrac{2z^2+1}{z^3-2z^2+3}$의 영점과 극점

4) $H(z)=\dfrac{z^2+1}{z^2+z+2}$

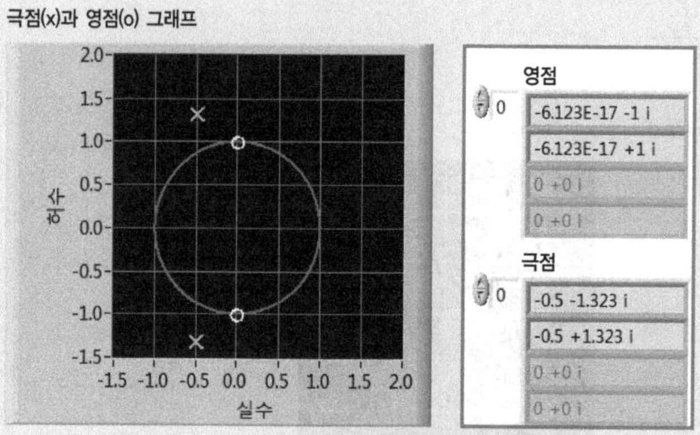

[그림 10-14] $H(z)=\dfrac{z^2+1}{z^2+z+2}$의 영점과 극점

4.2 전달함수의 영점이 단위원 위에 있을 때에 특정한 정현파가 입력되면 출력은 어떻게 나오는가?

영점이 단위원에 있는 전달함수

$$H(z)=\frac{z^3-2z^2+2z-1}{z^3} \tag{10-11}$$

인 시스템에 주기 $N=6$인 $x[n]=\cos(\pi n/3)$가 입력되면 출력이 어떻게 나오는지를 살펴보자.

접근의 방향은 우선 전달함수의 영점이 단위원 위에 있는지를 확인하고, 출력 $y[n]$을 구해서 출력 속에 정현파 성분이 있는지를 살펴보면 된다. 출력 $y[n]$은 $Y(z)$의 역 z 변환으로 얻을 수 있으며, $Y(z)=X(z)H(z)$로 얻을 수 있다. 따라서 절차는

- 전달함수의 영점이 단위원 위에 있는지를 확인하고,
- $Y(z)$를 구한 후
- $y[n]$을 구하여 정현파 성분이 있는지를 확인한다.

– 첫 번째 단계로

다항식을 풀어서 분모의 근(극점)과 분자의 근(영점)을 계산하면

극점: $z=0$: 한 개처럼 보이나 실제로는 중복되어 있어 개수는 3개이다.

영점: $z=1,\ \ 0.5\pm j0.5\sqrt{3}$ 개수는 3개이며, 반지름이 1인 원(단위원이라고 함.)의 위에 있다.

($z=0.5\pm j0.5\sqrt{3}$가 어떻게 알 수 있을까? 크기가 $\sqrt{0.5^2+(0.5\sqrt{3})^2}=1$ 이기 때문에 단위원에 있다고 할 수 있다.)

극점과 영점을 그래프로 그리면 다음과 같다(126.vi).

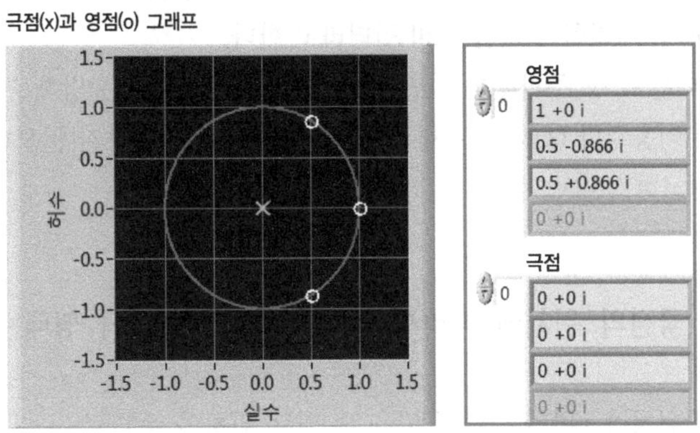

[그림 10-15] $H(z)=\dfrac{z^3-2z^2+2z-1}{z^3}$의 영점과 극점

- 두 번째 단계로

$Y(z)$를 계산하기 위하여 $X(z)$를 구하여야 한다.

$$X(z)=\frac{z(z-\cos(\pi/3))}{z^2-2z\cos(\pi/3)+1}=\frac{z(z-0.5)}{z^2-z+1} \tag{10-12}$$

$x[n]=\cos(\frac{\pi}{3}n)$의 z 변환은 계산이 복잡하므로 아래의 변환쌍 공식을 이용한다.

$$\cos(\Omega_0 n)\ \ n\geq 0 \quad \leftrightarrow \quad \frac{1-\cos(\Omega_0)z^{-1}}{1-2\cos(\Omega_0)z^{-1}+z^{-2}}=\frac{z(z-\cos(\Omega_0))}{z^2-2z\cos(\Omega_0)+1} \tag{10-13}$$

따라서

$$\begin{aligned} Y(z)=X(z)H(z)&=\frac{z(z-0.5)}{z^2-z+1}\cdot\frac{z^3-2z^2+2z-1}{z^3} \\ &=\frac{z^2-1.5z+0.5}{z^2} \\ &=1-1.5z^{-1}+0.5z^{-2} \end{aligned} \tag{10-14}$$

역 z 변환하면

$$y[n] = \delta[n] - 1.5\delta[n-1] + 0.5\delta[n-2] \tag{10-15}$$

이는 $y[0] = 1, y[1] = -1.5, y[2] = 0.5$를 제외하고는 모두 0이다. 이는 입력신호인 $N=6$이고 정현파 신호 성분은 전혀 나타나지 않는다는 의미이다.

이를 일반화하여 표현하면, 단위원 위에 영점을 가지는 전달함수를 가지는 시스템은 특정 정현파 신호가 입력되면 입력된 신호성분의 출력이 나타나지 않는다. 이를 특정 주파수를 차단하는 필터라고 하며, 이러한 필터를 Null 필터라고 한다.

이러한 Null 필터는 특정 주파수를 차단시키기 위한 레이더 혹은 방해 전파를 차단시키기 위한 통신시스템에 이용된다.(필터에 관한 내용은 이 책에서 취급하지 않으며, 일반적인 디지털신호처리 책을 참고하기 바란다.)

4.3 전달함수의 극점의 위치에 따라서 임펄스응답의 대략적 형태는 어떻게 바뀌는가?

전달함수의 극점의 위치가 z평면 상에서 있을 수 있는 위치의 종류 수는 다음과 같다고 할 수 있다.

– 전달함수 $H(z)$의 극점이 양의 실수이고 1보다 작은 경우

예를 들면, $H(z) = z/(z-0.7)$의 경우(극점은 0.7)이다. 임펄스응답은 $h[n] = 0.7^n u[n]$이며 극점의 위치와 임펄스응답에 대한 그래프는 다음과 같으며, 임펄스응답은 시간이 경과함에 따라 감쇄하는 특성을 가진다(115.vi).

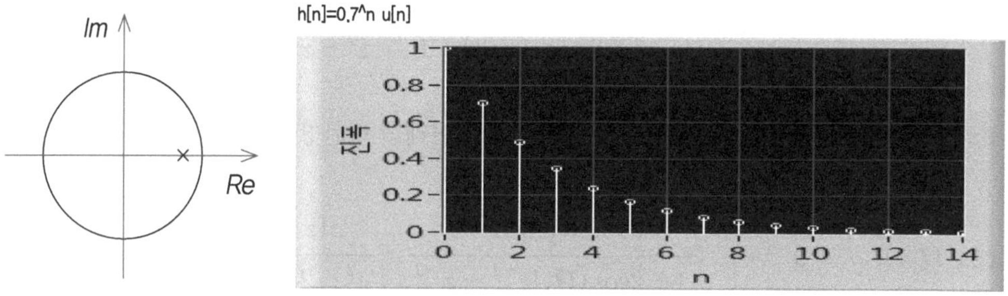

[그림 10-16] $H(z)$의 극점이 양의 실수이고 1보다 작은 경우의 임펄스응답

– 전달함수 $H(z)$의 극점이 음의 실수이고 –1보다 크고 0보다 작은 경우

예를 들면, $H(z) = z/(z+0.7)$의 경우이다(극점은 -0.7). 임펄스응답은 $h[n] = (-0.7)^n u[n]$이며 극점의 위치와 임펄스응답에 대한 그래프는 다음과 같으며, 임펄스응답은 시간이 경과함에 따라 부호가 +, –로 바뀌면서 감쇄하는 특성을 가진다(117.vi).

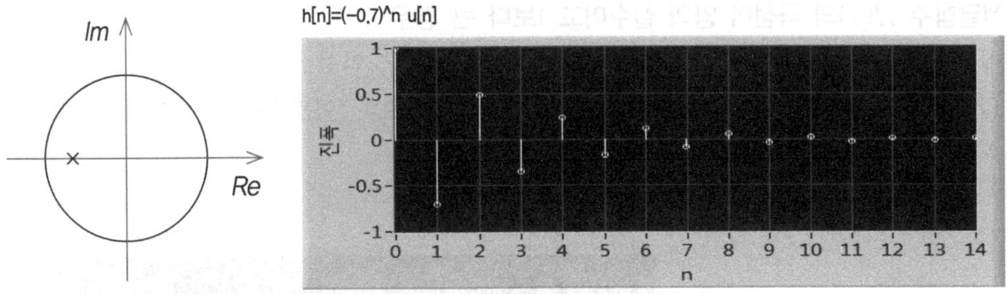

[그림 10-17] $H(z)$의 극점이 음의 실수이고 −1보다 크고 0보다 작은 경우의 임펄스응답

- 전달함수 $H(z)$의 극점이 1인 경우

예를 들면, $H(z) = z/(z-1)$의 경우이다. 임펄스응답은 $h[n] = 1^n u[n] = u[n]$이며 극점의 위치와 임펄스응답에 대한 그래프는 다음과 같으며, 임펄스응답은 시간이 경과하더라도 일정한 진폭을 가지는 특성을 가진다(116.vi).

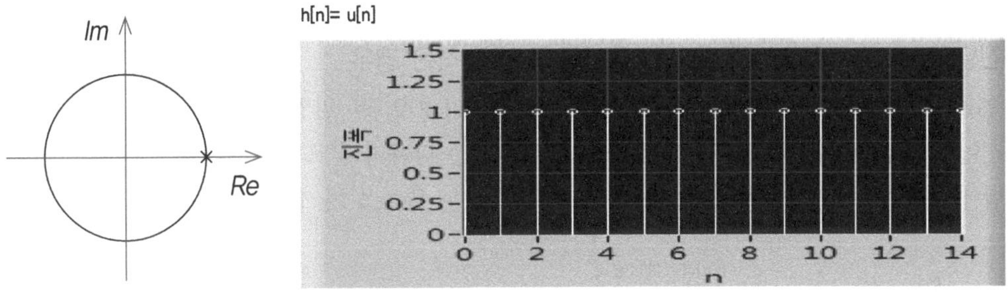

[그림 10-18] $H(z)$의 극점이 1인 경우의 임펄스응답

- 전달함수 $H(z)$의 극점이 −1인 경우

예를 들면, $H(z) = z/(z+1)$의 경우이다. 임펄스응답은 $h[n] = (-1)^n u[n]$이며 극점의 위치와 임펄스응답에 대한 그래프는 다음과 같으며, 임펄스응답은 시간이 경과함에 따라 부호가 +, −로 바뀌면서 일정한 진폭의 특성을 가진다(116.vi).

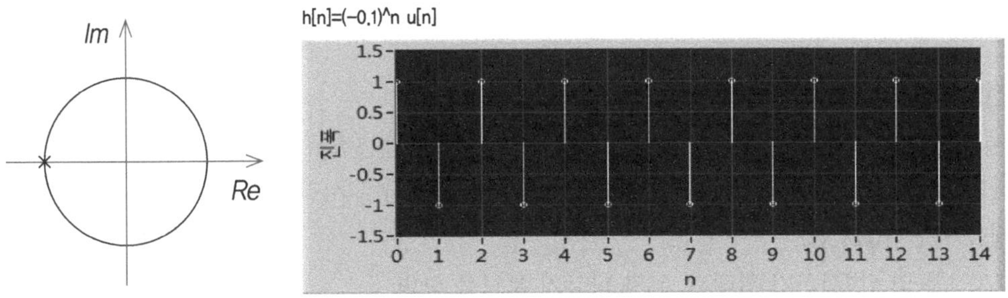

[그림 10-19] $H(z)$의 극점이 −1인 경우의 임펄스응답

- 전달함수 $H(z)$의 극점이 양의 실수이고 1보다 큰 경우

예를 들면 $H(z) = z/(z-1.2)$의 경우(극점은 1.2)이다. 임펄스응답은 $h[n] = 1.2^n u[n]$이며 극점의 위치와 임펄스응답에 대한 그래프는 다음과 같으며, 임펄스응답은 시간이 경과함에 따라 증가하는 특성을 가진다(119.vi).

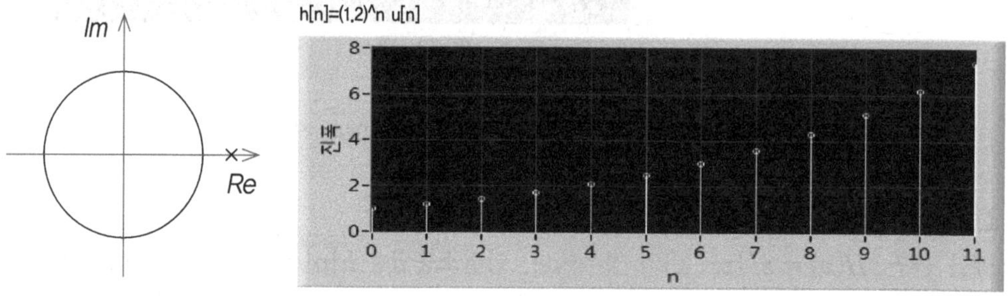

[그림 10-20] $H(z)$의 극점이 양의 실수이고 1보다 큰 경우의 임펄스응답

- 전달함수 $H(z)$의 극점이 양의 실수이고 −1보다 작은 경우

예를 들면 $H(z) = z/(z+1.2)$의 경우(극점은 -1.2)이다. 임펄스응답은 $h[n] = (-1.2)^n u[n]$이며 극점의 위치와 임펄스응답에 대한 그래프는 다음과 같으며, 임펄스응답은 시간이 경과함에 따라 진폭의 부호가 +, −로 바뀌면서 증가하는 특성을 가진다(120.vi).

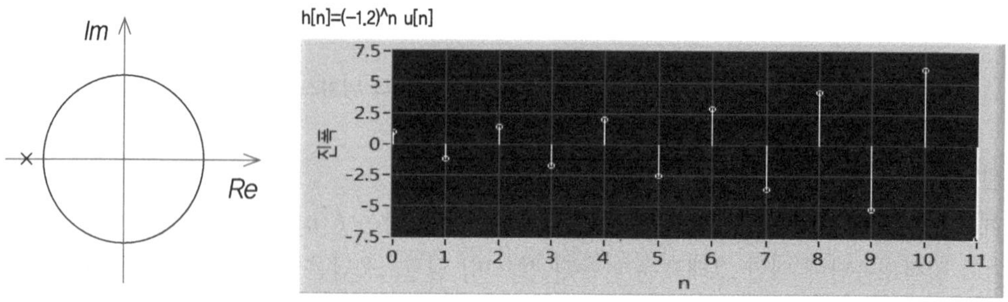

[그림 10-21] $H(z)$의 극점이 양의 실수이고 −1보다 작은 경우의 임펄스응답

- 전달함수 $H(z)$의 극점이 1에 2개의 극점이 있는 경우

예를 들면, $H(z) = z/(z-1)^2$의 경우이다. 임펄스응답은 $h[n] = nu[n]$이며 극점의 위치와 임펄스응답에 대한 그래프는 다음과 같으며, 임펄스응답은 시간이 경과함에 따라 증가하는 특성을 가진다(121.vi).

$H(z)$를 역 z변환하기 위해서, 분자 나누기 분모를 하면

$H(z) = z^{-1} + 2z^{-2} + 3z^{-3} + \cdots$ 가 되고, 이를 역 z 변환하면

$$h[n] = \delta[n-1] + 2\delta[n-2] + 3\delta[n-3] + \cdots = n, \qquad n \geq 0 \tag{10-16}$$

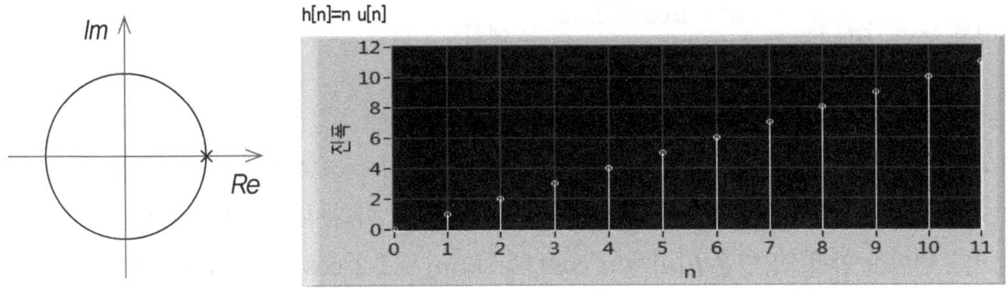

[그림 10-22] $H(z)$의 극점이 1에 2개의 극점이 있는 경우의 임펄스응답

- 전달함수 $H(z)$의 극점이 단위원(원의 반지름이 1인 원)의 내부에 있으며 복소수의 값을 가지는 경우

예를 들면, $H(z) = \dfrac{z^2 - a\cos(\Omega_0)z}{z^2 - 2a\cos(\Omega_0)z + a^2}$ 에서

$a = 0.9, \quad \cos(\Omega_0) = \cos(\dfrac{\pi}{3}) = 0.5$ 라고 하면

$z^2 - 2a\cos(\Omega_0)z + a^2 = z^2 - 2\times 0.9\times 0.5z + 0.9^2 = 0$의 근이 극점이 된다. 극점을 계산하면 $z = 0.45 \pm j0.78$이 되어 극점은 원의 내부에 있다. 따라서 조건을 만족하는 극점들이며, 역 z 변환한 임펄스응답은

$h[n] = a^n\cos(\Omega_0 n)u[n] = 0.9^n\cos(\pi n/3)u[n]$이며 극점의 위치와 임펄스응답에 대한 그래프는 다음과 같으며, 임펄스응답은 정현파 파형을 가지며 시간이 경과함에 따라 감쇠하는 특성을 가진다(124.vi).

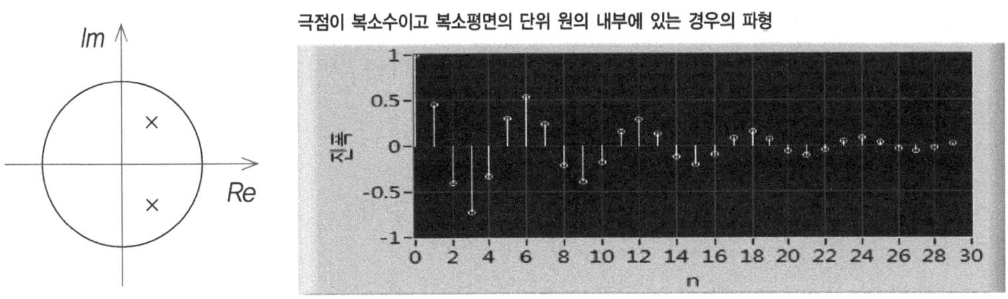

[그림 10-23] $H(z)$의 극점이 단위원(원의 반지름이 1인 원)의 내부에 있으며 복소수의 값을 가지는 경우의 임펄스응답

– 전달함수 $H(z)$의 극점이 단위원의 외부에 있으며 복소수의 값을 가지는 경우

예를 들면, $H(z)=\dfrac{z^2-a\cos(\Omega_0)z}{z^2-2a\cos(\Omega_0)z+a^2}$ 에서

$a=1.2,\quad \cos(\Omega_0)=\cos(\pi/3)=0.5$ 라고 하면
$z^2-2a\cos(\Omega_0)z+a^2=z^2-2\times1.2\times0.5z+1.2^2=0$의 근이 극점이 된다. 극점을 계산하면 $z=0.6\pm j1.04$가 되어 극점은 단위원의 외부에 있다. 따라서 조건을 만족하는 극점들이며, 역 z 변환한 임펄스응답은 $h[n]=a^n\cos(\Omega_0 n)u[n]=1.2^n\cos(\pi n/3)u[n]$이며 극점의 위치와 임펄스응답에 대한 그래프는 다음과 같으며, 임펄스응답은 정현파의 파형을 가지며 시간이 경과함에 따라 증가하는 특성을 가진다(125.vi).

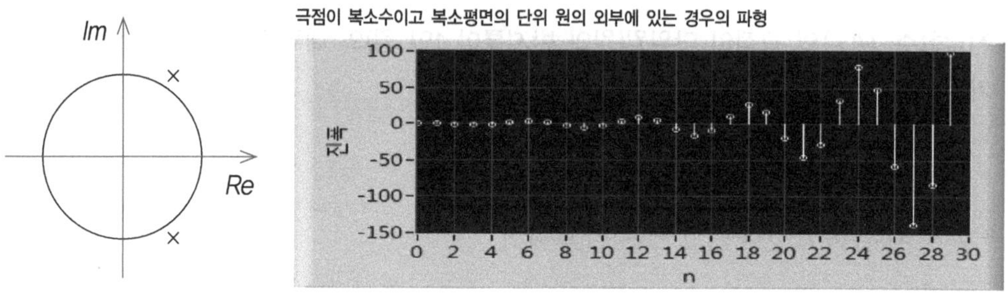

[그림 10-24] $H(z)$의 극점이 단위원의 외부에 있으며 복소수의 값을 가지는 경우의 임펄스응답

5. 전달함수로서 시스템의 인과성의 여부를 알 수 있나?

인과성(因果性)이라함은 '원인이 있어야 결과가 나타난다'라는 의미이다. 즉 시스템 측면에서의 의미는 원인인 입력이 들어가야지만 결과인 출력이 얻어진다는 의미이다. 반대로 비인과성이란 입력이 들어가지 않았음에도 불구하고 출력이 나온다는 의미이다.
다음의 시스템을 생각해 보자.

$$y[n]=x[n+n_0],\quad n_0>0 \tag{10-17}$$

예를 들어서, 단위스텝함수인 $u[n]$에서 출력 $y[n]=u[n+1]$이라고 하면 $y[0]=u[1]$가 된다. 즉 현재 $(n=0)$의 출력이 미래 $(n=1)$의 입력에 의하여 정해진다는 의미로 입력이 되지 않았음에도 불구하고 출력이 나온다는 의미가 되는 것이다. 이렇게 입력이 없음에도 불구하고 출력이 나오는 경우에 전달함수는 어떻게 될까? 위의 $y[n]$에서 양변을 z 변환하면

$$Y(z) = z^{n_0}X(z) \;\rightarrow\; H(z) = \frac{Y(z)}{X(z)} = z^{n_0}, \quad n_0 > 0 \tag{10-18}$$

가 된다. 따라서 전달함수 $H(z)$에 z^{n_0}항이 포함되어 있으면(z^{-n_0}이 아닌) 비인과 시스템이라고 할 수 있다.

예를 들면, 다음과 같은 전달함수가 있다고 생각하자.

$$H(z) = \frac{z^2+2z+2}{z+1} = z + \frac{z+2}{z+1} \tag{10-19}$$

는 z항이 있어 비인과 시스템이다.

일반적으로 시스템이 인과성이 되기 위해서는 전달함수의 분자의 차수가 분모의 차수보다 높아서는 안된다.(위의 예에서는 분모가 1차, 분자가 2차이다.)

6. 전달함수로서 시스템의 안정도를 알 수 있나?

시스템이 안정하다는 말은 '유한한 입력이 시스템에 들어갔을 때에 유한한 출력이 얻어질 때를 시스템이 안정하다'라고 한다.

시스템의 안정도를 전달함수로서 알 수 있는데 다음과 같이 생각해 보자. 단 시스템의 임펄스응답 $h[n]$은 $n \geq 0$인 경우를 생각한다. 전달함수를 다음과 같이 생각한다.

$$H(z) = \sum_{n=0}^{\infty} h[n]z^{-n} \tag{10-20}$$

시스템의 입력과 출력이 유한하다는 것은 입출력의 + 혹은 −의 부호가 중요한 것이 아니라 크기가 중요하기 때문에 $H(z)$의 절대값을 보기로 한다.

$$|H(z)| = \left|\sum_{n=0}^{\infty} h[n]z^{-n}\right| \leq \sum_{n=0}^{\infty} |h[n]|\,|z^{-n}| \tag{10-21}$$

으로부터 전달함수가 가지고 있는 여러 극점들 중에 어느 한 극점을 p_i라고 하면 (식의 형태로는 $H(z) = A/(z-p_i)$), $z = p_i$에서 $H(z)$는 ∞의 값을 가지게 된다. 따라서 위의 식은

$$\infty \leq \sum_{n=0}^{\infty} |h[n]|\,|p_i^{-n}| \tag{10-22}$$

가 된다. 만일

$$|p_i| \geq 1 \;\; \rightarrow \;\; |p_i^{-n}| \leq 1 \tag{10-23}$$

가 된다.

즉 $|p_i^{-n}|$가 가질 수 있는 제일 큰 값이 1이기 때문에, $|p_i^{-n}|=1$로 하더라도 다음의 식이 된다.

$$\infty \leq \sum_{n=0}^{\infty} |h[n]| \tag{10-24}$$

가 되어 안정조건을 만족하지 못한다. 따라서 $|p_i|<1$가 되어야 한다. $|p_i|<1$의 의미는 z 평면에서 전달함수의 극점이 단위원 내에 있어야 한다는 말이다.

그러면 극점이 단위원 내에 있다는 사실은 어떻게 해서 알 수 있나?

복소평면 상의 어느 한 점 P(극점)의 크기를 계산하여 크기가 1보다 적으면 단위원 내에 있다고 한다. 예를 들면 점 P의 위치를 $a+jb$라고 하면 크기 $\sqrt{a^2+b^2}<1$이면 점 P는 복소평면의 단위원 내에 있다.

[예제 10-10] (시스템의 안정도 판단) 시스템의 입출력에 관한 차분 방정식이 다음과 같을 때에 시스템의 안정성을 판단하고, 임펄스응답을 그래프로 그려서 확인하라.

$$y[n]-2.5y[n-1]+y[n-2]=x[n]$$

[풀이] 전달함수를 구한 후에 전달함수의 극점을 계산하고 모든 극점의 크기를 계산하여 크기가 1보다 적으면 안정하다. 극점들 중에 어느 하나라도 크기가 1보다 큰 극점이 있으면 시스템은 불안정하다고 판정한다.

양변을 z변환하면

$$Y(z)-2.5z^{-1}Y(z)+z^{-2}Y(z)=X(z)$$
$$\rightarrow H(z)=\frac{1}{1-2.5z^{-1}+z^{-2}}=\frac{1}{(1-0.5z^{-1})(1-2z^{-1})}$$

따라서 극점은

$$(1-0.5z^{-1})(1-2z^{-1})=0 \quad \rightarrow \quad z=0.5,\ z=2$$

극점들이 계산에 의한 결과가 다음 그림과 같이(126.vi) 극점 중의 하나의 크기가 1보다 크므로 시스템은 불안정하다.

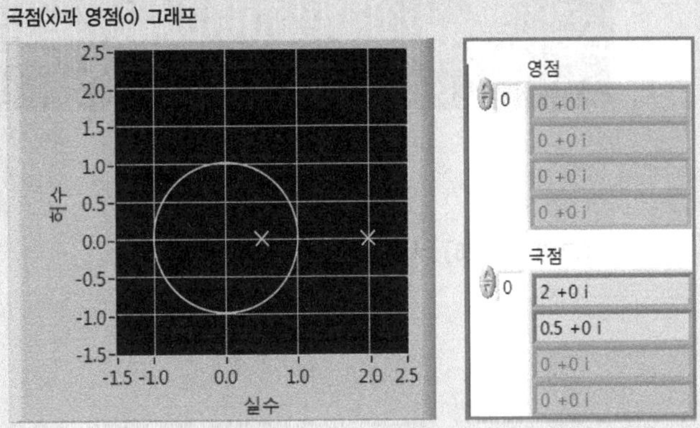

[그림 10-25] 전달함수의 극점 중의 하나가 1보다 큰 경우(시스템의 불안정을 초래)

임펄스응답을 그래프로 그리기 위해서는 $H(z)$을 역 z 변환하여 $h[n]$을 구한다.

$$H(z)=\frac{1}{(1-0.5z^{-1})(1-2z^{-1})}=\frac{A}{1-0.5z^{-1}}+\frac{B}{1-2z^{-1}}$$

부분분수 전개에 의하여 계수 A, B를 구하면,

$$A=-\frac{1}{3},\quad B=\frac{4}{3}$$

$$H(z)=\frac{A}{1-0.5z^{-1}}+\frac{B}{1-2z^{-1}}=-\frac{1}{3}\frac{1}{1-0.5z^{-1}}+\frac{4}{3}\frac{1}{1-2z^{-1}}$$

$$\rightarrow h[n]=\frac{-1}{3}(0.5^n)u[n]+\frac{4}{3}(2^n)u[n]$$

아래의 그래프를 보더라도 시간이 증가함에 따라서 응답은 무한대로 증가하고 있다(특히 진폭축은 대수(logarithm)로 표시되어 있음을 유념하라.). 출력은 시간이 무한대로 감에 따라 유한값이 아니기 때문에 시스템을 불안정하다고 판정한다(122.vi).

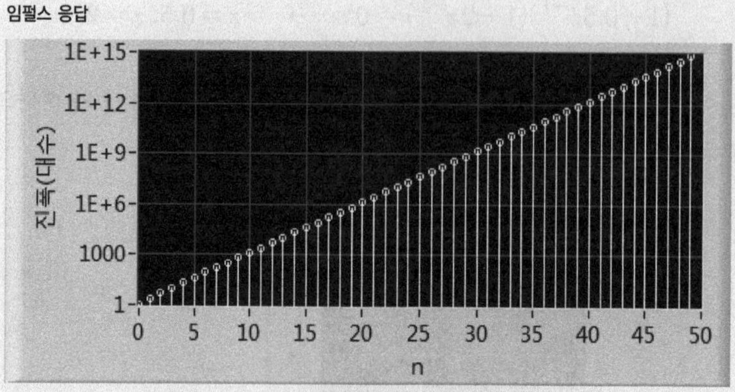

[그림 10-26] 시스템이 불안정한 경우의 예

[예제 10-11] (시스템의 안정도 판단) 시스템의 입출력에 관한 차분 방정식이 다음과 같을 때에 시스템의 안정성을 판단하고, 임펄스응답을 그래프로 그려서 확인하라.

$$6y[n]-5y[n-1]+y[n-2]=x[n]$$

[풀이] 전달함수를 구한 후에 전달함수의 극점을 계산하고 모든 극점의 크기를 계산하여 크기가 1보다 적으면 안정하다. 극점들 중에 어느 하나라도 크기가 1보다 큰 극점이 있으면 시스템은 불안정하다고 판정한다.

양변을 z변환하면

$$6Y(z)-z^{-1}5Y(z)+z^{-2}Y(z)=X(z)$$

$$\rightarrow H(z)=\frac{Y(z)}{X(z)}=\frac{z^2}{6(z-\frac{1}{3})(z-\frac{1}{2})}$$

따라서 극점은

$$6(z-\frac{1}{3})(z-\frac{1}{2})=0 \quad \rightarrow \quad z=\frac{1}{3},\ z=\frac{1}{2}$$

극점들의 크기가 모두 1보다 적어 단위원 내에 존재하므로 시스템은 안정하다. 임펄스응답을 구하기 위해서 전달함수 $H(z)$를 역 z변환한 $h[n]$을 다음과 같이 구한다.

$H(z)$를 부분분수로 전개하면 다음과 같다. 구체적인 과정은 생략한다.

$$H(z)=\frac{z^2}{6(z-\frac{1}{3})(z-\frac{1}{2})}=-\frac{1}{3}\frac{z}{z-\frac{1}{3}}+\frac{1}{2}\frac{z}{z-\frac{1}{2}}$$

$$\rightarrow\ h[n]=-\frac{1}{3}(\frac{1}{3})^n u[n]+\frac{1}{2}(\frac{1}{2})^n u[n]$$

임펄스응답의 그래프는 다음과 같다(123.vi).

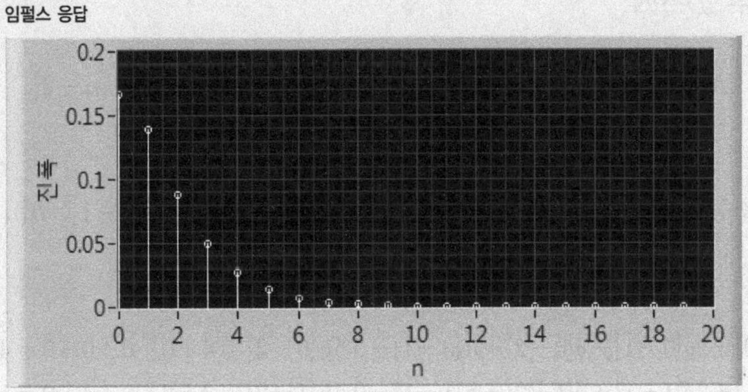

[그림 10-27] 시스템이 안정한 경우의 예

7. 시스템의 주파수 응답(특성)을 어떻게 알 수 있나?

시스템의 주파수 응답 혹은 특성을 아는 방법에는 두 가지의 방법이 있다. 첫째는 임펄스응답으로부터 직접 이산푸리에변환(DFT)를 해서 얻는 방법과, 둘째로 전달함수로부터 z 변수를 다른 변수로 치환하므로서 DFT와 같아지는 점으로 이용하는 방법이 있다.

시간영역에 있는 즉 n 영역의 신호인 $x[n]$, $y[n]$, $h[n]$의 z 변환을 각각 $X(z)$, $Y(z)$, $H(z)$라고 하면 주파수 특성인 스펙트럼을 구할 수 있다.

7.1 임펄스응답으로부터 주파수 응답은 어떻게 구하나?

시간영역의 임펄스응답 $h[n]$으로부터 FFT(DFT와 같은 것이며, FFT는 다만 DFT의 계산을 빨리 하기 위한 알고리즘임)를 하여 시스템의 스펙트럼을 다음과 같이 구할 수 있다.

$$H(k) = \sum_{n=0}^{N-1} h[n] e^{-j\frac{2\pi}{N}kn} \tag{10-25}$$

식에서도 알 수 있듯이, 신호가 N개의 유한의 신호이든가, 유한의 신호가 아니면 윈도우를 씌워 N개의 신호로 하여 스펙트럼을 구할 수 있다.

다음의 신호에 대한 시스템의 임펄스응답과 진폭스펙트럼을 그려보자.

$$y[n] = 4x[n] + 2x[n-1] + x[n-2] + y[n-1] - 0.5y[n-2] \tag{10-26}$$

시스템의 임펄스응답은 입력 $x[n]$ 대신에 $\delta[n]$, 출력 $y[n]$ 대신에 시스템의 응답 $h[n]$을 대입하여 구할 수 있으므로

$$h[n] = 4\delta[n] + 2\delta[n-1] + \delta[n-2] + h[n-1] - 0.5h[n-2] \tag{10-27}$$

가 된다.

이는 임펄스응답 $h[n]$을 하나의 식으로 표현할 수 없기 때문에 ($h[n-1]$, $h[n-2]$가 있어서) 다음과 같이 식을 전개하여 각 계수를 구한다.

$$\begin{aligned}
h[0] &= 4\delta[0]+2\delta[0-1]+\delta[0-2]+h[0-1]-0.5h[0-2] = 4+0+0+0+0 = 4 \\
h[1] &= 4\delta[1]+2\delta[1-1]+\delta[1-2]+h[1-1]-0.5h[1-2] = 0+2+0+4+0 = 6 \\
h[2] &= 4\delta[2]+2\delta[2-1]+\delta[2-2]+h[2-1]-0.5h[2-2] = 1+6-0.5\times 4 = 5 \\
h[3] &= 4\delta[3]+2\delta[3-1]+\delta[3-2]+h[3-1]-0.5h[3-2] = 5-0.5\times 6 = 2 \\
h[4] &= 4\delta[4]+2\delta[4-1]+\delta[4-2]+h[4-1]-0.5h[4-2] = 2-0.5\times(5) = -0.5 \\
h[5] &= 4\delta[5]+2\delta[5-1]+\delta[5-2]+h[5-1]-0.5h[5-2] = -0.5-0.5\times(2) = -1.5 \\
h[6] &= 4\delta[6]+2\delta[6-1]+\delta[6-2]+h[6-1]-0.5h[6-2] = -1.5-0.5\times(-0.5) = -1.25 \\
&\vdots
\end{aligned} \tag{10-28}$$

진폭스펙트럼은 위와 같은 방법으로 계수를 구하여 FFT를 한다(편의상 $N=128$로 함.). 스펙트럼을 그려 보면 다음과 같다(68.vi).

임펄스응답 $h[n]$으로부터 FFT를 하면 FFT의 결과값은 복소수가 되므로 진폭을 구하기 위해서는 결과값에 크기를 취해주어야 한다. (복소수로부터 크기를 계산하는 방법은 $a+jb = \sqrt{a^2+b^2}$이며, LabVIEW에서는 [숫자형/절대값]인 를 이용한다.)

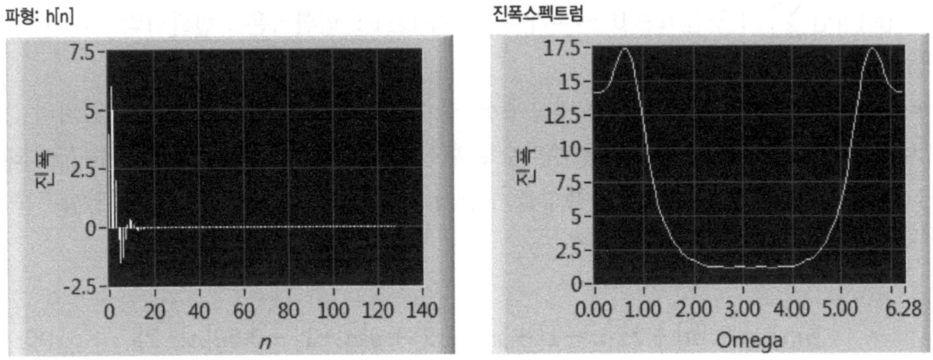

[그림 10-28] 파형과 진폭스펙트럼(FFT에 의함)

진폭스펙트럼에서 Ω는 f_s를 $2\pi(=6.28)$로 계산하여 표기한 그래프이다. 이렇게 하는 이유는 샘플링 주파수가 달라짐에 따라서 그래프의 주파축의 눈금을 매번 바꾸는 것이 번거롭기 때문에 샘플링 주파수로 정규화하여 표기하면 보기에도 쉽고 편리하다. 이에 대한 설명은 뒤에서 자세히 설명한다.

7.2 전달함수 $H(z)$로부터 시스템의 주파수 특성을 어떻게 구하나?

– z변환식과 DTFT 변환식을 같이 표현할 수 없을까?

전달함수 $H(z)$로부터도 시스템의 주파수 특성을 구할 수 있다. 이는 z변환식과 DTFT 변환식 사이의 관계성을 이용하는 것이다. 또한 위의 예에서처럼 임펄스응답을 구하는 과정이 하나의 식으로 표현되지 않거나 n에 따른 $h[n]$의 값을 구하기가 쉽지 않을 경우에 매우 유용하다. z변환식과 DTFT를 위한 식을 비교해 보자.

z변환식: $$X(z)=\sum_{n=0}^{\infty}x[n]z^{-n} \tag{10-29}$$

DTFT 변환식: $$X(e^{j\Omega})=X(\Omega)=\sum_{n=-\infty}^{n=\infty}x[n]e^{-j\Omega n} \tag{10-30}$$

$$=\sum_{n=0}^{n=\infty}x[n]e^{-j\Omega n} \qquad n<0, \quad x[n]=0$$

DTFT 변환식에서 $\sum$ 구간이 $n = -\infty \sim \infty$인데, 만약 $x[n]$의 신호가 $n < 0$인 경우에 $x[n] = 0$이라면 $\sum$ 의 구간 $n = 0 \sim \infty$가 된다. 즉 DTFT 변환식은 z 변환식의 z 대신에 $e^{j\Omega}$를 대입한 형태가 된다.

따라서 전달함수 $H(z)$를 구하여 z 대신에 $e^{j\Omega}$를 대입하고, $\Omega = 0 \sim 2\pi$까지를 임의의 간격으로 나누어 $H(\Omega)$를 계산한다. 물론 주파수로 환산하면 $\Omega = 2\pi$는 샘플링 주파수 f_s에 해당된다. 위의 예로서 시스템의 주파수 특성을 구함에 있어서 임펄스응답이 아닌 전달함수를 구하여 시스템의 스펙트럼을 구하여 보자.

$$y[n] = 4x[n] + 2x[n-1] + x[n-2] + y[n-1] - 0.5y[n-2] \tag{10-31}$$

를 z 변환하면 다음과 같다.

$$Y(z) = 4X(z) + 2z^{-1}X(z) + z^{-2}X(z) + z^{-1}Y(z) - 0.5z^{-2}Y(z) \tag{10-32}$$

$$Y(z)(1 - z^{-1} + 0.5z^{-2}) = X(z)(4 + 2z^{-1} + z^{-2})$$

$$\frac{Y(z)}{X(z)} = H(z) = \frac{4 + 2z^{-1} + z^{-2}}{1 - z^{-1} + 0.5z^{-2}}$$

에서 z 대신에 $e^{j\Omega}$ 대입하면

$$H(e^{j\Omega}) = \frac{4 + 2e^{-j\Omega} + e^{-j2\Omega}}{1 - e^{-j\Omega} + 0.5e^{-j2\Omega}} \tag{10-33}$$

가 된다. 이 식을 $\Omega = 0 \sim 2\pi$까지 계산한다.

– Ω를 0부터 2π까지 계산한다는 말의 의미가 무엇인가?

Ω는 디지털 각주파수로서 $\Omega = 0 \sim 2\pi$이며, 우리가 보통 말하는 주파수로는 $0Hz \sim f_s Hz$에 대응된다. Ω를 0부터 2π까지 계산한다는 말은 Ω를 0부터 2π까지를 적당한 간격으로 나누어, 나누어진 각각의 Ω값을 $H(\Omega)$에 대입한다는 의미이다. 예를 들면, $0Hz \sim f_s Hz$ 사이에 500등분(그러면 여기서는 $f_s/500 = 1000/500 = 2Hz$)으로 한다고 하면 Ω의 값은 $0 \times 2\pi/500$, $1 \times 2\pi/500$, $2 \times 2\pi/500$, $3 \times 2\pi/500, \cdots$, 2π 등의 간격이 된다. 각각의 Ω값에 대하여 $H(e^{j\Omega})$을 계산하는데 $H(e^{j\Omega})$는 복소수이기 때문에 진폭스펙트럼을 구하기 위해서는 크기인 $|H(e^{j\Omega})|$를 계산한다.

(복소수로부터 크기를 계산하는 방법은 $a + jb = \sqrt{a^2 + b^2}$ 이며, LabVIEW에서는 [숫자형/절대값]인 ▷를 이용한다.)

진폭스펙트럼을 그래프로 $\Omega = 0 \sim 2\pi$로 나타내면 다음과 같다(69.vi).

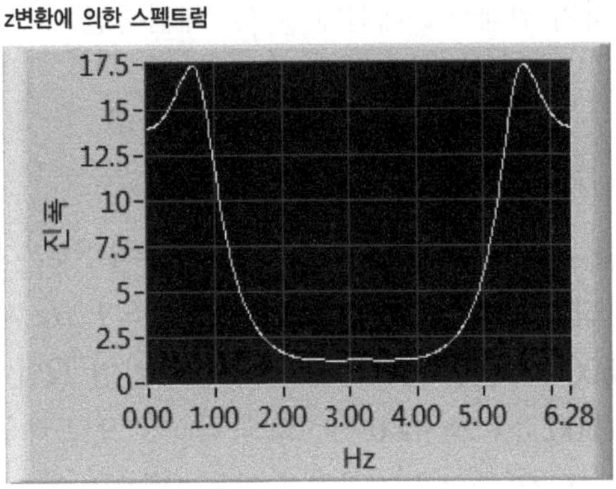

[그림 10-29] z변환으로부터 구한 진폭 스펙트럼

계산과정에서 알 수 있듯이, 임펄스응답을 계산하여 얻은 스펙트럼과 같은 결과를 얻을 수 있으며, 임펄스응답으로부터 스펙트럼을 구하는 것보다 z 변환으로부터 스펙트럼을 구하는 것이 훨씬 간단함을 알 수 있다.

[예제 10-12] (시스템의 주파수 특성: 스펙트럼)
임펄스응답이 $h[n]=2\delta[n]-\delta[n-1]+3\delta[n-2]$일 때에 스펙트럼을 구함에 있어서 임펄스응답으로부터 직접 구한 스펙트럼과 전달함수에 의하여 구한 스펙트럼을 서로 비교해 보아라. 단 진폭스펙트럼 그래프의 가로축을 주파수(Hz)로 하여 나타내어라. $f_s=1000Hz$이다(62.vi).

[풀이]

방법 1: 임펄스응답으로부터 직접 스펙트럼을 구한다.

$h[n]$은 델타함수로 되어 있으므로 $n=0$ 일때에 1, $n=-1$ 일때에 -1, $n=2$ 일때에 3이므로 임펄스응답 $h[n]=\{2, -1, 3\}$로 표현한다. 이를 $N=512$ FFT하여 스펙트럼을 구한다. FFT의 결과값은 복소수가 되므로 진폭을 구하기 위해서는 결과값에 크기를 취해주어야 한다. FFT를 계산하기 위한 데이터의 개수 $N=512$되는 점의 주파수는 샘플링 주파수인 $1000Hz$이다(62.vi).

방법 2: $h[n]=2\delta[n]-\delta[n-1]+3\delta[n-2]$을 z변환한 $H(z)$로부터 스펙트럼을 구한다(62.vi).

$$H(z)=2-z^{-1}+3z^{-2}$$

주파수 응답을 구하기 위해서 z 대신에 $e^{j\Omega}$를 대입하면

$$H(e^{j\Omega}) = 2 - e^{-j\Omega} + 3e^{-j2\Omega}$$

가 된다. Ω가 디지털 각주파수로서 $\Omega = 0 \sim 2\pi$가 주파수로는 $0Hz \sim f_s Hz$에 대응된다. 주파수의 간격은 임의로 할 수 있으나, $0Hz \sim f_s Hz$ 사이에 500 등분(그러면 여기서는 $f_s/500 = 1000/500 = 2Hz$)한다고 하면 Ω의 값을 $0 \times 2\pi/500$, $1 \times 2\pi/500$, $2 \times 2\pi/500$, $3 \times 2\pi/500$, $\cdots$, 2π 등의 간격으로 대입하여 계산한다.

각각의 Ω값에 대하여 $H(e^{j\Omega})$을 계산하여 진폭스펙트럼으로 나타내기 위해서는 $H(e^{j\Omega})$의 크기인 $|H(e^{j\Omega})|$를 계산한다. 왜냐하면 $H(e^{j\Omega})$는 복소수이기 때문이다. (복소수로부터 크기를 계산하는 방법은 $a + jb = \sqrt{a^2 + b^2}$ 이다.)
z 변환에 의한 스펙트럼과 임펄스응답에 의한 스펙트럼을 그림으로 나타내면 다음과 같다(62.vi).

임펄스 응답에 의한 진폭스펙트럼

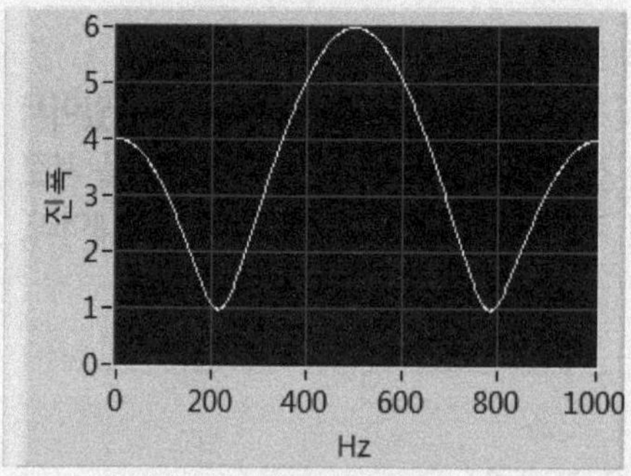

[그림 10-30] 임펄스 응답에 의한 진폭스펙트럼

z변환에 의한 진폭스펙트럼

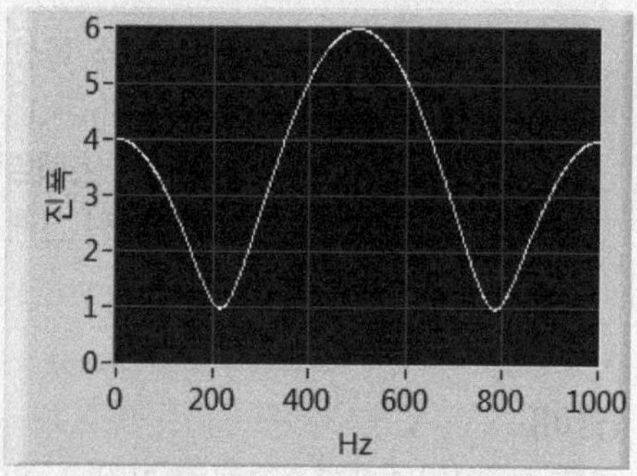

[그림 10-31] z 변환에 의한 진폭스펙트럼

스펙트럼은 임펄스응답으로부터 구한 스펙트럼과 z변환에 의한 스펙트럼이 같음을 알 수 있다. 또한 샘플링 주파수의 반인 $f_s/2 = 500Hz$에 대하여 정확히 대칭으로 나타남도 확인할 수 있다(앞의 DFT부분에서의 설명 참조). 따라서 스펙트럼으로 표시할 때는 일반적으로 $f_s/2$까지만 표시하면 된다.

Ω의 간격을 $2\pi/500$의 간격으로 계산한다는 말의 의미는 $f_s/500$ 주파수 간격임을 다시 기억하기 바란다. 앞에서 설명한대로, $f_s = 1000Hz$이면 주파수 간격은 $f_s/500 = 1000/500 = 2Hz$의 간격이 된다. 즉 주파수 성분이 $0Hz$, $2Hz$, $4Hz$, $6Hz$, ...이라는 의미이다. 이를 주파

수 해상도가 $2Hz$라고 한다(예를 들면 $1Hz$, $3Hz$, $113Hz$ 등의 주파수는 나타나지 않음).

그러면, 이 문제에서 주파수 해상도를 $1.5Hz$ 이상으로 하고 싶다면 어떻게 하면 될까?(주파수 해상도가 $1.5Hz$ 이상이라는 의미는 주파수 해상도가 더욱 좋아야 하기 때문에 숫자적으로는 $1.5Hz$ 보다 작은 수이어야 한다.)

$\Omega = 0 \sim 2\pi$의 등분 간격을 Δ라고 하면

$$\Delta f_s \le 1.5 \tag{10-34}$$

$$\therefore \Delta \le \frac{1.5}{f_s}$$

만약 $f_s = 1000Hz$라고 하면 $\Delta = 0.0015$ 이하이면 된다. 즉, $\Omega = 0,\ 0.0015,\ 0.003,\ 0.0045,\ 0.006,\ \cdots,\ 2\pi$이다.

[예제 10-13] (시스템의 주파수 특성: 스펙트럼)
시스템이 차분방정식이 $y[n] = 2x[n] - 3x[n-1] + 2x[n-2]$일 때에 시스템의 스펙트럼을 구하라. 단 진폭스펙트럼 그래프의 가로축을 주파수(Hz)로 하여 나타내어라. $f_s = 1000Hz$이다(63.vi).

[풀이 1] 임펄스응답으로부터 스펙트럼을 구한다. 임펄스응답은 시스템의 입력이 델타함수일 때에 나오는 출력이므로
다음과 같이 $x[n]$ 대신에 $\delta[n]$, $y[n]$ 대신에 $h[n]$을 대입한다.
$h[n] = 2\delta[n] - 3\delta[n-1] + 2\delta[n-2]$이므로 스펙트럼은 임펄스응답의 시계열은 $h[n] = \{2, -3, 2\}$이므로 이 시계열에 대한 FFT를 한 결과는 다음과 같다.

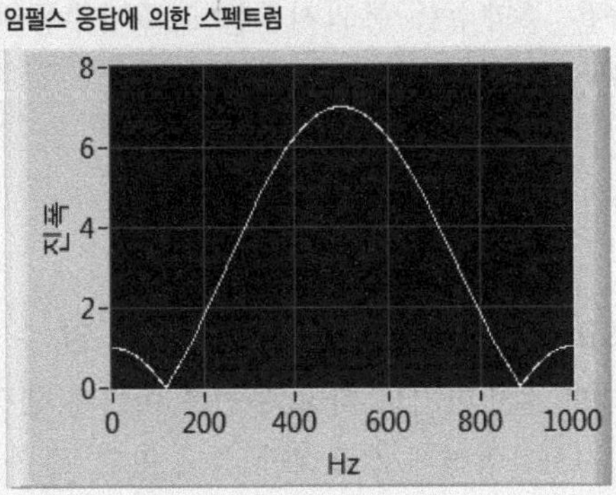

[그림 10-32] $h[n] = 2\delta[n] - 3\delta[n-1] + 2\delta[n-2]$에 의한 진폭 스펙트럼

[풀이 2] 전달함수 $H(z)$를 구하기 위해서 다음과 같이 차분방정식의 양변을 z 변환하고, 주파수 응답을 구하기 위해서 z 대신에 $e^{j\Omega}$를 대입하면 다음과 같다.

$$Y(z) = 2X(z) - 3z^{-1}X(z) + 2z^{-2}X(z)$$
$$= (2 - 3z^{-1} + 2z^{-2})X(z)$$
$$\therefore \frac{Y(z)}{X(z)} = H(z) = 2 - 3z^{-1} + 2z^{-2}$$
$$H(z)\Big|_{z=e^{j\Omega}} = 2 - 3e^{-j\Omega} + 2e^{-j2\Omega}$$

로부터 $\Omega = 0 \sim 2\pi$를 0.01의 간격으로 계산하면 다음 그림과 같다(63.vi).

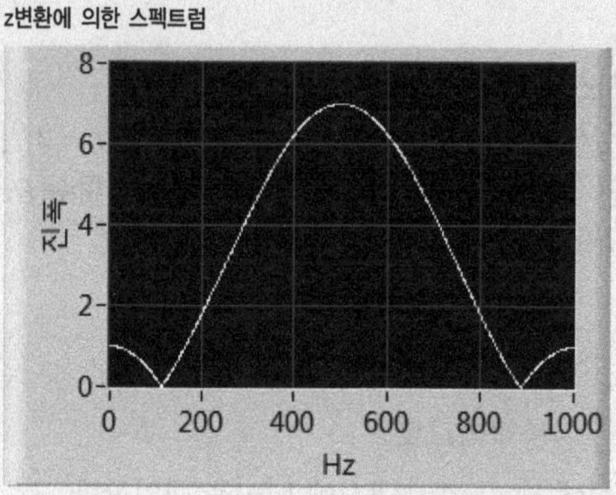

[그림 10-33] $y[n] = 2x[n] - 3x[n-1] + 2x[n-2]$의 z변환에 의한 진폭스펙트럼

위의 스펙트럼은 높은 주파수를 통과시키는 고주파수통과필터(HPF: High frequency Pass Filter)의 일종이다.

– 진폭스펙트럼의 형태를 보고 고주파수통과필터임을 어떻게 알 수 있나?

필터에 대하여는 다음 기회에 설명하기로 하고 우선은 어렵게 생각하지 말고 필터란 시스템을 일컬으며, 단지 시스템을 시간영역에서 표현할 수도 있고, 주파수영역에서 표현할 수도 있다. 필터란 의미는 시스템을 주파수영역에서 표현한 용어로 생각하면 된다.

고주파수통과필터란 높은 주파수는 통과시키고(진폭으로 말하면 진폭이 크게 나타나고), 낮은 주파수는 통과시키지 않는(저주파수 저지: Law Frequency Stop; 진폭으로 말하면 진폭이 적게 혹은 거의 0으로 나타나고) 시스템을 말한다. 그러면 어떤 주파수는 높은 주파수이고, 어떤 주파수는 낮은 주파수로 분류하느냐의 문제가 나오는데 이는 절대적인 주파수 값이 아니라 상대적으로 사용된다.

위의 진폭스펙트럼에서 보면 약 120Hz 근처에서는 진폭이 거의 0이다. 이는 입력이 약 120Hz의 주파수 성분이 들어오면 출력이 0으로 나오지 않는다는 의미이며, 반대로 입력 주파수가 약 500Hz가 들어오면 출력 진폭이 약 7정도가 됨을 의미한다. 이는 입력 주파수 성분이 약 500Hz가 들어오면 출력이 7로 크게 나온다는 의미이다.

그러면 위의 **진폭스펙트럼에서 약 880Hz 성분에 대한 출력도 거의 0인데 왜 이러한 필터를 고주파수통과필터라고 하느냐?** 라는 질문이 나올 것이다. 왜냐하면 위의 필터는 고주파수통과필터라고 했는데 500Hz보다 높은 880Hz 성분에 대한 출력이 크게 나와야 함에도 불구하고 거의 0이 출력되니깐 말이다. 맞는 말이다. 위의 스펙트럼으로 보면 지극히 타당한 말이다.

그러나 여기서 주의해야 할 점이 있는데, 위의 진폭스펙트럼은 주파수의 범위를 0Hz부터 샘플링 주파수인 $f_s Hz$(1000Hz)까지($\Omega = 0 \sim 2\pi$)로 표시해 두었다. 여기서 아날로그신호를 시간 축에서 이산신호화하는 과정을 한번 생각해 보자. 이를 위한 것이 **샘플링 시간으로 샘플링하는데 이러한 샘플링 주기 혹은 샘플링 주파수를 어떻게 정했는가?**

당연히 샘플링 정리에 의하여 $f_s > 2f_m$이었다. 샘플링 주파수는 신호가 가지고 있는 최대 주파수 f_m의 2배를 하였다. 여기서 중요한 사실은 신호의 최대 주파수는 f_m이며 이는 샘플링 주파수의 반인 $0.5f_s$이다. 그러면 신호 속에는 $f_m(=0.5f_s)$보다 높은 주파수는 절대로 있을 수가 없다. 예를 들면 샘플링 주파수가 1000Hz이면 신호에는 600Hz 성분이 있는가? 없다. 880Hz 성분이 있는가? 없다. 501Hz 성분이 있는가? 없다.

따라서 위의 질문인 진폭스펙트럼에서 약 880Hz 성분에 대한 출력도 거의 0인데 라는 말은 할 수가 없다. 그래프로는 나타내었지만 실제로는 500Hz 이상의 주파수에 대하여는 전혀 의미가 없고 나타낼 필요도 없다. 그리고 진폭스펙트럼의 모양을 보더라도 500Hz를 축으로 하여 우대칭이기도 하다. 따라서 아래와 같이 진폭스펙트럼을 나타내면 더욱 혼동이 없을 것이다.

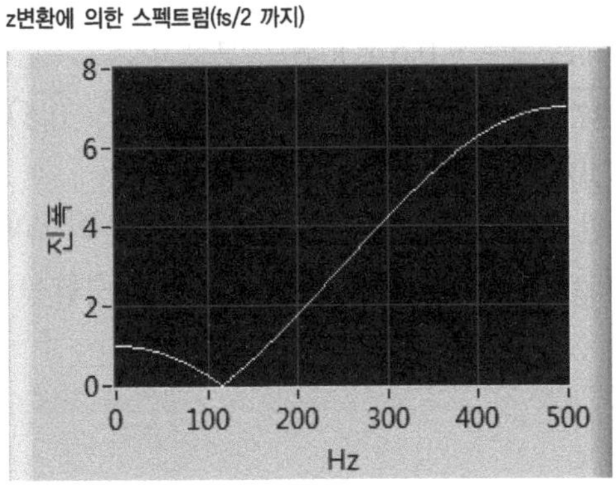

[그림 10-34] f_s/2까지 표시한 진폭스펙트럼

8. z에 관한 다항식에서 근의 위치에 따른 대략적인 주파수 응답을 알 수 있나?

결론부터 말하면, 입력, 출력 혹은 시스템의 전달함수가 z에 관한 다항식으로 표현되었을 경우에 다항식의 극점과 영점의 위치에 따라서 개략적인 주파수 응답을 예측할 수 있다. 기본 개념은 극점의 위치에서는 진폭이 커지고, 영점의 위치에서는 진폭이 작아진다.

z평면에서 근의 위치가 어떻게 해서 주파수의 정보를 가지고 있을까?

복소평면 z평면에서의 한 점은 $P=x+jy$로 표현되므로 크기는 $|P|=\sqrt{x^2+y^2}$가 되며, 각 $\angle P=\tan^{-1}(y/x)$은 라디안이다. 앞에서 여러 번 설명했거니와 각주파수 Ω는 0부터 2π까지의 값을 가지지만 π를 축으로 하여 우대칭이기 때문에 Ω는 0부터 π까지만 계산하면 된다.

예를 들어서 알아보자.

$H(z)=\dfrac{z^2+z+1}{z^2}=1+z^{-1}+z^{-2}$ 의 주파수 응답을 예측해 보자.

1) $z=1$ 인 경우:

$$z=1=e^{j\Omega} \rightarrow \Omega=0\text{, 이 때 } |H(1)|=\left|\frac{1+1+1}{1}\right|=3$$

2) $z=j$ 인 경우:

$$z=j=e^{j\Omega}=\cos\Omega+j\sin\Omega \rightarrow \Omega=\frac{\pi}{2}\text{, 이 때 } |H(j)|=\left|\frac{-1+j+1}{-1}\right|=1$$

3) $z=-1$인 경우:

$$z=-1=e^{j\Omega}=\cos\Omega+j\sin\Omega \rightarrow \Omega=-\pi\text{, 이 때 } |H(-1)|=\left|\frac{1-1+1}{1}\right|=1$$

4) $z^2+z+1=0$ 인 경우:

다항식을 풀어 근을 계산하면 $z=-0.5\pm j0.87$이므로

근의 크기는 $\sqrt{0.5^2+0.87^2}=1$, 위상(각도)는 $\tan^{-1}(0.87/-0.5)=2.09$ 라디안,

이 때 $|H(-0.5+j0.87)|=0$

아래에 위의 4점을 이용한 개략적인 주파수 응답과 전달함수의 스펙트럼(주파수 응답)을 나타내고 있다. 정확한 스펙트럼과 개략형 스펙트럼이 거의 비슷함을 알 수 있다.

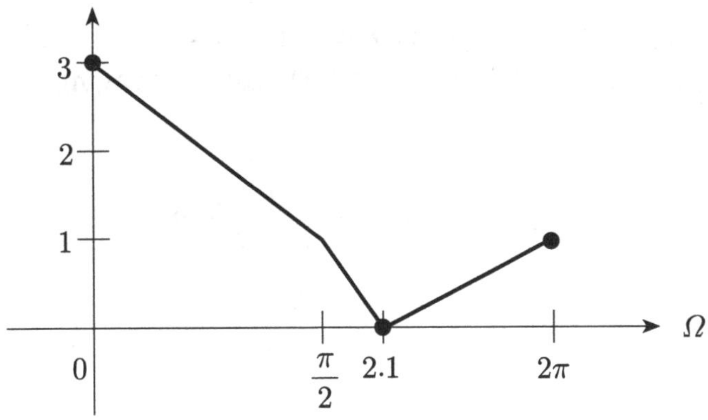

[그림 10-35] 전달함수로부터 얻은 대략적인 주파수 특성

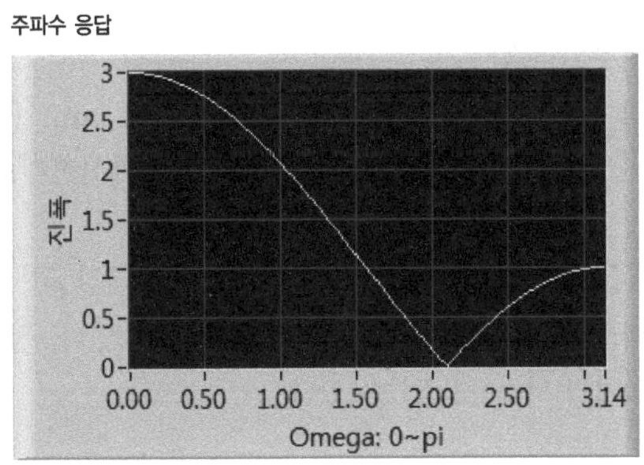

[그림 10-36] 전달함수로부터 얻은 대략적인 주파수 특성

다항식에 의한 근과 근의 위치에 대한 그래프와 주파수 응답에 대한 시뮬레이션을 할 수 있는 프로그램을 아래에 소개한다(127.vi).

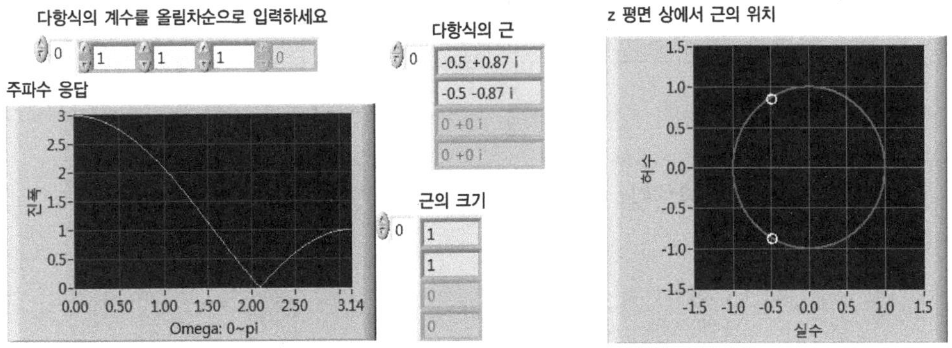

[그림 10-37] 다항식에 의한 근과 근의 위치에 대한 그래프와 주파수 응답에 대한 시뮬레이션(127.vi)

[예제 10-14] (극점과 영점으로 개략적인 주파수 응답) $H(z)=\dfrac{z}{z-0.5}$ **의 개략적인 주파수 응답을 그려보고 실제의 주파수 응답과 비교해 보라(128.vi).**

1) $z=1$ 인 경우:

$$z=1=e^{j\Omega} \rightarrow \Omega=0\text{, 이 때 }|H(1)|=\left|\frac{1}{1-0.5}\right|=2$$

2) $z=j$ 인 경우:

$$z=j=e^{j\Omega} \rightarrow \Omega=\frac{\pi}{2}\text{, 이 때 }|H(j)|=\left|\frac{j}{j-0.5}\right|=0.89$$

3) $z=-1$인 경우:

$$z=-1=e^{j\Omega} \rightarrow \Omega=\pi\text{, 이 때 }|H(-1)|=\left|\frac{-1}{-1-0.5}\right|=\frac{2}{3}$$

4) $z-0.5=0$인 경우: (극점)

다항식을 풀어 근을 계산하면 $z=0.5$이고, 위상(각도)는 $\tan^{-1}(0/0.5)=0$ 라디안인 극점에서 스펙트럼의 최대값을 가지며 1인 경우에 계산한데로 2의 진폭을 가진다.

아래에 위의 4점을 이용한 개략적인 주파수 응답과 z 대신 $e^{j\Omega}$를 대입하여 계산한 전달함수의 스펙트럼(주파수 응답)(128.vi)을 나타내고 있다. 정확한 스펙트럼과 개략형 스펙트럼이 거의 비슷함을 알 수 있다.

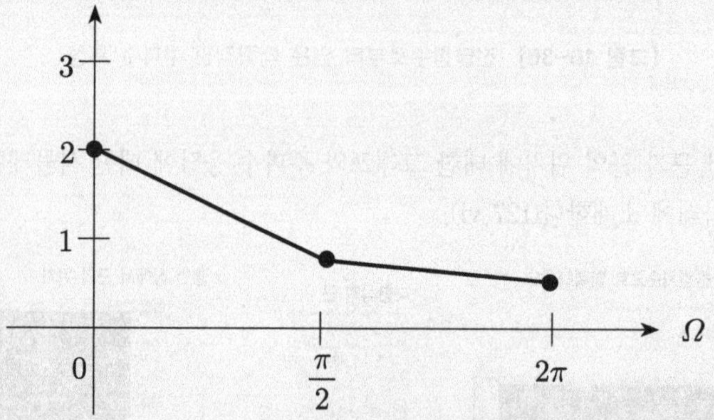

[그림 10-38] 전달함수로부터 얻은 대략적인 주파수 특성

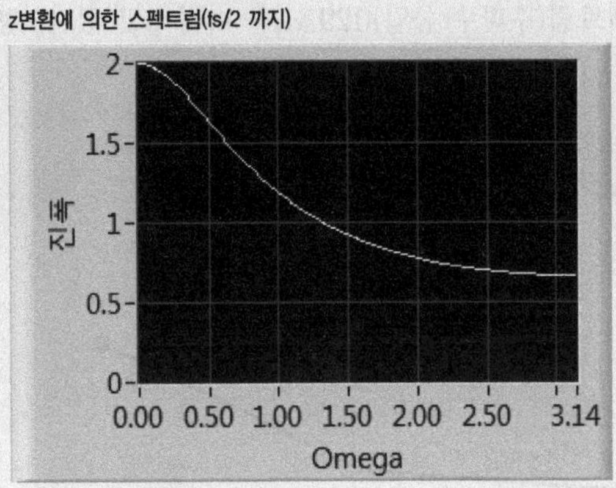

[그림 10-39] 전달함수로부터 얻은 주파수 특성

[예제 10-15] (극점과 영점으로 개략적인 주파수 응답) $H(z)=\dfrac{z}{z+0.5}$ **의 개략적인 주파수 응답을 그려보고 실제의 주파수 응답과 비교해 보라(129.vi).**

1) $z=1$ 인 경우:

$$z=1=e^{j\Omega} \rightarrow \Omega=0\text{, 이 때 } |H(1)|=\left|\frac{1}{1+0.5}\right|=\frac{2}{3}$$

2) $z=j$ 인 경우:

$$z=j=e^{j\Omega} \rightarrow \Omega=\frac{\pi}{2}\text{, 이 때 } |H(j)|=\left|\frac{j}{j+0.5}\right|=0.89$$

3) $z=-1$ 인 경우:

$$z=-1=e^{j\Omega} \rightarrow \Omega=\pi\text{, 이 때 } |H(-1)|=\left|\frac{-1}{-1+0.5}\right|=2$$

4) $z+0.5=0$인 경우: (극점)

다항식을 풀어 근을 계산하면 $z=-0.5$이고, 위상(각도)는 $\tan^{-1}\dfrac{0}{-0.5}=-\pi$ 라디안인 극점에서 스펙트럼의 최대값을 가지는데 $-\pi$라디안은 진폭주파수 응답이 0라디안에 대칭이므로 π라디안에서 최대값을 가진다고 할 수 있으며 3)의 경우에 계산한대로 2의 진폭을 가진다.

아래에 위의 4점을 이용한 개략적인 주파수 응답과 z 대신 $e^{j\Omega}$를 대입하여 계산한 전달함수의 스펙트럼(주파수 응답)(129.vi)을 나타내고 있다. 정확한 스펙트럼과 개략형 스펙트럼이 거의 비슷함을 알 수 있다.

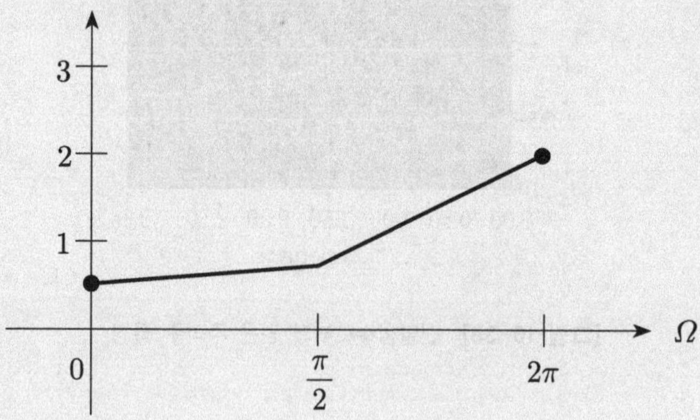

[그림 10-40] 전달함수로부터 얻은 대략적인 주파수 특성

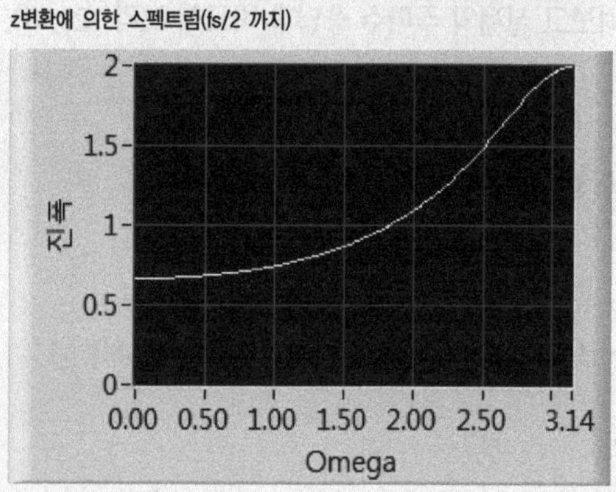

[그림 10-41] 전달함수로부터 얻은 주파수 특성

전달함수 혹은 입력신호, 출력신호의 z를 변수로 하는 다항식의 극점과 영점의 위치를 보면 진폭스펙트럼의 개략형을 다음과 같이 예상할 수 있다.

1) 극점에 해당하는 진폭응답은 크게 나타나며, 극점이 단위원에 가까울수록 진폭 증가폭은 크게 된다.
2) 영점에 해당하는, 극점에 해당하는 진폭응답의 반대이며, 영점에 해당하는 진폭응답이 적

게 나타나며, 영점이 단위원에 가까울수록 진폭 증가폭은 적게 된다. 만약 영점이 단위원 상에 있으면 영점에 해당하는 주파수에서의 진폭응답이 0이 된다.

3) 진폭스펙트럼의 개략형을 그릴 때에는 영점과 극점을 알고, $z=1\ (\Omega=0)$, $z=j\ (\Omega=\frac{\pi}{2})$, $z=-1\ (\Omega=-\pi;\ \pi$로 간주함)을 $|H(z)|$에 대입하여 진폭(크기)을 계산한다.

1. 가전제품 세탁기의 동작을 구현한다.
2. 진폭변복조와 주파수변복조를 구현한다.
3. LabVIEW의 LED 및 SEGMENT를 이용하여 신호등을 제어한다.
4. 음악 혹은 음성의 주파수 대역별로 나누고, 각각 대역별 세기를 표현하는 장치를 구현한다.
5. 온도와 조도를 감지하여 선풍기와 전등의 밝기를 조절한다.
6. LabVIEW로서 함수발생기와 오실로스코프를 구현한다.
7. 음악을 연주하는 키보드를 구현한다.
8. 전화기의 DTMF신호를 생성하여 숫자를 누르면 눌러진 숫자를 인식하는 장치를 구현한다.
9. 음성 혹은 음악의 재생속도를 변경하는 장치를 구현한다.

CHAPTER 11

프로젝트의 설계 및 구현

여기에서 소개하는 모든 프로젝트는 LabVIEW로서 구현한다.

* 아울러 본 프로젝트는 본 학과의 학부학생들이 수업시간에 설계한 내용이며, 더욱 자세한 내용 및 방법은 담당교수님께만 요구가 있는 경우 배포한다.

CHAPTER 11 프로젝트의 설계 및 구현

1. 가전제품 세탁기의 동작을 구현한다.

- LabVIEW 기반 알고리즘을 설계하고 활용한다.
- 생활에 이용되는 디지털 세탁기를 LabVIEW로서 시뮬레이션한다.
- 세탁기의 동작에 따른 특성들을 LabVIEW로서 구현한다.

2. 진폭변복조와 주파수변복조를 구현한다.

통신에서 사용되고 있는 대표적인 변복조 방식을 이해하고 직접 구현한다. 변복조의 이론과 이들을 구현하기 위한 요소기술들을 나열해야 하며, 최종으로 복조된 음성 혹은 임의의 신호를 귀로 들을 수 있어야 한다.

3. LabVIEW의 LED 및 SEGMENT를 이용하여 신호등을 제어한다.

- LABVIEW의 LED 및 세그먼트로서 자동차의 움직임(수직슬라이드 스위치)과 신호등(원형 LED)을 제어한다.
- 신호등을 제어관련하여 4차선에서의 자동차 움직임(start, stop), 4차선에서의 신호등 움직임(red, yellow, green), 자동차들의 소통을 위한 지연을 고려한다.
- 그래픽 구현에는 배경, 자동차 모형, 신호등 모형이 있다.

4. 음악 혹은 음성의 주파수 대역별로 나누고, 각각 대역별 세기를 표현하는 장치를 구현한다.

가전용 앰프 혹은 차량용 앰프에 장착된 이콜라이져를 구현한다. 이를 위하여 음성 및 음악을 입력시킬 수 있는 장치와 입력의 주파수 분석을 하여 일정한 대역으로 구분한 후에 주파수 대역별로 디스플레이 시켜주는 장치를 LabVIEW로서 구현하여 보여준다.

5. 온도와 조도를 감지하여 선풍기와 전등의 밝기를 조절한다.

LabVIEW로서 데이터의 수집, 계측과 제어를 할 수 있어야 한다. DAQ(NI에서 제공하는 데이터 수집 장치) 사용법을 숙지해야 한다. 온도와 조도를 감지할 수 있는 적절한 센서를 선정하여 구현한다. 또한 출력된 신호를 이용하여 선풍기, 전등을 ON/OFF할 수 있어야 한다. 이를 위한 제어는 신호레벨에서는 신호가 너무 약함으로 동작되지 않을 수 있으며, 외부의 장치들을 동작시킬 수 있는 증폭기가 필요할 수도 있다.

6. LabVIEW로서 함수발생기와 오실로스코프를 구현한다.

전기회로 실험에서 사용되는 함수발생기와 오실로스코프를 LabVIEW로서 구현한다. 이는 물론 시뮬레이션 레벨이다. 컴퓨터에서 신호를 생성하고(정현파, 구형파 등을 입력한 주파수와 진폭을 가짐.), 생성된 디지털신호를 DAQ로 내어 보내어 아날로그신호로 만들고, 다시 DAQ를 통하여 디지털신호로 변환한 뒤에 컴퓨터로 입력하여 생성된 신호를 확인하는 시스템이다.

7. 음악을 연주하는 키보드를 구현한다.

키보드의 기능을 LabVIEW로서 구현하는 것이다. 다만 음색을 한 종류 이상으로 한다. 모니터에 키보드의 건반을 생성 구현하여 마우스로 누르면 해당되는 음과 지속시간으로 소리를 재생한다(지속시간은 마우스를 누르고 있는 시간 동안으로 함.).

한편 음악을 저장시켜두고 저장된 음악이 출력되게도 한다(각 음계에 대한 주파수를 알아야 함.).

8. 전화기의 DTMF신호를 생성하여 숫자를 누르면 눌러진 숫자를 인식하는 장치를 구현한다.

전화기는 다이얼을 누르면 소리가 나면, 이 소리는 2종류의 주파수로 합성된 소리이다. 즉, 숫자를 누르면 숫자에 해당하는 파형이 생성되고 소리가 재생되며, 반대로 숫자에 해당되는 파형이 입력되면 숫자를 인식하는 장치를 구현한다.(DTMF, 주파수 분석 등의 기술이 필요함.)

9. 음성 혹은 음악의 재생속도를 변경하는 장치를 구현한다.

마이크를 통하여 음성 혹은 음악을 입력하면 입력된 파형이 디스플레이되고 임의로 입력한 재생속도(0 ~ 5 정도)에 의하여 속도가 늦어짐에서부터 빠르게 재생되게 한다(재생속도가 1 이하는 원래의 속도보다 늦게 재생되는 경우임).

참 고 사 항

[최종 보고서 양식]

1. 제목
2. 수행기간
3. 교과목 및 담당교수명(혹은 멘토명)
4. 팀원 및 각 팀원의 역할
5. 프로젝트의 목적 및 필요성
6. 관련 이론 및 프로젝트의 내용
7. 구현 방법, 절차 및 구현
8. 구현 결과
9. 주요 성과
10. 결론 및 향후 보완해야 할 내용
11. 기대효과
12. 활용 분야
13. 기술 윤리(다음의 내용은 공학인증의 직업윤리와 관련시키기 위함이다. 필요한 내용을 활용할 수 있다. 일본 가나자와공대의 내용을 인용함.)
    - 나는 지구환경을 파괴하지 않았다.
    - 나는 인류의 건가와 생명을 해치지 않았다.
    - 나는 인류의 복지와 행복에 기여했다.
    - 나는 다른 사람의 지적소유권을 침해하지 않았다

[개발한 기술의 내용은 다음의 항목으로 상중하로 평가한다. 해당사항이 없는 경우는 해당사항이 없음으로 표기한다.]

1. 산업표준
2. 경제성
3. 환경에 미치는 영향
4. 윤리성
5. 안전성
6. 미학
7. 신뢰성
8. 사회에 미치는 영향
9. 정치에 미치는 영향

참 고 문 헌

- Samir S. Soliman, Mandyam D. Srinath, Continuous and Discrete Signals and Systems, Prentice-Hall, 1990.
- Cory L. Clark, LabVIEW Digital Signal Processing and Digital Communication, McGraw-Hill, 2005.
- James H. McClellan, Ronald W. Shafer, Mark A. Yoder, DSP First: A Multimedia Approach, 1998.
- 城戸健一, デイジタルフーリエ解析 (I), コロナ社, 2007.
- 城戸健一, デイジタルフーリエ解析 (II), コロナ社, 2007.
- 三谷政昭, 入門デイジタル信号処理, オーム社.
- 김인택, 김우식, 한승수, 서덕영 공역, Hellow 신호처리, 홍릉과학출판사, 2005.
- 장영범, DSP 이론과 실무, 생능출판사, 2004.
- 이철희, Digital Signal Processing 디지털 신호처리, 사이텍미디어, 2007.
- 정슬, Matlab을 이용한 디지털 신호처리 및 필터설계, 아진, 2005.
- 곽두영, 컴퓨터 기반의 제어와 계측 LabVIEW, Ohm사, 2006.
- 우영진, 대학수학, 교우사, 2000.
- 우영진, 수학의 이해(II), 교우사, 2003.
- 조인호, 손진곤, 알기 쉽게 해설한 선형대수, 이한출판사, 2002.

본문 내 질문 모음

Index

공학 교육용 통합 소프트웨어 및 하드웨어

교수와 학생들은 NI의 통합 소프트웨어 및 하드웨어 제품을 이용하여 교과과정에서 실용적인 학습 효과를 높일 수 있습니다. 특히, 교수들은 NI 소프트웨어 및 하드웨어와의 완벽한 통합을 통해 측정, 회로, 제어, 신호 및 이미지 처리, 통신 및 임베디드 시스템 등 다양한 어플리케이션 영역을 가르칠 수 있습니다.

측정 및 계측
(권장 소프트웨어)
- LabVIEW
- LabVIEW SignalExpress

회로 설계 및 시뮬레이션
(권장 소프트웨어)
- LabVIEW
- LabVIEW SignalExpress
- Multisim

제어, 시뮬레이션 및 메카트로닉스
(권장 소프트웨어)
- LabVIEW
- LabVIEW Simulation Module
- Control Design Toolkit
- System Identification Toolkit

설계 ⟺ 시뮬레이션 ⟺

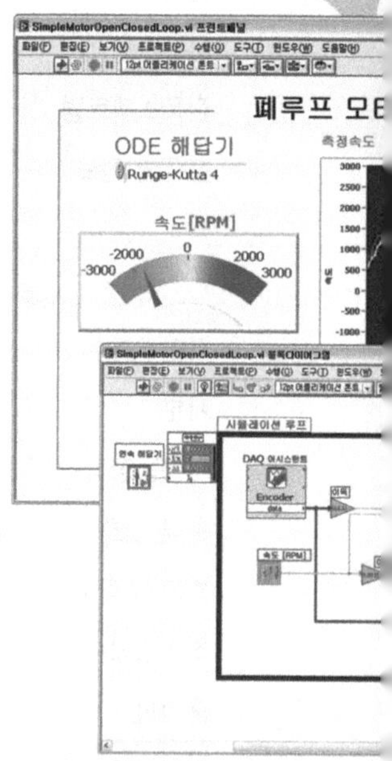

신호 및 이미지 처리
(권장 소프트웨어)
- LabVIEW
- Digital Filter Design Toolkit
- LabVIEW DSP Module
- DSP Test Integration Toolkit

NATIONA

La

아카데

Academic Site License • 10-Use

RF 및 무선 통신
(권장 소프트웨어)
- LabVIEW
- Modulation Toolkit
- Spectral Measurements Toolkit

임베디드 시스템
(권장 소프트웨어)
- LabVIEW
- LabVIEW Embedded Development Module
- LabVIEW FPGA Module

| 저자 소개 |

■ **김경태**

경북대학교 전자공학과(공학사)
연세대학교 대학원 전자공학과(공학석사)
Tohoku University(Japan) 전기 및 통신공학과(공학박사)
한국전자통신연구원(ETRI) 신호처리연구실장(책임연구원)
한남대학교 정보통신공학과 교수

■ **곽지현**

한남대학교 정보통신공학과(공학사)
한남대학교 대학원 정보통신공학과(공학석사)
한남대학교 대학원 정보통신공학과(공학박사)
(주)이포유니온 연구원

LabVIEW를 이용한 디지털신호처리

인 쇄 | 2011년 2월 14일
발 행 | 2011년 2월 21일
저 자 | 김 경 태, 곽 지 현
발 행 인 | 채 희 만
출판기획 | 안 성 일
마 케 팅 | 김 현 철, 박 세 현
북에디터 | 이 승 훈, 황 은 교
영업관리 | 최 은 정
발 행 처 | INFINITYBOOKS
주 소 | 서울시 마포구 서교동 460-35
전 화 | (02) 302-8441
팩 스 | (02) 6085-0777
Homepage | www.infinitybooks.co.kr
E-mail | infinitybook@naver.com
ISBN | 978-89-92649-56-8
등록번호 | 제313-2010-241호

판매정가 : 28,000원